普通高等教育"十三五"电工电子基础课程规划教材

数字电子技术基础

天津大学电子技术课程组　编

王　萍　主编

机械工业出版社

本书是为适应电子信息时代新形势和高校教学改革新要求，根据编者多年的教学实践和改革经验编写而成。全书共9章，主要内容包括：数字逻辑基础、逻辑门电路、组合逻辑电路、触发器、时序逻辑电路、半导体存储器、可编程逻辑器件、脉冲信号的产生与整形及数-模和模-数转换器。

本书加强了可编程逻辑器件的应用介绍，通过实例初步介绍了组合和时序逻辑单元电路的 Verilog HDL 描述以及使用可编程逻辑器件实现逻辑电路的基本流程。

本书可作为高等学校电气工程及其自动化、自动化、电子信息、计算机等相关专业的教材，也可供从事电子技术工作的工程技术人员参考。

图书在版编目（CIP）数据

数字电子技术基础/王萍主编. —北京：机械工业出版社，2019.1
（2025.2重印）
普通高等教育"十三五"电工电子基础课程规划教材
ISBN 978-7-111-60944-5

Ⅰ.①数… Ⅱ.①王… Ⅲ.①数字电路-电子技术-高等学校-教材
Ⅳ.①TN79

中国版本图书馆 CIP 数据核字（2018）第 216966 号

机械工业出版社（北京市百万庄大街22号　邮政编码100037）
策划编辑：王雅新　　责任编辑：王雅新　张珂玲　刘丽敏
责任校对：刘志文　　封面设计：张　静
责任印制：单爱军
北京虎彩文化传播有限公司印刷
2025年2月第1版第6次印刷
184mm×260mm・20.25 印张・499 千字
标准书号：ISBN 978-7-111-60944-5
定价：49.80 元

凡购本书，如有缺页、倒页、脱页，由本社发行部调换

电话服务	网络服务
服务咨询热线：010-88379833	机 工 官 网：www.cmpbook.com
读者购书热线：010-88379649	机 工 官 博：weibo.com/cmp1952
	教育服务网：www.cmpedu.com
封底无防伪标均为盗版	金 书 网：www.golden-book.com

前　言

数字电子技术基础是面向高校电气工程及其自动化、自动化、电子信息、计算机等相关专业必修的技术基础课。本书是结合数字电子技术的新发展、新技术以及教学改革实践中的体会编写而成。

本书编写的依据是教育部数字电子技术基础课程教学的基本要求，并且本书注重保持教材内容的基础性和系统性，以使读者获得数字电子技术方面的基本知识、基本理论和基本技能。同时，本书紧跟数字电子技术的发展，读者通过学习，初步建立起系统观念、工程观念、科技进步观念和创新观念。本书主要侧重考虑了以下几点：

1) 注重科学思维与工程意识。在知识介绍中，本书注重提出问题和给出解决问题的思路，引导读者思考。本书给出的应用例题注重综合性、系统性和工程性，注重加强基本原理和技术基础与实际应用的联系。

2) 建立数字电路与硬件描述语言关系的初步概念。第 1 章给出了硬件描述语言的基本知识简介，并在后续相关章节给出了典型数字单元电路的 Verilog HDL 描述，在第 7 章给出了系统应用例题，以此循序渐进，建立数字电路硬件语言描述的初步概念。

3) 加强可编程序逻辑器件应用技术的介绍。第 7 章在系统介绍可编程序逻辑器件的基础上，从应用角度介绍了使用可编程序逻辑器件设计逻辑电路的基本方法和通用流程，为读者进一步学习有关技术打下基础。

4) 每章安排了小结、自测题，书后给出了部分习题和自测题参考答案，以便于读者对知识点的学习和掌握。

本书共 9 章。王萍负责编写第 1、3、5 章，李斌负责编写第 2 章，范娟负责编写第 4 章，吕伟杰负责编写第 6、9 章，孙彪负责编写第 7 章，任英玉负责编写第 8 章。其中，第 3 章习题由魏纪东编写，第 6、9 章习题由韩涛编写。本书由王萍主编，并负责组织和统稿。

本书的编写得到了天津大学老师与同学们的支持与帮助，在此表示感谢。

由于水平有限，疏漏难免，欢迎广大读者批评指正。

编　者
2018 年 6 月

目 录

前 言
第1章 数字逻辑基础 ………………… 1
1.1 数字信号与数字电路 ………………… 1
1.1.1 数字量和模拟量 ………………… 1
1.1.2 数字信号的表示方法 ………………… 2
1.1.3 数字电路的分类与特点 ………………… 4
1.1.4 数字系统的基本概念 ………………… 6
1.2 数制和编码 ………………… 6
1.2.1 常用数制 ………………… 6
1.2.2 数制之间的转换 ………………… 8
1.2.3 二进制数的算术运算 ………………… 10
1.2.4 二进制编码 ………………… 12
1.3 逻辑代数基础 ………………… 15
1.3.1 基本逻辑运算 ………………… 15
1.3.2 逻辑代数的基本定律 ………………… 20
1.3.3 逻辑代数的基本规则 ………………… 21
1.4 逻辑函数及其表示方法 ………………… 22
1.4.1 逻辑函数的建立和表示方法 ………………… 22
1.4.2 逻辑函数表示方法之间的转换 ………………… 23
1.4.3 逻辑函数的标准形式 ………………… 25
1.5 逻辑函数的化简方法 ………………… 28
1.5.1 逻辑函数的最简形式 ………………… 28
1.5.2 逻辑函数的代数化简法 ………………… 28
1.5.3 逻辑函数的卡诺图化简法 ………………… 30
1.6 硬件描述语言简介 ………………… 35
1.6.1 概述 ………………… 35
1.6.2 Verilog HDL 简介 ………………… 36
本章小结 ………………… 40
习题 ………………… 40
自测题 ………………… 43

第2章 逻辑门电路 ………………… 45
2.1 TTL 逻辑门 ………………… 45
2.1.1 晶体管开关特性 ………………… 45
2.1.2 常用的 TTL 门电路 ………………… 46
2.1.3 TTL 门电路的外部特性和参数 ………………… 50
2.2 CMOS 逻辑门 ………………… 53
2.2.1 MOS 管的开关特性 ………………… 53
2.2.2 CMOS 逻辑门 ………………… 54
2.2.3 CMOS 传输门 ………………… 56
2.3 其他类型的集成电路 ………………… 57
2.3.1 发射极耦合逻辑（ECL）电路 ………………… 57
2.3.2 I^2L 电路 ………………… 58
2.3.3 Bi-CMOS 电路 ………………… 59
2.4 各系列逻辑门电路接口 ………………… 59
2.5 逻辑门的 Verilog HDL 描述 ………………… 60
本章小结 ………………… 61
习题 ………………… 61
自测题 ………………… 63

第3章 组合逻辑电路 ………………… 65
3.1 组合逻辑电路的特点及逻辑功能表示方法 ………………… 65
3.2 组合逻辑电路的分析和设计 ………………… 66
3.2.1 组合逻辑电路的分析方法 ………………… 66
3.2.2 组合逻辑电路的设计方法 ………………… 67
3.3 常用的组合逻辑电路 ………………… 70
3.3.1 编码器 ………………… 70
3.3.2 译码器 ………………… 78
3.3.3 数据选择器 ………………… 89
3.3.4 数据分配器 ………………… 95
3.3.5 加法器 ………………… 97
3.3.6 数值比较器 ………………… 105
3.4 组合逻辑电路中的"竞争-冒险" ………………… 109
3.4.1 "竞争-冒险"产生的原因 ………………… 109
3.4.2 "竞争-冒险"的判断和消除方法 ………………… 110
3.5 工程应用举例 ………………… 113
3.6 组合逻辑电路的 Verilog HDL 描述 ………………… 114
本章小结 ………………… 116
习题 ………………… 116
自测题 ………………… 121

第4章 触发器 ………………… 123
4.1 RS 触发器 ………………… 123
4.1.1 基本 RS 触发器 ………………… 123
4.1.2 同步 RS 触发器 ………………… 125

- 4.1.3 主从 RS 触发器 …………… 127
- 4.2 D 触发器 ………………………… 129
  - 4.2.1 门控 D 锁存器 ……………… 129
  - 4.2.2 边沿 D 触发器 ……………… 130
- 4.3 JK 触发器 ………………………… 131
  - 4.3.1 主从 JK 触发器 ……………… 131
  - 4.3.2 边沿 JK 触发器 ……………… 134
  - 4.3.3 集成 JK 触发器 ……………… 135
- 4.4 触发器逻辑功能的转换 …………… 136
  - 4.4.1 JK 触发器转换为 T 和 T′ 触发器 ………………………… 136
  - 4.4.2 D 触发器和 JK 触发器的相互转换 ……………………… 137
- 4.5 触发器的触发方式比较和脉冲工作特性 ………………………… 138
  - 4.5.1 触发器触发方式的比较 ……… 138
  - 4.5.2 触发器的脉冲工作特性 ……… 139
- 4.6 工程应用举例 ……………………… 140
- 4.7 触发器的 Verilog HDL 描述 ……… 141
- 本章小结 ………………………………… 142
- 习题 ……………………………………… 143
- 自测题 …………………………………… 146

第 5 章 时序逻辑电路 …………… 148
- 5.1 时序逻辑电路的基本结构与描述方法 ………………………… 148
  - 5.1.1 时序逻辑电路的结构与特点 … 148
  - 5.1.2 时序逻辑电路的描述方法 …… 149
- 5.2 时序逻辑电路的分析方法 ………… 151
  - 5.2.1 分析时序逻辑电路的一般步骤 … 151
  - 5.2.2 同步时序逻辑电路的分析方法 … 152
  - 5.2.3 异步时序逻辑电路的分析方法 … 155
- 5.3 常用的时序逻辑电路 ……………… 157
  - 5.3.1 寄存器 ………………………… 158
  - 5.3.2 计数器 ………………………… 164
- 5.4 同步时序逻辑电路的设计方法 …… 191
- 5.5 工程应用举例 ……………………… 197
- 5.6 时序逻辑电路的 Verilog HDL 描述 … 198
- 本章小结 ………………………………… 199
- 习题 ……………………………………… 200
- 自测题 …………………………………… 207

第 6 章 半导体存储器 …………… 209
- 6.1 概述 ………………………………… 209
- 6.2 只读存储器 ………………………… 209

- 6.2.1 掩膜式只读存储器（MROM）… 210
- 6.2.2 可编程只读存储器（PROM）… 210
- 6.2.3 可擦除可编程只读存储器（EPROM）…………………… 211
- 6.2.4 电信号擦除的可编程只读存储器（EEPROM）………… 212
- 6.2.5 快闪式存储器（Flash Memory）… 213
- 6.3 随机存取存储器（RAM）………… 215
  - 6.3.1 静态 RAM ……………………… 215
  - 6.3.2 动态 RAM ……………………… 215
- 6.4 工程应用举例 ……………………… 217
  - 6.4.1 ROM 集成芯片及应用举例 …… 217
  - 6.4.2 RAM 集成芯片及应用举例 …… 218
  - 6.4.3 存储容量的扩展 ……………… 219
- 本章小结 ………………………………… 221
- 习题 ……………………………………… 222
- 自测题 …………………………………… 222

第 7 章 可编程逻辑器件 ………… 224
- 7.1 概述 ………………………………… 224
- 7.2 简单可编程逻辑器件（SPLD）…… 225
  - 7.2.1 可编程阵列逻辑（PAL）……… 225
  - 7.2.2 通用阵列逻辑（GAL）………… 225
- 7.3 复杂可编程逻辑器件（CPLD）…… 226
- 7.4 现场可编程门阵列（FPGA）……… 229
- 7.5 用可编程逻辑器件设计逻辑电路 … 231
- 7.6 使用可编程逻辑器件设计自动售货机控制系统 ………………… 232
  - 7.6.1 时序逻辑电路 ………………… 233
  - 7.6.2 组合逻辑电路 ………………… 239
  - 7.6.3 开发软件仿真 ………………… 244
- 本章小结 ………………………………… 247
- 习题 ……………………………………… 248
- 自测题 …………………………………… 248

第 8 章 脉冲信号的产生与整形 … 250
- 8.1 单稳态触发器 ……………………… 250
  - 8.1.1 门电路构成的单稳态触发器 … 251
  - 8.1.2 集成单稳态触发器及其应用 … 253
- 8.2 施密特触发器 ……………………… 256
  - 8.2.1 门电路构成的施密特触发器 … 257
  - 8.2.2 集成施密特触发器及其应用 … 259
- 8.3 多谐振荡器 ………………………… 262
  - 8.3.1 多谐振荡器的工作原理 ……… 262
  - 8.3.2 石英晶体多谐振荡器 ………… 265

8.4 555 定时器及其工程应用 ………… 266
　8.4.1 555 定时器的组成及其逻辑
　　　　功能 …………………………… 266
　8.4.2 555 定时器构成的单稳态
　　　　触发器 ………………………… 267
　8.4.3 555 定时器构成的施密特
　　　　触发器 ………………………… 270
　8.4.4 555 定时器构成的多谐振荡器 … 270
　8.4.5 工程应用举例 ………………… 272
本章小结 ……………………………… 273
习题 …………………………………… 274
自测题 ………………………………… 280

第 9 章 数-模（D-A）和模-数（A-D）转换器 … 282

9.1 概述 ………………………………… 282
9.2 D-A 转换器 ………………………… 282
　9.2.1 D-A 转换的基本原理 ………… 282
　9.2.2 二进制权电阻型 D-A 转换器 … 283
　9.2.3 倒 T 形电阻网络 D-A 转换器 … 284
　9.2.4 权电流源型 D-A 转换器 ……… 286
　9.2.5 D-A 转换器的主要技术参数 …… 286
　9.2.6 集成 D-A 转换芯片及其工程
　　　　应用 …………………………… 287
9.3 A-D 转换器 ………………………… 289
　9.3.1 A-D 转换的基本原理 ………… 289
　9.3.2 并行比较型 A-D 转换器 ……… 291
　9.3.3 逐次逼近型 A-D 转换器 ……… 293
　9.3.4 双积分型 A-D 转换器 ………… 294
　9.3.5 A-D 转换器的主要技术参数 …… 296
　9.3.6 集成 A-D 转换芯片及其工程
　　　　应用 …………………………… 296
本章小结 ……………………………… 297
习题 …………………………………… 298
自测题 ………………………………… 301

附录 …………………………………… 302
　附录 A 基本逻辑符号及关联标注的逻辑
　　　　 符号举例说明 ………………… 302
　附录 B 部分习题和自测题参考答案 … 306

参考文献 ……………………………… 318

第1章 数字逻辑基础

内容提要

本章首先介绍数字信号的表示方法及数字集成电路的分类及特点；然后介绍数字电路中常用的数制、编码，数字逻辑的基本运算、逻辑函数及其表示方法，以及如何利用公式和卡诺图化简逻辑函数；最后简单介绍一种数字电路分析和设计中使用的硬件描述语言 Verilog HDL。

1.1 数字信号与数字电路

1.1.1 数字量和模拟量

自然界中存在着各种各样的物理量，这些物理量可分为模拟（Analog）量和数字（Digital）量两大类。

模拟量是指在时间上或数值上连续变化的量。绝大多数物理量都是模拟量，例如温度、压力、语音等。电子技术处理这一类物理量所用的电信号叫模拟信号（Analog Signal）。例如，传声器将模拟量声波转换为随声波音量大小和频率变化而连续变化的电压（或电流）信号，如图 1.1.1a 所示。这种在时间和幅值上都连续的电信号称为模拟信号。

另一种物理量是数字量，例如学生的人数、产品的个数等，特点是取值是离散的，且可以把这些离散信息与数字相对应。用电子技术处理这一类物理量时，所选取的电信号应能反映其数字信息。最通用的方法是用电压（或电流）幅值的高（高电平）和低（低电平）两种状态或二进制数字"0"和"1"来表示它们。表示数字量的信号叫数字信号（Digital Signal）。例如，用电子电路记录从自动生产线上输出的零件数目时，每送出一个零件便给电子电路发送一个信号，使之记"1"，而没有零件送出时加到电子电路的信号是"0"，不记数。可见，记录零件数目的信号无论在时间上还是在数量上都是不连续的，因此它是一个数字信

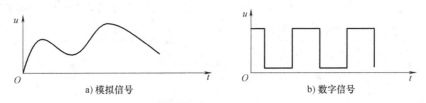

图 1.1.1　模拟信号与数字信号

号,最小的数量单位就是"1"个。如图1.1.1b所示是典型的数字信号。这种在时间和幅值上都呈现出离散状态的电信号称为数字信号。

模拟信号可以通过模-数转换电路(ADC)转换为数字信号。反之,数字信号也可以通过数-模转换电路(DAC)转换为模拟信号。数字信号便于存储、运算和传输,因此常将模拟信号转换为数字信号后再进行处理。

1.1.2 数字信号的表示方法

1. 二值数字逻辑和逻辑电平

数字信号是指在时间上和数值上均是离散的信号。数字信号只有"0"和"1"两种取值,故称为二值信号。在数字系统中,可以用"0"和"1"组成的二进制数表示数量的大小,也可以用"0"和"1"表示两种不同的逻辑状态。用数字信号表示数量大小时,仅用1位数码往往不够,可以用多位来表示,因此数字电路的基本工作信号是二进制的数字信号,它包含的"1"和"0"的个数称为位数。当用"0"和"1"表示两种截然不同的逻辑状态(如开与关、高与低、真与假等)时,"0"和"1"不表示数值的大小,没有数值的概念,而是逻辑"0"和逻辑"1",故称之为二值数字逻辑或简称数字逻辑。

二值数字逻辑反映在电路上就是高电平和低电平,称为逻辑电平(Logic Level)。逻辑电平可以用电子器件的开关特性来实现。图1.1.2所示是CMOS数字电路中高电平和低电平的通常范围,高电平值在3.3~5V;低电平值在0~1.5V。在一般情况下,高电平用"1"来表示,低电平用"0"来表示,这种表示称为正逻辑,如图1.1.2a所示。当然也可以用"0"来表示高电平,用"1"来表示低电平,这种表示称为负逻辑,如图1.1.2b所示。如果不说明,本书将都使用正逻辑。

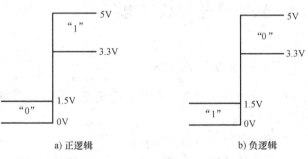

图1.1.2 逻辑电平的电压范围

2. 数字波形

数字信号还可以用相对于时间的波形即数字波形来表示。数字波形由在高低两种电平之间变换的一系列脉冲信号组成。图1.1.3所示为理想的脉冲信号,其中,图1.1.3a是正向脉冲,即电压(或电流)从低电平变到高电平,再从高电平变回到低电平,其前沿是上升

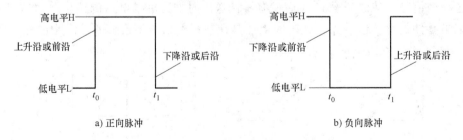

图1.1.3 理想的脉冲

沿，后沿是下降沿。图1.1.3b是负向脉冲，即电压（或电流）从高电平变到低电平，再从低电平变回到高电平，其前沿是下降沿，后沿是上升沿。

在实际的数字系统中，脉冲或多或少会存在非理想的特性。当脉冲从低电平跳变到高电平，或从高电平跳变到低电平时，边沿会经历一个过渡过程，分别用脉冲上升时间 t_r 和下降时间 t_f 描述，如图1.1.4所示。其中，脉冲波形从 $0.1U_m$ 上升到 $0.9U_m$ 所需的时间为 t_r，脉冲波形从 $0.9U_m$ 下降到 $0.1U_m$ 所需的时间为 t_f，U_m 是脉冲幅值，即脉冲电压波形变化的最大值。脉冲上升沿 $0.5U_m$ 到下降沿 $0.5U_m$ 之间的时间称为脉冲宽度 t_w。

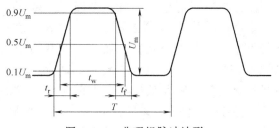

图1.1.4 非理想脉冲波形

数字波形可以分为周期波形和非周期波形，图1.1.5给出了两种波形的例子。周期波形常用周期 T（相邻两个脉冲波形重复出现所需的时间）和频率 f（每秒脉冲出现的次数）来描述。占空比 q 是周期波形的另一个重要参数，它表示脉冲宽度 t_w 占整个周期 T 的百分数，常表示为

$$q = \frac{t_w}{T} \times 100\% \tag{1.1.1}$$

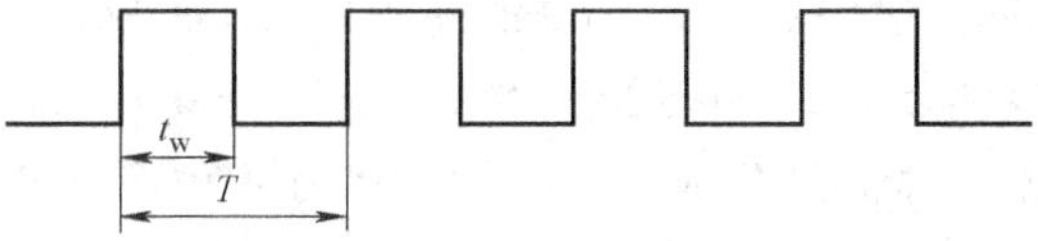

a) 周期波形 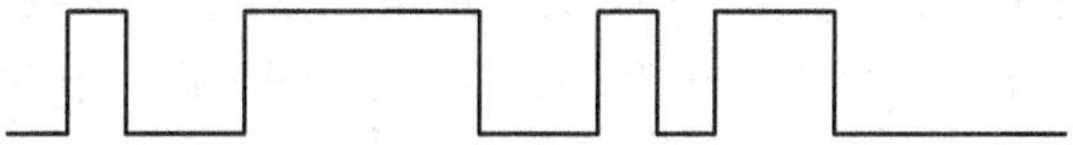　　　　　　　　　　　　　　　b) 非周期波形

图1.1.5 数字波形

数字信号有两种传输波形，一种是非归零型（不归"0"码），另一种是归零型（归"0"码）。一个"0"或一个"1"持续的时间 Δt 称为1位（1bit）或1拍。如果在一个 Δt 内用逻辑"0"表示低电平，逻辑"1"表示高电平，称为非归零型，如图1.1.6a所示。如果在一个 Δt 内有脉冲时代表"1"，无脉冲时代表"0"，称为归零型，如图1.1.6b所示。

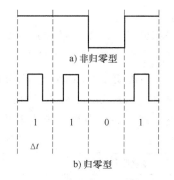

图1.1.6 数字信号的传输波形

数字系统处理的二进制信息是以表示二进制位序列的波形出现。当波形为高电平时，表示二进制数"1"；当波形为低电平时，表示二进制数"0"。每位数据占用1拍时间（位时间）。

在数字系统中，用于协调各部分工作次序的时间同步信号称为时钟脉冲信号，简称时钟，用 CP 表示。时钟是脉冲间隔等于位时间的周期波形。

图1.1.7所示为时钟波形和位序列表示的波形同步的例子，其中 D 和 Q 分别为 D 触发器的输入数据和输出。若干位组成一组就可作为一个二进制信息。

时钟脉冲是归零型信号，其他数字信号基本都是非归零型信号。

1.1.3 数字电路的分类与特点

工作在数字信号下的电子电路叫作数字电路。数字电路的基本功能是对输入的数字信号进行算术运算和逻辑运算。数字电路常用来研究数字信号的产生、变换、传输、储存，并对其进行分析等。随着数字集成电路制作技术的发展，数字电路在计算机、通信、自动控制、智能仪表、航天等领域获得了广泛的应用。

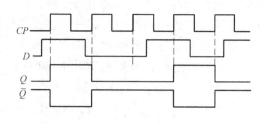

图 1.1.7 波形同步

数字电路中的基本元件是开关元件。现代数字电路中的开关元件主要由半导体晶体管或场效应晶体管构成的门电路组成。将这些门电路集成于同一半导体芯片上就构成数字集成电路。

1. 数字集成电路的分类

根据所采用的半导体器件进行分类，数字集成电路可以分为两大类：双极型集成电路和单极型 MOS 集成电路。双极型集成电路采用双极型半导体器件作为元件，具有速度快、负载能力强等优点，但功耗较大、集成度较低。双极型集成电路又可分为 TTL（Transistor Transistor Logic）电路、ECL（Emitter Coupled Logic）电路和 I^2L（Integrated Injection Logic）电路等类型。MOS 集成电路采用金属-氧化物-半导体场效应晶体管（Metel Oxide Semi-conductor Field Effect Transister，MOSFET）作为元件。MOS 集成电路又可分为 PMOS（P-channel Metel Oxide Semiconductor）、NMOS（N-channel Metel Oxide Semiconductor）和 CMOS（Complement Metal Oxide-Semiconductor）等类型。CMOS 电路采用 NMOS 和 PMOS 两种互补的 MOS 管作为主要电子器件，具有显著的低功耗、高密度等特性，这些特性对大规模集成电路的设计与制造非常重要，CMOS 电路已逐渐取代 TTL 电路，发展成为目前主流的电路形式。

随着半导体工艺的发展，集成电路芯片的集成度越来越高。集成度是指每一芯片所包含的门的个数。根据集成度分类，数字集成电路通常分为小规模（Small Scale Integration，SSI）、中规模（Medium Scale Integration，MSI）、大规模（Large Scale Integration，LSI）、超大规模（Very Large Scale Integration，VLSI）和特大规模（Ultra Large Scale Integration，ULSI）五类。表 1.1.1 为数字集成电路的集成度分类。

表 1.1.1 数字集成电路的集成度分类

集成电路分类	集成度	典型的数字集成电路
小规模(SSI)	1~10 门/片	逻辑门电路、集成触发器等
中规模(MSI)	10~100 门/片	计数器、寄存器、译码器、编码器、数据选择器、加法器、比较器等
大规模(LSI)	100~1000 门/片	小型存储器、低密度可编程序逻辑器件、各种接口电路等
超大规模(VLSI)	>1000 门/片	大型存储器、微处理器等
特大规模(ULSI)	>10^6 门/片	高密度可编程序逻辑器件、多功能专用集成电路

根据逻辑功能,数字电路分为组合逻辑电路和时序逻辑电路。组合逻辑电路在逻辑功能上的特点是:任意时刻的输出仅取决于电路该时刻的输入,而与电路原来的状态无关,如译码器、编码器等。时序逻辑电路在逻辑功能上的特点是:任意时刻的输出不仅取决于电路当前的输入,而且与电路原来的状态有关,如寄存器、计数器等。

2. 数字集成电路的特点

数字电路与模拟电路相比主要具有下列优点。

1)同时具有算术运算和逻辑运算功能。数字电路以二进制逻辑代数为数学基础,使用二进制数字信号,既能进行算术运算又能方便地进行逻辑运算,因此极其适合运算、比较、存储、传输、控制和决策等应用。

2)便于集成化、工作可靠性高、抗干扰能力强。数字电路的工作信号是二进制的数字信号,电路的基本单元比较简单,便于集成化、成本低。另外,对组成数字电路的元器件的精度要求不高,只要在工作时能够可靠地区分"0"和"1"两种状态即可。因此工作可靠性高、抗干扰能力强。

3)集成度高、功耗低。随着集成电路技术的高速发展,数字逻辑电路的集成度越来越高,集成电路模块随着集成度的提高也从元件级、器件级、部件级、板卡级上升到系统级。由于数字电路的工作信号只有高、低两种电平,半导体器件一般工作在导通和截止两种开关状态,因此功耗低。集成度高、体积小、功耗低是数字电路突出的优点之一。

4)具有可编程性,保密性好。利用可编程逻辑器件(Programmable Logic Device,PLD)并借助于计算机软件和硬件的辅助作用,用户可以现场设计和"制造"所需要的电路和系统。PLD 不仅具有高集成度、高速度、小型化和高可靠性等特点,而且设计周期短、保密性高,为数字系统设计技术带来变革。

另外,数字集成电路还具有产品系列多、通用性强、成本低和数字信息便于长期保存等优点。

3. 数字电路的研究方法

数字电路研究的主要问题是电路的输入和输出之间的逻辑关系,也就是电路的逻辑功能。数字电路所采用的分析工具是逻辑代数(又称布尔代数),逻辑电路功能主要用逻辑表达式、真值表、卡诺图、逻辑图、时序波形图和状态转换图来描述。

数字电路在研究的对象和方法上都跟模拟电路不同,表 1.1.2 把它们做了简单的对比。

表 1.1.2 模拟电路与数字电路的比较

内容	模 拟 电 路	数 字 电 路
工作信号	模拟信号	数字信号
管子工作状态	放大	饱和或截止
研究对象	放大性能(设计偏重参数选取)	逻辑功能(设计偏重逻辑)
基本单元电路	放大器	逻辑门、触发器
分析方法	图解法、小信号等效电路法、EDA	逻辑代数、真值表、卡诺图、逻辑表达式、状态转换图、时序波形图、EDA(支持硬件描述语言)

随着计算机技术以及电子设计自动化(Electronic Design Automation,EDA)技术的发展,使用硬件描述语言设计数字电路或数字系统已成为一种趋势。硬件描述语言(HDL)

是一种用于进行电子系统硬件设计的计算机高级语言，它采用软件的设计方法来描述电子系统的逻辑功能、电路结构和连接形式。硬件描述语言是 EDA 技术的重要组成部分。常用的硬件描述语言有 VHDL 和 Verilog HDL 等。支持硬件描述语言的 EDA 工具的出现，以及作为目标芯片的大规模、超大规模可编程逻辑器件（programmable logic device，PLD）的陆续面世，使复杂数字系统设计的自动化得以实现。

1.1.4 数字系统的基本概念

数字系统是将若干个数字电路或逻辑功能模块按设计连接起来以完成特定运算或产生一个确定输出的电路系统。数字系统通常由输入子系统、逻辑子系统和输出子系统三部分构成，如图 1.1.8 所示。一般来说，数字系统比编码器、译码器等组合逻辑电路和寄存器、计数器等时序逻辑电路等功能单一的

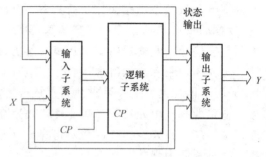

图 1.1.8　数字系统结构

逻辑部件功能更复杂，规模更大。电子计算机、交通灯控制、自动售卖系统等就是典型的数字系统。

数字系统通常可以用全硬件或硬件+软件方法予以实现。硬件实现的基础是标准集成电路芯片的功能与其组合，软件实现的基础是编译系统和程序语言。现代数字系统一般由硬件和相应的软件组成。

1.2　数制和编码

1.2.1　常用数制

数制（Number Systems）是计数进位制的简称，是多位数码的构成以及从低位到高位的进位规则。

常用的数制有十进制、二进制、八进制和十六进制，这些进制可以统称为"R 进制"。R 进制是"逢 R 进一"的进位制，做加、减运算时遵循"逢 R 进一，借 1 当 R"的原则。R 被称为计数基数，即每个数位可以出现的数码个数。数码在不同的位置上代表的数值不同，称之位权，简称权。数的组成是自左向右由高位到低位排列。

一个 R 进制数 N 包含 n 位整数和 m 位小数，表示为

$$(N)_R = (k_{n-1}k_{n-2}\cdots k_1 k_0 k_{-1} k_{-2} \cdots k_{-m})_R$$

该数按权展开式为

$$(N)_R = k_{n-1}R^{n-1} + k_{n-2}R^{n-2} + \cdots + k_1 R^1 + k_0 R^0 + k_{-1} R^{-1} + k_{-2} R^{-2} + \cdots + k_{-m} R^{-m}$$

$$= \sum_{i=-m}^{n-1} k_i R^i \tag{1.2.1}$$

式中，R 为计数基数；k_i 为第 i 位的数码；R^i 为第 i 位的权；i 是包含从 $n-1 \sim 0$ 的所有正整数和从 $-m \sim -1$ 的所有负整数。

1. 十进制（Decimal）

十进制是人们日常生活和工作中最常用的数制。

十进制是"逢10进1"的进位制，每个数位由0、1、2、3、4、5、6、7、8、9共10个数码组成，计数基数为10，第i位的权为10^i。

例如，十进制数126.5，按权展开为

$$(126.5)_{10} = 1\times10^2 + 2\times10^1 + 6\times10^0 + 5\times10^{-1}$$

式中，10^2、10^1和10^0分别为"百位""十位"和"个位"的权，小数点以右数码的权是10的负幂。

下标"10"表示括号里的数是十进制数，也可以用D表示。

任意一个十进制数N的按权展开式为

$$(N)_{10} = \sum_{i=-m}^{n-1} k_i 10^i \tag{1.2.2}$$

式中，第i位的系数k_i可以是0~9这10个数码中的任何一个。

2. 二进制（Binary）

目前在数字电路中常用的数制是二进制。二进制是"逢2进1"的进位制。基数为2，它只有"0"和"1"两个数码，第i位的权为2^i。

例如，二进制数1011.011按权展开为

$$(1011.011)_2 = 1\times2^3 + 0\times2^2 + 1\times2^1 + 1\times2^0 + 0\times2^{-1} + 1\times2^{-2} + 1\times2^{-3}$$

下标"2"表示括号里的数是二进制数，也可以用B表示。

任意一个二进制数N的按权展开式为

$$(N)_2 = \sum_{i=-m}^{n-1} k_i 2^i \tag{1.2.3}$$

3. 八进制（Octal）和十六进制（Hexadecimal）

为了便于书写和避免输入过长的二进制数码，出现了八进制和十六进制。

八进制是"逢8进1"的进位制，基数为8，每一位有0、1、2、3、4、5、6、7共8个数码，第i位的权为8^i。

例如，八进制数207.04按权展开为

$$(207.04)_8 = 2\times8^2 + 0\times8^1 + 7\times8^0 + 0\times8^{-1} + 4\times8^{-2}$$

下标"8"表示括号里的数是八进制数，也可以用O表示。

任意一个八进制数N的按权展开式为

$$(N)_8 = \sum_{i=-m}^{n-1} k_i 8^i \tag{1.2.4}$$

十六进制是"逢16进1"的进位制，基数为16，它有0、1、2、3、4、5、6、7、8、9、A（10）、B（11）、C（12）、D（13）、E（14）、F（15）共16个数码，第i位的权为16^i。

例如，十六进制数3AF.15按权展开为

$$(3AF.15)_{16} = 3\times16^2 + 10\times16^1 + 15\times16^0 + 1\times16^{-1} + 5\times16^{-2}$$

下标"16"表示括号里的数是十六进制数，也可以用H表示。

任意一个十六进制数 N 的按权展开式为

$$(N)_{16} = \sum_{i=-m}^{n-1} k_i 16^i \tag{1.2.5}$$

几种常用数制的等值对照表见表 1.2.1。

表 1.2.1 常用数制的等值对照表

十进制数	二进制数	八进制数	十六进制数
0	0000	0	0
1	0001	1	1
2	0010	2	2
3	0011	3	3
4	0100	4	4
5	0101	5	5
6	0110	6	6
7	0111	7	7
8	1000	10	8
9	1001	11	9
10	1010	12	A
11	1011	13	B
12	1100	14	C
13	1101	15	D
14	1110	16	E
15	1111	17	F

1.2.2 数制之间的转换

1. 非十进制数转换为十进制数

将二进制数、八进制数和十六进制数按权展开，然后按十进制加法规则求和，就得到对应的十进制数。

[**例 1.2.1**] 将 $(10100.11)_2$ 转换为十进制数。

解： $(10100.11)_2 = 1×2^4 + 0×2^3 + 1×2^2 + 0×2^1 + 0×2^0 + 1×2^{-1} + 1×2^{-2}$
$= 16 + 4 + 0.5 + 0.25 = (20.75)_{10}$

[**例 1.2.2**] 将 $(35.46)_8$ 转换为十进制数。

解： $(35.42)_8 = 3×8^1 + 5×8^0 + 4×8^{-1} + 2×8^{-2}$
$= 24 + 5 + 0.5 + 0.03125 = (29.053125)_{10}$

[**例 1.2.3**] 将 $(D8.A)_{16}$ 转换为十进制数。

解： $(D8.A)_{16} = 13×16^1 + 8×16^0 + 10×16^{-1}$
$= 208 + 8 + 0.625 = (216.625)_{10}$

2. 十进制数转换为二进制数

十进制数转换为二进制数时，需将十进制数的整数部分和小数部分分别转换。

（1）整数部分转换　整数部分转换采用"除 2 取余"法。

已知与十进制整数 $(N)_{10}$ 等值的二进制数为 $(k_{n-1}k_{n-2}\cdots k_1 k_0)_2$，即

$(N)_{10} = (k_{n-1}k_{n-2}\cdots k_1 k_0)_2 = k_{n-1}2^{n-1} + k_{n-2}2^{n-2} + \cdots + k_1 2^1 + k_0 2^0$
$= 2(k_{n-1}2^{n-2} + k_{n-2}2^{n-3} + \cdots + k_1) + k_0$

显然,将 $(N)_{10}$ 除以 2 得到的商为 $k_{n-1}2^{n-2}+k_{n-2}2^{n-3}+\cdots+k_1$,余数为 k_0,将商再除以 2,所得余数即为 k_1。依此类推,可以得到二进制数的每一位。

具体做法是:将十进制数的整数部分除以 2,得到一个商和一个余数(0 或 1),将所得商再除以 2,反复进行上述过程,直到商为 0。最先得到的余数为二进制数的最低位,最后得到的余数为二进制数的最高位,依次排列起来,就得到与十进制整数等值的二进制数。

[例 1.2.4] 将 $(29)_{10}$ 转换为二进制数。

解:

$$
\begin{array}{r}
2\underline{|29} \cdots\cdots 1(k_0) \\
2\underline{|14} \cdots\cdots 0(k_1) \\
2\underline{|7} \cdots\cdots 1(k_2) \\
2\underline{|3} \cdots\cdots 1(k_3) \\
2\underline{|1} \cdots\cdots 1(k_4) \\
0
\end{array}
$$

余数

得 $(29)_{10}=(11101)_2$

(2) 小数部分转换 小数部分转换采用"乘 2 取整"法。

已知十进制小数 $(N)_{10}$ 等值的二进制数为 $0.k_{-1}k_{-2}\cdots k_{-m}$,即

$$(N)_{10}=(0.k_{-1}k_{-2}\cdots k_{-m})_2=k_{-1}2^{-1}+k_{-2}2^{-2}+\cdots+k_{-m}2^{-m}$$

上式乘以 2 得到的乘积为 $k_{-1}+k_{-2}2^{-1}+\cdots+k_{-m}2^{-m+1}$

显然,将小数 $(N)_{10}$ 乘以 2 所得乘积的整数部分即为 k_{-1}。将乘 2 后得到乘积的小数部分再乘以 2 又可得到 k_{-2}。依此类推,可求出二进制小数的每一位。

具体做法是:十进制数的小数部分乘以 2,依次取出相乘结果的整数,将其小数部分再乘 2,依次记下整数部分,反复进行下去,直到小数部分为 0,或满足要求的精度为止。把取出的整数部分按顺序排列起来,先得到的整数为二进制数的最高位,最后得到的整数为二进制数的最低位。

[例 1.2.5] 将 $(0.625)_{10}$ 转化为二进制数。

解:

整数

$0.625\times 2=1.25$ ………… 1 (k_{-1})

$0.25\times 2=0.5$ ………… 0 (k_{-2})

$0.5\times =1.0$ ………… 1 (k_{-3})

得 $(0.625)_{10}=(0.101)_2$

[例 1.2.6] 将 $(0.68)_{10}$ 转换为二进制数,要求转换误差不大于 2^{-7}。

解:按照题目要求转换误差不大于 2^{-7},即保留小数点后 7 位,有

$0.68\times 2=1.36\cdots\cdots 1 \quad k_{-1}$

$0.36\times 2=0.72\cdots\cdots 0 \quad k_{-2}$

$0.72\times 2=1.44\cdots\cdots 1 \quad k_{-3}$

$0.44\times 2=0.88\cdots\cdots 0 \quad k_{-4}$

$0.88\times 2=1.76\cdots\cdots 1 \quad k_{-5}$

$0.76\times 2=1.52\cdots\cdots 1 \quad k_{-6}$

$0.52\times 2=1.04\cdots\cdots 1 \quad k_{-7}$

得
$$(0.68)_{10} = (0.1010111)_2$$

3. 八进制数、十六进制数与二进制数之间的转换

八进制数、十六进制数与二进制数之间的转换是一种以计数基数为 2^i（i 为整数）的数制之间的转换。由于八进制数的基数 $8 = 2^3$，而十六进制的基数 $16 = 2^4$，所以 3 位二进制数恰好对应 1 位八进制数，4 位二进制数恰好对应 1 位十六进制数。因此，可用"分组对应法"完成不同制数之间的转换。

二进制转换成等值的八进制的方法是：从二进制的小数点处开始，向左右两边按每 3 位二进制数分为一组，不足 3 位的分别在整数的最高位前和小数的最低位后加 0 补足，然后每组用 1 位等值的八进制数代替，即可得到相应的八进制数。

二进制转换成等值的十六进制的方法与二进制转换成八进制的方法基本相同。只要从二进制的小数点处开始，向左右两边按每 4 位二进制数分为一组，然后每组用 1 位等值的十六进制数代替，即可得到相应的十六进制数。

[例 1.2.7] 将 $(10110101.00101)_2$ 转换为八进制数和十六进制数。

解：$(10110101.00101)_2 = (010\ 110\ 101.001\ 010)_2 = (265.12)_8$
$(10110101.00101)_2 = (1011\ 0101.0010\ 1000)_2 = (B5.28)_{16}$

八进制或十六进制数转换成等值的二进制数时，只要按照上述规则进行逆变换即可。

[例 1.2.8] 将 $(C9.2F)_{16}$ 转换为二进制数。

解：将十六进制数的每一位用等值的 4 位二进制代替即得等值的二进制数。
$$(C9.2F)_{16} = (1100\ 1001.0010\ 1111)_2$$

在将十进制转换为八进制数和十六进制数时，可以先转换为二进制数，然后再将得到的二进制数转换为等值的八进制数和十六进制数。

1.2.3 二进制数的算术运算

在数字系统中，当两个二进制数表示数量大小时，它们之间可以进行加、减、乘、除算术运算，其运算规则与十进制数基本相同，区别在于二进制数是"逢 2 进 1，借 1 当 2"。

1. 二进制数的基本运算

（1）二进制的加法运算　二进制加法规则为
$$0+0=0;0+1=1+0=1;1+1=10$$

[例 1.2.9] 计算两个二进制数 1011011 和 1010.11 的和。

解：

```
      1011011
  +    1010.11
  ─────────────
     1100101.11
```

则　　$1011011+1010.11=1100101.11$

（2）二进制数的减法运算　二进制减法规则为
$$0-0=1-1=0;0-1=1(借1当2);1-0=1$$

[例 1.2.10] 计算两个二进制数 1101.01 和 1001.11 的差。

解：

$$1101.01 - 1001.11 \atop \overline{0011.10}$$

则 $1101.01 - 1001.11 = 0011.10$

(3) 二进制数的乘法运算 二进制乘法规则为

$$0 \times 0 = 0; \ 0 \times 1 = 1 \times 0 = 0; \ 1 \times 1 = 1$$

[例 1.2.11] 计算两个二进制数 1011.01 和 101 的积。

解：

$$\begin{array}{r} 1011.01 \\ \times \quad 101 \\ \hline 1011\ 01 \\ 00000\ 0 \\ +\ 101101 \\ \hline 111000.01 \end{array}$$

则 $1011.01 \times 101 = 111000.01$

可见，二进制乘法运算可归结为"移位与加法"。

(4) 二进制数的除法运算 二进制除法规则为

$$0 \div 1 = 0; 1 \div 1 = 1$$

[例 1.2.12] 计算两个二进制数 1001 和 0101 之商。

解：

$$\begin{array}{r} 1.11\cdots \\ 0101{\overline{\smash{\big)}\,1001}} \\ \underline{0101} \\ 1000 \\ \underline{0101} \\ 0110 \\ \underline{0101} \\ 0010 \end{array}$$

则 $1001 \div 0101 = 1.11$ 余 10

可见，二进制除法运算可归结为"移位与减法"。

2. 反码、补码和补码运算

(1) 原码、反码和补码 在数字系统中，当涉及负数时，通常采用有符号位的二进制数表示，二进制数最高位（最左边的 1 位）表示符号位，其余部分为数值位。有符号的二进制数表示方法有原码、反码和补码三种。

二进制数原码的形式是：正数的符号位为"0"，负数的符号位为"1"，数值位则表示数的绝对值大小。

正数的反码等于原码。负数 N 的反码 $(N)_{反码}$ 定义为

$$(N)_{反码} = 2^n - 1 - N$$

其中 n 为二进制数 N 有效数字（不包括符号位）的位数。上式表明，当 N 为负数时，$N+$

$(N)_{反码} = 2^n - 1$,而 $2^n - 1$ 等于 n 位全为"1"的二进制数,所以,负数的反码为二进制数 N 除符号位以外的每一位的"1"改为"0"、"0"改为"1",即符号位为"1",数值位按位取反。

正数的补码等于原码。负数 N 的补码 $(N)_{补码}$ 定义为

$$(N)_{补码} = 2^n - N = (N)_{反码} + 1$$

即负数 N 的补码为 N 的反码加 1。

[例 1.2.13] 写出二进制数 $N_1 = +1011011$、$N_2 = -1011011$ 的反码和补码。

解:根据定义有

$$(N_1)_2 = (01011011)_{原码} = (01011011)_{反码} = (01011011)_{补码}$$
$$(N_2)_2 = (11011011)_{原码} = (10100100)_{反码} = (10100101)_{补码}$$

(2) 补码运算规则 在数字系统或计算机中,二进制数的运算常常采用补码系统。引入补码后,二进制数的加减运算都可以统一化为补码的加法运算,其符号位也参与运算。

补码的运算规则为

$$(A+B)_补 = (A)_补 + (B)_补$$
$$(A-B)_补 = (A)_补 + (-B)_补$$
$$[(N)_补]_补 = (N)_原$$

带符号位的补码运算结果的最高位也是符号位。若符号位相加有进位,则舍去该进位数字。

运算结果产生的补码,若要转换为用原码表示的结果,则运算结果为正数时 $(N)_补 = (N)_原$;运算结果为负数时,只要对该补码再进行一次求补运算,就可得到负数的原码运算结果。

[例 1.2.14] 设 $A = (0111)_2$、$B = (0011)_2$,试用二进制补码求 $A-B$ 和 $B-A$。

解:$(A-B)_补 = (A)_补 + (-B)_补 = (00111) + (11101) = (00100)$

最高位为 0,所以其差值是一个正数,差值 $(0100)_补 = (0100)_原 = (+4)_{10}$

$$(B-A)_补 = (B)_补 + (-A)_补 = (00011) + (11001) = (11100)$$

最高位为 1,所以其差值是一个负数。根据 $((N)_补)_补 = (N)_原$,有

$$(11100)_补 = (-0100)_原 = (-4)_{10}$$

需要指出的是,在两个同符号数相加时,其绝对值之和不可超过数值位所能表示的最大值,否则会溢出,得出错误的结果。

1.2.4 二进制编码

编码是按一定规则排列起来以表示数字、符号等特定信息的二进制码。常用的编码有二—十进制码、格雷码和 ASCⅡ 码等。

1. 二—十进制码

十进制的数码一共有 10 个,所以表示 1 位十进制数至少要用 4 位二进制数码。这种用于表示十进制数的二进制代码称为二—十进制码(Binary Coded Decimal),简称为 BCD 码。

4 位二进制数可以产生 $2^4 = 16$ 种状态，因此用 4 位二进制数表示 1 位十进制数，有 6 种状态是多余的。从 16 种状态中选择 10 种，有多种组合，这就形成了不同的 BCD 码，表 1.2.2 中列出了几种常用的 BCD 码。

表 1.2.2 常用的 BCD 代码

十进制数	8421 码	2421 码	5421 码	余 3 码	余 3 循环码
0	0000	0000	0000	0011	0010
1	0001	0001	0001	0100	0110
2	0010	0010	0010	0101	0111
3	0011	0011	0011	0110	0101
4	0100	0100	0100	0111	0100
5	0101	1011	1000	1000	1100
6	0110	1100	1001	1001	1101
7	0111	1101	1010	1010	1111
8	1000	1110	1011	1011	1110
9	1001	1111	1100	1100	1010

8421BCD 码是二—十进制编码中最常用的一种编码。它是用 4 位自然二进制数的前 10 个状态 0000~1001 依次表示十进制数码 0~9，而其余 6 种组合 1010~1111 是无效的。8421 码是一种有权码，每位都有固定的权，各位的权从左到右分别是 8、4、2、1，故称为 8421BCD 码。

2421 码和 5421 码，各位的权从左到右分别是 2、4、2、1 和 5、4、2、1。有权码按权展开式为

$$(N)_{10} = b_3 W_3 + b_2 W_2 + b_1 W_1 + b_0 W_0$$

式中，b_3、b_2、b_1、b_0 为各位的代码；W_3、W_2、W_1、W_0 为各位的权值。

余 3 码和余 3 循环码是无权码，其各位无固定的权。余 3 码中有效的十组代码为 0011~1100，代表十进制数 0~9，它由 8421 码加 3 (0011) 后得到，所以叫余 3 码。余 3 循环码任意两个相邻代码之间仅有 1 位取值不同，具有相邻性。

用 BCD 码表示十进制数时，只要将十进制数的每个数码分别用对应的 BCD 码代入即可。反之亦然。

[例 1.2.15]　将 $(35.9)_{10}$ 分别转换为 8421BCD 码和余 3 码。

解：由表 1.2.2 可得

$$(35.9)_{10} = (0011\ 0101.1001)_{8421BCD}$$

$$(35.9)_{10} = (0110\ 1000.1100)_{余3码}$$

[例 1.2.16]　将 $(00011001.0111)_{8421BCD}$ 转换为十进制数。

解：将 BCD 码以小数点为起点，分别向左、右每 4 位分成一组，再写出每一组代码表示的十进制数，有

$$(010100011001.0110)_{8421BCD} = (519.6)_{10}$$

需要注意的是，用 BCD 码表示的数，尽管从形式上看与自然二进制码相同，但它们的

各位之间不存在"逢2进1"的进位关系,因而不能按二进制运算法则进行运算。

2. 格雷码

格雷码又称循环码,是无权码,编码见表1.2.3。格雷码的特点是任意两个相邻码之间仅有1位数码不同,包括首、尾两个码。格雷码的这个特点使它在代码形成和传输时引起的误差较小。格雷码也称为安全码。

3. 字符代码

计算机处理的数据不仅有数字,还有字母、标点符号、运算符号及其他特殊符号。这些数字、字母和专用符号统称字符。字符都必须用二进制代码来表示,它们的编码称为字符代码。

ASCII 码,即美国信息交换标准码(American Standard Code for Information Interchange),是计算机键盘上的键符所用编码。ASCII 码用7位二进制代码($b_7 b_6 b_5 b_4 b_3 b_2 b_1$)表示128种不同的字符,其中有96个图形字符(26个大写英文字母、26个小写英文字母、10个数字符号和34个专用符号)和32个控制字符,具体见表1.2.4。每个控制码的含义见表1.2.5。

表 1.2.3 格雷码

十进制数	格雷码
0	0000
1	0001
2	0011
3	0010
4	0110
5	0111
6	0101
7	0100
8	1100
9	1101
10	1111
11	1110
12	1010
13	1011
14	1001
15	1000

表 1.2.4 7位 ASCⅡ 码编码表

$b_4 b_3 b_2 b_1$	$b_7 b_6 b_5$							
	000	001	010	011	100	101	110	111
0000	NUL	DLE	SP	0	@	P	\	p
0001	SOH	DC1	!	1	A	Q	a	q
0010	STX	DC2	"	2	B	R	b	r
0011	ETX	DC3	#	3	C	S	c	s
0100	EOT	DC4	$	4	D	T	d	t
0101	ENQ	NAK	%	5	E	U	e	u
0110	ACK	SYN	&	6	F	V	f	v
0111	BEL	ETB	'	7	G	W	g	w
1000	BS	CAN	(	8	H	X	h	x
1001	HT	EM	)	9	I	Y	i	y
1010	LF	SUB	*	:	J	Z	j	z
1011	VT	ESC	+	;	K	[	k	{
1100	FF	FS	,	<	L	\	l		
1101	CR	GS	-	=	M	]	m	}
1110	SO	RS	.	>	N	↑	n	~
1111	SI	US	/	?	O	←	o	DEL

表 1.2.5　ASCⅡ码中控制码的含义

代码	含义	
NUL	Null	空白，无效
SOH	Start of heading	标题开始
STX	Start of text	正文开始
ETX	End of text	文本结束
EOT	End of transmission	传输结束
ENQ	Enquiry	询问
ACK	Acknowledge	承认
BEL	Bell	报警
BS	Backspace	退格
HT	Horizontal tab	横向制表
LF	Line feed	换行
VT	Vertical tab	垂直制表
FF	Form feed	换页
CR	Carriage return	回车
SO	Shift out	移出
SI	Shift in	移入
DLE	Date Link escape	数据通信换码
DC1	Device control1	设备控制 1
DC2	Device control2	设备控制 2
DC3	Device control3	设备控制 3
DC4	Device control4	设备控制 4
NAK	Negative acknowledge	否定
SYN	Synchronous idle	空转同步
ETB	End of transmission block	信息块传输结束
CAN	Cancel	作废
EM	End of medium	媒体用毕
SUB	Substitute	代替，置换
ESC	Escape	扩展
FS	File separator	文件分隔
GS	Group separator	组分隔
RS	Record separator	记录分隔
US	Unit separator	单元分隔
SP	Space	空格
DEL	Delete	删除

1.3　逻辑代数基础

1.3.1　基本逻辑运算

两个二进制数码按照某种指定的因果关系进行的运算称为逻辑运算。逻辑运算与算术运算完全不同，它所使用的数学工具是逻辑代数（Logic Algebra）。逻辑代数是英国数学家乔治·布尔在 19 世纪中叶创立的，因而也称为布尔（Boolean）代数。逻辑代数研究逻辑函数与逻辑变量之间的关系，是分析和设计逻辑电路的数学工具。

与普通代数一样，逻辑代数由逻辑变量和逻辑运算组成。在逻辑代数中，用英文字母表示逻辑变量，字母上面无反号的称为原变量，如 A、B、C，有反号的叫作反变量，如 $\bar{A}$、$\bar{B}$、$\bar{C}$。逻辑变量可以分为逻辑自变量（简称逻辑变量）和逻辑因变量（即逻辑函数）。在二值逻辑中，逻辑变量仅有两种取值，即逻辑"1"和逻辑"0"。"1"和"0"是逻辑常量，它们不具有数的性质，仅仅表示完全对立的两个逻辑状态。

逻辑代数最基本的逻辑运算有"与"（AND）、"或"（OR）、"非"（NOT）三种。

1. "与"运算

当决定某一事件的所有条件都具备时，这一事件才能发生，这种逻辑关系称为"与"逻辑。图1.3.1所示指示灯开关控制电路是"与"逻辑的一个例子。图中 A 和 B 作为输入变量，灯 Y 作为输出变量。如果以开关闭合作为条件，灯亮作为结果，只有当开关 A 和 B 都闭合，灯 Y 才亮；A 和 B 中只要有一个断开，灯就不亮。所以灯 Y 与开关 A 和 B 是"与"逻辑关系。

如果用"1"表示开关闭合，"0"表示开关断开，灯亮时 $Y=$"1"，灯灭时 $Y=$"0"，则可以列出 Y 与 A、B 的逻辑关系的图表，见表1.3.1，这种图表称为真值表（Truth Table）。真值表是输入变量所有的取值组合与对应的输出变量值所列的表格，它是描述逻辑功能的一种重要方法。

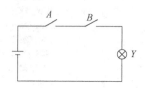

图 1.3.1　"与"逻辑举例

表 1.3.1　"与"逻辑真值表

A	B	Y
0	0	0
0	1	0
1	0	0
1	1	1

逻辑代数中将"与"逻辑定义为逻辑乘法。"与"运算定义了变量 A、B 和函数 Y 的"与"逻辑关系。用语句来描述就是：当且仅当变量 A 和 B 都为"1"时，函数 Y 为"1"；或者可用另一种方式来描述，就是：只要变量 A 或 B 中有一个为"0"，则函数 Y 为"0"。

"与"运算的逻辑表达式为

$$Y = A \cdot B \tag{1.3.1}$$

式中，乘号"·"表示"与"运算，也称逻辑乘。在不至于引起混淆的前提下，乘号"·"经常被省略。该式可读作 Y 等于 A 乘 B，也可读作 Y 等于 A 与 B。

由"与"运算关系的真值表可知"与"逻辑的运算规律为

$$0 \cdot 0 = 0$$
$$0 \cdot 1 = 1 \cdot 0 = 0$$
$$1 \cdot 1 = 1 \tag{1.3.2}$$

简单地记为：有"0"出"0"，全"1"出"1"。

由此可推出其一般形式为

$$A \cdot 0 = 0$$
$$A \cdot 1 = A$$
$$AA = A \tag{1.3.3}$$

实现"与"逻辑的电路称为"与门"，其逻辑图形符号如图1.3.2所示。

图1.3.2所示矩形符号和特定外形符号均被 IEEE（电气与电子工程师协会）认定为国际标准符号，图1.3.2a所示矩形符号为我国标准符号。本书除可编程逻辑器件 PLD 相关章节外，均采用矩形符号。

2. "或"运算

决定某事件的所有条件中,只要有1个或1个以上条件具备,事件就发生,这种逻辑关系称为"或"逻辑。"或"逻辑运算可用指示灯开关控制电路两个开关相并联的例子来说明,如图1.3.3所示。由图可见,开关 A 和 B 只要有1个闭合,指示灯就亮。它反映的就是"或"逻辑关系。

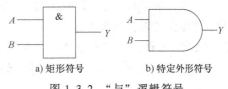

图 1.3.2 "与"逻辑符号

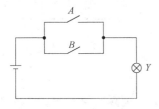

图 1.3.3 "或"逻辑举例

表 1.3.2 "或"逻辑真值表

A	B	Y
0	0	0
0	1	1
1	0	1
1	1	1

同前,用"1"表示开关闭合,"0"表示开关断开,灯亮时 $Y=1$,灯灭时 $Y=0$,则可以列出其真值表,见表1.3.2。

"或"运算定义了变量 A、B 与函数 Y 的或逻辑关系。用语句来描述就是:只要变量 A 和 B 中任何一个为"1",则函数 Y 为"1";或者说:当且仅当变量 A 和 B 均为"0"时,函数 Y 才为"0"。

"或"运算的逻辑表达式为

$$Y=A+B \tag{1.3.4}$$

式中,加号"+"表示"或"运算,也称逻辑加。该式可读作: Y 等于 A 加 B,也可读作: Y 等于 A 或 B。

由"或"运算关系的真值表可知"或"逻辑的运算规律为

$$\begin{aligned} 0+0 &= 0 \\ 0+1 &= 1+0 = 1 \\ 1+1 &= 1 \end{aligned} \tag{1.3.5}$$

简单地记为:有"1"出"1",全"0"出"0"。

由此可推出其一般形式为

$$\begin{aligned} A+0 &= A \\ A+1 &= 1 \\ A+A &= A \end{aligned} \tag{1.3.6}$$

实现"或"逻辑运算功能的电路称为"或门",其逻辑图形符号如图1.3.4所示。

3. "非"运算

当决定某一事件的条件满足时,事件不发生,反之事件发生,这种逻辑关系称为"非"逻辑。图1.3.5所示指示灯开关控制电路是"非"逻辑的一个例子。电路中,开关断开时灯亮,开关闭合时灯不亮。它反映的就是"非"逻辑关系。

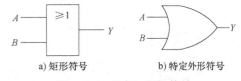

图 1.3.4 "或"逻辑符号

同前，用"1"表示开关闭合，"0"表示开关断开，灯亮时 $Y=1$，灯灭时 $Y=0$，则可以列出其真值表，见表1.3.3。

"非"运算定义了变量 A 与函数 Y 的"非"逻辑关系。用语句来描述就是：当 $A=1$ 时，则函数 $Y=0$；反之，当 $A=0$ 时，则函数 $Y=1$。

表1.3.3 "非"逻辑真值表

A	Y
0	1
1	0

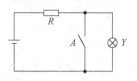

图1.3.5 "非"逻辑举例

"非"运算的逻辑表达式为

$$Y=\overline{A} \quad (1.3.7)$$

式中，字母上方的横线"－"表示"非"运算，又称"反"运算。该式可读作：Y 等于 A 非或 Y 等于 A 反。

由"非"运算关系的真值表可知"非"逻辑的运算规律为

$$\overline{0}=1$$
$$\overline{1}=0 \quad (1.3.8)$$

简单地记为：有"0"出"1"，有"1"出"0"。

由此可推出其一般形式为

$$\overline{\overline{A}}=A$$
$$A+\overline{A}=1$$
$$A\overline{A}=0 \quad (1.3.9)$$

实现"非"逻辑运算功能的电路称为"非门"。"非门"也叫反相器。图1.3.6是"非"逻辑图形符号，图中的小圆圈表示取反。

4. 复合逻辑运算

"与""或""非"三种逻辑是逻辑代数最基本运算关系。用"与""或""非"三种基本逻辑运算的各种不同组合可以构成复合逻辑运算。常用的复合逻辑运算有"与非""或非""与或非""异或"和"同或"。

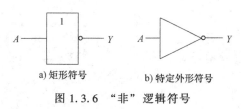

图1.3.6 "非"逻辑符号

（1）"与非"运算　将"与"和"非"运算组合在一起可以构成"与非"运算，或称"与非"逻辑。逻辑图形符号和真值表分别如图1.3.7所示和见表1.3.4。逻辑表达式为

$$Y=\overline{AB} \quad (1.3.10)$$

表1.3.4 "与非"逻辑真值表

A	B	Y
0	0	1
0	1	1
1	0	1
1	1	0

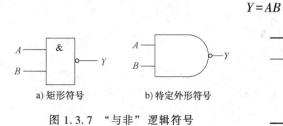

图1.3.7 "与非"逻辑符号

（2）"或非"运算　将"或"和"非"运算组合在一起则可以构成"或非"运算，或称"或非"逻辑。逻辑符号和真值表分别如图 1.3.8 所示和见表 1.3.5。逻辑表达式为

$$Y = \overline{A+B} \tag{1.3.11}$$

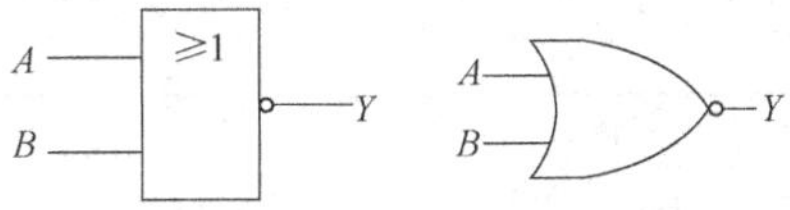

表 1.3.5　"或非"逻辑真值表

A	B	Y
0	0	1
0	1	0
1	0	0
1	1	0

a) 矩形符号　　b) 特定外形符号

图 1.3.8　"或非"逻辑符号

（3）"与或非"运算　将"与""或""非"三种运算组合在一起则可以构成"与或非"运算，或称"与或非"逻辑。逻辑图形符号和真值表分别如图 1.3.9 所示和见表 1.3.6。逻辑表达式为

$$Y = \overline{AB+CD} \tag{1.3.12}$$

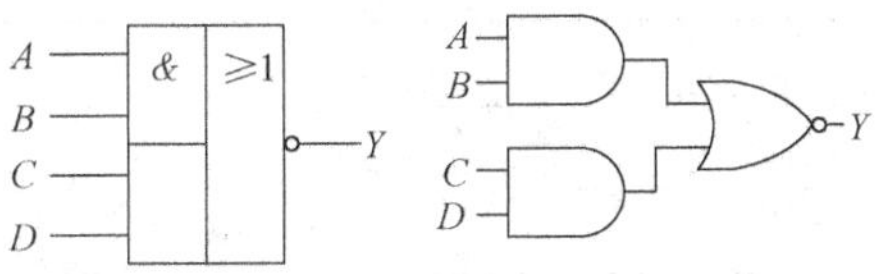

表 1.3.6　"与或非"逻辑真值表

A	B	C	D	Y	A	B	C	D	Y
0	0	0	0	1	1	0	0	0	1
0	0	0	1	1	1	0	0	1	1
0	0	1	0	1	1	0	1	0	1
0	0	1	1	0	1	0	1	1	0
0	1	0	0	1	1	1	0	0	0
0	0	0	0	1	1	0	0	0	1
0	0	0	1	1	1	0	0	1	1

a) 矩形符号　　b) 特定外形符号

图 1.3.9　"与或非"逻辑符号

（4）"异或"运算　"异或"运算也称"异或"逻辑，它是两个变量的逻辑函数。其逻辑关系是：当输入 A、B 相同时，输出 $Y=0$；当输入 A、B 不同时，输出 $Y=1$。逻辑符号和真值表分别如图 1.3.10 所示和见表 1.3.7。逻辑表达式为

$$Y = A\overline{B} + \overline{A}B = A \oplus B \tag{1.3.13}$$

式中，"$\oplus$"为"异或"运算符号。

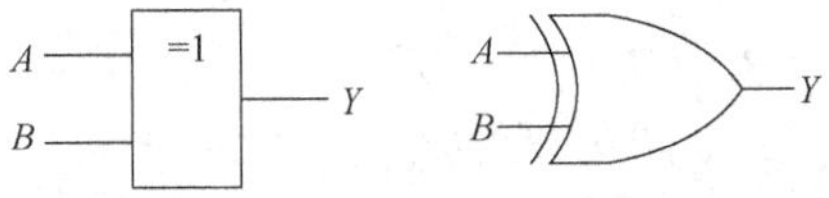

表 1.3.7　"异或"逻辑真值表

A	B	Y
0	0	0
0	1	1
1	0	1
1	1	0

a) 矩形符号　　b) 特定外形符号

图 1.3.10　"异或"逻辑符号

（5）"同或"运算　"同或"运算也称"同或"逻辑，"同或"运算与"异或"运算相反。其逻辑关系是：当输入 A、B 相同时，输出 $Y=1$；当输入 A、B 不同时，输出 $Y=0$。逻辑符号和真值表分别如图 1.3.11 所示和见表 1.3.8。逻辑表达式为

$$Y = AB + \overline{A}\,\overline{B} = A \odot B \tag{1.3.14}$$

式中，"$\odot$"为"同或"运算符号。

由表 1.3.7 和表 1.3.8 可见，"异或"和"同或"互为反运算，即

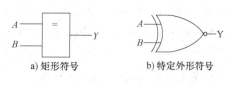

图 1.3.11 "同或"逻辑符号 a) 矩形符号 b) 特定外形符号

表 1.3.8 "同或"逻辑真值表

A	B	Y
0	0	1
0	1	0
1	0	0
1	1	1

$$A \oplus B = \overline{A \odot B}; \quad A \odot B = \overline{A \oplus B} \tag{1.3.15}$$

1.3.2 逻辑代数的基本定律

逻辑代数的基本运算公式和定律见表 1.3.9。

表 1.3.9 逻辑代数的基本定律

1—0 律	$A \cdot 1 = A$ $A \cdot 0 = 0$ $A\overline{A} = 0$	$A + 1 = 1$ $A + 0 = A$ $\overline{A} + A = 1$
还原律	$\overline{\overline{A}} = A$	
重叠律	$AA = A$	$A + A = A$
交换律	$AB = BA$	$A + B = B + A$
结合律	$A(BC) = (AB)C$	$A + (B + C) = (A + B) + C$
分配律	$A(B + C) = AB + AC$	$A + (BC) = (A + B)(A + C)$
反演律	$\overline{AB} = \overline{A} + \overline{B}$	$\overline{A + B} = \overline{A}\,\overline{B}$
吸收律	$A(A + B) = A$ $A(\overline{A} + B) = AB$	$A + AB = A$ $A + \overline{A}B = A + B$
多余项定律	$(A + B)(A + \overline{B}) = A$	$AB + \overline{A}C + BC = AB + \overline{A}C$

反演律（又称为摩根定律）是非常重要的公式，经常用于逻辑函数的变换和求逻辑函数的反函数。

上述公式和定律可以通过真值表和已经证明过的基本定律来进行证明。

[例 1.3.1]　用真值表证明摩根定律 $\overline{AB} = \overline{A} + \overline{B}$、$\overline{A + B} = \overline{A}\,\overline{B}$。

证明：将 A、B 所有可能的取值组合逐一代入等式的左右两边，得出运算结果见表 1.3.10。

表 1.3.10 例 1.3.1 的真值表

A	B	$\overline{AB}$	$\overline{A} + \overline{B}$	$\overline{A}\,\overline{B}$	$\overline{A + B}$
0	0	1	1	1	1
0	1	1	1	0	0
1	0	1	1	0	0
1	1	0	0	0	0

从表 1.3.10 可以看出，等式的左边和右边在变量 A、B 的不同取值下结果完全相同，因而等式成立。

[例 1.3.2]　证明 $AB + \overline{A}C + BC = AB + \overline{A}C$ 成立。

证明：利用 1—0 律，等式左边为

$$AB+\overline{A}C+BC = AB+\overline{A}C+BC(A+\overline{A})$$
$$= AB+\overline{A}C+ABC+\overline{A}BC$$
$$= AB(1+C)+\overline{A}C(1+B)$$
$$= AB+\overline{A}C$$

等式两边相等，因而等式成立。

由上式可以看出，在"与或"表达式中，两个乘积项分别包含同一因子的原变量和反变量，而两项的剩余因子包含在第三个乘积项中，则第三项是多余的。公式可推广为

$$AB+\overline{A}C+BCDE = AB+\overline{A}C$$

1.3.3 逻辑代数的基本规则

逻辑代数的基本规则有代入规则、反演规则和对偶规则。

1. 代入规则

代入规则是指在任何一个逻辑等式中，如果将等式两边的同一变量（比如 A）都用另一函数（比如 Y）代替，则等式仍然成立。

例如，在等式 $\overline{AB}=\overline{A}+\overline{B}$ 中，若用 $Y=BC$ 来代替等式中的 B，根据反演律有

$$左边 = \overline{A(BC)} = \overline{A}+\overline{BC} = \overline{A}+\overline{B}+\overline{C}$$
$$右边 = \overline{A}+\overline{BC} = \overline{A}+\overline{B}+\overline{C}$$

等式仍然成立。

利用代入规则可以方便地将基本运算公式推广为多变量的形式。

2. 反演规则

反演规则是指对于一个逻辑函数 Y，如果将函数中所有"与"（·）换成"或"（+），"或"（+）换成"与"（·），"1"换成"0"，"0"换成"1"，原变量换成反变量，反变量换成原变量，所得到的逻辑函数表达式就是逻辑函数 Y 的反函数 $\overline{Y}$。反演规则是反演律的推广。

[**例 1.3.3**] 已知 $Y=\overline{A+B}\cdot\overline{\overline{B}+C}$，求 $\overline{Y}$。

解：根据反演定律可写出

$$\overline{Y}=\overline{A}\,\overline{B}+\overline{B}C$$

在运用反演规则时要注意原函数的运算顺序（先括号内，然后按先"与"再"或"的顺序变换）保持不变，必要时加入括号。不属于单个变量上的"非"号要保持不变。

[**例 1.3.4**] 已知 $Y=A\cdot\overline{B}+\overline{(A+C)B}$，求 $\overline{Y}$。

解：根据反演定律可写出

$$\overline{Y}=(\overline{A}+B)\overline{\overline{A}\,\overline{C}+\overline{B}}$$

3. 对偶规则

对偶规则是指对于一个逻辑函数 Y，如果将函数中所有的"与"换成"或"，"或"换成

"与","1"换成"0","0"换成"1",变量保持不变,则可以得到一个新的逻辑函数表达式 Y',称 Y' 为原函数 Y 的对偶式。利用对偶规则,可从已知公式中得到更多的运算公式。

例如,若
$$Y=A(\overline{B}+C)$$
则其对偶式为
$$Y'=A+\overline{B}C$$

如果两个逻辑函数式相等,则它们相应的对偶式也相等。

例如,已知
$$A+BCD=(A+B)(A+C)(A+D)$$
则有
$$A(B+C+D)=AB+AC+AD$$

在运用对偶规则时同样要注意保持原函数的运算顺序不变。

1.4 逻辑函数及其表示方法

1.4.1 逻辑函数的建立和表示方法

在逻辑代数中,如果输入逻辑变量 A、B、C、…的取值确定之后,输出逻辑变量 Y 的值也被唯一确定,则称 Y 是 A、B、C、…的逻辑函数,并记作
$$Y=F(A,B,C,\cdots)$$

由于变量的取值只有"0"和"1"两种状态,所以,在这里所讨论的都是二值逻辑函数。对于任何一个具体的二值逻辑问题,利用输入逻辑变量反映"条件",用输出逻辑变量反映"结果",从而建立逻辑函数。例如,一个奇偶校验电路,有 3 个输入 A、B、C,1 个输出端 Y,功能是输入信号有奇数个"1"时输出为"1",则 Y 与 A、B、C 之间的关系可以用逻辑函数 $Y=F(A,B,C)$ 表示。

常用的逻辑函数表示方法有逻辑函数表达式、逻辑图、真值表、波形图、卡诺图和硬件描述语言,它们之间可以互相转换。

1. 真值表

真值表(Truth Table)是以表格的形式反映输入逻辑变量的取值组合与函数值之间的对应关系。逻辑函数的真值表具有唯一性。

用真值表表达上述奇偶校验电路逻辑关系见表 1.4.1。真值表的左边是自变量的取值组合,右边是函数值。该函数有 3 个输入变量,因此共有 $2^3=8$ 种可能的组合。若逻辑函数有 n 个变量,则有 2^n 个不同的变量取值组合。

真值表左边的各行一般按二进制顺序排列。

表 1.4.1 真值表

A	B	C	Y
0	0	0	0
0	0	1	1
0	1	0	1
0	1	1	0
1	0	0	1
1	0	1	0
1	1	0	0
1	1	1	1

2. 逻辑函数表达式

用"与""或""非"等逻辑运算表示逻辑函数输出和输入之间逻辑关系的代数式称为逻辑函数表达式。

根据真值表可写出逻辑函数表达式，方法是首先找出使逻辑函数 Y 等于"1"的变量取值组合，每个取值组合对应一个乘积项，变量取值为"1"的用原变量表示，取值为"0"的用反变量表示，再将这些乘积项相或，即得到逻辑函数表达式。由表 1.4.1 真值表可写出逻辑函数表达式

$$Y = \overline{A}\,\overline{B}C + \overline{A}\,B\,\overline{C} + A\,\overline{B}\,\overline{C} + ABC \tag{1.4.1}$$

逻辑函数表达式的形式不具有唯一性。按照表达式中乘积项的特点以及各个乘积项之间的关系，一个逻辑表达式可以写出形形色色的表达形式，如"与或"式、"与非-与非"式、"或与非"式、"与或非"式、"或与"式和"或非-或非"式等。利用逻辑代数基本公式和定律，不同形式逻辑表达式之间可以互相转换。例如

$$Y = AB + \overline{A}C \qquad \text{"与或"式}$$

$$= \overline{\overline{AB}\,\overline{\overline{A}\,C}} \qquad \text{"与非-与非"式}$$

$$= \overline{(\overline{A}+\overline{B})(A+\overline{C})} \qquad \text{"或与非"式}$$

$$= \overline{\overline{A}\,\overline{C} + A\,\overline{B}} \qquad \text{"与或非"式}$$

$$= (A+C)(\overline{A}+B) \qquad \text{"或与"式}$$

$$= \overline{\overline{A+C} + \overline{\overline{A}+B}} \qquad \text{"或非-或非"式}$$

3. 逻辑图

将逻辑函数中各变量之间的"与""或""非"等逻辑关系用相应的逻辑符号表示出来的图形，称为逻辑电路图，简称为逻辑图。逻辑图是逻辑关系的另一种重要表示方法。

与式（1.4.1）对应的逻辑电路图如图 1.4.1 所示。

4. 波形图

波形图是输入变量取值和对应的输出值随时间变化的波形。这种波形图也称为时序图（Timing Diagram）。它用相对于时间的波形变换来表示逻辑函数与变量之间的逻辑关系。

例如，对于式（1.4.1）的逻辑关系，将表 1.4.1 给出的输入变量取值和输出变量值依时间顺序排列，就得到其波形图，如图 1.4.2 所示。通常在分析一个数字系统时，时间轴可以不标。

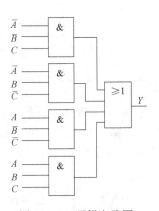

图 1.4.1　逻辑电路图

1.4.2　逻辑函数表示方法之间的转换

逻辑函数真值表、逻辑函数表达式、逻辑电路图、波形图是描述同一个逻辑问题的不同方法，这些方法是可以互相转换的，或者说，由其中一种形式可以得到其他任一种形式。

[例1.4.1] 写出图1.4.3所示逻辑电路的表达式。

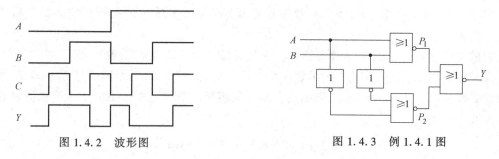

图1.4.2 波形图　　　　　　图1.4.3 例1.4.1图

解： 分别写出每个逻辑符号输出端的逻辑式，得

$$P_1 = \overline{A+B} \qquad P_2 = \overline{\overline{A}+\overline{B}}$$

$$Y = \overline{P_1 + P_2} = \overline{\overline{A+B} + \overline{\overline{A}+\overline{B}}} = \overline{A}\,\overline{B} + AB = \overline{A}\,B + A\,\overline{B} = A \oplus B$$

[例1.4.2] 已知函数的逻辑表达式为 $Y = A + B\overline{C}$，试列出相应的真值表。

解： 1) 根据输入变量的个数（$n=3$）来确定输入取值组合（$2^3 = 8$）。

2) 将输入的取值代入逻辑函数，求出对应的输出值。

3) 填写如所示真值表见表1.4.2。

[例1.4.3] 已知某逻辑函数的真值表见表1.4.3，试写出其逻辑表达式。

表1.4.2 [例1.4.2]的真值表

输入			输出
A	B	C	Y
0	0	0	0
0	0	1	0
0	1	0	1
0	1	1	0
1	0	0	1
1	0	1	1
1	1	0	1
1	1	1	1

表1.4.3 例1.4.3真值表

A	B	C	Y
0	0	0	0
0	0	1	0
0	1	0	0
0	1	1	1
1	0	0	0
1	0	1	1
1	1	0	0
1	1	1	1

解： 由真值表可见，当输入变量ABC取值为"011""101""111"时，输出Y等于"1"。输入变量之间是"与"的关系，取值为"1"的用原变量表示，取值为0的用反变量表示；输出状态之间的组合是"或"的关系。因此得到逻辑表达式

$$Y = \overline{A}BC + A\overline{B}C + ABC$$

[例1.4.4] 已知输入信号A、B的波形，试画出图1.4.4所示逻辑门输出 Y_1、Y_2 的波形。

解： 将输入信号的变化分段，然后按照每一段输入信号的取值，根据 Y_1、Y_2 与输入变量的逻辑关系，逐段画出输出 Y_1 和 Y_2 波形，如图1.4.5所示。

[例1.4.5] 已知逻辑函数Y的波形如图1.4.6所示，试求该逻辑函数的真值表。

解：根据图 1.4.6 中输入信号的取值及对应输出信号的值，列出其真值表见表 1.4.4。

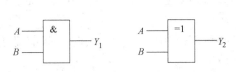

图 1.4.4　例 1.4.4 图

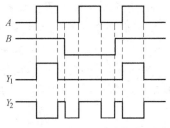

图 1.4.5　例 1.4.4 解图

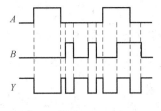

图 1.4.6　例 1.4.5 图

表 1.4.4　例 1.4.5 真值表

A	B	Y
0	0	1
0	1	0
1	0	0
1	1	1

1.4.3　逻辑函数的标准形式

逻辑函数的最小项之和及最大项之积是逻辑函数表达式的两种标准形式。

1. 逻辑函数的最小项

在 n 个变量的逻辑函数中，若 m 是由 n 个变量组成的乘积项，而且这 n 个变量均以原变量或反变量的形式在 m 中出现 1 次，则称该乘积项 m 为该组逻辑变量的最小项。

由于一个变量仅有 "0" 和 "1" 两种形式，因此 n 个变量的逻辑函数共有 2^n 个最小项。变量取值为 "0" 的用反变量表示，变量取值为 "1" 的用原变量表示。例如有 A、B 两个变量时，最小项为：$\bar{A}\bar{B}$、$\bar{A}B$、$A\bar{B}$、AB，共有 $2^2=4$ 个最小项。

最小项通常用 m_i 表示，i 为最小项编号。最小项编号等于对应变量取值的等值十进制数。例如对于最小项 $A\bar{B}C$，对应变量取值是二进制数 "101"，它的十进制数值为 5，所以，最小项 $A\bar{B}C$ 的最小项编号是 m_5。表 1.4.5 示出了以三变量为例的最小项及编号。

表 1.4.5　三变量的最小项

十进制数	A	B	C	最小项	编号
0	0	0	0	$\bar{A}\bar{B}\bar{C}$	m_0
1	0	0	1	$\bar{A}\bar{B}C$	m_1
2	0	1	0	$\bar{A}B\bar{C}$	m_2
3	0	1	1	$\bar{A}BC$	m_3
4	1	0	0	$A\bar{B}\bar{C}$	m_4
5	1	0	1	$A\bar{B}C$	m_5
6	1	1	0	$AB\bar{C}$	m_6
7	1	1	1	ABC	m_7

最小项具有下列性质:

1) 对于任意一个最小项,只有1组变量取值使之为"1"。

2) n 个变量的全部最小项之和为"1"。

这是因为 n 个变量的任意一组取值,总有一个最小项取值为"1",其余取值均为"0"。

3) 任意两个不同最小项的乘积恒为"0"。

因为变量的每一组取值,两个不同的最小项不可能同时为"1",所以两个最小项相乘必为"0"。

4) n 个变量的任一个最小项有 n 个相邻项。

若两个最小项只有1个因子不同(互补),则称这两个最小项是相邻项。例如,三变量的一个最小项 ABC,它的相邻项为 $AB\bar{C}$、$A\bar{B}C$ 和 $\bar{A}BC$。

由此可以推得,具有相邻性的两个最小项之和可以合并成一项并消去1个变量。例如,两个相邻的最小项取和,$A\bar{B}C+A\bar{B}\bar{C}=A\bar{B}$,结果合并为一项,并将互补因子消去。

2. 逻辑函数的最大项

在 n 个变量的逻辑函数中,若 M 是 n 个变量之和项,而且这个变量均以原变量或反变量的形式在 M 中出现1次,则称 M 为该组逻辑变量的最大项;同样,n 个变量的逻辑函数共有 2^n 个最大项。例如有 A、B 两个变量时,最大项为:$\bar{A}+\bar{B}$、$\bar{A}+B$、$A+\bar{B}$、$A+B$,共有 $2^2=4$ 个最大项。

最大项通常用编号 M_i 表示。对于一个最大项,输入变量只有1组二进制数使其取值为"0",与该二进制数对应的十进制数就是该最大项的下标编号。可以将最大项对应的二进制数写出,进行"0""1"互换,它所对应的十进制数就是最大项的下标。例如最大项 $\bar{A}+B+C$,对应的二进制数是 011,"0""1"互换,新的二进制数是 100,最大项 $\bar{A}+B+C$ 表示为 M_4。3个变量 A、B、C 的最大项见表 1.4.6。

表 1.4.6 三变量的最大项

十进制数	A	B	C	最大项	编号
0	0	0	0	$A+B+C$	M_0
1	0	0	1	$A+B+\bar{C}$	M_1
2	0	1	0	$A+\bar{B}+C$	M_2
3	0	1	1	$A+\bar{B}+\bar{C}$	M_3
4	1	0	0	$\bar{A}+B+C$	M_4
5	1	0	1	$\bar{A}+B+\bar{C}$	M_5
6	1	1	0	$\bar{A}+\bar{B}+C$	M_6
7	1	1	1	$\bar{A}+\bar{B}+\bar{C}$	M_7

与最小项类似,最大项也有几个重要的性质。

1) 任意一个最大项,输入变量只有1组取值使之为"0"。

2) n 个变量的全部最大项之积为"0"。

3) 任意两个最大项之和为"1"。

4) n 个变量的每一个最大项有 n 个相邻项。

最大项是"或"逻辑，最小项是"与"逻辑，最大项和最小项是对偶的关系。最小项的反是最大项；最大项的反是最小项。在变量个数相同的条件下，编号相同的最小项和最大项互为反函数。即 $M_i = \overline{m_i}$。

例如，$M_7 = \overline{m_7} = \overline{ABC} = \overline{A} + \overline{B} + \overline{C}$。

3. 标准"与或"表达式

任何一个逻辑函数，都可以表示成若干个最小项之和，称为最小项标准"与或"表达式，或称为最小项之和表达式。

可以利用公式 $A + \overline{A} = 1$，将任何一个逻辑式展成标准"与或"表达式，也可以由真值表求标准"与或"表达式。任何一个逻辑函数都可以用真值表来描述，而真值表中的每一行，实质上就是一个最小项。所以，只要将真值表中输出函数 $Y = 1$ 的最小项相加，就是此函数的标准"与或"式。应当指出，对于任何一个逻辑函数，它的真值表是唯一的，因此它的标准"与或"式也是唯一的。

[例 1.4.6] 将函数 $Y = A\overline{B} + AC$ 化为最小项标准"与或"表达式。

解：

$$\begin{aligned}
Y &= A\overline{B} + AC \\
&= A\overline{B}(C + \overline{C}) + AC(B + \overline{B}) \\
&= A\overline{B}C + A\overline{B}\,\overline{C} + ABC \\
&= m_5 + m_4 + m_7 \\
&= \sum m(4,5,7)
\end{aligned}$$

4. 标准"或与"表达式

任何一个逻辑函数都可以表示成最大项之积的标准形式，称为标准最大项"或与"表达式，或称为最大项之积表达式。

[例 1.4.7] 写出 $Y = AB + AC + BC$ 的最大项标准"或与"表达式

解： 首先多次利用反演律将表达式变换为"或与"式，然后再利用公式 $\overline{A}A = 0$ 和 $A + BC = (A+B)(A+C)$，将"或与"式中非最大项扩展为最大项。即

$$\begin{aligned}
Y &= AB + AC + BC \\
&= \overline{\overline{AB + AC + BC}} = \overline{\overline{AB}\,\overline{AC}\,\overline{BC}} \\
&= \overline{(\overline{A}+\overline{B})(\overline{A}+\overline{C})(\overline{B}+\overline{C})} \\
&= \overline{\overline{A}\,\overline{B} + \overline{A}\,\overline{C} + \overline{B}\,\overline{C}} \\
&= (A+B)(A+C)(B+C) \\
&= (A+B+C\overline{C})(A+C+B\overline{B})(B+C+A\overline{A}) \\
&= (A+B+C)(A+B+\overline{C})(A+\overline{B}+C)(\overline{A}+B+C) \\
&= M_0 M_1 M_2 M_4 \\
&= \prod M(0,1,2,4)
\end{aligned}$$

1.5 逻辑函数的化简方法

1.5.1 逻辑函数的最简形式

根据逻辑函数表达式，可以画出相应的逻辑电路图。逻辑表达式的繁简程度直接影响到逻辑电路中所用电子器件的多少。为了降低系统成本，提高电路工作速度和可靠性，应在不改变逻辑功能基础上对逻辑函数进行化简。

例如，图 1.5.1a、b 所示逻辑电路图的逻辑函数表达式分别为

$$Y_1 = AB\overline{C} + A\overline{B}C + B + BC$$

$$Y_2 = AC + B$$

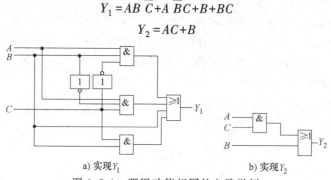

a) 实现 Y_1 b) 实现 Y_2

图 1.5.1 逻辑功能相同的电路举例

列出真值表可以看出 $Y_1 = Y_2$，即两个电路具有相同的逻辑功能。显然，可以用更简单的电路实现图 1.5.1a 的逻辑功能。

一个逻辑函数的真值表是唯一的，但函数表达式可以有"与或"式、"与非-与非"式等多种形式。在逻辑电路设计中，"与或"表达式是最常用的一种形式，任何一种逻辑关系都可以较方便地用"与或"表达式表示。

最简"与或"表达式的标准是：乘积项的个数最少且每个乘积项中变量的个数也最少。该标准对应于电路就是所用门的数量最少，且每个门的输入端个数最少。

化简逻辑函数时一般是先求最简"与或"表达式，如果工程上需要用其他电路形式来实现，再利用前述的逻辑函数转换方法求得所需形式的逻辑函数表达式。

逻辑函数常用的化简方法有代数化简法和卡诺图化简法。

1.5.2 逻辑函数的代数化简法

代数化简法就是利用逻辑代数基本运算定律及规则对逻辑函数进行化简。代数化简法没有固定的标准步骤，关键是熟悉并灵活运用所学逻辑代数的公式。

1. 并项法

利用公式 $AB + A\overline{B} = A$ 把两项合并为 1 项，消去 1 个互补的变量。如

$$AB\overline{C} + \overline{A}B\overline{C} = B\overline{C}(A + \overline{A}) = B\overline{C}$$

2. 吸收法

利用公式 $A + AB = A$ 和 $AB + \overline{A}C + BC = AB + \overline{A}C$，消去多余的乘积项。如

$$\overline{BC}+A\,\overline{BC}(D+E)=\overline{BC}$$

$$A\,\overline{B}CD+AC+\overline{C}D+ABD=AC(\overline{B}D+1)+\overline{C}D+ABD$$
$$=AC+\overline{C}D+ABD=AC+\overline{C}D$$

3. 消去法

利用公式 $A+\overline{A}B=A+B$，消去乘积项中多余的因子。如

$$\overline{A}BC+AB=AB+C$$

4. 配项法

利用公式 $A+\overline{A}=1$，在某乘积项中乘以 $A+\overline{A}$，将该乘积项展开配成两项，再同其它项合并化简。如

$$A\,\overline{B}+B\,\overline{C}+BC+\overline{A}B = A\,\overline{B}+B\,\overline{C}+BC(A+\overline{A})+\overline{A}B(C+\overline{C})$$
$$=A\,\overline{B}+B\,\overline{C}+A\,BC+\overline{A}\,BC+\overline{A}BC+\overline{A}B\,\overline{C}$$
$$=A\,\overline{B}(1+C)+B\,\overline{C}(1+\overline{A})+\overline{A}B(C+\overline{C})$$
$$=A\,\overline{B}+B\,\overline{C}+\overline{A}B$$

在化简逻辑函数时，常常需要综合、灵活运用上述方法。

[例 1.5.1] 化简逻辑函数 $Y=AC+\overline{BC}+B\,\overline{(A\,\overline{C}+\overline{A}C)}$。

解：$Y=AC+\overline{BC}+B\,\overline{(A\,\overline{C}+\overline{A}C)}$
$$=(\overline{A}+\overline{C})(B+\overline{C})+\overline{AB\,\overline{C}+\overline{A}BC}\quad\text{（摩根定律）}$$
$$=\overline{AB}+\overline{A}\,\overline{C}+B\,\overline{C}+\overline{C}+\overline{AB\,\overline{C}+\overline{A}\,BC}\quad\text{（利用 }A+AB=A\text{）}$$
$$=\overline{AB}+\overline{C}=(A+\overline{B})C=AC+\overline{B}C$$

[例 1.5.2] 化简逻辑函数 $Y=AB+A\,\overline{C}+\overline{B}C+\overline{C}B+\overline{B}D+\overline{D}B+ADEF$

解：$Y=AB+A\,\overline{C}+\overline{B}C+\overline{C}B+\overline{B}D+\overline{D}B+ADEF$
$$=A(B+\overline{C})+\overline{B}C+\overline{C}B+\overline{B}D+\overline{D}B+ADEF\quad\text{（分配律）}$$
$$=A\,\overline{\overline{B}C}+\overline{B}C+\overline{C}B+\overline{B}D+\overline{D}B+ADEF\quad\text{（摩根定律）}$$
$$=A+\overline{B}C+\overline{C}B+\overline{B}D+\overline{D}B+ADEF\quad\text{（利用 }A+\overline{A}B=A+B\text{）}$$
$$=A+\overline{B}C+\overline{C}B+\overline{B}D+\overline{D}B\quad\text{（利用 }A+AB=A\text{）}$$
$$=A+\overline{B}C(D+\overline{D})+\overline{C}B+\overline{B}D+\overline{D}B(C+\overline{C})\quad\text{（配项法）}$$
$$=A+(\overline{B}CD+\overline{B}D)+(\overline{B}C\,\overline{D}+\overline{D}BC)+(\overline{C}B+\overline{D}B\,\overline{C})\quad\text{（结合律）}$$
$$=A+\overline{B}D+C\,\overline{D}+B\,\overline{C}\quad\text{（利用 }A+AB=A\text{）}$$

从上面两个例子可以看出，用代数法化简逻辑函数时必须综合运用公式和定理，并掌握一定技巧，而且结果是否最简有时不易判别。

[例1.5.3] 用展成最小项之和的方法将逻辑函数 $Y=A\bar{B}+B\bar{C}+\bar{B}C+\bar{A}B$ 化简为最简"与或"式。

解：

$$A\bar{B}+B\bar{C}+\bar{B}C+\bar{A}B$$
$$=A\bar{B}(C+\bar{C})+B\bar{C}(A+\bar{A})+\bar{B}C(A+\bar{A})+\bar{A}B(C+\bar{C})$$
$$=A\bar{B}C+A\bar{B}\bar{C}+AB\bar{C}+\bar{A}B\bar{C}+A\bar{B}C+\bar{A}\bar{B}C+\bar{A}BC+\bar{A}B\bar{C}$$
$$=A\bar{B}+B\bar{C}+\bar{A}C$$

例1.5.3说明，将逻辑表达式先展成最小项之和的形式，然后利用并项法总能求得最简的"与或"表达式。下面介绍的卡诺图法能够快速找到最小项的相邻关系并利用并项法实现函数化简。

1.5.3 逻辑函数的卡诺图化简法

1. 卡诺图

卡诺图是将逻辑函数的最小项按相邻规则排列起来构成的方格图。所谓相邻，是指两个最小项中除了一个变量取值不同外，其余的都相同，那么这两个最小项具有逻辑上的相邻性。

逻辑相邻的两个最小项可以合并成1项，并消去1个因子。如：

$$\bar{A}\bar{B}C+\bar{A}BC=\bar{A}C$$

卡诺图列出了逻辑函数的全部最小项，所以它具有唯一性。

n 变量卡诺图的画法是：

1) n 个变量的逻辑函数，具有 2^n 个最小项，对应的卡诺图有 2^n 个小方格。

2) 将变量或变量取值标在方格左边和上边，这样每个小方格所代表的最小项就是左边和上边变量取值组合对应的最小项。

3) 卡诺图中行、列两组变量取值按格雷码规律排列，使图中几何位置相邻的最小项也具有逻辑相邻性。几何相邻包括3种情况：相接（紧挨着）、相对（任意一行或一列的两头）、相重（对折起来位置重合）。

二变量的最小项有 $2^2=4$ 个，其对应的二变量卡诺图由4个小方格组成，4个小方格对应表示4个最小项 $m_0 \sim m_3$，如图1.5.2a所示。三变量和四变量卡诺图分别如图1.5.2b、c所示。

2. 用卡诺图表示逻辑函数

在 n 变量卡诺图基础上，将逻辑函数中包含的最小项在对应的小方格填上"1"，其余的方格填上"0"，就可以得到该逻辑函数的卡诺图。用卡诺图表示逻辑函数通常有3种方法。

(1) 从真值表到卡诺图　从真值表到卡诺图，只要将函数 Y 在真值表中各行的取值填入卡诺图对应的小方格内即可。

[例1.5.4] 某逻辑函数的真值表见表1.5.1，用卡诺图表示该逻辑函数。

解：先画出三变量卡诺图，然后将真值表中所有最小项取值"0"或"1"填入相应的

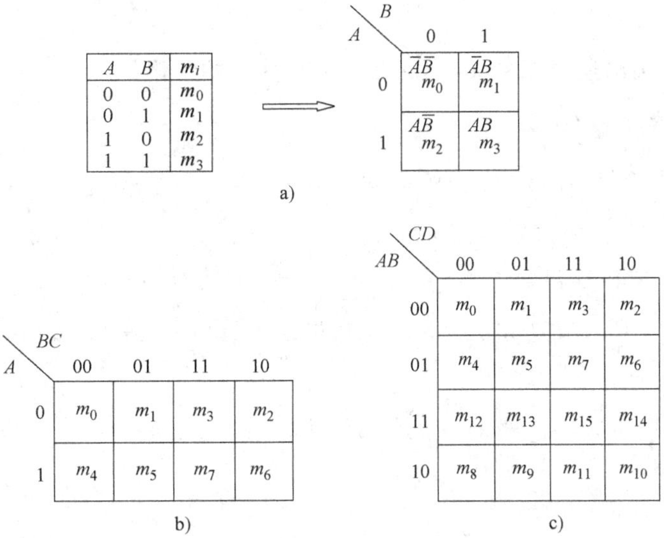

图 1.5.2 二到四变量卡诺图

小方格内，即得到该逻辑函数的卡诺图，如图 1.5.3 所示。

表 1.5.1 例 1.5.4 真值表

A	B	C	Y
0	0	0	1
0	0	1	0
0	1	0	1
0	1	1	1
1	0	0	0
1	0	1	0
1	1	0	1
1	1	1	0

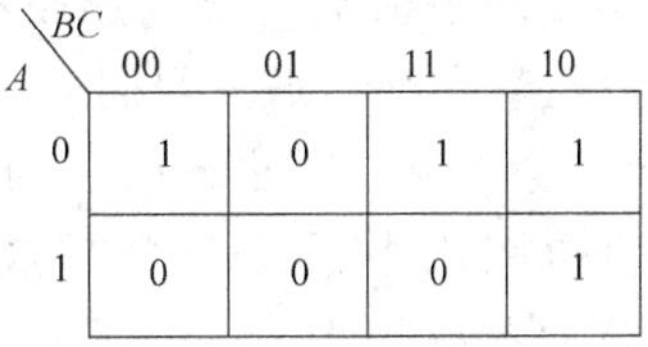

图 1.5.3 例 1.5.4 图

（2）从最小项表达式到卡诺图 将逻辑函数一般表达式变换成最小项表达式。把函数式中出现的最小项在对应的小方格中填入“1”，其余没出现的最小项在对应小方格填入“0”。

[例 1.5.5] 用卡诺图表示逻辑函数 $Y=AB+B\overline{C}+\overline{A}\,\overline{C}$。

解： 将逻辑函数变换成最小项表达式

$$\begin{aligned}Y&=AB+B\overline{C}+\overline{A}\,\overline{C}\\&=ABC+AB\overline{C}+\overline{A}B\overline{C}+\overline{A}\,\overline{B}\,\overline{C}\\&=m_0+m_2+m_6+m_7\end{aligned}$$

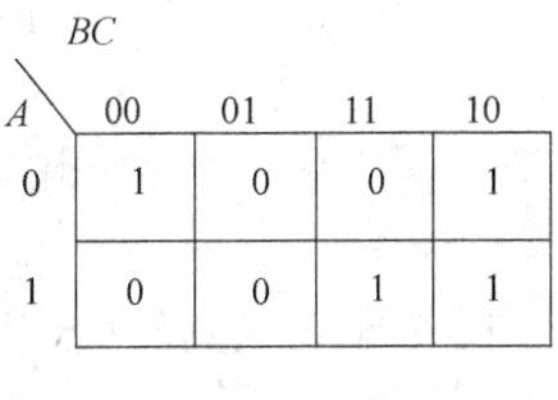

图 1.5.4 例 1.5.5 图

画出三变量卡诺图，将式中出现的最小项在对应小方格填入“1”，其他小方格填入“0”，就得到逻辑函数的卡诺图，如图 1.5.4 所示。

（3）从逻辑函数一般表达式直接到卡诺图 已知逻辑函数表达式，如果不是“与或”表达式，可先将其化成“与或”表达式，然后根据表达式直接画卡诺图，即分别找出每一个乘积项所包含的所有小方格，并都填上"1"，其余的填"0"，就可以得到该函数的卡诺图。

[例1.5.6] 画出逻辑函数 $Y=(A\oplus B)C+\overline{B\oplus C}D$ 的卡诺图。

解：$Y=(A\oplus B)C+\overline{B\oplus C}D$

$=(A\overline{B}+\overline{A}B)C+(BC+\overline{B}\,\overline{C})D$

$=A\overline{B}C+\overline{A}BC+BCD+\overline{B}\,\overline{C}D$

式中 $A\overline{B}C$ 这个乘积项包含了 $A=1$、$B=0$、$C=1$ 的所有最小项，即 $A\overline{B}C\overline{D}$ 和 $A\overline{B}CD$。同样，$\overline{A}BC$ 包含了最小项 $\overline{A}BCD$ 和 $\overline{A}BC\overline{D}$。$BCD$ 包含了最小项 $\overline{A}BCD$ 和 $ABCD$。$\overline{B}\,\overline{C}D$ 包含了最小项 $\overline{A}\,\overline{B}\,\overline{C}D$ 和 $A\overline{B}\,\overline{C}D$。

在四变量卡诺图中将 m_1、m_6、m_7、m_9、m_{10}、m_{11}、m_{15} 填"1"，其余填"0"，即得函数 Y 的卡诺图，如图1.5.5所示。

3. 用卡诺图化简逻辑函数

用卡诺图化简逻辑函数的一般步骤为

1) 画出逻辑函数的卡诺图。

2) 圈"1"，将包含 2^i（$i=0,1,2,\cdots$）个相邻为"1"的小方格圈起来。

相邻小方格包括最上行与最下行同列两端的两个小方格，以及最左列与最右列同行两端的两个小方格。

3) 合并最小项，写出最简"与或"表达式。

将每个包围圈中最小项合并成一项，然后相加，即得到最简"与或"式。

AB\CD	00	01	11	10
00	0	1	0	0
01	0	0	1	1
11	0	0	1	0
10	0	1	1	1

图1.5.5 例1.5.6图

合并最小项按取同去异原则，消去取值不同（互为反变量）的变量。实质上就是反复运用公式 $Y=A\overline{B}+AB=A$，消去互补的变量。具体为：

1) 2个（2^1）相邻项为"1"，合并为1项，消去1个取值不同的变量，如图1.5.6a、b所示。

2) 4个（2^2）相邻项为"1"，合并为1项，消去2个取值不同的变量，如图1.5.6c、d所示。

3) 8个（2^3）相邻项为"1"，合并为1项，消去3个取值不同的变量，如图1.5.6e所示。

4) 16个（2^4）相邻项为"1"，合并为1项，消去4个取值不同的变量，如图1.5.6f所示。

也就是说，当 2^n 个相邻小方格的最小项合并时，消去 n 个取值不同的变量。n 为正整数。

图1.5.6a 的表达式化简情况为 $\begin{cases} Y_a = \overline{A}\,\overline{B}\,\overline{C}+A\overline{B}\,\overline{C}=\overline{B}\,\overline{C} \\ Y_b = \overline{A}BC+\overline{A}B\,\overline{C}=\overline{A}B \end{cases}$

图1.5.6b 的表达式化简情况为 $\begin{cases} Y_a = \overline{A}\,\overline{B}CD+A\overline{B}CD=\overline{B}CD \\ Y_b = \overline{A}B\,\overline{C}\,\overline{D}+\overline{A}BC\overline{D}=\overline{A}B\overline{D} \end{cases}$

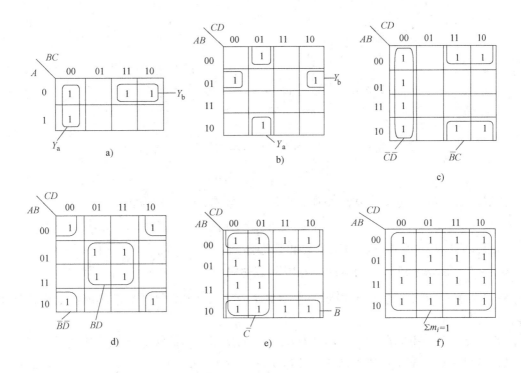

图 1.5.6 相邻项的合并

画包围圈应遵循的原则：

1）先圈孤立项，再圈仅有一种合并方式的最小项。每个包围圈只能圈 2^i 个小方格（$i=0,1,2,\cdots$）。

2）包围圈的个数要最少，使得函数化简后的乘积项最少。

3）每个包围圈尽可能大，使消去的变量数最多。要特别注意对边相邻性和四角相邻性。

4）最小项可以被重复使用，但每一个包围圈至少要有 1 个新的最小项（尚未被圈过）。

5）含"1"的格都应被圈入，即不能漏下取值为"1"的最小项。

[例 1.5.7] 用卡诺图化简逻辑函数 $Y(A,B,C,D)=\sum m(0,2,4,7,8,10,12,13)$。

解：1）画出 Y 函数卡诺图，如图 1.5.7 所示。

2）按合并最小项的规律画出相应的包围圈。

3）合并最小项，得最简"与或"表达式为

$$Y=\overline{B}\,\overline{D}+\overline{C}\,\overline{D}+AB\,\overline{C}+\overline{A}BCD$$

用卡诺图法化简逻辑函数时，由于包围圈的圈法不唯一，得到的最简"与或"式也会不同。

[例 1.5.8] 用卡诺图化简逻辑函数 $Y=\overline{A}C+A\,\overline{C}+\overline{B}C+B\,\overline{C}$

解：画出 Y 函数卡诺图，并按合并最小项的规律画出相应的包围圈。由图 1.5.8a、b 可见，有两种画包围圈方案。

按照图 1.5.8a 的方案合并最小项，得最简"与或"表达式为

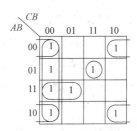

图 1.5.7　例 1.5.7 卡诺图

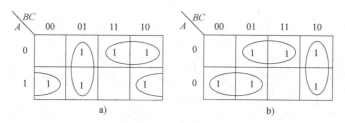

图 1.5.8 例 1.5.8 卡诺图

$$Y = A\overline{C} + \overline{A}B + \overline{B}C$$

按照图 1.5.8b 的方案合并最小项，得最简"与或"表达式为

$$Y = A\overline{B} + \overline{A}C + B\overline{C}$$

结果说明，有些逻辑函数的化简结果不是唯一的。

4. 用卡诺图法求反函数的最简"与或"表达式

根据 $Y + \overline{Y} = 1$ 可知，若在卡诺图中合并那些使函数值为"0"的最小项，则可得到 $\overline{Y}$ 的最简"与或"式。

[**例 1.5.9**] 用卡诺图法求 $Y = AB + BC + AC$ 的反函数的最简"与或"表达式。

解：1）画函数的卡诺图如图 1.5.9 所示。

2）合并函数值为"0"的最小项。

3）写出 Y 的反函数的最简"与或"表达式为

$$\overline{Y} = \overline{A}\,\overline{B} + \overline{B}\,\overline{C} + \overline{A}\,\overline{C}$$

用卡诺图法化简逻辑函数直观方便，容易掌握，但是，该方法只适用于输入变量较少的逻辑函数，对于五变量以上的卡诺图，由于图形复杂，失去了直观方便的优点。

5. 具有无关项的逻辑函数的化简

（1）无关项的概念 在某些实际问题的逻辑关系中，输入变量的某些取值组合不会出现，或者一旦出现，输出函数值可以是任意的，这样的取值组合所对应的最小项分别称为约束项和任意项。约束项和任意项统称为无关项。

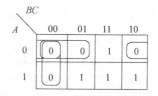

图 1.5.9 例 1.5.9 卡诺图

例如，逻辑变量 A、B、C 分别表示电梯的升、降、停命令。设定 $A=1$ 表示升、$B=1$ 表示降、$C=1$ 表示停，则 ABC 的可能取值为"001""010""100"，不可能取值为"000""011""101""110""111"，因此对应的约束项是：$\overline{A}\,\overline{B}\,\overline{C}$、$\overline{A}BC$、$A\overline{B}C$、$AB\overline{C}$、$ABC$。

约束条件是由约束项加起来所构成的函数表达式，此例子的约束条件可以写为

$\overline{A}\,\overline{B}\,\overline{C} + \overline{A}BC + A\overline{B}C + AB\overline{C} + ABC = 0$，也可以用 $\sum d(0, 3, 5, 6, 7) = 0$ 表示。

带有无关项的逻辑函数的最小项表达式可以写为

$$Y = \sum m(\cdot) + \sum d(\cdot)$$

由于无关项对应的变量取值的组合不会出现或者函数值任意，那么，对应无关项的变量取值时，其函数值可以是任意的，既可以取"0"，也可以取"1"。把无关项视为"0"还是

"1",要以使函数最简而定。在卡诺图中无关项用符号"×"(或 Φ)表示。

(2)具有无关项的逻辑函数的化简 因为无关项的值可以根据需要取"0"或取"1",所以在用卡诺图化简逻辑函数时,充分利用无关项,可以使逻辑函数进一步得到简化。

[例 1.5.10] 用卡诺图化简逻辑函数
$$Y(A,B,C,D) = \sum m(2,4,6,8) + \sum d(10,11,12,13,14,15)$$

解:1)画函数的卡诺图,顺序为:先填"1",然后填"×",再填"0",如图 1.5.10 所示。

2)合并最小项,画圈时,"×"既可以当"1"又可以当"0"。

3)写出最简"与或"表达式。

利用无关项进行化简为
$$Y(A,B,C,D) = C\overline{D} + B\overline{D} + A\overline{D}$$

若不利用无关项,化简结果为
$$Y(A,B,C,D) = AC\overline{D} + \overline{A}B\overline{D} + A\overline{B}\overline{C}\overline{D}$$

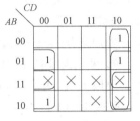

图 1.5.10 例 1.5.10 卡诺图

可见,利用无关项化简表达式较为简单。注意:圈内的无关项已自动取值为"1",而圈外无关项当作"0"处理。

1.6 硬件描述语言简介

1.6.1 概述

20 世纪 70 年代以来,集成电路的复杂程度按照摩尔定律的趋势急剧增长。电路设计工作量的不断增加,使设计人员逐渐放弃了传统的从特定电子元件开始进行复杂电路设计的工作。设计流程的关注重心开始转到电路系统的数据流动以及与时序相关的信息方面。设计人员通过使用硬件描述语言(Hardware Description Language,HDL),可以将精力集中在电路逻辑功能与时序的设计上,而不需要一开始就考虑具体的器件制造工艺以及它们对电路功能的影响。

硬件描述语言是对电路系统的结构和行为的标准文本描述。硬件描述语言可以在结构级(或称逻辑门级)、行为级、寄存器传输级等几种不同层次上对电路进行描述,用一系列分层次的模块来表示极其复杂的数字电路系统。之后,利用电子设计自动化(Electronic Design Automatic,EDA)工具,逐层进行仿真验证,再把其中需要变为实际电路的模块组合,经过自动综合工具转换为门级电路网表。最后使用专用集成电路(Application Specific Integrated Circuit,ASIC)或现场可编程门阵列(Field Programmable Gate Array,FPGA)自动布局布线工具,把网表转换为要实现的具体电路布线结构。

硬件描述语言发展至今已有 40 多年的历史,并成功地应用于电路设计的各个阶段:建模、仿真、验证和综合等。到 20 世纪 80 年代,已出现了上百种硬件描述语言,对设计自动化起到了极大的促进和推动作用。但是,这些语言一般面向特定的设计领域和层次,而且众多的语言标准使用户无所适从。因此,急需一种面向设计的多领域、多层次并得到普遍认同的标准硬件描述语言。20世纪80年代后期，VHDL和Verilog HDL适应了这种趋势的要求，先后成为IEEE标准。

这两种语言的功能都很强大，在一般的数字电路设计中，设计者使用任何一种语言都可以完成自己的任务。由于Verilog HDL的语法与通用的C语言相似，更适合初学者学习和使用，因此，本书以Verilog HDL为例，介绍数字电路计算机辅助设计的相关技术。

1.6.2 Verilog HDL 简介

1983年末，Gateway设计自动化公司的工程师创立了Verilogs。该公司的菲尔·莫比（Phil Moorby）完成了Verilog HDL的主要设计工作。20世纪90年代初，开放Verilog国际（Open Verilog International，OVI）组织（即现在的Accellera）成立，Verilog HDL面向公众开放。1992年，该组织寻求将Verilog HDL纳入电气电子工程师学会标准。最终，Verilog HDL成为了美国电气与电子工程师协会（IEEE）的1364号标准。

Verilog HDL的设计初衷是成为一种基本语法与C语言相近的硬件描述语言。C语言在Verilog HDL设计之初，已经在许多领域得到广泛应用，C语言的许多语言要素已经被人们习惯使用。与C语言相似的硬件描述语言，可以让电路设计人员更容易学习和接受。不过，Verilog HDL与C语言还是存在许多差别。另外，作为一种与普通计算机编程语言不同的硬件描述语言，它还具有一些独特的语言要素，例如向量形式的线网和寄存器、过程中的非阻塞赋值等。总的来说，具备C语言基础的设计人员将能够很快掌握Verilog HDL硬件描述语言。

1. 基本程序结构

使用Verilog HDL描述硬件的基本设计单元是模块（Module）。构建复杂的电子电路，主要是通过模块的相互连接调用来实现的。Verilog HDL中的模块类似C语言中的函数，它能够提供输入、输出端口，可以实例调用其他模块，也可以被其他模块实例调用。模块中既可以包括组合逻辑部分，也可以包括时序逻辑部分。模块的基本结构如下：

module <模块名>
<定义>
<模块条目>
endmodule

根据<定义>和<模块条目>的描述方法不同，可将模块分为行为描述模块、结构描述模块，或者是两者的结合。行为描述模块通过编程语言定义模块的状态和功能。结构描述模块将电路表达为具有层次概念的互相连接的子模块，其最底层的元件必须是Verilog HDL支持的基元或已定义过的模块。

2. 基本规范

（1）空白符 空白符是指代码中的空格（对应的转义标识符为\b）、制表符（\t）和换行（\n）。如果这些空白符出现在字符串里，那么它们不可忽略。除此之外，代码中的其他空白符在编译的时候都会被视为分隔标识符，即使用2个空格或者1个空格并无影响。不过，在代码中使用合适的空格，可以让上下行代码的外观一致（例如使赋值运算符位于同一个竖直列），从而提高代码的可读性。

（2）注释　为了方便代码的修改或其他人的阅读，设计人员通常会在代码中加入注释。与 C 语言一样，有两种方式书写注释。第一种为多行注释，即注释从"/*"开始，直到"*/"才结束；另一种为单行注释，注释从"//"开始，从这里到这一行末尾的内容会被系统识别为注释。

某些电子设计自动化工具，会识别出代码中以特殊格式书写、含有某些预先约定关键词的注释，并从这些注释提取有用的信息。这些注释不是供人阅读，而是向第三方工具提供有关设计项目的额外信息。例如，某些逻辑综合工具可以从注释中读取综合的约束信息。

（3）标识符及保留字　Verilog HDL 代码中用来定义语言结构名称的字符称为标识符，包括变量名、端口名、模块名等。标识符可以由字母、数字、下划线以及美元符（$）来表示。但是标识符的第一个字符只能是字母、数字或者下划线，不能为美元符，这是因为以美元符开始的标识符和系统任务的保留字冲突。

和其他许多编程语言类似，Verilog HDL 也有许多保留字（或称为关键字），用户定义的标识符不能够和保留字相同。Verilog HDL 的保留字均为小写。变量类型中的 wire、reg、integer 等、表示过程的 initial、always 等，以及所有其他的系统任务、编译指令，都是保留字。

（4）转义标识符　转义标识符（又称转义字符），是由"\"开始，以空白符结束的一种特殊编程语言结构。这种结构可以用来表示那些容易与系统语言结构相同的内容（例如：""在系统中被用来表示字符串，如果字符串本身的内容包含一个与之形式相同的双引号，那么就必须使用转义标识符）。下面列出了常用的几种转义标识符。除此之外，在反斜线之后也可以加上字符的 ASCII，这种转义标识符相当于一个字符。常用的转义标识符有：\n（换行）、\t（制表位）、\b（空格）、\\（反斜杠）和\"（英文的双引号）等。

3. 数据类型

（1）线网与寄存器　Verilog 所用到的所有变量都属于两个基本的类型：线网类型和寄存器类型。

线网与我们实际使用的电线类似，它的数值一般只能通过连续赋值（Continuous Assignment），由赋值符右侧连接的驱动源决定。线网在初始化之前的值为 x（trireg 类型的线网是一个例外，它相当于能够储存电荷的电容器）。如果未连接驱动源，则该线网变量的当前数值为 z，即高阻态。线网类型的变量有以下几种：wire、tri、wor、trior、wand、triand、tri0、tri1、supply0、supply1、trireg，其中 wire 作为一般的电路连线使用最为普遍，而其他几种用于构建总线，即多个驱动源连接到一条线网的情况，或搭建电源、接地等。当进行模块的端口声明时，如果没有明确指出其类型，那么这个端口会被隐含地声明为 wire 类型。因此，在声明输出端口时应该注意是否有必要加上 reg 关键字。

寄存器与之不同，它可以保存当前的数值，直到另一个数值被赋值给它。在保持当前数值的过程中，不需要驱动源对它进行作用。如果未对寄存器变量赋值，它的初始值则为 x。Verilog 中所说的寄存器类型变量与真实的硬件寄存器是不同的，它是指一个储存数值的变量。如果要在一个过程（initial 过程或 always 过程）里对变量赋值，这个变量必须是寄存器类型的。寄存器类型的变量有以下几种：reg（普通寄存器）、integer（整数）、time（时间）、real（实数），其中 reg 作为一般的寄存器使用得最为普遍。利用寄存器变量的数组，还可以对 ROM 进行建模。

关于是选择线网类型还是寄存器类型，需要符合一定的规定。模块的输入端口可以与外界的线网或寄存器类型的变量连接，但是这个模块输出端口只能连接到外界的线网。再简单点，就是在两个模块的信号连接点，提供信号的一方可以是寄存器或者线网，但是接收信号的一方只能是线网。此外，在 initial、always 过程代码块中赋值的变量必须是寄存器类型的，而连续赋值的对象只能是线网类型的变量。

（2）数字的表示　在 Verilog 里，当一个变量的类型确定，即已经知道它是寄存器类型或者是线网类型，当把具体的数值赋值给它时，需要利用下面所述的数字表示方法。数字表示的基本语法结构为<code><位宽>'<数制的符号><数值>。其中，位宽是与数据大小相等的对应二进制数的位数加上占位所用"0"的位数，这个位数需要使用十进制来表示。位宽是可选项，如果没有指明位宽，则默认的数据位宽与仿真器有关（最小 32 位）；数制需要用字母来表示，h 对应十六进制，d 对应十进制，o 对应八进制，b 对应二进制。如果没有指明数制，则默认数据为十进制数。例如：
- 233：十进制数 233（未指明位宽）
- 12'h123：十六进制数 123（使用 12 位）
- 20'd44：十进制数 44（使用 20 位，高位自动使用 0 填充）
- 4'b1010：二进制数 1010（使用 4 位）
- 6'o77：八进制数 77（使用 6 位）
- -233：十进制数-233（未指明位宽）
- -32'd3：十进制数-3（使用 32 位）
- 32'hfffffffd：十六进制数-3（使用 32 位）

如果某个数的最高位为 x 或 z，那么系统会自动使用 x 或 z 来填充没有占据的更高位。如果最高位为其他情况，系统会自动使用"0"来填充没有占据的更高位。

（3）向量　向量形式的数据是 Verilog 相对 C 语言较为特殊的一种数据，这种数据在硬件描述语言中十分重要。在 Verilog 中，标量的意思是只具有一个二进制位的变量，而向量表示具有多个二进制位的变量。如果没有特别指明位宽，系统默认它为标量。

在真实的数字电路中，例如将两个 4 位二进制数相加的进位加法器中，我们可以发现，其中一个数是通过 4 条电线（每条线表示 4 位中的某 1 位）连接到加法器上的。可以用一个向量来表示这个多位数，分别用这个向量的各个分量来表示"4 条电线"，即 4 位中的某 1 位。这样做的好处是，可以方便地在 Verilog 代码的其他地方选择其中的 1 位（位选）或多位（域选）。当然，如果没有进行位选或域选，则这个多位数整体被选择。

向量的表示需要使用方括号，方括号里的第一个数字为向量第一个分量的序号，第二个数字为向量最后一个分量的序号，中间用冒号隔开。向量分量的序号不像 C 语言的数组一样必须从"0"开始，不过为了和数字电路里二进制数高低位的表示方法一致，常常让最低位为第 0 位（即对于 4 位二进制数，其最高位为第 3 位，次高位为第 2 位，次低位为第 1 位，最低位为第 0 位）。

（4）参数　可以通过 parameter 关键字声明参数。参数与常数的意义类似，不能够通过赋值运算改变它的数值。在模块进行实例化时，可以通过 defparam，即参数重载语句块来改变模块实例的参数。另一种方法是在模块实例化时，使用"#（）"将所需的实例参数覆盖模块的默认参数。局部参数可以用 localparam 关键字声明，它不能进行参数重载。

在设计中使用参数，可以使得模块代码在不同条件下被重复利用，例如 4 位数全加器和

16 位数全加器可以通过参数实例化同一个通用全加器模块。

（5）字符串　Verilog 中的字符串总体来说与 C 语言中的字符串较为类似，其中每个字符以 ASCII 码表示，占 8 位。字符串存储在位宽足够的向量寄存器中。字符串中的空格、换行等特殊内容，以转义标识符（参见前面提到过的转义标识符）的形式表示。

4. 运算符

Verilog 的许多运算符和 C 语言类似，但是有一部分运算符是特有的，例如拼接运算符、缩减运算符、带有无关位的相等运算符等。常用运算符见表 1.6.1。

表 1.6.1　Verilog HDL 常用运算符

运算类型	运算符号	运算功能
算术	*	乘
	/	除
	+	加
	-	减
	%	求模
逻辑	!	逻辑取反
	&&	逻辑"与"
	||	逻辑"或"
关系	>	大于
	<	小于
	>=	大于或等于
	<=	小于或等于
	==	相等
	!=	不等
缩减	~	按位取反
	~&	缩减"与非"
	|	缩减"或"
	~|	缩减"或非"
	^	缩减"异或"
	^~	缩减"同或"
	~^	缩减"同或"
移位	>>	逻辑右移
	<<	逻辑左移
拼接	{ }	2 个操作数分别作为高低位拼接
条件	?	根据"?"前的表达式是否为真，选择执行后面位于:左右两个语句。

5. 流程控制

为了使设计人员方便地使用寄存器传输级描述，Verilog 提供了多种流程控制结构，包括 if、if...else、if...else if...else 等形式的条件结构，case 分支结构，for、while 循环结构。这些流程控制结构与 C 语言有着相似的用法。不同的循环结构可能造成不同的逻辑综合结果。Verilog 也提供了一些 C 语言中没有的流程控制结构以适应硬件描述语言的需要，例如

casex、casez 两种选择结构，前者可以将条件数值中的 x、z 均作为无关值，后者仅将 z 作为无关值；此外还提供了 forever、repeat 两种循环结构，分别用于无限循环和指定次数循环。

本章小结

数字信号是指在时间上和数值上均是离散的信号，只有"0"和"1"两种取值。在数字系统中，可以用"0"和"1"组成的二进制数表示数量的大小，也可以用"0"和"1"表示两种不同的逻辑状态。

在用数码表示数量的大小时，采用的各种计数进位制规则称为数制。日常生活中使用十进制，但在计算机中基本上使用二进制，有时也使用八进制或十六进制。十进制、二进制、八进制、十六进制的构成方法是相同的，不同点仅在于它们的基数和权不同。基数是指数制中使用的数码的个数；权是指数制中每一位所具有的值的大小。

二进制数可以用原码、反码、补码表示，在数字系统或计算机中，二进制数的运算常采用补码进行。

在数字系统中，任何数字、字母、符号都必须变成"0"和"1"的形式，才能传送和处理。为表达众多的信息，产生了二进制编码。BCD 码、格雷码、ASCII 码是几种常见的通用代码。BCD 码是用 4 位二进制代码代表 1 位十进制数的编码，有多种 BCD 码形式，最常用的是 8421BCD 码。

数字电路的输入变量和输出变量之间的关系可以用逻辑代数来描述，最基本的逻辑运算是"与"运算、"或"运算和"非"运算。

本章介绍了逻辑函数的 5 种表示方法：真值表、逻辑函数表达式、逻辑图、波形图和卡诺图。它们各有特点，但本质相同，可以相互转换。由真值表转换为逻辑图和逻辑图转换为真值表，在逻辑电路的分析和设计中经常用到，必须熟练掌握。

逻辑函数的化简方法是本章的重点。本章介绍两种化简方法：代数化简法和卡诺图化简法。代数化简法可化简任何复杂的逻辑函数，但要求能熟练和灵活运用逻辑代数的各种公式和定理，并要求具有一定的运算技巧和经验。卡诺图化简法简单、直观，不易出错，有一定的步骤和方法可循。但是，当函数的变量个数超过 5 个时，由于图形复杂，失去了直观方便的优点。

硬件描述语言是对数字系统硬件的结构、行为的文本描述，可以用来描述硬件电路的功能、信号连接关系及定时关系，是用可编程器件设计数字系统时广泛使用的语言。

习 题

1.1.1 在数字系统中为什么要采用二进制？

1.1.2 一数字信号的波形如题图 1.1.2 所示，试问该波形所代表的二进制数是什么？

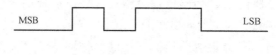

题图 1.1.2

1.1.3 试画出二进制数 10001010 的数字波形。

1.2.1 将下列十进制数分别转换成二进制数、八进制数和十六进制数（二进制数保留小数点后 4 位）。

(1) 29   (2) 127   (3) 254.25   (4) 2.718

1.2.2 将下列二进制数分别转换成八进制数、十六进制数和十进制数。

(1) 111011   (2) 11.01101

1.2.3 写出下列十进制数的 8421BCD 码。

(1) 1998   (2) 99   (3) 65.312   (4) 0.9475

1.2.4 将下列 8421BCD 码转换为十进制数。

(1) $(010000000111)_{8421BCD}$ (2) $(001100011001)_{8421BCD}$

1.2.5 将下列数码分别作为自然二进制数和 8421BCD 码时，分别将其转换成十进制数。

(1) 10010110   (2) 10000101.1001

1.2.6 写出下列二进制数的原码、反码和补码。

(1) +1101   (2) -0101

1.2.7 完成下列二进制数的算术运算。

(1) 1011+0111   (2) 1000-0011   (3) 1001-1100

1.3.1 用逻辑代数定律证明下列等式。

(1) $A+BC=(A+B)(A+C)$

(2) $A+\bar{A}B=A+B$

(3) $ABC+A\bar{B}C+AB\bar{C}=AB+AC$

(4) $\bar{A}BC+A\bar{B}\bar{C}+A\bar{B}C+ABC=A\oplus B\oplus C$

1.3.2 用真值表证明下列逻辑等式成立。

(1) $\bar{A}\oplus \bar{B}=A\oplus B$

(2) $\bar{A}\oplus B=A\odot B$

(3) $(A\oplus B)\oplus C=A\oplus (B\oplus C)$

1.4.1 在题图 1.4.1 中，已知输入信号 A、B 的波形，对应画出各逻辑门输出 Y 的波形。

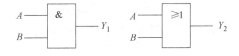

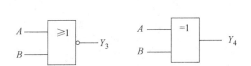

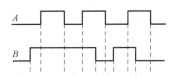

题图 1.4.1

1.4.2 将下列逻辑函数化为"与非-与非"形式,并画出用"与非门"实现的逻辑电路图。

(1) $Y=AB+BC+AC$

(2) $Y=(\overline{A}+B)(A+\overline{B})C+\overline{B}\,\overline{C}$

(3) $Y=\overline{\overline{C(A+B)}}$

1.4.3 将下列逻辑函数化为"或非-或非"形式,并画出用"或非门"实现的逻辑电路图。

(1) $Y=A+\overline{B}C$

(2) $Y=(A+C)(\overline{A}+B+\overline{C})(\overline{A}+\overline{B}+C)$

1.4.4 写出题图 1.4.4 所示各电路的输出逻辑表达式,并列出真值表。

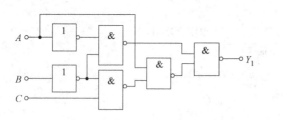
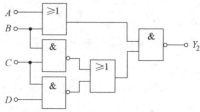

题图 1.4.4

1.4.5 已知逻辑函数的真值表见题表 1.4.5,试写出其逻辑函数表达式。

1.4.6 已知某组合逻辑电路的输入 A、B、C 和输出 Y 的波形如题图 1.4.6 所示,试写出其真值表和 Y 的逻辑表达式。

题表 1.4.5

A	B	C	Y
0	0	0	0
0	0	1	1
0	1	0	0
0	1	1	0
1	0	0	1
1	0	1	1
1	1	0	0
1	1	1	1

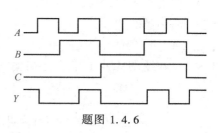

题图 1.4.6

1.5.1 用代数法将下列逻辑函数化简为最简"与或"表达式。

(1) $Y_1=AB+\overline{ABC}+A$

(2) $Y_2=A(\overline{A}+B)+B(B+C)+B$

(3) $Y_3=A\,\overline{B}+\overline{A}CD+B+\overline{C}+\overline{D}$

(4) $Y_4=A\,\overline{B}C+\overline{A}+B+\overline{C}$

(5) $Y_5 = \overline{A+B\overline{C}+CD+BC}$

(6) $Y_6 = \overline{AB+\overline{A}\,\overline{B}+\overline{A}B+A\,\overline{B}}$

1.5.2 将下列逻辑函数变换为最小项表达式。

(1) $Y_1(A,B,C) = AB+\overline{A}C$

(2) $Y_2(A,B,C) = \overline{(AB+\overline{C})\overline{AB}+BC}$

1.5.3 用卡诺图化简法将下列逻辑函数化简为最简"与或"表达式。

(1) $Y_1 = A\overline{B}+B\overline{C}+\overline{A}\,\overline{B}\,\overline{C}+\overline{A}BC$

(2) $Y_2 = A\overline{B}+\overline{A}C+BC+\overline{C}D$

(3) $Y_3 = \overline{A}B\overline{C}+AB+\overline{A}\,\overline{C}D+BC$

(4) $Y_4 = A\overline{B}CD+AB\overline{C}D+A\overline{B}+A\overline{D}+A\overline{B}C$

(5) $Y_5(A,B,C,D) = \sum m(0,1,2,5,6,7,8,9,13,14)$

(6) $Y_6(A,B,C,D) = \sum m(2,3,4,5,8,9,14,15)$

(7) $Y_7(A,B,C,D) = \sum m(1,3,5,8,9,11,15) + \sum d(2,13)$

(8) $Y_8(A,B,C,D) = \sum m(0,4,6,9,13) + \sum d(1,2,3,5,7,11,15)$

1.5.4 电路如题图 1.5.4 所示。设开关闭合为"1",断开为"0";灯亮为"1",灯灭为"0"。试用真值表、逻辑表达式、卡诺图和逻辑图表示。

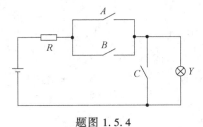

题图 1.5.4

自 测 题

1. 将二进制数 11.01101 转换成十进制数为 (   )。
A. 3.32　　　　B. 3.40625　　　　C. 3.68　　　　D. 3.5

2. 将十进制数 254.25 转换为二进制数为 (   )。
A. 11111110.01　　B. 101010100.01　　C. 11101.101　　D. 011001.001

3. 将二进制数 11101 转换成十六进制数为 (   )。
A. 1D　　　　B. 7F　　　　C. 59　　　　D. B2

4. 将 8421BCD 码 010000000111 转换成十进制数为 (   )。
A. 306　　　　B. 508　　　　C. 407　　　　D. 413

5. 将十进制数 65.312 转换成 8421BCD 码为 (   )。
A. 01100101.001100010010　　　　B. 01000100.1111

C. 110101.11101   D. 1100101.110001001

6. 下列几种说法中与 BCD 码的性质不符的是（　　）。

A. BCD 码是一种人为选定的 0~9 十个数字的代码。

B. 一组 4 位二进制数组成的码只能表示 1 位十进制数。

C. BCD 码有多种。

D. BCD 码是一组 4 位二进制数，能表示 16 以内的任何一个十进制数。

7. 若将一"异或门"（输入为 A、B）当作反相器使用，则 A、B 端应（　　）连接。

A. A 或 B 中有一个接"1"　　　　　　B. A 或 B 中有一个接"0"

C. A 和 B 并连使用　　　　　　　　　D. 不能实现

8. 已知逻辑函数 $Y=B+\overline{A}\,\overline{C}$，则下列说法正确的是（　　）。

A. 当 $A=0$、$B=0$、$C=1$ 时，$Y=1$　　B. 当 $A=1$、$B=0$、$C=0$ 时，$Y=1$

C. 当 $A=0$、$B=1$、$C=0$ 时，$Y=0$　　D. 当 $A=0$、$B=1$、$C=1$ 时，$Y=1$

9. 指出下列各式中哪个是四变量 A、B、C、D 的最小项（　　）。

A. $A\overline{B}\,\overline{C}\,\overline{D}$　　　B. $A+B+C+D$　　　C. $\overline{ABCD}$　　　D. $AC+BD$

10. 函数 $Y=\overline{A+B+C+D+E}\cdot B$ 的最简"与或"式为（　　）。

A. AEB　　　B. $\overline{A}\,\overline{B}\,\overline{C}\,\overline{D}\,\overline{E}$　　　C. 0　　　D. 1

11. 已知逻辑函数 $Y=AB+\overline{A}C+\overline{B}C$，与其相等的函数为（　　）。

A. AB　　　B. $AB+\overline{A}C$　　　C. $AB+\overline{B}C$　　　D. $AB+C$

12. 下列等式成立的是（　　）。

A. $A\oplus 1=A$　　　B. $A\odot 0=A$　　　C. $A\oplus 0=A$　　　D. $A+AB=B$

13. 下列逻辑式属于"与非"式的是（　　）。

A. $Y=\overline{AB}\,\overline{C}$　　　B. $Y=\overline{ABC}$　　　C. $Y=\overline{A}\,\overline{B}$　　　D. $Y=AB$

14. 三逻辑变量的取值组合共有（　　）种。

A. 4 种　　　B. 6 种　　　C. 8 种　　　D. 16 种

15. 在 $Y=AB+CD$ 的真值表中，$Y=1$ 的状态有（　　）个。

A. 2 个　　　B. 4 个　　　C. 7 个　　　D. 8 个

16. 在逻辑函数的卡诺图化简中，若被合并的最小项数越多（画的圈越大），则说明化简后（　　）。

A. 乘积项个数越少　　　　　　　B. 实现该功能的门电路少

C. 该乘积项含因子少　　　　　　D. 乘积项和乘积项因子两者皆少

第 2 章

逻辑门电路

内容提要

本章介绍了数字电路中逻辑门电路的内部基本结构和工作原理。为实现相同的逻辑功能，逻辑门电路可以有不同的实现方案，主要的半导体器件有双极结型晶体管（晶体管，BJT）或场效应晶体管（MOS管）。本章介绍了晶体管和场效应晶体管的开关特性，分析了TTL逻辑门、CMOS逻辑门，以及其他结构的逻辑门电路的工作原理，以TTL逻辑门为例，介绍了门电路的外部特性和参数的意义。考虑到在实际应用中，电子系统会包括多种类型的逻辑门，本章分析了基本的CMOS和TTL门电路的接口问题。

2.1 TTL 逻辑门

在数字集成电路设计领域，TTL（Transistor-Transistor Logic）逻辑门电路具有重要的地位。TTL 逻辑门电路是因其输入和输出级都是晶体管结构而得名的，在正常工作时晶体管主要工作在开关状态。

2.1.1 晶体管开关特性

图 2.1.1 为由 NPN 型晶体管组成的基本共射极电路及其输出特性曲线。当输入电压 u_I 或电路参数变化时，晶体管可以分别工作在饱和区、放大区和截止区。在线性放大电路中，晶体管工作在放大区。而在数字电路中，晶体管主要工作在饱和区和截止区，此时，称晶体管工作在开关状态。TTL 电路就是通过控制晶体管的导通与截止状态从而输出高、低电平，实现与二值数字逻辑"1"和"0"的对应。

1. 晶体管稳态开关特性

（1）u_I 为低电平　当输入 u_I 为低电平 U_{IL} 时，例如 $u_I = U_{IL} = 0V$，晶体管的 u_{BE} 小于开启电压（硅管一般为 0.6V），则 $i_B \approx 0$、$i_C \approx 0$，晶体管工作在图 2.1.1b 中 Q_1 点下面的截止区，此时输出电压 $u_O = u_{CE} = U_{CC} - i_C R_C \approx U_{CC}$，晶体管的 C-E 极之间相当于开关断开，输出为高电平，此时称晶体管关断。

（2）u_I 为高电平　当输入 u_I 为高电

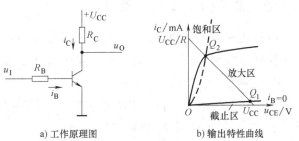

a) 工作原理图　　　b) 输出特性曲线

图 2.1.1　晶体管共射极电路

平 U_{IH} 时，例如 $u_I = U_{IH} = U_{CC}$，晶体管发射结正偏导通，$i_B = \dfrac{u_I - U_{BE}}{R_B} \approx \dfrac{U_{CC}}{R_B}$，此时，$i_C$ 与 i_B 不再是线性关系，$i_C \neq \beta i_B$，晶体管工作在图 2.1.1b 中 Q_2 点左侧的饱和区，此时输出电压 $u_O = u_{CES}$（u_{CES} 为饱和管压降，一般取 0.3V），晶体管的 C-E 极之间相当于开关闭合，输出为低电平，此时称晶体管导通。

晶体管作为开关使用时，输入信号应能保证晶体管可靠地工作在截止区或饱和区，否则可能会使晶体管工作在放大区，从而引起逻辑电平既不是高电平也不是低电平，不能确定是逻辑"1"还是逻辑"0"，这种情况被称为"逻辑混乱"。

2. 晶体管瞬态开关特性

由于结电容的影响，晶体管在导通、关断状态相互转换的时候，其瞬态开关特性不同于静态特性，如图 2.1.2 所示。

从图 2.1.2 中可以看出，当输入电压 u_I 由 $-U_2$ 跳变到 U_1 时，晶体管不能立即导通，而是要先经过一段延迟时间 t_d 和上升时间 t_r。在延迟时间 t_d 内，电压 $-U_2$ 导致的发射结反偏逐渐变为正偏，空间电荷区（PN 结）由宽变窄，电流 i_C 缓慢地由 0 增大到 $0.1 I_{Cmax}$。当发射结正偏后，发射区发射的电子向集电区扩散，在上升时间 t_r 内，电流 i_C 由 $0.1 I_{Cmax}$ 增大到 $0.9 I_{Cmax}$，晶体管进入导通状态。延迟时间 t_d 和上升时间 t_r 之和定义为开通时间 t_{on}。

另一方面，当输入电压 u_I 由 U_1 跳变到 $-U_2$ 时，晶体管也不能立即截止，而是要先经过 t_s 时间（集电极电流 i_C 下降至 $0.9 I_{Cmax}$）再经过 t_f 时间（集电极电流 i_C 下降至 $0.1 I_{Cmax}$），之后集电极

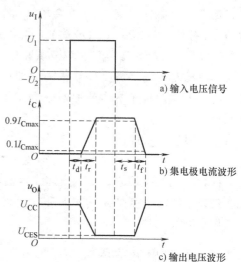

图 2.1.2 晶体管的瞬态开关过程

电流才接近于 0，晶体管进入截止状态。因此关断时间 $t_{off} = t_s + t_f$，其中 t_s 称为存储时间，t_f 称为下降时间。晶体管的关断时间与 U_1、U_2 的值密切相关。U_1 越大，跳变前晶体管饱和程度越大，t_s 越长。U_2 越大，反向驱动电流越大，t_f 越短。

一般来说，晶体管的开通时间 t_{on} 和关断时间 t_{off} 一般在微秒（μs）数量级，且 $t_{off} > t_{on}$，$t_s > t_f$，因此晶体管导通时的饱和深度是影响晶体管开关速度的主要因素。

2.1.2 常用的 TTL 门电路

根据电路的逻辑功能，TTL 门电路可分为"非门""与非门""或非门""异或门"等，根据电路的结构，TTL 门电路可分为集电极开路门和三态门等。

1. "与非门"电路

图 2.1.3 给出了三输入 TTL "与非门"的典型电路，其中，电源电压为 5V，多发射极晶体管 T_1 和基极电阻 R_1 组成了输入级；晶体管 T_2 和 R_2、R_3 组成了中间级，T_2 的发射极与集电极输出两个互补的电压信号，以驱动 T_3 和 T_4；输出级是由 T_3、T_4、D_4 和 R_4 组成的

推拉电路，具有较强的带负载能力。图 2.1.3a 中 T_1 发射极连接的二极管是保护二极管，利用 PN 结正向导通时钳位作用，可以防止输入端出现负脉冲信号时 T_1 发射极电流过大。

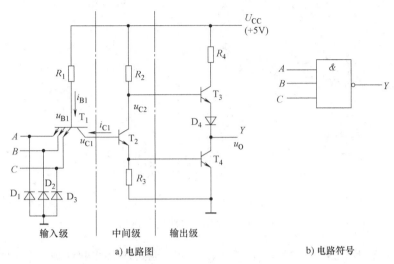

a) 电路图　　　　　　　　　　　b) 电路符号

图 2.1.3　三输入的 TTL "与非门" 电路

当输入信号 A、B、C 全为高电平（3.6V）时，若不考虑中间级 T_2 的影响，则 T_1 的基极电压 $u_{B1} \approx 3.6V + 0.7V = 4.3V$。然而，由于 4.3V 的电压 u_{B1} 施加到了 T_1 的集电结、T_2 和 T_4 的发射结，使得 3 个 PN 结导通，则 u_{B1} 最终钳位在 2.1V，u_{C1} 钳位在 1.4V。此时，T_1 发射结反偏、集电结正偏，即 T_1 工作于倒置放大状态。T_1 集电结正向导通，给 T_2 提供足够的基极电流使 T_2、T_4 饱和导通。假设饱和导通时晶体管的管压降 $U_{CE} = 0.3V$，则 T_2 集电极电压 $u_{C2} = U_{CE2} + U_{BE4} \approx 0.3V + 0.7V = 1V$，不能驱动 T_3 的发射结和 D_4 导通，T_3 和 D_4 工作在截止状态。因此，输出电压 $u_O = U_{CE4} \approx 0.3V$，为低电平。

当输入端至少有一个为低电平（0.3V）时，多发射极晶体管 T_1 中对应的发射结导通，T_1 的基极电压 $u_{B1} = 0.3V + 0.7V = 1V$，使得 T_2 和 T_4 截止。此时，T_1 的集电极电流为 T_2 基极的反向电流，电流值很小，即 $\beta i_{B1} >> i_{C1}$，T_1 工作在深度饱和状态。由于 T_2 截止，U_{CC} 通过 R_2 使 T_3、D_4 导通，输出 $u_O = U_{CC} - U_{CE2} - U_{D4} \approx 3.6V$，为高电平。

因此，按正逻辑体系，图 2.1.3a 所示电路实现了三变量 "与非" 逻辑运算，其符号如图 2.1.3b 所示，逻辑式为 $Y = \overline{ABC}$。

在 TTL 电路中，当输入信号均为高电平时，T_1 工作在倒置放大状态，而 T_2、T_4 工作在深度饱和状态，输出为低电平。若某个输入信号突变为低电平，T_1 的工作状态首先转换为正常放大，将产生一个较大的集电极电流 i_{C1}，此电流使 T_2 饱和时基极中的存储电荷迅速减小，加快了 T_2 退出饱和进入截止区的过程。T_2 截止后集电极电压升高，使 T_3 发射结导通，同样产生了较大的集电极电流，消耗了 T_4 饱和时基极中的存储电荷，使 T_4 迅速退出饱和。可见，TTL "与非门" 的输入、输出级提高了门电路的转换速度。

当 "与非" 门电路工作时，T_3、T_4 交替饱和导通，"与非门" 电路具有低的输出电阻，因此，推拉式的输出级也提高了门电路的带负载能力。

2. TTL "或非门" 电路

TTL "或非门" 电路如图 2.1.4 所示，其工作原理与 "与非门" 类似。与图 2.1.3 相比,"或非门"输入级、中间级分别被晶体管 T_{1A}、T_{1B} 和 T_{2A}、T_{2B} 代替。

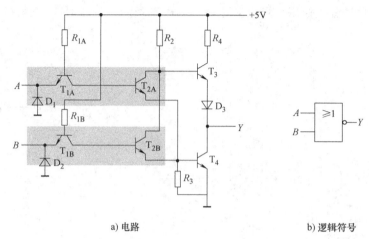

a) 电路　　　　　　　　　　b) 逻辑符号

图 2.1.4　TTL"或非门"电路

从图中可以看出,输入信号 A、B 的变化,可以通过两路并联通道(图中阴影部分)传递到输出级。只要 A、B 任一路输入为高电平,则相应通道的 T_{1A}、T_{2A} 将分别工作在倒置放大状态和饱和状态,进而驱动输出级 T_4 工作在饱和状态,输出为低电平。只有当两路输出均为低电平时,T_{1A}、T_{2A} 才分别工作在饱和状态和截止状态,从而 T_3 导通、T_4 截止,输出为高电平。

3. 集电极开路输出的 TTL 门电路

集电极开路输出门电路简称 OC(Open Collector)门,它取消了典型 TTL 门电路中推拉式输出级的晶体管 T_3、二极管 D_4,使得 T_4 的集电极开路。以两输入 OC"与非门"为例,其逻辑图和逻辑符号如图 2.1.5 所示。通过与图 2.1.3 对比可以知道,当输入 A、B 全为高电平时,T_2 和 T_4 管饱和导通,输出 Y 为低电平;当输入信号中至少有一个为低电平时,T_2 和 T_4 管均截止,输出 Y 开路。

为实现正常的逻辑功能,OC 门在使用时须在电源 U_{CC} 与输出端之间外加上拉电阻 R_C,如图 2.1.6a 所示。当图 2.1.5 中的 T_2 和 T_4 管截止时,输出端可通过 R_C 连接到 U_{CC},输出高电平,实现"与非"逻辑运算,即 $Y=\overline{AB}$。另外,多个 OC 门的输出端通过上拉电阻可直接相连,实现"线与"运算,如图 2.1.6b 所示,逻辑式可写为 $Y=Y_1Y_2=\overline{A_1B_1}\cdot\overline{A_2B_2}$。

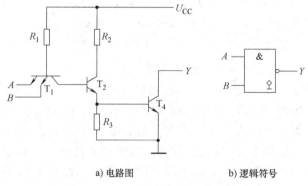

a) 电路图　　　　　　　b) 逻辑符号

图 2.1.5　OC 门电路图和逻辑符号

OC 门的性能直接受电阻 R_C 的影响,R_C 越小,门电路的开关速度越快,但输出低电平时流进门电路的电流 I_{OL} 越大。考虑到门电路参数的限制,m 个 OC 门"线与"后驱动 n 个其他门电路时,R_C 的取值范围可表示为

$$\frac{U_{CC}-U_{OL(max)}}{I_{OL(max)}-nI_{IL}} \leq R_C \leq \frac{U_{CC}-U_{OH(min)}}{mI_{OH}+nI_{IH}}$$

(2.1.1)

式中，$U_{OH(min)}$、$U_{OL(max)}$ 分别为输出高、低电平的下限、上限值；I_{OH} 为 OC 门高电平输出时的漏电流；$I_{OL(max)}$ 为 OC 门输出低电平时所允许的最大电流；I_{IH}、I_{IL} 分别为负载门高、低电平输入时的输入电流。

4. 三态门

三态门（Tristate Logic）在正常的高、低电平输出之外，还增加了"高阻态"的输出能力，以两输入三态"与非门"为例，图 2.1.7 给出了三态门的原理图和逻辑符号，其中，E 为控制端也称为使能端信号，A、B 为数据输入端信号，与普通"与非门"相比，三态门电路内部增加了二极管 D_1。

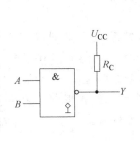
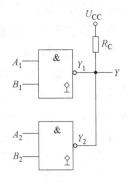

a) 单独使用　　　　b) 并联使用

图 2.1.6　OC 门的"线与"

当控制端信号 E 为高电平时，二极管 D_1 的阴极电压高，工作在截止状态。此时，三态门的工作过程与典型"与非门"一致，输出 $Y=\overline{ABE}=\overline{AB}$。因此，称控制端信号 E 为高电平有效。

当 E 为低电平时，二极管 D_1 因承受正偏而导通，使 u_{B3} 钳位在 0.7V 左右，使得 T_3、D_2 截止。另外，E 为低电平，也使晶体管 T_1 的发射结电压 u_{B1} 钳位在 0.7V 左右，使得 T_2、T_4 截止。此时，输出端信号既不是高电平，也不是低电平，而是"高阻态"。

按照同样方式，可以构成其他逻辑功能的三态门，如三态"非门"、三态"或非门"等。

和 OC 门一样，三态门也可以实现"线与"运算，同时避免了外接电阻对工作速度的影响，可应用于微处理器中的总线数据传输，连接形式如图 2.1.8 所示。图中，三态"非门"的控制端信号为低电平有效。在数据传输时，任意时刻只有一个三态门的控制信号有效，而其他门电路处于高阻状态，避免了信号冲突。

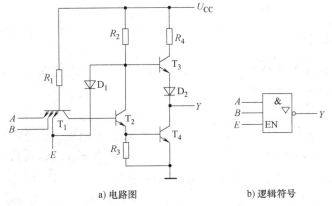

a) 电路图　　　　b) 逻辑符号

图 2.1.7　三态门的电路图和逻辑符号

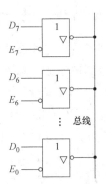

图 2.1.8　三态门总线数据传输

5. 肖特基 TTL 门电路

在基本 TTL 电路中，晶体管退出饱和的过渡过程是门电路产生延迟的主要原因，饱和程度越深，门电路的开关速度越慢。为改善门电路的性能，在基本 TTL 门电路基础上，陆续发展出了许多新的电路结构。

肖特基 TTL 电路利用肖特基二极管的钳位作用，降低晶体管导通时的饱和程度。肖特基二极管由金属材料和 N 型半导体构成，其正向导通电压为 0.4V 左右，低于普通硅 PN 结的导通电压。将肖特基二极管并联在普通晶体管的集电结，构成的肖特基钳位晶体管示意图如图 2.1.9a 所示，当晶体管集电结正偏时，肖特基二极管导通，使集电结电压钳位在 0.4V 左右，避免了晶体管进入深度饱和区，有利于提高开关速度。通常将肖特基钳位晶体管看作一个器件，符号如图 2.1.9b 所示。

利用肖特基钳位晶体管，改进的 TTL "与非门" 如图 2.1.10 所示，与图 2.1.3 所示电路相比主要进行了如下改进：①电路中晶体管 T_1、T_2、T_3、T_5、T_6 均采用了肖特基晶体管，缩短了门的平均传输延迟时间，提高了开关速度。②原结构中的 T_3 和 D_4 被复合管 T_3、T_4 代替，减小了输出电阻，提高了带负载能力。③原结构中的 R_3 被有源泄放电路 R_3、T_6、R_6 代替，既能加快 T_5 的导通，又能减小 T_5 的饱和程度。④保护二极管均改进为肖特基二极管。

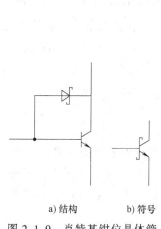

a) 结构　　b) 符号

图 2.1.9　肖特基钳位晶体管

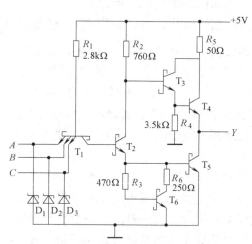

图 2.1.10　肖特基 TTL "与非门" 电路

2.1.3　TTL 门电路的外部特性和参数

TTL 电路的外部特性描述了不同条件下电路输入、输出之间的电气特性，是合理使用逻辑门电路的基础，而参数则是外部特性的具体体现。

1. TTL 门电路的主要特性

1) 电压传输特性。电压传输特性描述了输入电压 u_I 变化时、输出电压 u_O 随之变化的情况。以 TTL "非门" 为例，图 2.1.11 给出了 TTL "非门" 的符号、原理图和电压传输特性曲线，从图中可以看出，电压传输特性曲线分为 AB、BC、CD、DE 四段。

AB 段：当输入 $u_I<0.6V$ 时，T_1 饱和导通，T_2、T_4 截止，T_3、D 导通，输出高电平 $u_O≈3.6V$，这一段被称为截止区。

BC 段：输入电压 $u_I=0.7\sim1.3V$，此时 T_1 发射结保持正偏导通，其基极电压 $u_{B1}=u_I+U_{BE1}≈1.4\sim2.0V$，$T_2$ 发射结导通工作于放大区，而 T_4 仍处于截止状态。随着输入电压 u_I

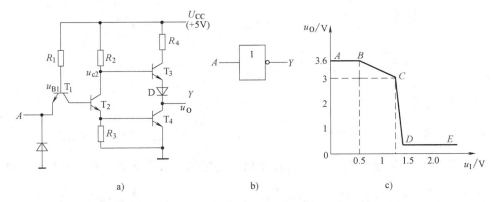

图 2.1.11 TTL "非门" 电路电压传输特性曲线

的增大，u_{c2} 和输出电压 u_O 也线性下降，因此这一段被称为线性区。

CD 段：当输入电压 $u_I \approx 1.4\text{V}$ 时，T_1 基极电压 $u_{B1} \approx 2.1\text{V}$，$T_1$ 的集电结、T_2 和 T_4 发射结导通，T_3 迅速进入截止状态，输出低电平 $u_O \approx 0.3\text{V}$。这一段被称为转折区。

DE 段：当输入电压 $u_I > 1.4\text{V}$ 后，T_1 工作在倒置放大状态，T_2、T_4 饱和导通，T_3、D 截止，u_I 继续升高时，u_O 保持在 0.3V 左右，这一段被称为饱和区。

2）输入特性。在 TTL "非门" 电路中，中间级 T_2、输出级 T_4 的发射结与输入级 T_1 相连，因此 T_2、T_4 对 T_1 的影响，可以等效为两个 PN 结，如图 2.1.12 所示。门电路的输入特性描述了输入电流 i_I 和输入电压 u_I 的关系，其典型曲线如图 2.1.13 所示。

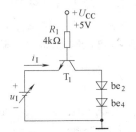

图 2.1.12 TTL "非门" 输入端等效电路

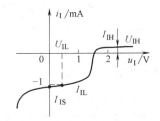

图 2.1.13 "非门" 输入特性曲线

从图 2.1.13 中可以看出，TTL 门电路在输入为低电平和高电平时，其输入电流变化较大。当输入 $u_{IL} = 0\text{V}$ 时的输入电流称为输入短路电流 I_{IS}，典型值约为 1mA。当输入 $u_{IH} > 1.5\text{V}$ 时，输入电流基本保持不变，保持在 10μA 左右。

3）输出特性。输出特性描述了门电路输出电流与输出电压的关系。当门电路的输出为高电平时，在输出端接入负载会产生一个流出的电流，而输出为低电平时，在负载上会有一个流入的电流，当负载变化时，输出电压也随之变化。定义输出端电压、电流的参考方向如图 2.1.14 所示，则输出特性曲线如图 2.1.15 所示。

在输出高电平时，随着电流 i_O 的增大，图 2.1.11a 中电阻 R_4 的压降逐渐增大，使得晶体管 T_3 逐渐进入饱和区，导致输出电压 u_O 减小。另一方面，在输出低电平时，随着电流 i_O 的增大，晶体管 T_4 饱和程度减小，导致输出电压 u_O 增大。

4）输入端负载特性。当门电路的输入端通过电阻 R_i 接地时，其等效电路如图 2.1.16

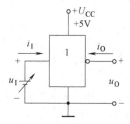

图 2.1.14 门电路输出电压、电流参考方向

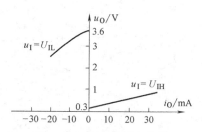

图 2.1.15 输出特性曲线

所示。此时 T_1 发射结导通，输入电压 u_I 随 R_i 的变化规律，被称为输入端负载特性曲线，如图 2.1.17 所示。当电阻 R_i 较小时，$u_I = \dfrac{R_i}{R_i + R_1}(U_{CC} - u_{BE1})$，$u_I$ 随着 R_i 增大而增大。当 u_I 增大到 1.4V 左右时，T_1 集电结、T_2、T_4 发射结导通，则 u_{B1}、u_I 分别钳位在 2.1V 和 1.4V 上。

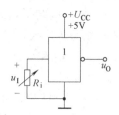

图 2.1.16 输入端接电阻等效电路

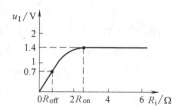

图 2.1.17 输入端负载特性曲线

可见，门电路输入端所接电阻 R_i 的大小，会直接影响到门电路中各晶体管的工作状态以及输出电压。定义开门电阻 R_{on} 和关门电阻 R_{off}，当 $R_i \leqslant R_{off}$，输入为低电平，门电路关闭，"非门"输出为高电平；当 $R_i \geqslant R_{on}$，输入为高电平，门电路打开，"非门"输出为低电平。TTL 电路的典型值为 $R_{off} = 0.85 \text{k}\Omega$、$R_{on} = 2.5 \text{k}\Omega$。

2. TTL 逻辑门的参数

1) 输入、输出逻辑电平。由门电路电压传输特性可知，当输入电压在某个范围内变化时，输出电压仅在小范围内变化，此时对应的逻辑状态并不发生变化，即在输入端与输出端，与逻辑"1"、逻辑"0"对应的高、低电平存在一个电压范围。TTL 门电路典型的输入输出逻辑电压范围如图 2.1.18 所示，其中 U_{OH}、U_{OL}、U_{IH}、U_{IL} 分别为输出高电平、输出低电平、输入高电平、输入低电平。

2) 噪声容限 U_{NH} 和 U_{NL}。噪声容限描述了逻辑门的抗干扰能力，包括高电平噪声容限 U_{NH} 和低电平噪声容限 U_{NL}。根据图 2.1.18 所示，高电平噪声容限 U_{NH} 和低电平噪声容限 U_{NL} 分别定义为

$$U_{NH} = U_{OHmin} - U_{IHmin} \quad (2.1.2)$$

可见，U_{NH} 反映了门电路输出为高电平时，容许叠加在上面的负向噪声电压的最大值；而 U_{NL} 反映了门电路输出为低电平时，容许叠加在上面的正向噪声电压的最大值。当噪声电压超过噪声容限时，逻辑门将不能正常工作。

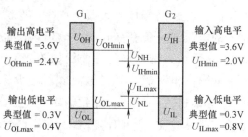

图 2.1.18 TTL 门电路逻辑电压范围

3) 扇入系数 N_i。扇入系数 N_i 是指门电路输入端的个数。显然，N_i 越大，使用越灵活。

4) 扇出系数 N_o。扇出系数 N_o 是指在正常工作条件下，门电路能驱动同类门的数量，它是衡量门电路带负载能力的一个重要参数。

由门电路的输出特性可知，门电路负载过大，会引起输出电压变化，有可能产生逻辑错误。在图 2.1.19a 中，逻辑门输出为高电平，此时"与非门"的输出电流为 I_{OH}，下一级门电路的输入电流为 I_{IH}，则输出高电平时逻辑门的扇出数可表示为

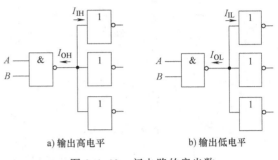

a) 输出高电平　　　b) 输出低电平

图 2.1.19　门电路的扇出数

$$N_{OH} = \frac{I_{OH}(驱动门)}{I_{IH}(负载门)} \quad (2.1.3)$$

同理，可以计算得到输出低电平时逻辑门的扇出数 N_{OL}，则逻辑门的扇出数取 N_{OH} 和 N_{OL} 的最小值。

2.2　CMOS 逻辑门

CMOS（Complementary MOS）逻辑电路中开关器件为 NMOS 和 PMOS 两种场效应晶体管，随着工艺、技术的进步，CMOS 电路逐渐取代了 TTL 电路，成为当前大规模集成电路中的主流。

2.2.1　MOS 管的开关特性

MOS 管是一类电压控制型器件，根据工作特性，可分为增强型和耗尽型，根据结构特点，又可分为 P 沟道和 N 沟道，但各种类型 MOS 管的开关特性类似，下面以 N 沟道增强型 MOS 管为例进行说明。

1. 静态特性

图 2.2.1a 为 N 沟道增强型 MOS 管构成的基本开关电路，输入 u_I 接入门极，漏极经上拉电阻 R_D 连接到电源 U_{DD}，源极连接电压参考点（"地"），输出 u_O 由漏极引出。已知 MOS 管的开启电压为 U_T，则静态开关情况为：

1) 当输入 u_I 为高电平 U_{DD} 时，由于 $u_I > U_T$，MOS 管导通，漏源极间呈现低阻态，导通电阻 r_{DS} 约为几百欧姆，相当于开关闭合，输出为低电平，$u_O \approx 0V$。

2) 当输入 u_I 为低电平 0V 时，由于 $u_I < U_T$，MOS 管截止，漏源极之间电流为零，相当于开关断开，输出为高电平，$u_O \approx U_{DD}$。

可见，图 2.2.1a 所示电路构成了一个反相器。而当 $0 < u_I < U_{DD}$ 时，可以测出对应的输出电压值，得到其电压传输特性，如图 2.2.1b 所示。

2. 动态特性

在 MOS 管内部，门极-源极、门极-漏极、源极-衬底、漏极-衬底之间都存在电容，而电路之间的导线也存在分布电容，这些电容直接影响了 MOS 管的开关动态特性。为简化分析，

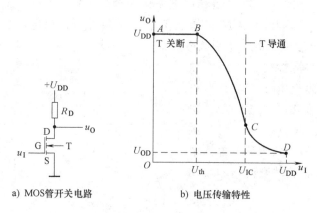

a) MOS管开关电路 b) 电压传输特性

图 2.2.1　MOS管开关电路及其工作情况

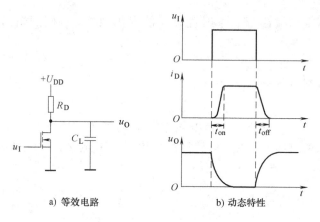

a) 等效电路 b) 动态特性

图 2.2.2　MOS管的动态特性

将各电容折算、合并为输出负载电容 C_L，等效电路如图 2.2.2a 所示，负载电容 C_L 的充、放电过程使开关电路的电压 u_O 和电流 i_D 变化过程减慢，如图 2.2.2b 所示。由于 MOS 管导通时电阻 r_{DS} 比双极性晶体管饱和导通电阻 r_{CES} 大很多，而漏极电阻 R_D 也比通常晶体管电路中集电极电阻 R_C 大，所以 MOS 管对负载电容的充放电时间比晶体管的长，因此 MOS 管的开关速度比晶体管慢，在实际应用时对信号频率提出了要求。

2.2.2　CMOS 逻辑门

在图 2.2.1 所示的基本 NMOS 管反相器中，为了保证正确的逻辑电压输出，电阻 R_D 的值一般较大，既影响了开关速度，又限制了在大规模电路中的应用。为了解决这个问题，利用 PMOS 管代替电阻 R_D，可以构成 CMOS 型逻辑电路。

1. CMOS 反相器

CMOS 反相器电路如图 2.2.3 所示，其中，T_1 为增强型 NMOS 管、T_2 为增强型 PMOS 管，T_1、T_2 栅极相连作为输入端，漏极相连作为输出端，而源极分别接电压参考点（"地"）和电源 U_{DD}，且电源 U_{DD} 大于等于两个 MOS 管的开启电压绝对值之和。与基本 NMOS 反相器相比，

CMOS 反相器的驱动管仍为 NMOS 管 T_1，而电阻 R_D 被 PMOS 负载管 T_2 代替。

当输入 $u_I = U_{DD}$ 时，两个晶体管的栅源电压分别为 $u_{GSN} = U_{DD}$、$u_{GSP} = 0V$，因此，T_1 导通，T_2 截止，输出 u_O 约为 0V。当输入 $u_I = 0V$ 时，两个管子的栅源电压分别为 $u_{GSN} = 0V$、$u_{GSP} = -U_{DD}$，T_1 截止，T_2 导通，输出 u_O 为高电平 U_{DD}。因此，电路实现了"非门"的逻辑功能。

在 CMOS 反相器中，不管输入为高电平还是低电平，互补的两个 MOS 管总保持一个导通一个截止，因此，CMOS 门电路在稳态时的功耗极低。

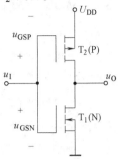

图 2.2.3 CMOS 反相器电路

在 MOS 电路中，为了绝缘和隔离的需要，NMOS 管的衬底应接电路中的最低电位，PMOS 管的衬底应接电路中的最高电位，即它们总是接电源的正、负极。为简明起见，电路中通常省略 MOS 管衬底的接线。

2. CMOS "与非门"和"或非门"

在 CMOS 反相器的基础上稍加改变，就可以构成各种 CMOS 门电路。由于在互补电路中 NMOS 管和 PMOS 管都是成对出现的，所以 CMOS 集成电路中，用的 MOS 管数量比较多。

1) CMOS "与非门"电路。CMOS 两输入"与非门"电路如图 2.2.4 所示，电路由四个 MOS 管组成，两个 NMOS 驱动管 T_1 和 T_2 串联，两个 PMOS 负载管 T_3 和 T_4 并联。当输入 A、B 均为高电平时，T_1、T_2 均导通，T_3、T_4 均截止，输出为低电平；当输入 A、B 中有信号为低电平时，T_1、T_2 中与之相连的晶体管截止，而 T_3、T_4 中与之相连的晶体管导通，输出为高电平。因此电路实现了"与非"运算功能，输出 Y 和输入 A、B 的逻辑关系为

$$Y = \overline{A \cdot B} \tag{2.2.1}$$

2) CMOS "或非门"。两输入 CMOS "或非门"电路如图 2.2.5 所示，两个 NMOS 驱动管 T_1 和 T_2 并联，两个 PMOS 负载管 T_3 和 T_4 串联。当输入 A、B 中至少有一个为高电平时，T_1、T_2 中与之相连的晶体管导通，而 T_3、T_4 中与之相连的晶体管截止，输出为低电平；当输入 A、B 均为低电平时，T_1 和 T_2 均截止，而 T_3 和 T_4 导通，输出为高电平，从而实现了"或非门"的功能，输出 Y 和输入 A、B 之间的逻辑关系为

$$Y = \overline{A + B} \tag{2.2.2}$$

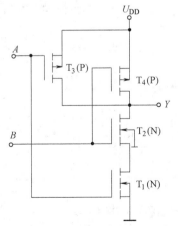

图 2.2.4 CMOS "与非门"电路

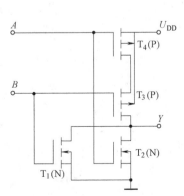

图 2.2.5 CMOS "或非门"电路

2.2.3 CMOS 传输门

传输门（TG）能够双向传输数字、模拟信号，在电路中可作为双向开关使用。CMOS 传输门是由 NMOS 管 T_N 和 PMOS 管 T_P 并联而成的，如图 2.2.6 所示。图中，T_N 和 T_P 的源极、漏极结构完全相同，可互相替换，连接到信号的输入、输出端，而栅极分别连接互补控制信号 C、$\overline{C}$，衬底则分别接低电平 0V 和高电平 U_{DD}。为了获得良好的性能，除开启信号 U_{TN}、U_{TP} 的极性相反外，T_P 和 T_N 的其他特性参数相同。

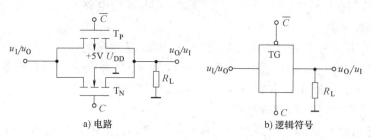

图 2.2.6 CMOS 传输门

当传输门工作时，互补控制端 C、$\overline{C}$ 的高低电平分别为 U_{DD} 和 0V，输入电压 u_I 的范围为 0V ~ $+U_{DD}$，下面分析传输门的工作原理。

当 C = "0"，$\overline{C}$ = "1"（即，控制端 C 接 0V、$\overline{C}$ 接 U_{DD}）、$0<u_I<+U_{DD}$ 时，T_P 管和 T_N 管均截止，输入与输出之间为高阻态，传输门 TG 截止，输入信号不会影响到输出端，输出 u_O = 0V。

当 C = "1"、$\overline{C}$ = "0" 时，在输入 $0<u_I<U_{DD}-U_{TN}$ 范围内，T_N 管导通，在输入 $|U_{TP}|<u_I<U_{DD}$ 范围内，T_P 管导通，在输入 $|U_{TP}|<u_I<U_{DD}-U_{TN}$ 范围内，T_N 和 T_P 管同时导通，两管的沟道电阻并联。可见，此时 T_N、T_P 中至少有一个晶体管导通，输出 u_O 和 u_I 间为低阻通路（通常小于 1kΩ），传输门 TG 导通，输出电压

$$u_O = \frac{R_L}{R_L+R_{TG}}u_I \approx u_I \quad (2.2.3)$$

式中，R_{TG} 是传输门的导通电阻。

利用传输门，可以实现模拟信号的连续传输，也可实现数字信号的双向传递，如图 2.2.7 所示。

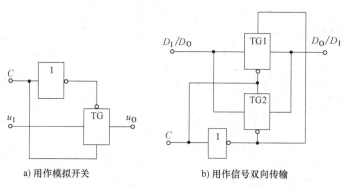

图 2.2.7 CMOS 传输门应用举例

2.3 其他类型的集成电路

2.3.1 发射极耦合逻辑（ECL）电路

发射极耦合逻辑（Emitter-Coupled Logic）电路是一种高速数字电路，其中的晶体管工作在非饱和状态，电路的平均传输延迟可以降低到 2ns 以下，是目前双极型电路中传输延迟时间最低的，传统上主要应用于大型高速计算机系统。

ECL 典型电路及工作原理

和基本 TTL 不同，ECL 电路的电源电压为 $-5.2V$，而逻辑电压范围 U_{IH} 为（$-1.105 \sim -0.81V$），U_{IL} 为（$-1.85 \sim -1.475V$），U_{OH} 为（$-0.96 \sim -0.81V$），U_{OL} 为（$-1.85 \sim -1.65V$）。图 2.3.1 是典型 ECL "或/或非门"电路，由输入级、基准电压和输出级三部分构成：

1) T_1、T_2、T_3 和 T_4 组成了差分结构的输入级，输入信号接到了 T_1、T_2、T_3 的基极，而 T_4 的基极接入参考电压 U_{REF}（$-1.3V$）。

2) T_5、D_1、D_2 和电阻 R_1、R_2、R_3 组成的射极输出电路产生基准电压 U_{REF}，T_5 基极回路接入的二极管 D_1、D_2 用来补偿温度引起的 T_5 发射结电压 U_{BE5} 的变化。

3) T_6、T_7 组成了射极输出级，实现了输入、输出逻辑电压匹配，提高了带负载能力。

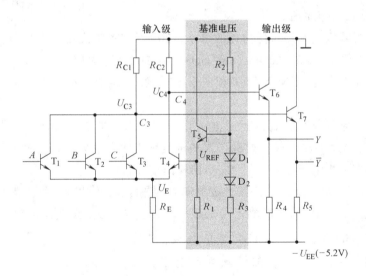

图 2.3.1　ECL "或/或非门"电路

设晶体管 $U_{BE} = 0.7V$，当输入 A 为高电平（$-0.9V$）时，由于 T_1、T_4 通过射极耦合，且 T_1 管基极电位高于 T_4 的基极电压（U_{REF}），因此 T_1 优先导通，使射极电位钳位在 $U_E = (-0.9-0.7)V = -1.6V$，此时 T_4 管发射结电压 $U_{BE4} = (-1.3+1.6)V = 0.3V$，因此 T_4 管截止，集电极电压 U_{C4} 为高电平，U_{C3} 为低电平。由于 T_1、T_2、T_3 三管并联，所以只要有一个输入端为高电平，U_{C3} 就为低电平，U_{C4} 就为高电平。

当输入全为低电平（-1.6V）时，由于 U_{REF} 电位高于-1.6V，因此 T_4 管导通，使发射极电位 $U_E=(-1.3-0.7)V=-2.0V$，此时 T_1、T_2、T_3 的发射结正偏电压为 0.4V，同时截止，U_{C3} 为高电平，U_{C4} 为低电平。

由上述分析可知，C_4 点与 A、B、C 之间的逻辑关系为"或"逻辑，C_3 点与 A、B、C 之间的逻辑关系为"或非"逻辑，而输出级 T_6、T_7 只改变高、低逻辑的电压值，并不改变逻辑运算的类型，因此两输出 Y、$\overline{Y}$ 与输入 A、B、C 的关系是

$$\begin{cases} Y=A+B+C \\ \overline{Y}=\overline{A+B+C} \end{cases} \quad (2.3.1)$$

由此可见，该 ECL 电路具有"或/或非"逻辑功能，逻辑符号如图 2.3.2 所示。

与 TTL 门电路相比，ECL 门电路开关速度快，带负载能力强。另一方面，为了提高工作速度，ECL 电路中电阻值较小，而且晶体管又工作在非饱和区，所以电路的功耗大，每门平均功耗达 40mW。ECL 电路的逻辑摆幅只有 0.8V 左右，直流噪声容限 U_N 约 300mV，因此抗干扰能力差。

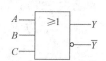

图 2.3.2 ECL "或/或非门"逻辑符号

2.3.2 I²L 电路

I²L 基本电路及工作原理

为了满足大规模集成电路对低功耗的要求，20 世纪 70 年代发展出了集成注入逻辑（Integrated-Injection logic，IIL 或 I²L）电路，其基本电路由一个多集电极 NPN 管 T 和一个 PNP 管 T'组成，电路如图 2.3.3 所示。

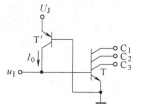

图 2.3.3 I²L 基本电路

图中，管 T'的基极接地，发射极 e'电压 U_J 恒定，因此 T'输出恒流 I_0，为 NPN 管 T 提供偏置电流，e'极为电路的注入极，这种形式的电路称为注入逻辑电路。输入信号 u_I 接到 NPN 管 T 的基极，由多个集电极 C_1、C_2、C_3 引出输出信号。

当输入为低电平（0.1V）时，恒流源电流 I_0 从输入端流出，T 管因发射结电压小而截止，其集电极 C_1、C_2、C_3 输出高电平（假设 C_1、C_2、C_3 分别经负载电阻接正电源）；当输入信号为高电平（0.7V）时，I_0 流向 T 的基极，T 管饱和导通，集电极 C_1、C_2、C_3 的输出为低电平。因此，任何一个集电极输出电压与输入电压之间都是反相关系，即 IIL 基本门是一个多输出端的"非门"。

在基本电路基础上，可以构造出不同逻辑功能的电路。将多个反相器的输出利用"线与"连接，构成的"或非门"电路如图 2.3.4 所示，图中 T'为多发射结晶体管，构成电流源，为其他三个 NPN 管提供偏置电流。

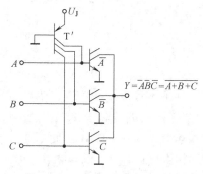

图 2.3.4 I²L "或非门"电路

I^2L 电路结构简单、紧凑，没有电阻元件，电路占用的芯片面积小，集成度高，能够在低电压、微电流下工作，功耗小。但 I^2L 电路输出幅度低（0.6V 左右），噪声容限低，抗干扰能力差。此外，I^2L 仍属于饱和型逻辑电路，所以开关速度不高。

2.3.3 Bi-CMOS 电路

Bi-CMOS 电路是把低功耗的 CMOS 电路和低延时的 TTL 电路结合起来的一种混合电路，其基本逻辑电路采用 CMOS 结构，而输出部分采用双极型晶体管结构。

Bi-CMOS 反相器电路如图 2.3.5 所示，场效应晶体管 T_P 和 T_N 与基本反相器类似，而 Q_1 和 Q_2 构成输出级。此电路具有两种基本工作模式：

在模式 1 期间，输入电压 u_I 为低，$u_I = U_{OL}$。NMOS 场效应晶体管 T_N 关断，又因为 Q_1 的基极通过电阻 R_1 接地，所以 Q_1 关断。而 PMOS 场效应晶体管 T_P 导通，其源极电压 $U_{S\_P} = U_{DD}$，并为 Q_2 提供基极电流，Q_2 导通，负载电容 C_L 充电至大约 $U_{DD} - U_{BE2}$。当 $u_O = U_{DD} - U_{BE2}$ 时，Q_2 断开，然后 U_{DD} 通过 T_P 和 R_2 继续向 C_L 充电，同时 Q_2 基区存储的电荷也通过 R_2 放电，因此 U_{BE2} 逐渐降低到约为 0V，$u_O = U_{OH} \approx U_{DD}$。

在模式 2 期间，输入电压 u_I 为高，$u_I = U_{OH}$。PMOS 场效应晶体管 T_P 和晶体管 Q_2 都关断，NMOS 场效应晶体管 T_N 导通，负载电容 C_L 首先通过 R_2 和 T_N 放电。此时，电流流过 R_1 产生压降，驱动 Q_1 导通，因此负载电容 C_L

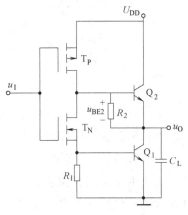

图 2.3.5 Bi-CMOS 电路

通过 Q_1 集电极迅速放电。当 R_1 两端电压小于 Q_1 导通电压时，Q_1 关断，负载电容 C_L 继续通过 R_2、T_N 和 R_1 放电到约为 0V，即 $U_{OL} \approx 0V$。在此期间，Q_1 基区存储的电荷也通过 R_1 放电。

2.4 各系列逻辑门电路接口

经过几十年的发展，双极晶体管 TTL 逻辑电路通过改进电路的传输延迟、电流消耗、扇入和扇出数等，逐渐形成了 74 系列的逻辑电路，包括 74 系列或 74N 系列（标准 TTL），74L 系列（低功耗 TTL），74H 系列（高速 TTL），74S 系列（肖特基 TTL），74LS 系列（低功耗肖特基 TTL），74AS 系列（先进肖特基 TTL），74ALS 系列（先进低功耗肖特基 TTL）。与此同时，采用 MOSFET 开发的逻辑电路也发展出了 4000 系列、4000B 系列和 74HC 系列（高速 CMOS）、74HCT 系统（TTL 兼容高速 CMOS）、74AC 系列（先进 CMOS）、74ACT（先进 TTL 兼容高速 CMOS）。另外，随着集成电路的发展，出现了一系列低电压逻辑器件，这些低电压器件的逻辑电平与 TTL、CMOS 逻辑电平不同，如图 2.4.1 所示。

为了满足不同的功能要求，现在很多数字系统中，会采用不同系列的逻辑器件，这时就

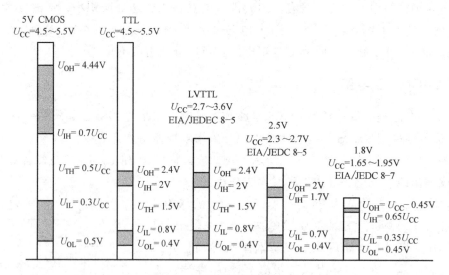

图 2.4.1　不同标准逻辑电平

需要从三方面考虑不同逻辑器件之间的接口问题：①输入逻辑电平的匹配问题。②输出驱动能力的限制。③不同等级的电源电压。下面主要分析两种基本情况。

1. TTL 驱动 5VCMOS

当使用 TTL 器件来驱动 CMOS 时，驱动器件的输出驱动能力和驱动装置的开关电平和输入电流是重要的考虑因素。

从图 2.4.1 中可以看出，TTL 系列的 $U_{OL(max)} = 0.4V$，而 CMOS 系列的 $U_{IL(max)} = 1.5V$，所以输出逻辑"0"时，TTL 系列逻辑门可以直接驱动 CMOS 系列逻辑门。

当输出逻辑"1"时，TTL 系列的 $U_{OH(min)} = 2.4V$，而 CMOS 系列的 $U_{IH(min)} = 3.5V$，此时逻辑电平不兼容，需要在 TTL 门输出端与电源之间连接上拉电阻，如图 2.4.2 所示。上拉电阻越小，转换速度越快，相应的功耗也越大。

2. 5VCMOS 驱动 TTL

从图 2.4.1 中可以看出，CMOS 系列的 $U_{OL(max)} = 0.5V$，而 TTL 系列的 $U_{IL(max)} = 0.8V$，另外，CMOS 系列的 $U_{OH(min)} = 4.44V$，而 TTL 系列的 $U_{IH(min)} = 2.0V$，所以输出逻辑"0"或逻辑"1"时，CMOS 系列逻辑门都可以直接驱动 TTL 系列逻辑门。此时，需要根据 CMOS 逻辑门的输出电流和 TTL 逻辑门的输入电流计算 CMOS 逻辑门电路的扇出数。

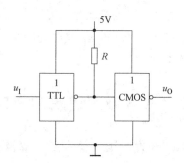

图 2.4.2　TTL 驱动 CMOS 电路

2.5　逻辑门的 Verilog HDL 描述

用 Verilog 硬件描述语言描述的"与门""或门""非门""与非门""或非门""异或门"分别如图 2.5.1a~f 所示。

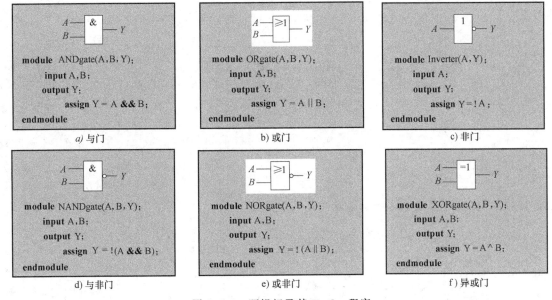

图 2.5.1 逻辑门及其 Verilog 程序

本 章 小 结

　　逻辑门电路是构成数字电路的基本单元,为实现相同的逻辑功能,逻辑门电路可以有不同的实现方案。逻辑门中主要的半导体器件为双极型的晶体管和单极型的场效应晶体管,工作在开关状态。

　　典型的 TTL 门电路采用输入级、中间级和输出级结构,提高了门电路的转换速度。集电极开路门(OC 门)和三态门都能实现"线与",但 OC 门需要外接上拉电阻,而三态门的控制信号在任一时刻,最多只能有一个有效。肖特基门电路利用肖特基二极管的钳位作用避免了晶体管工作在深度饱和状态,进一步提高了门电路的速度。

　　门电路的外部特性和电气参数是合理选择、使用、互连不同类型门电路的基础。主要的参数包括:输入输出逻辑电平、输入输出电流、噪声容限和扇入扇出数。

　　CMOS 电路是由 N 沟道和 P 沟道两种场效应晶体管构成的,是目前大规模集成电路中广泛采用的工艺技术。除基本逻辑门外,CMOS 结构还可以构成传输门,可实现模拟信号和数字信号的双向传输。

　　ECL 电路开关速度高、I^2L 门电路功耗较低,与 TTL 门电路一样也是双极型的,但逻辑电平不同。BiCMOS 电路结合了 CMOS 电路的低功耗和 TTL 电路的低延时特点,是一种混合型结构。

　　在实际数字系统中包含不同系列的逻辑器件时,需要考虑不同逻辑器件之间的接口问题。TTL 逻辑门驱动 5VCMOS 门时,需要外接上拉电阻,而 5V 的 CMOS 门可直接驱动 TTL 门。

习 题

　　2.1.1 晶体管电路如题图 2.1.1 所示,试分析各晶体管工作状态。图中,$U_{CC} = 5V$,

$U_{CES}=0.3V$。

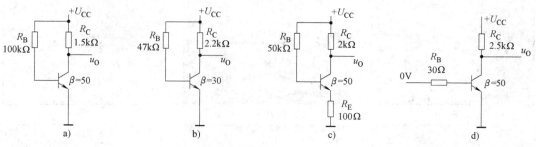

题图 2.1.1

2.1.2 写出题图 2.1.2 所示电路的逻辑表达式。

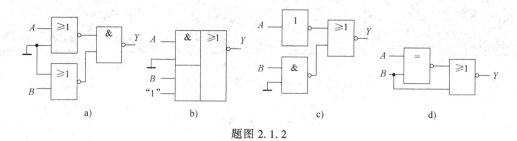

题图 2.1.2

2.1.3 假设题图 2.1.3 中,晶体管工作在饱和或截止区,试写出各电路中输入与输出的逻辑关系。

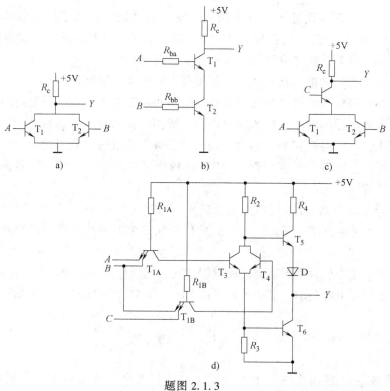

题图 2.1.3

2.1.4 题图 2.1.4 所示为集电极开路门驱动两个 TTL 逻辑门。已知 OC 门输出管截止时的漏电流 $I_{OZ} = 0.1\text{mA}$,输出低电平 $U_{OL(max)} = 0.5\text{V}$ 时的输出电流 $I_{OL(max)} = 8\text{mA}$,负载门的电流参数为 $I_{IL} = 0.5\text{mA}$、$I_{IH} = 0.02\text{mA}$。要求输出高电平 $U_{OH} \geq 3\text{V}$,试计算上拉电阻 R_p。

2.2.1 写出题图 2.2.1 所示电路的逻辑表达式。

2.4.1 已知 CMOS 门的 $I_{OL(max)} = 8\text{mA}$、$I_{OH(max)} = 8\text{mA}$,TTL "非门" 的 $I_{IL(max)} = 2\text{mA}$、$I_{IH(max)} = 50\mu\text{A}$。求 CMOS 门驱动 TTL 门时的扇出数。

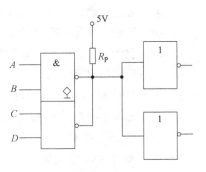

题图 2.1.4

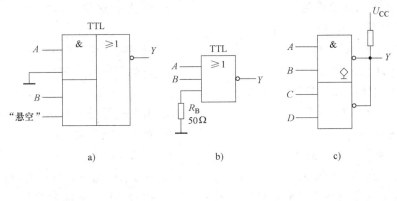

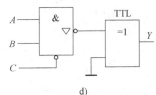

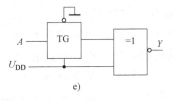

题图 2.2.1

2.4.2 已知 TTL "非门" 电路的 $U_{OL(max)} = 0.5\text{V}$、$U_{OH(min)} = 2.7\text{V}$、$I_{OL(max)} = 20\text{mA}$、$I_{OH(max)} = 2\text{mA}$,发光二极管 D 的工作电流 $I_{max} = 10\text{mA}$、$I_{min} = 3\text{mA}$,导通时的压降为 0.7V,试设计电路实现 TTL 门电路驱动二极管 D 发光,电源电压为 5V。

自 测 题

1. 当晶体管工作在饱和区时,以下说法不正确的是（　　）
A. 晶体管 CE 极间等效短路　　　　　　B. 发射结正偏
C. $I_C << \beta I_B$　　　　　　　　　　　D. 集电结反偏
2. 以下逻辑门电路中,开关器件不是双极型晶体管的是（　　）
A. TTL 电路　　　B. CMOS 电路　　　C. ECL 电路　　　D. I^2L 电路
3. TTL "与非门" 工作在稳态时,各晶体管的工作状态可能为（　　）
A. 饱和状态　　　B. 截止状态　　　C. 放大状态　　　D. 倒置放大状态

4. 以下说法正确的是（　　）
A. OC 门使用时需外接上拉电阻，上拉电阻的阻值只影响门电路的动态特性
B. OC 门的外接上拉电阻只影响门电路的输出逻辑电平
C. 三态门可以实现"线与"功能，任意时刻可以有多个三态门的使能端有效
D. 三态门可以构成信号的双向传输电路

5. 在 TTL "非门"中，输入为（　　）时，输出为逻辑"1"。
A. 输入电压为 0.4V
B. 输入电压为 1V
C. 输入端接 100kΩ 电阻
D. 输入端接 50Ω 电阻

6. 对 CMOS "非门"，以下说法正确的是（　　）
A. N 型 MOS 管为驱动管
B. P 型 MOS 管为驱动管
C. N 型 MOS 管为负载管
D. P 型 MOS 管为负载管

7. CMOS 传输门可以（　　）
A. 只能传递模拟信号
B. 只能传递数字信号
C. 可以传递模拟和数字信号
D. 只能单向传递信号

8. 对 ECL 电路，以下说法正确的是（　　）
A. 供电电源与 TTL 电路一样
B. 供电电源与 CMOS 电路一样
C. 工作速度高
D. 抗干扰能力强

9. 以下说法不正确的是（　　）
A. I^2L 是一种双极型电路
B. BiCMOS 是一种混合型电路
C. I^2L 电路的逻辑电平与 CMOS 电路兼容
D. BiCMOS 电路延时较低

10. 当电路中存在多种类型逻辑电路时，以下说法正确的是（　　）
A. 任意类型的逻辑电路都可以直接相连
B. 任意类型的逻辑电路都不能直接相连
C. 只要供电电压相同的逻辑电路都可以直接相连
D. 逻辑电路连接时要考虑逻辑电平的兼容性

第 3 章　组合逻辑电路

内容提要

数字电路系统可分为两大类，即组合逻辑电路和时序逻辑电路。组合逻辑电路是将门电路按照数字信号由输入至输出单方向传递的工作方式组合起来而构成的逻辑电路，是数字电路中一个重要组成部分。

本章首先介绍组合逻辑电路的特点以及组合逻辑电路的分析和设计方法。然后介绍编码器、译码器、数据选择器、加法器、数值比较器等常用组合逻辑电路的工作原理、逻辑功能和使用方法，组合逻辑电路中存在的"竞争—冒险"问题。最后给出组合逻辑电路的 Verilog HDL 描述。

3.1　组合逻辑电路的特点及逻辑功能表示方法

根据逻辑功能的不同特点，数字电路可以分成两大类，一类称为组合逻辑电路（简称组合电路），另一类称为时序逻辑电路（简称时序电路）。

组合逻辑电路（Combinational Logic Circuit）在逻辑功能上的特点是：电路在任何时刻的输出状态只取决于该时刻的输入状态，而与电路原来的状态无关。

如图 3.1.1 所示就是一个组合逻辑电路的例子。由图 3.1.1 可知，输出 Y 的值只由输入 A 和 B 的取值确定，与电路过去的工作状态无关。

图 3.1.1　组合逻辑电路举例

组合逻辑电路在结构上的特点是：电路只由门电路组合而成，不包含记忆性元件，电路的输入与输出之间没有反馈延迟电路。

图 3.1.2 所示为组合逻辑电路的总体框图，图中 A_0、A_1、…、A_{n-1} 表示输入变量，Y_0、Y_1、…、Y_{m-1} 表示输出变量。每一个输出变量是全部或部分输入变量的函数。输出与输入之间的逻辑关系可以用一组逻辑函数表示为

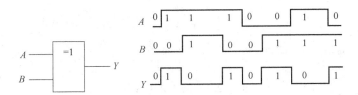

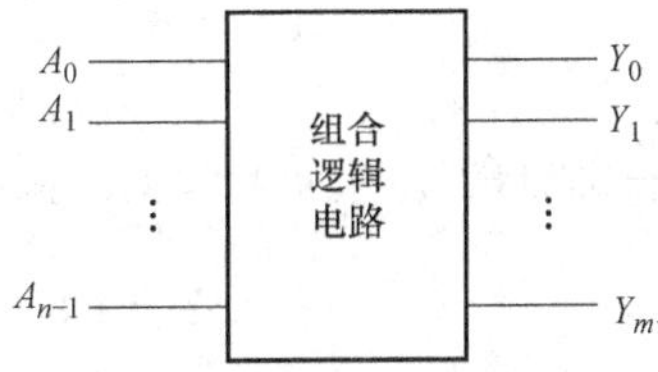

图 3.1.2　组合逻辑电路框图

$$\begin{cases} Y_0 = f_0(A_0, A_1, \cdots, A_{n-1}) \\ Y_1 = f_1(A_0, A_1, \cdots, A_{n-1}) \\ \vdots \\ Y_{m-1} = f_{m-1}(A_0, A_1, \cdots, A_{n-1}) \end{cases}$$

组合电路的逻辑功能可以用逻辑函数表达式、真值表、逻辑图、卡诺图和波形图等来表示。

3.2 组合逻辑电路的分析和设计

3.2.1 组合逻辑电路的分析方法

组合逻辑电路的分析就是根据已知的组合逻辑电路,确定其输入与输出之间的逻辑关系,经过分析确定电路能完成的逻辑功能。

分析组合逻辑电路的一般步骤是:

已知组合逻辑电路→写逻辑表达式→列真值表→简述逻辑功能

1) 由给定逻辑电路写出输出逻辑函数式 一般从输入端向输出端逐级写出各输出对其输入的逻辑表达式,从而写出整个逻辑电路的输出对输入变量的逻辑函数式。必要时,可对逻辑表达式进行化简与变换。

2) 列真值表 将输入变量的状态以自然二进制数顺序的各种取值组合代入输出逻辑函数式,求出相应的输出状态,列出真值表。

3) 分析逻辑功能 通常通过分析真值表的特点来说明电路的逻辑功能。

在分析的过程中,通常对输出表达式进行化简与变换,若逻辑功能已明朗,则可通过表达式进行逻辑功能的评述;在一般情况下,必须分析真值表中输出和输入之间取值关系,才能准确判断电路的逻辑功能。

[例3.2.1] 分析如图3.2.1所示电路的逻辑功能。

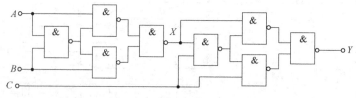

图3.2.1 例3.2.1的电路

解:1) 逐级写出逻辑表达式并化简。

逻辑图由前后两个完全相同的部分组成。前一部分的输入为 A 和 B,设输出为 X,则

$$X = \overline{A \cdot \overline{AB} \cdot B \cdot \overline{AB}} = \overline{A \overline{AB}} + \overline{B \overline{AB}} = A\overline{B} + \overline{A}B \tag{3.2.1}$$

后一部分的输入为 X 和 C,输出为 Y,由于与前一部分的结构完全相同,所以有

$$Y = X\overline{C} + \overline{X}C = (\overline{A}B + A\overline{B})\overline{C} + \overline{\overline{A}B + A\overline{B}} \cdot C$$
$$= \overline{A}B\overline{C} + A\overline{B}\overline{C} + (\overline{\overline{A}B} + AB)C = \overline{A}\overline{B}\overline{C} + \overline{A}B\overline{C} + A\overline{B}\overline{C} + ABC \tag{3.2.2}$$

2）列真值表。

从式（3.2.2）中不容易看出电路的逻辑功能，还须列出其真值表，见表3.2.1。

表 3.2.1 例 3.2.1 的真值表

A B C	Y	A B C	Y
0 0 0	0	1 0 0	1
0 0 1	1	1 0 1	0
0 1 0	1	1 1 0	0
0 1 1	0	1 1 1	1

3）说明逻辑功能。

由真值表可以看出，在 A、B、C 三个输入变量中，有奇数个"1"时，输出 Y 为"1"，否则 Y 为"0"。因此，图3.2.1所示电路的逻辑功能为三位判奇电路，又称为"奇校验电路"。

[例3.2.2] 分析图3.2.2所示电路的逻辑功能。

解：根据给定的电路图可写出逻辑表达式为

$$\begin{cases} Y_3 = A_3 \\ Y_2 = A_3 \oplus A_2 \\ Y_1 = A_2 \oplus A_1 \\ Y_0 = A_1 \oplus A_0 \end{cases}$$

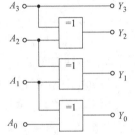

图 3.2.2 例 3.2.2 的电路

列真值表见表3.2.2。

表 3.2.2 例 3.2.2 的真值表

输入	输出	输入	输出
$A_3\ A_2\ A_1\ A_0$	$Y_3\ Y_2\ Y_1\ Y_0$	$A_3\ A_2\ A_1\ A_0$	$Y_3\ Y_2\ Y_1\ Y_0$
0 0 0 0	0 0 0 0	1 0 0 0	1 1 0 0
0 0 0 1	0 0 0 1	1 0 0 1	1 1 0 1
0 0 1 0	0 0 1 1	1 0 1 0	1 1 1 1
0 0 1 1	0 0 1 0	1 0 1 1	1 1 1 0
0 1 0 0	0 1 1 0	1 1 0 0	1 0 1 0
0 1 0 1	0 1 1 1	1 1 0 1	1 0 1 1
0 1 1 0	0 1 0 1	1 1 1 0	1 0 0 1
0 1 1 1	0 1 0 0	1 1 1 1	1 0 0 0

由真值表可以看出，电路输入为自然二进制码，输出为格雷码，所以，图3.2.2所示电路的逻辑功能是完成自然二进制码向格雷码的转换。

3.2.2 组合逻辑电路的设计方法

组合逻辑电路的设计是分析的逆过程，即对于给定的逻辑功能要求，绘出实现它的逻辑电路图。逻辑电路需根据设计任务的复杂程度和具体技术要求来选择不同集成度的器件去实现，如采用小规格集成逻辑电路（SSI）、组合逻辑电路模块（MSI）或可编程序逻辑器件（PLD）等。实现方法不同，对应的设计方法也不同。这里给出组合逻辑电路的一般设计方法。

设计组合逻辑电路的一般步骤是：

已知逻辑功能→列真值表→写逻辑表达式→化简或变换→画逻辑图

1）分析设计要求，列真值表　根据因果关系确定输入、输出变量。用"0"和"1"表示信号的不同状态，即为逻辑状态赋值。根据逻辑功能列出真值表。

2）根据真值表写出输出逻辑函数表达式。

3）对输出逻辑函数进行化简或变换　根据所用器件的类型（SSI 或 MSI 集成芯片）对函数式进行化简或变换。

若采用小规格逻辑电路（SSI）进行设计，通常需将函数化简为最简的形式，以便能用最少的门电路来组成逻辑电路。在实际应用中，由于小规模集成电路产品，一个芯片包括数个门至数十个门，因此应根据要求或具体情况，将函数式变换成与器件产品相适应的形式（如"与非—与非"式），以尽可能减少所用器件的数目和种类。

若采用 MSI 器件设计，则需要根据器件功能，将函数式变换为相应的形式。

4）根据函数式画出逻辑电路图。

下面举例说明设计组合逻辑电路的方法和步骤。

[**例 3.2.3**]　设计一个判定试举成功的逻辑电路。举重比赛有 3 名裁判，当运动员将杠铃举起后，须有 2 名或 2 名以上裁判认可，方可判定试举成功。

解：1）分析设计要求，列出真值表。

根据电路功能描述，取 3 名裁判的意见为输入变量，并用字母 A、B、C 表示，同意试举成功为"1"，否定为"0"；裁判结果为输出变量，用 Y 表示，试举成功为"1"，失败为"0"。

根据逻辑要求列出真值表，见表 3.2.3。

表 3.2.3　例 3.2.3 的真值表

A	B	C	Y	A	B	C	Y
0	0	0	0	1	0	0	0
0	0	1	0	1	0	1	1
0	1	0	0	1	1	0	1
0	1	1	1	1	1	1	1

2）写出逻辑函数表达式。

由表 3.2.3 可得表达式

$$Y = \bar{A}BC + A\bar{B}C + AB\bar{C} + ABC \tag{3.2.3}$$

3）化简函数并选用小规模集成门电路实现。

式（3.2.3）的最简逻辑表达式为

$$Y = AB + AC + BC \tag{3.2.4}$$

4）画出逻辑电路图。

根据式（3.2.4）画出对应的逻辑图如图 3.2.3a 所示。

若要求采用同一种芯片实现，例如全部用"与非门"实现电路功能，则需将式（3.2.4）转换为最简"与非—与非"表达式，即

$$Y = \overline{\overline{AB} + \overline{AC} + \overline{BC}} = \overline{\overline{AB} \cdot \overline{AC} \cdot \overline{BC}} \tag{3.2.5}$$

对应的逻辑图如图 3.2.3b 所示。

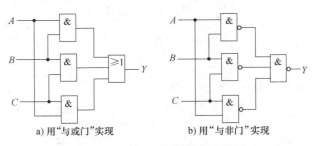

a) 用"与或门"实现　　　b) 用"与非门"实现

图 3.2.3　例 3.2.3 的逻辑电路图

一个逻辑函数的表达式有不同形式,也就是说可以用不同的门电路来实现。设计逻辑电路时应以集成器件为基本单元,尽量减少设计电路所需元件的数量和品种。

[例 3.2.4]　设计一个码制转换电路,输入为 8421BCD 码,输出为余 3 码。

解:码制转换电路的真值表见表 3.2.4,其中输入 A_3、A_2、A_1、A_0 表示 8421BCD 码,输出 Y_3、Y_2、Y_1、Y_0 表示余 3 码。

表 3.2.4　例 3.2.4 的真值表

N	8421 码				余 3 码				N	8421 码				余 3 码			
	A_3	A_2	A_1	A_0	Y_3	Y_2	Y_1	Y_0		A_3	A_2	A_1	A_0	Y_3	Y_2	Y_1	Y_0
0	0	0	0	0	0	0	1	1	5	0	1	0	1	1	0	0	0
1	0	0	0	1	0	1	0	0	6	0	1	1	0	1	0	0	1
2	0	0	1	0	0	1	0	1	7	0	1	1	1	1	0	1	0
3	0	0	1	1	0	1	1	0	8	1	0	0	0	1	0	1	1
4	0	1	0	0	0	1	1	1	9	1	0	0	1	1	1	0	0

由真值表做卡诺图如图 3.2.4 所示,其中 8421BCD 码有六个状态不会出现,作任意项处理。

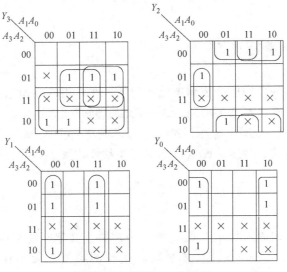

图 3.2.4　例 3.2.4 卡诺图

由卡诺图可写出 Y_3、Y_2、Y_1、Y_0 的最简逻辑函数表达式

$$\begin{cases} Y_3 = A_3 + A_2 A_0 + A_2 A_1 \\ Y_2 = \overline{A_2} A_0 + \overline{A_2} A_1 + A_2 \overline{A_1}\, \overline{A_0} \\ Y_1 = \overline{A_1}\, \overline{A_0} + A_1 A_0 \\ Y_0 = \overline{A_0} \end{cases} \quad (3.2.6)$$

用"与非门"实现时，式（3.2.6）变换为

$$Y_3 = A_3 + A_2 A_0 + A_2 A_1 = \overline{\overline{A_3}\, \overline{A_2 A_0}\, \overline{A_2 A_1}}$$

$$Y_2 = \overline{A_2} A_0 + \overline{A_2} A_1 + A_2 \overline{A_1}\, \overline{A_0} = \overline{\overline{\overline{A_2} A_0}\, \overline{\overline{A_2} A_1}\, \overline{A_2 \overline{A_1}\, \overline{A_0}}}$$

$$Y_1 = \overline{A_1}\, \overline{A_0} + A_1 A_0 = \overline{\overline{\overline{A_1}\, \overline{A_0}}\, \overline{A_1 A_0}}$$

$$Y_0 = \overline{A_0} \quad (3.2.7)$$

画出逻辑图，如图 3.2.5 所示。

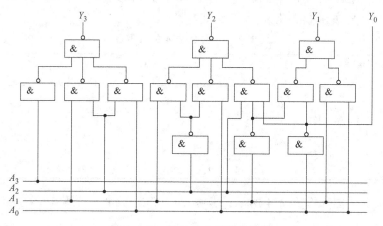

图 3.2.5　例 3.2.4 逻辑电路图

3.3　常用的组合逻辑电路

在实践中使用的多种多样组合逻辑电路中包括一些常用的典型电路，使用门电路等小规模集成器件可以设计实现这些典型电路的逻辑功能。同时，为了使用方便，这些逻辑电路也被制成了标准化集成电路芯片，这些标准化电路芯片大部分是 MSI 产品，本节介绍的编码器、译码器、数据选择器、数据分配器、加法器和数值比较器等就是这样一类常用组合逻辑电路。

3.3.1　编码器

编码是用二进制代码表示特定对象（如十进制数、文字、符号等）的过程，实现编码操作的电路称为编码器（Encoder）。按照输出代码的类型，编码器分为二进制编码器和二—十进制编码器；按照编码方式规则的不同，编码器分为普通编码器和优先编码器。

n 位二进制代码有 2^n 种组合，可以表示 2^n 个信息；要表示 N 个信息所需的二进制代码应满足 $2^n \geq N$。

1. 二进制编码器

二进制编码器是将 $N = 2^n$ 个信号转换为 n 位二进制代码的电路。

（1）普通编码器　普通编码器在任何时刻只允许输入一个编码信号，否则输出将发生混乱。

现以 3 位二进制编码器为例分析普通编码器的工作原理。

图 3.3.1 为 3 位二进制编码器框图，一般输入写在方框左边，输出写在方框右边。输入为 $I_0 \sim I_7$ 共 8 个输入信号，输出是 3 位二进制代码 $Y_2 Y_1 Y_0$，因此该电路又称为 8 线-3 线编码器。

8 线-3 线编码器有以下几个特征：

1) 将 $I_0 \sim I_7$ 8 个输入信号编成二进制代码。
2) 编码器每次只能对一个信号进行编码，不允许两个或两个以上的信号同时有效。
3) 设输入信号为高电平有效。

由此可得 3 位二进制编码器的真值表，见表 3.3.1。

表 3.3.1　3 位二进制编码器真值表

输　　　入								输　　出		
I_0	I_1	I_2	I_3	I_4	I_5	I_6	I_7	Y_2	Y_1	Y_0
1	0	0	0	0	0	0	0	0	0	0
0	1	0	0	0	0	0	0	0	0	1
0	0	1	0	0	0	0	0	0	1	0
0	0	0	1	0	0	0	0	0	1	1
0	0	0	0	1	0	0	0	1	0	0
0	0	0	0	0	1	0	0	1	0	1
0	0	0	0	0	0	1	0	1	1	0
0	0	0	0	0	0	0	1	1	1	1

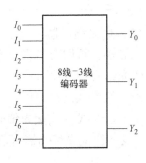

图 3.3.1　3 位二进制（8 线-3 线）编码器框图

真值表 3.3.1 是不完整的，还有其他输入组合（无关项）未列出。由表 3.3.1 并利用无关项进行化简，推出逻辑表达式为

$$\begin{cases} Y_2 = I_4 + I_5 + I_6 + I_7 = \overline{\overline{I_4} \, \overline{I_5} \, \overline{I_6} \, \overline{I_7}} \\ Y_1 = I_2 + I_3 + I_6 + I_7 = \overline{\overline{I_2} \, \overline{I_3} \, \overline{I_6} \, \overline{I_7}} \\ Y_0 = I_1 + I_3 + I_5 + I_7 = \overline{\overline{I_1} \, \overline{I_3} \, \overline{I_5} \, \overline{I_7}} \end{cases} \quad (3.3.1)$$

由此得到用"或门"实现的 3 位二进制编码器如图 3.3.2a 所示，图 3.3.2b 是采用"与非门"实现的电路。

因为 8 个被编输入信号 $I_0 \sim I_7$ 中每次只允许一个输入信号有效（高电平有效），所以编码器的功能也可以用表 3.3.2 所示的简化编码表表示。

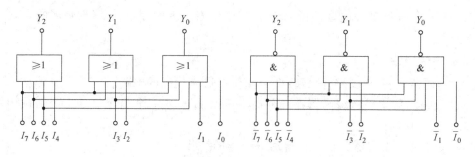

a) 由"或"门构成   b) 由"与非"门构成

图 3.3.2 8 线-3 线编码器逻辑图

表 3.3.2 8 线-3 线编码器真值表

输入	输出			输入	输出		
I	Y_2	Y_1	Y_0	I	Y_2	Y_1	Y_0
I_0	0	0	0	I_4	1	0	0
I_1	0	0	1	I_5	1	0	1
I_2	0	1	0	I_6	1	1	0
I_3	0	1	1	I_7	1	1	1

(2) 优先编码器 上述编码器要求输入信号必须是互相排斥的,即每次只允许一个输入信号有效,否则会出现逻辑错误,而优先编码方式不存在这个问题。

优先编码指按输入信号优先权对输入编码,即在多个信息同时输入时,只对输入中优先级别最高的信号进行编码。

下面以 8 线-3 线优先编码器为例介绍其工作原理。

8 线-3 线优先编码器真值表见表 3.3.3。

表 3.3.3 8 线-3 线优先编码器真值表

输入								输出		
I_7	I_6	I_5	I_4	I_3	I_2	I_1	I_0	Y_2	Y_1	Y_0
1	×	×	×	×	×	×	×	1	1	1
0	1	×	×	×	×	×	×	1	1	0
0	0	1	×	×	×	×	×	1	0	1
0	0	0	1	×	×	×	×	1	0	0
0	0	0	0	1	×	×	×	0	1	1
0	0	0	0	0	1	×	×	0	1	0
0	0	0	0	0	0	1	×	0	0	1
0	0	0	0	0	0	0	1	0	0	0

输入信号为高电平有效。输入中的"×"表示任意值。从表 3.3.3 中可以看出,只要 I_7 = "1" (I_7 有效),不论其他输入信号是否为"1"(有效),编码器只对 I_7 编码,输出为"111",故 I_7 的优先级别最高。同理,I_6 次之,依此类推,I_0 优先级别最低。

由真值表写出逻辑表达式为

$$\begin{cases} Y_2 = I_7+\bar{I}_7I_6+\bar{I}_7\bar{I}_6I_5+\bar{I}_7\bar{I}_6\bar{I}_5I_4 \\ \quad = I_7+I_6+I_5+I_4 \\ Y_1 = I_7+\bar{I}_7I_6+\bar{I}_7\bar{I}_6\bar{I}_5I_4I_3+\bar{I}_7\bar{I}_6\bar{I}_5\bar{I}_4I_3I_2 \\ \quad = I_7+I_6+\bar{I}_5\bar{I}_4I_3+\bar{I}_5\bar{I}_4I_2 \\ Y_0 = I_7+\bar{I}_7\bar{I}_6I_5+\bar{I}_7\bar{I}_6\bar{I}_5\bar{I}_4I_3+\bar{I}_7\bar{I}_6\bar{I}_5\bar{I}_4\bar{I}_3I_2I_1 \\ \quad = I_7+\bar{I}_6I_5+\bar{I}_6\bar{I}_4I_3+\bar{I}_6\bar{I}_4\bar{I}_2I_1 \end{cases} \quad (3.3.2)$$

逻辑电路图如图 3.3.3 所示。

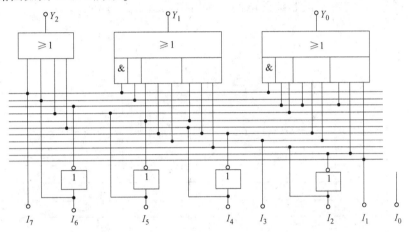

图 3.3.3　8 线-3 线优先编码器逻辑图

2. 二—十进制编码器

二—十进制编码器是用 4 位二进制代码对 0~9 十个信号进行编码的电路，简称 BCD 编码器，又称为 10 线-4 线编码器。图 3.3.4 所示为二—十进制编码器示意框图。下面以最常用的 8421BCD 码编码器为例加以介绍。

[**例 3.3.1**]　设计一个键控 8421BCD 码编码器。

解：根据题意，编码器对 10 个输入信息进行 8421BCD 编码。设输入为 $I_0 \sim I_9$（代表 0~9），输出 $Y_3Y_2Y_1Y_0$ 表示 1 位十进制数的 4 位二进制代码。

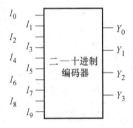

图 3.3.4　二—十进制编码器示意框图

输入的 10 个数码互相排斥。设输入信号为低电平有效，可得二—十进制编码器真值表（简化编码表），见表 3.3.4，表中输入变量上的"非"号表示输入为低电平有效。

由真值表写出各输出的逻辑函数表达式为

$$\begin{cases} Y_3 = \bar{I}_9+\bar{I}_8 = \overline{I_9I_8} \\ Y_2 = \bar{I}_7+\bar{I}_6+\bar{I}_5+\bar{I}_4 = \overline{I_7I_6I_5I_4} \\ Y_1 = \bar{I}_7+\bar{I}_6+\bar{I}_3+\bar{I}_2 = \overline{I_7I_6I_3I_2} \\ Y_0 = \bar{I}_9+\bar{I}_7+\bar{I}_5+\bar{I}_3+\bar{I}_1 = \overline{I_9I_7I_5I_3I_1} \end{cases} \quad (3.3.3)$$

表 3.3.4 例 3.3.1 真值表

输入	输出				输入	输出			
$\bar{I}$	Y_3	Y_2	Y_1	Y_0	$\bar{I}$	Y_3	Y_2	Y_1	Y_0
$\bar{I}_0$	0	0	0	0	$\bar{I}_5$	0	1	0	1
$\bar{I}_1$	0	0	0	1	$\bar{I}_6$	0	1	1	0
$\bar{I}_2$	0	0	1	0	$\bar{I}_7$	0	1	1	1
$\bar{I}_3$	0	0	1	1	$\bar{I}_8$	1	0	0	0
$\bar{I}_4$	0	1	0	0	$\bar{I}_9$	1	0	0	1

采用"与非门"实现十进制编码电路的逻辑图如图 3.3.5 所示。

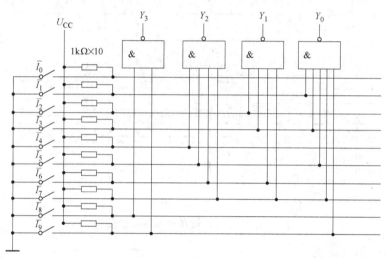

图 3.3.5 例 3.3.1 图

由式(3.3.3)以及图 3.3.5 所示电路可以看出,当没有编码信号输入,即 $\bar{I}_0 \sim \bar{I}_9$ 全为高电平时,输出 $Y_3Y_2Y_1Y_0 =$ "0000"。为了将有 $\bar{I}_0$ 输入和没有编码输入区分开,可以增加控制使能标志 GS 为

$$GS = \overline{\overline{Y_0 + Y_1 + Y_2 + Y_3}\,\bar{I}_0}$$

无编码信号输入时 GS = "0",有信号输入时 GS = "1"。

3. 集成编码器

常用的集成编码器多为优先编码器,有 8 线-3 线优先编码器和 10 线-4 线优先编码器等。

(1) 集成 8 线-3 线优先编码器 集成 8 线-3 线优先编码器典型芯片有 CMOS 的 74HC148、CD4532 和 TTL 的 74LS148 等。图 3.3.6 所示是 8 线-3 线高位优先编码器

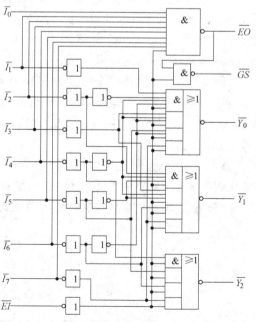

图 3.3.6 8 线-3 线优先编码器 74HC148 逻辑图

74HC148 的逻辑图，图 3.3.7a、b 所示为引脚图和逻辑符号，功能表（真值表）见表 3.3.5。

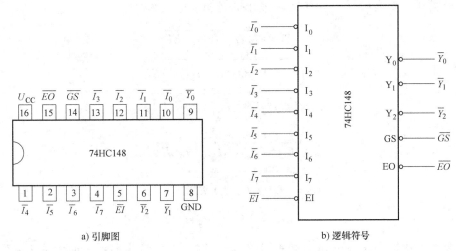

a) 引脚图　　　　　　　　　　　　b) 逻辑符号

图 3.3.7　74HC148 引脚图和逻辑符号

8 线输入信号 $\bar{I}_0 \sim \bar{I}_7$ 都是低电平（"0"）有效，逻辑符号中输入端子上用小圈表示。为了强调输入为低电平是有效信号，有时也将反相器图形符号中表示反相的小圆圈画在输入端，如图 3.3.6 中左边一列反相器的画法。信号优先级别从 $\bar{I}_7 \sim \bar{I}_0$ 递降。例如功能表第 4 行表示当 8 个输入中 $\bar{I}_7$ 为高电平，$\bar{I}_6$ 为低电平，$\bar{I}_0 \sim \bar{I}_5$ 为任意值，由于 $\bar{I}_6$ 是其中编号最高的有效信号，所以编码器对 $\bar{I}_6$ 编码，3 线编码输出对应的码 $\bar{Y}_2\bar{Y}_1\bar{Y}_0$ 为 "001"。"001" 是数码 6（"110"）的反码，即输出是低电平有效，在逻辑符号中输出端子上用小圈表示。

表 3.3.5　74HC148 的功能表

输入									输出				
$\overline{EI}$	$\bar{I}_7$	$\bar{I}_6$	$\bar{I}_5$	$\bar{I}_4$	$\bar{I}_3$	$\bar{I}_2$	$\bar{I}_1$	$\bar{I}_0$	$\bar{Y}_2$	$\bar{Y}_1$	$\bar{Y}_0$	$\overline{GS}$	$\overline{EO}$
1	×	×	×	×	×	×	×	×	1	1	1	1	1
0	1	1	1	1	1	1	1	1	1	1	1	1	0
0	0	×	×	×	×	×	×	×	0	0	0	0	1
0	1	0	×	×	×	×	×	×	0	0	1	0	1
0	1	1	0	×	×	×	×	×	0	1	0	0	1
0	1	1	1	0	×	×	×	×	0	1	1	0	1
0	1	1	1	1	0	×	×	×	1	0	0	0	1
0	1	1	1	1	1	0	×	×	1	0	1	0	1
0	1	1	1	1	1	1	0	×	1	1	0	0	1
0	1	1	1	1	1	1	1	0	1	1	1	0	1

中规模集成芯片（功能模块）通常都设有一些控制信号。74HC148 有一个控制输入信号 $\overline{EI}$ 和两个控制输出信号 $\overline{EO}$、$\overline{GS}$。$\overline{EI}$ 为使能（允许）输入信号，低电平有效，即只有当该

输入信号为有效信号"0"时，编码器才能完成编码功能；$\overline{GS}$ 和 $\overline{EO}$ 为扩展和使能输出信号，主要用于级联和扩展。

由逻辑图和功能表可写出 74HC148 输出的逻辑表达式为

$$\begin{cases} \overline{Y_2} = \overline{(I_7 + I_6 + I_5 + I_4)EI} \\ \overline{Y_1} = \overline{(I_7 + I_6 + \overline{I_5}\overline{I_4}I_3 + \overline{I_2}\overline{I_4}I_5)EI} \\ \overline{Y_0} = \overline{(I_7 + \overline{I_6}I_5 + \overline{I_3}\overline{I_4}I_6 + \overline{I_1}\overline{I_2}\overline{I_4}I_6)EI} \end{cases} \quad (3.3.4)$$

$$\begin{cases} \overline{EO} = \overline{I_7}\overline{I_6}\overline{I_5}\overline{I_4}\overline{I_3}\overline{I_2}\overline{I_1}\overline{I_0}EI \\ \overline{GS} = \overline{\overline{I_7}\overline{I_6}\overline{I_5}\overline{I_4}\overline{I_3}\overline{I_2}\overline{I_1}\overline{I_0}EI}EI \\ \quad = \overline{(I_7 + I_6 + I_5 + I_4 + I_3 + I_2 + I_1 + I_0)EI} \end{cases} \quad (3.3.5)$$

由功能表和逻辑表达式可知，当使能端 $\overline{EI}=1$ 时，电路禁止编码，即无论 $\overline{I_7} \sim \overline{I_0}$ 中有无有效信号，输出 $\overline{Y_2}$、$\overline{Y_1}$、$\overline{Y_0}$ 均为"1"，并且 $\overline{GS}=\overline{EO}=1$。当 $\overline{EI}=0$ 时，电路允许编码，如果 $\overline{I_7} \sim \overline{I_0}$ 中有低电平（有效信号）输入，则输出 $\overline{Y_2}$、$\overline{Y_1}$、$\overline{Y_0}$ 由申请编码中级别最高的编码输出（注意是反码），并且 $\overline{GS}=0$，$\overline{EO}=1$；如果 $\overline{I_7} \sim \overline{I_0}$ 中无有效信号输入，则输出 $\overline{Y_2}$、$\overline{Y_1}$、$\overline{Y_0}$ 均为高电平，并且 $\overline{GS}=1$，$\overline{EO}=0$。

从另一个角度理解 $\overline{GS}$ 和 $\overline{EO}$ 的作用。当 $\overline{GS}=1$，$\overline{EO}=0$ 时，表示该电路允许编码，但无码可编；当 $\overline{EO}=1$，$\overline{GS}=0$ 时，表示该电路允许编码，并且正在编码；当 $\overline{GS}=\overline{EO}=1$ 时，表示该电路禁止编码，即无法编码。表 3.3.6 给出附加的控制输出信号 $\overline{GS}$ 和 $\overline{EO}$ 的状态及功能。

表 3.3.6 74HC148 附加输出信号的状态及功能

$\overline{EO}$	$\overline{GS}$	功　能	$\overline{EO}$	$\overline{GS}$	功　能
1	1	不工作	1	0	工作，且有输入
0	1	工作，但无输入	0	0	不可能出现

下面通过将两片 74HC148 接成 16 线-4 线优先编码器的例子说明 $\overline{GS}$ 和 $\overline{EO}$ 的功能扩展的作用。

图 3.3.8 是用 74HC148 实现的 16 线-4 线编码器的逻辑图。两片 74HC148 分别输入 $\overline{I_0} \sim \overline{I_7}$ 和 $\overline{I_8} \sim \overline{I_{15}}$，输出 $Z_0 \sim Z_3$ 和 GS。

在图 3.3.8 中，高位编码器芯片 74HC148（2）的 $\overline{EO}$ 接低位编码器芯片 74HC148（1）的 $\overline{EI}$，即高位编码器的 $\overline{EO}$ 控制低位编码器的工作状态。图中高位编码器始终处于编码状态（$\overline{EI}$ 接地），输入（$\overline{I_8} \sim \overline{I_{15}}$）有信号时，74HC148（2）的 $\overline{EO}$ 为"1"，禁止 74HC148（1）工作，同时 $\overline{GS_2}$ 经反相后作为高电平有效的 4 位二进制输出的最高位 Z_3。

例如，若 $\overline{I_6}=0$，则芯片 74HC148（2）工作但无编码输入，芯片 74HC148（2）的

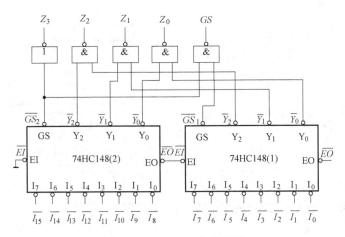

图 3.3.8　74HC148 的级联

$\overline{EO}=0$、$\overline{GS}=1$、$\overline{Y}_2\overline{Y}_1\overline{Y}_0=111$；芯片 74HC148（1）工作，且对 6 编码，芯片 74HC148（1）输出 $\overline{Y}_2\overline{Y}_1\overline{Y}_0=001$，总输出 $Z_3Z_2Z_1Z_0=0110$，即 6 的二进制码。若 $\overline{I}_{12}=0$，则芯片 74HC148（2）工作，且有编码输入，芯片 74HC148（2）$\overline{EO}=1$，$\overline{GS}=0$，$\overline{Y}_2\overline{Y}_1\overline{Y}_0=011$；同时芯片 74HC148（1）不工作，$\overline{Y}_2\overline{Y}_1\overline{Y}_0=111$，所以 $Z_3Z_2Z_1Z_0=1100$，即 12 的二进制码。

电路实现了 16 位输入的优先编码，优先级别从 $\overline{I}_{15}\sim\overline{I}_0$ 递降。

如果将图 3.3.8 中"与非门"改为"与门"，则 $Z_3Z_2Z_1Z_0$ 和 GS 又都成低电平有效的信号。

（2）集成 BCD 码优先编码器　集成二—十进制（10 线-4 线）优先编码器典型芯片有 74LS147、74HC147 等。

集成 8421BCD 码优先编码器 74LS147 的功能表见表 3.3.7，与 74LS148 相比较，74LS147 没有输入和输出使能端，也没有标志位信号 GS，在实际应用时要附加电路来产生 GS 信号。与 74LS148 一样，74LS147 的输入和输出信号也都是低电平有效，输出为相应 BCD 码的反码。图 3.3.9a、b 所示为 74LS147 的引脚图和逻辑符号图。

表 3.3.7　74LS147 功能表

输入									输出			
$\overline{I}_9$	$\overline{I}_8$	$\overline{I}_7$	$\overline{I}_6$	$\overline{I}_5$	$\overline{I}_4$	$\overline{I}_3$	$\overline{I}_2$	$\overline{I}_1$	$\overline{Y}_3$	$\overline{Y}_2$	$\overline{Y}_1$	$\overline{Y}_0$
1	1	1	1	1	1	1	1	1	1	1	1	1
0	×	×	×	×	×	×	×	×	0	1	1	0
1	0	×	×	×	×	×	×	×	0	1	1	1
1	1	0	×	×	×	×	×	×	1	0	0	0
1	1	1	0	×	×	×	×	×	1	0	0	1
1	1	1	1	0	×	×	×	×	1	0	1	0
1	1	1	1	1	0	×	×	×	1	0	1	1
1	1	1	1	1	1	0	×	×	1	1	0	0
1	1	1	1	1	1	1	0	×	1	1	0	1
1	1	1	1	1	1	1	1	0	1	1	1	0

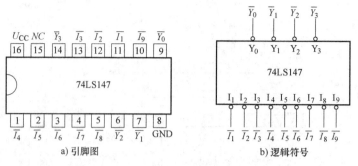

图 3.3.9 二—十进制优先编码器 74LS147

由功能表可知,74LS147 的优先级别从 $\overline{I}_9 \sim \overline{I}_0$ 递降。

3.3.2 译码器

译码是编码的逆过程。将输入的二进制代码"翻译"成为原来对应信息的过程称为译码,实现译码的电路称为译码器(Decoder)。按照功能,译码器有二进制译码器、二—十进制译码器和显示译码器等。

1. 二进制译码器

(1) 二进制译码器的原理　二进制译码器有 n 个输入信号,m 个输出信号,且满足 $m=2^n$。二进制译码器给定一个二进制输入就有一个输出(高电平或低电平)有效,表明该输入状态。每一个输出函数都对应于 n 个输入变量的一个最小项。译码器的变量输入端也叫地址输入端。

常用的二进制译码器有 2 位二进制译码器(2 线-4 线译码器)、3 位二进制译码器(3 线-8 线译码器)、4 位二进制译码器(4 线-16 线译码器)等。下面以 3 位二进制译码器为例介绍二进制译码器的工作原理。

3 位二进制译码器的框图如图 3.3.10 所示。输入是 3 位二进制代码 A_2、A_1、A_0,输出是 8 路信号 $Y_0 \sim Y_7$。因此,也将其称为 3 线-8 线译码器。

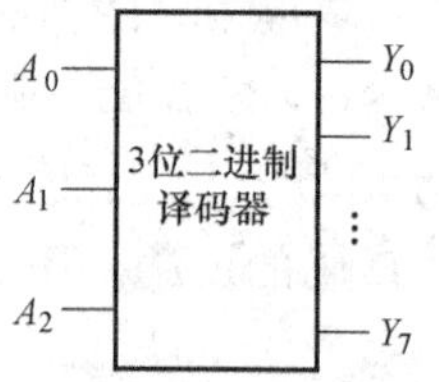

图 3.3.11 所示是 3 位二进制译码器的逻辑电路,表 3.3.8 是其真值表。由表可见,每输入一组二进制代码,8 个输出中只有一个输出高电平"1"(高电平有效),其余输出为低电平"0"(无效电平)。

图 3.3.10　3 线-8 线译码器的框图

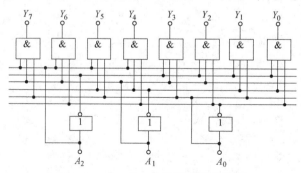

图 3.3.11　3 位二进制译码器逻辑图

表 3.3.8 3 位二进制译码器真值表

A_2	A_1	A_0	Y_0	Y_1	Y_2	Y_3	Y_4	Y_5	Y_6	Y_7
0	0	0	1	0	0	0	0	0	0	0
0	0	1	0	1	0	0	0	0	0	0
0	1	0	0	0	1	0	0	0	0	0
0	1	1	0	0	0	1	0	0	0	0
1	0	0	0	0	0	0	1	0	0	0
1	0	1	0	0	0	0	0	1	0	0
1	1	0	0	0	0	0	0	0	1	0
1	1	1	0	0	0	0	0	0	0	1

如将译码器的逻辑视为一个 3 输入 8 输出的函数，则每个输出分别代表函数的一个最小项，即

$$\begin{cases} Y_0 = \overline{A}_2 \overline{A}_1 \overline{A}_0 = m_0 & Y_1 = \overline{A}_2 \overline{A}_1 A_0 = m_1 \\ Y_2 = \overline{A}_2 A_1 \overline{A}_0 = m_2 & Y_3 = \overline{A}_2 A_1 A_0 = m_3 \\ Y_4 = A_2 \overline{A}_1 \overline{A}_0 = m_4 & Y_5 = A_2 \overline{A}_1 A_0 = m_5 \\ Y_6 = A_2 A_1 \overline{A}_0 = m_6 & Y_7 = A_2 A_1 A_0 = m_7 \end{cases} \quad (3.3.6)$$

二进制译码器能译出输入变量的全部取值组合，故又称变量译码器，也称全译码器，其输出端能提供输入变量的全部最小项，这种译码器也叫作最小项译码器。

（2）集成二进制译码器 典型的中规模集成二进制译码器有 2 线-4 线译码器、3 线-8 线译码器、4 线-16 线译码器等，它们的共同特点是输出为低电平有效。3 线-8 线译码器芯片有 74LS138（TTL）和 74HC138（CMOS）等，它们的逻辑功能和引脚图相同，电性能参数不同。

图 3.3.12a 所示为 74HC138 内部逻辑图，图 3.3.12b、c 分别是引脚图和逻辑符号图。功能表见表 3.3.9。由图和功能表可见，74HC138 除了 3 线-8 线的基本译码输入输出端外，为便于使用扩展功能，74HC138 还有三个输入使能端（又称选通控制端），其输入信号用 E_1、$\overline{E}_2$ 和 $\overline{E}_3$ 表示。

A_2、A_1、A_0 为二进制译码输入信号，$\overline{Y}_7 \sim \overline{Y}_0$ 为译码输出信号。三个使能端信号 E_1、$\overline{E}_2$ 和 $\overline{E}_3$ 之间是"与"逻辑关系（见图 3.3.12a），E_1 为高电平有效，$\overline{E}_2$ 和 $\overline{E}_3$ 为低电平有效（为了强调低电平有效，门电路和器件的逻辑符号图输入端处加上小圆圈，同时在输入信号名称上加"非"号，如图 3.3.12a、c 中所示）。使能信号三者相"与"作为总的使能控制信号，只有在使能端都为有效电平（$E_1 \overline{E}_2 \overline{E}_3 = 100$）时，74LS138 才对输入进行译码，相应输出为低电平，即输出信号为低电平有效。当 $E_1 = 0$ 或 $\overline{E}_2 + \overline{E}_3 = 1$ 时，译码器停止译码，输出无效电平（高电平）。

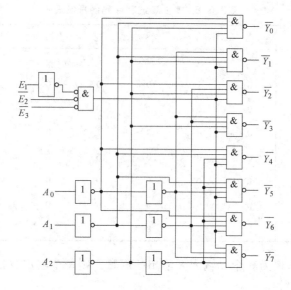

a) 逻辑图

b) 引脚图　　　　　　　　c) 符号图

图 3.3.12　3 线-8 线译码器 74HC138

表 3.3.9　74LS138 功能表

输入						输出							
使能			译码										
E_1	$\overline{E_2}$	$\overline{E_3}$	A_2	A_1	A_0	$\overline{Y_0}$	$\overline{Y_1}$	$\overline{Y_2}$	$\overline{Y_3}$	$\overline{Y_4}$	$\overline{Y_5}$	$\overline{Y_6}$	$\overline{Y_7}$
×	1	×	×	×	×	1	1	1	1	1	1	1	1
×	×	1	×	×	×	1	1	1	1	1	1	1	1
0	×	×	×	×	×	1	1	1	1	1	1	1	1
1	0	0	0	0	0	0	1	1	1	1	1	1	1
1	0	0	0	0	1	1	0	1	1	1	1	1	1
1	0	0	0	1	0	1	1	0	1	1	1	1	1
1	0	0	0	1	1	1	1	1	0	1	1	1	1
1	0	0	1	0	0	1	1	1	1	0	1	1	1
1	0	0	1	0	1	1	1	1	1	1	0	1	1
1	0	0	1	1	0	1	1	1	1	1	1	0	1
1	0	0	1	1	1	1	1	1	1	1	1	1	0

由功能表可得

$$\overline{Y_i} = \overline{E_1 \overline{E_2} \overline{E_3} m_i} \tag{3.3.7}$$

式中，m_i 为译码输入 A_2、A_1、A_0 三变量的最小项，$i = 0, 1, \cdots, 7$。

当 $E_1 = 1$、$\overline{E_2} = \overline{E_3} = 0$ 时，有

$$\begin{cases} \overline{Y_0} = \overline{\overline{A_2}\,\overline{A_1}\,\overline{A_0}} = \overline{m_0} \\ \overline{Y_1} = \overline{\overline{A_2}\,\overline{A_1}\,A_0} = \overline{m_1} \\ \overline{Y_2} = \overline{\overline{A_2}\,A_1\,\overline{A_0}} = \overline{m_2} \\ \overline{Y_3} = \overline{\overline{A_2}\,A_1\,A_0} = \overline{m_3} \\ \overline{Y_4} = \overline{A_2\,\overline{A_1}\,\overline{A_0}} = \overline{m_4} \\ \overline{Y_5} = \overline{A_2\,\overline{A_1}\,A_0} = \overline{m_5} \\ \overline{Y_6} = \overline{A_2\,A_1\,\overline{A_0}} = \overline{m_6} \\ \overline{Y_7} = \overline{A_2\,A_1\,A_0} = \overline{m_7} \end{cases} \tag{3.3.8}$$

输出低电平有效，输出是 3 个变量最小项的反变量。

集成译码器通过给使能端施加恰当的控制信号，就可以扩展其输入位数。

[例 3.3.2] 试用两片 3 线-8 线译码器 74HC138 扩展成一个 4 线-16 线译码器。

解：4 线-16 线译码器共需 16 个输出，所以需用两片 74HC138。另外，1 片 74HC138 仅有 3 个译码输入端，若对 4 位二进制译码，只能利用一个使能端（E_1、$\overline{E_2}$、$\overline{E_3}$ 中的一个）作为第 4 个译码输入端。

因为 $\overline{Y_0} \sim \overline{Y_7}$ 和 $\overline{Y_8} \sim \overline{Y_{15}}$ 的低 3 位输入码分别相同，只是最高位输入码不同，因此，两个芯片的数据输入端并联后加入低 3 位输入码 A_2、A_1、A_0，而将低位芯片 74HC138（1）的 $\overline{E_2}$ 与高位芯片 74HC138（2）的 E_1 相连作为最高位 A_3 去控制高位芯片和低位芯片的工作状态（其他使能端都接有效电平），如图 3.3.13 所示。

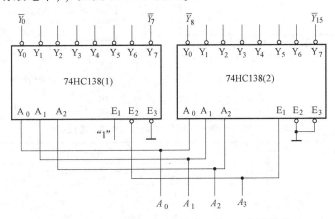

图 3.3.13　74HC138 扩展成 4 线-16 线译码器

当 $A_3=0$ 时，低位芯片工作，这时输出 $\overline{Y}_0 \sim \overline{Y}_7$ 由输入二进制代码 $A_2A_1A_0$ 决定；由于高位芯片的 $E_1=A_3=0$ 而不能工作，输出 $\overline{Y}_8 \sim \overline{Y}_{15}$ 都为高电平"1"，故将输入 $A_3A_2A_1A_0$ 的"0000~0111"代码译成 $\overline{Y}_0 \sim \overline{Y}_7$。当 $A_3=1$ 时，低位芯片的 $\overline{E}_2=A_3=1$，低位芯片不工作，输出 $\overline{Y}_0 \sim \overline{Y}_7$ 都为高电平"1"；而高位芯片的 $E_1=A_3=1$，高位芯片处于工作状态，输出 $\overline{Y}_8 \sim \overline{Y}_{15}$ 由输入二进制代码 $A_2A_1A_0$ 决定，将 $A_3A_2A_1A_0$ 的 1000~1111 代码译成 $\overline{Y}_8 \sim \overline{Y}_{15}$。

2. 二—十进制译码器

将 BCD 码的十组代码翻译成 0~9 共 10 个对应输出信号的电路，称为二—十进制译码器。由于二—十进制译码器有 4 根输入线，10 根输出线，所以又称为 4 线-10 线译码器。在 4 线-10 线译码器中，有 6 个输出无对应的代码，这些代码称为伪码。

中规模集成 4 线-10 线译码器，即 BCD 码译码器，将输入的 1 组 8421 代码译码为 10 路输出信号，典型的 8421BCD 码译码器芯片有 TTL 的 74LS42、CMOS 的 74HC42 等。

图 3.3.14 所示为二—十进制译码器 74HC42 的逻辑图、引脚排列图和逻辑符号，功能表见表 3.3.10。

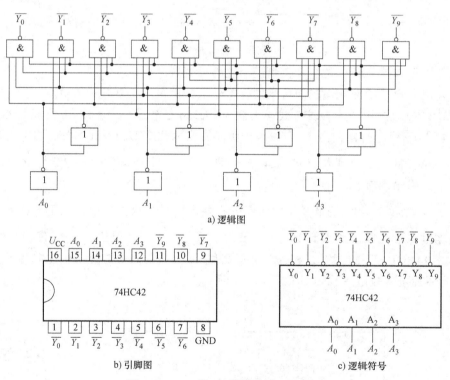

图 3.3.14 4 线-10 线译码器 74HC42

表 3.3.10 4 线-10 线译码器 74HC42 功能表

序号	输入				输出									
	A_3	A_2	A_1	A_0	$\overline{Y}_0$	$\overline{Y}_1$	$\overline{Y}_2$	$\overline{Y}_3$	$\overline{Y}_4$	$\overline{Y}_5$	$\overline{Y}_6$	$\overline{Y}_7$	$\overline{Y}_8$	$\overline{Y}_9$
0	0	0	0	0	0	1	1	1	1	1	1	1	1	1
1	0	0	0	1	1	0	1	1	1	1	1	1	1	1

（续）

序号	输入				输出									
	A_3	A_2	A_1	A_0	$\overline{Y}_0$	$\overline{Y}_1$	$\overline{Y}_2$	$\overline{Y}_3$	$\overline{Y}_4$	$\overline{Y}_5$	$\overline{Y}_6$	$\overline{Y}_7$	$\overline{Y}_8$	$\overline{Y}_9$
2	0	0	1	0	1	1	0	1	1	1	1	1	1	1
3	0	0	1	1	1	1	1	0	1	1	1	1	1	1
4	0	1	0	0	1	1	1	1	0	1	1	1	1	1
5	0	1	0	1	1	1	1	1	1	0	1	1	1	1
6	0	1	1	0	1	1	1	1	1	1	0	1	1	1
7	0	1	1	1	1	1	1	1	1	1	1	0	1	1
8	1	0	0	0	1	1	1	1	1	1	1	1	0	1
9	1	0	0	1	1	1	1	1	1	1	1	1	1	0
伪码	1	0	1	0	1	1	1	1	1	1	1	1	1	1
	1	0	1	1	1	1	1	1	1	1	1	1	1	1
	1	1	0	0	1	1	1	1	1	1	1	1	1	1
	1	1	0	1	1	1	1	1	1	1	1	1	1	1
	1	1	1	0	1	1	1	1	1	1	1	1	1	1
	1	1	1	1	1	1	1	1	1	1	1	1	1	1

根据逻辑图和功能表，可知其逻辑表达式为

$$\begin{cases} \overline{Y}_0 = \overline{\overline{A}_3 \overline{A}_2 \overline{A}_1 \overline{A}_0} & \overline{Y}_1 = \overline{\overline{A}_3 \overline{A}_2 \overline{A}_1 A_0} \\ \overline{Y}_2 = \overline{\overline{A}_3 \overline{A}_2 A_1 \overline{A}_0} & \overline{Y}_3 = \overline{\overline{A}_3 \overline{A}_2 A_1 A_0} \\ \overline{Y}_4 = \overline{\overline{A}_3 A_2 \overline{A}_1 \overline{A}_0} & \overline{Y}_5 = \overline{\overline{A}_3 A_2 \overline{A}_1 A_0} \\ \overline{Y}_6 = \overline{\overline{A}_3 A_2 A_1 \overline{A}_0} & \overline{Y}_7 = \overline{\overline{A}_3 A_2 A_1 A_0} \\ \overline{Y}_8 = \overline{A_3 \overline{A}_2 \overline{A}_1 \overline{A}_0} & \overline{Y}_9 = \overline{A_3 \overline{A}_2 \overline{A}_1 A_0} \end{cases} \quad (3.3.9)$$

由功能表和逻辑表达式可见，74HC42 地址输入信号 $A_3 A_2 A_1 A_0$ 为 8421BCD 码时，输出 $\overline{Y}_0 \sim \overline{Y}_9$ 之中对应端为 "0"（低电平），其余输出信号均为 "1"（高电平），即输出低电平有效。输入伪码 "1010~1111" 时，输出 $\overline{Y}_0 \sim \overline{Y}_9$ 都为高电平 "1"。

3. 显示译码器

显示译码器是用来驱动显示器件，以显示数字或字符的 MSI 部件。显示译码器随显示器件的类型而异，与辉光数码管相配的是 BCD 十进制译码器，而常用的发光二极管（LED）数码管、液晶数码管、荧光数码管等是由 7 个或 8 个字段构成字形的，因而与之相配的有 BCD 七段或 BCD 八段显示译码器。这里以发光二极管 LED 七段字型显示译码器为例，介绍显示译码器的工作原理。

（1）七段字符显示器　常见的七段数字显示器有半导体数码显示器（LED）和液晶显示器（LCD）等，它们由七段发光的字段组合而成。

发光二极管 LED（Light Emitting Diode-LED）是用砷化镓、磷化镓等半导体材料制造的特殊二极管。图 3.3.15 所示是发光二极管的驱动电路，图 3.3.15a 是晶体管驱动，图 3.3.16b 是 TTL 门驱动。

将 7 个发光二极管封装在一起，每个发光二极管做成字符的一个段，就是七段 LED 字符显示器。除了表示字形的 a、b、c、d、e、f、g 外，有的数码管还在右下角处设置一个小数点，以方便组成多位数的显示。根据内部连接的不同，LED 显示器有共阴极和共阳极之分，如图 3.3.16 所示。由图 3.3.16可知，共阴极 LED 显示器适用于高电平驱动，共阳极 LED 显示器适用于低电平驱动。由于集成电路的高电平输出电流小，而低电平输出电流相对比较大，采用集成门电路直接驱动 LED 时，较多地采用低电平驱动方式。

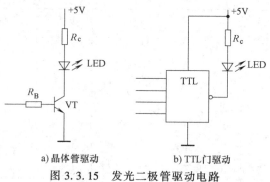

图 3.3.15　发光二极管驱动电路

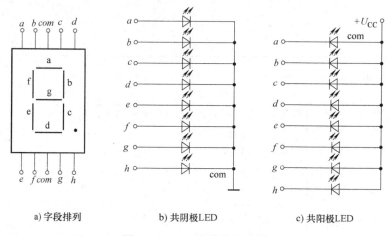

图 3.3.16　七段字符显示器

（2）七段显示译码器　为了使数码管显示十进制数，需要使用显示译码器将 BCD 代码译成数码管所需要的驱动信号。设 $A_3A_2A_1A_0$ 为七段显示译码器输入的 BCD 代码，$Y_a \sim Y_g$ 为输出的 7 位二进制代码。若要求直接驱动共阴极数码管，即输出高电平时相应的字段被点亮，则根据字形要求，可列出表 3.3.11 所示的真值表。

表 3.3.11　BCD 七段显示译码器真值表

A_3	A_2	A_1	A_0	Y_a	Y_b	Y_c	Y_d	Y_e	Y_f	Y_g	字形
0	0	0	0	1	1	1	1	1	1	0	░
0	0	0	1	0	1	1	0	0	0	0	░
0	0	1	0	1	1	0	1	1	0	1	░
0	0	1	1	1	1	1	1	0	0	1	░

(续)

A_3	A_2	A_1	A_0	Y_a	Y_b	Y_c	Y_d	Y_e	Y_f	Y_g	字形
0	1	0	0	0	1	1	0	0	1	1	
0	1	0	1	1	0	1	1	0	1	1	
0	1	1	0	0	0	1	1	1	1	1	
0	1	1	1	1	1	1	0	0	0	0	
1	0	0	0	1	1	1	1	1	1	1	
1	0	0	1	1	1	1	0	0	1	1	

由真值表并利用无关项进行化简,得逻辑表达式

$$\begin{cases} Y_a = A_3 + A_2 A_0 + A_1 A_0 + \overline{A}_2 \overline{A}_0 \\ Y_b = \overline{A}_2 + \overline{A}_1 \overline{A}_0 + A_1 A_0 \\ Y_c = A_2 + \overline{A}_1 + A_0 \\ Y_d = \overline{A}_2 \overline{A}_0 + A_1 \overline{A}_0 + \overline{A}_2 A_1 + A_2 \overline{A}_1 A_0 \\ Y_e = \overline{A}_2 \overline{A}_0 + A_1 \overline{A}_0 \\ Y_f = A_3 + \overline{A}_1 \overline{A}_0 + A_2 \overline{A}_1 + A_2 \overline{A}_0 \\ Y_g = A_3 + A_1 \overline{A}_0 + \overline{A}_2 A_1 + A_2 \overline{A}_1 \end{cases} \qquad (3.3.10)$$

图 3.3.17 所示为七段显示译码器逻辑图。该译码器也称为 4 线-7 线译码器。

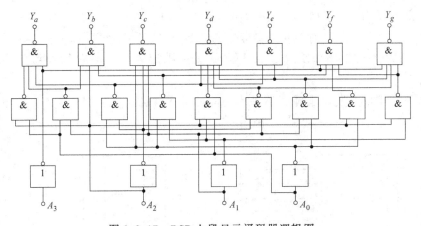

图 3.3.17 BCD 七段显示译码器逻辑图

(3) 集成显示译码器 集成显示译码器有多种型号,就七段显示译码器而言,它们的功能大同小异,主要区别在于输出是高电平有效还是低电平有效。

七段显示译码器 7448 是一种与共阴极数字显示器配合使用的集成译码器,其功能见表 3.3.12。图 3.3.19 所示为 7448 的逻辑图、引脚图和逻辑符号。

表 3.3.12 七段显示译码器 7448 功能表

数字和功能	输入						输入/输出	输出							显示字形
	$\overline{LT}$	$\overline{RBI}$	A_3	A_2	A_1	A_0	$\overline{BI}/\overline{RBO}$	Y_a	Y_b	Y_c	Y_d	Y_e	Y_f	Y_g	
0	1	1	0	0	0	0	1	1	1	1	1	1	1	0	0
1	1	×	0	0	0	1	1	0	1	1	0	0	0	0	1
2	1	×	0	0	1	0	1	1	1	0	1	1	0	1	2
3	1	×	0	0	1	1	1	1	1	1	1	0	0	1	3
4	1	×	0	1	0	0	1	0	1	1	0	0	1	1	4
5	1	×	0	1	0	1	1	1	0	1	1	0	1	1	5
6	1	×	0	1	1	0	1	0	0	1	1	1	1	1	6
7	1	×	0	1	1	1	1	1	1	1	0	0	0	0	7
8	1	×	1	0	0	0	1	1	1	1	1	1	1	1	8
9	1	×	1	0	0	1	1	1	1	1	0	0	1	1	9
10	1	×	1	0	1	0	1	0	0	0	1	1	0	1	
11	1	×	1	0	1	1	1	0	0	1	1	0	0	1	
12	1	×	1	1	0	0	1	0	1	0	0	0	1	1	
13	1	×	1	1	0	1	1	1	0	0	1	0	1	0	
14	1	×	1	1	1	0	1	0	0	0	1	1	1	1	
15	1	×	1	1	1	1	1	0	0	0	0	0	0	0	
灭灯	×	×	×	×	×	×	0	0	0	0	0	0	0	0	
灭零	1	0	0	0	0	0	0	0	0	0	0	0	0	0	
试灯	0	×	×	×	×	×	1	1	1	1	1	1	1	1	8

由功能表可以看出，当输入 $A_3A_2A_1A_0$ 为"0000~1001"时，显示 0~9 字形，而当 $A_3A_2A_1A_0$ 为"1010~1111"时显示非数字字符，即 7448 不拒绝伪码。用 7448 驱动共阴极的 LED 数码管 BS201A 的电路如图 3.3.18 所示，其中限流电阻一般取几百到几千欧姆，由发光亮度（电流）决定。

7448 除了有实现七段显示译码器基本功能的输入 $A_3A_2A_1A_0$ 和输出 $Y_a \sim Y_g$ 外，为了增强

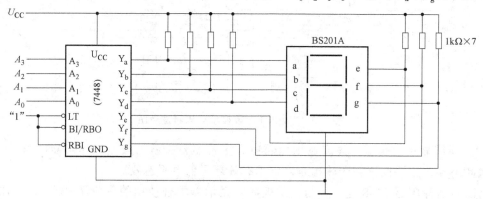

图 3.3.18 用 7448 驱动共阴极 LED 数码管

器件的功能，在 7448 中还设置了辅助端：灯测试输入（$\overline{LT}$）端、动态灭零输入（$\overline{RBI}$）端以及既有输入功能又有输出功能的消隐输入/动态灭零输出（$\overline{BI}/\overline{RBO}$）端。

由 7448 功能表可知 7448 的逻辑功能：

1）7 段译码功能（$\overline{LT}=1$、$\overline{RBI}=1$）。在灯测试输入（$\overline{LT}$）端和动态灭零输入（$\overline{RBI}$）端都接无效电平时，输入 $A_3A_2A_1A_0$ 经 7448 译码，输出高电平有效的七段字符显示器的驱动信号，显示相应字符。除 $A_3A_2A_1A_0=0000$ 外，$\overline{RBI}$ 也可以接低电平，见表 3.3.12 中 1~16 行。

2）消隐功能（$\overline{BI}=0$）。此时 $\overline{BI}/\overline{RBO}$ 信号端作为输入端。该端输入低电平信号时，见表 3.3.12 倒数第 3 行，无论 $\overline{LT}$ 和 $\overline{RBI}$ 输入什么电平信号，不管输入 $A_3A_2A_1A_0$ 是什么状态，输出全为"0"，七段显示器熄灭。该功能主要用于多显示器的动态显示。

3）灯测试功能（$\overline{LT}=0$）。此时 $\overline{BI}/\overline{RBO}$ 信号端作为输出端。当 $\overline{LT}$ 输入低电平信号时，见表 3.3.12 最后一行，与 $\overline{RBI}$ 及 $A_3A_2A_1A_0$ 输入无关，输出全为"1"，显示器七个字段都点亮。该功能用于七段显示器测试，判别是否有损坏的字段。

4）动态灭零功能（$\overline{LT}=1$、$\overline{RBI}=0$）。此时 $\overline{BI}/\overline{RBO}$ 信号端也作为输出端。$\overline{LT}$ 输入高电平信号，$\overline{RBI}$ 输入低电平信号，若此时 $A_3A_2A_1A_0=0000$，见表 3.3.12 倒数第 2 行，输出全为"0"，显示器熄灭，不显示零。$A_3A_2A_1A_0 \neq 0$，则对显示无影响。该功能主要用于多个七段显示器同时显示时熄灭高位的零，比如数据 0034.50 可显示为 34.5。

七段显示译码器 7448 如图 3.3.19 所示。

由 3.3.19a 逻辑图可以看出，引脚 4 端具有输入和输出双重功能。作为输入（$\overline{BI}$），当其为低电平时，所有字段输出置"0"，即实现消隐功能。作为输出（$\overline{RBO}$），由逻辑图可以得出

$$\overline{RBO}=\overline{\overline{A_3A_2A_1A_0}\,\overline{LT}\,\overline{RBI}} \tag{3.3.11}$$

即 $\overline{LT}=1$、$\overline{RBI}=0$、$A_3A_2A_1A_0=0000$ 时 $\overline{RBO}$ 输出低电平，可实现动态灭零功能。

$\overline{RBO}$ 与 $\overline{RBI}$ 配合使用，可以实现多位数显示时的"无效'0'消隐"功能。例如，图 3.3.20 所示为一个有动态灭零控制的 4 位数码显示器。在整数部分把高位的 $\overline{RBO}$ 与低位的 $\overline{RBI}$ 相连，在小数部分将低位的 $\overline{RBO}$ 与高位的 $\overline{RBI}$ 相连，就可以把前、后多余的零熄灭。

图中，由于最高位动态灭零输入接低电平，只要其输入 $A_3A_2A_1A_0=0000$，则显示熄灭，同时灭零输出 $\overline{RBO}=0$，使其低位处于动态灭零状态。同样，如有小数部分，则最低位动态灭零输入接低电平，只要其输入为"0"，显示也熄灭，同时灭零输出 $\overline{RBO}=0$，使其高位处于动态灭零状态。

4. 用译码器实现组合逻辑函数

由于 n 位二进制译码器的输出端能提供 n 个输入变量的全部最小项，而任何组合逻辑函数都可以变换为最小项之和的标准式，因此用二进制译码器和适当的门电路组合后可实现组合逻辑函数。

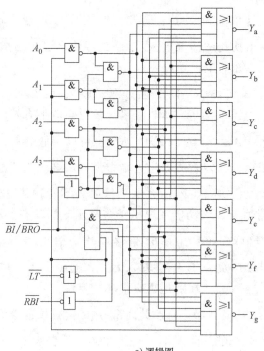

a) 逻辑图

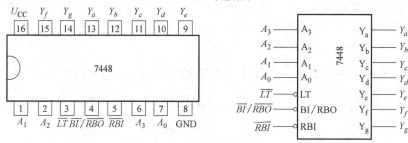

b) 引脚图   c) 逻辑符号图

图 3.3.19 七段显示译码器 7448

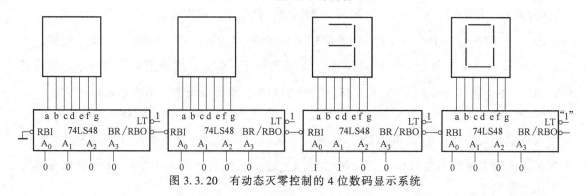

图 3.3.20 有动态灭零控制的 4 位数码显示系统

[**例 3.3.3**] 用 3 线-8 线译码器 74HC138 和必要的门电路实现如下多输出逻辑函数

$$\begin{cases} Z_1 = AC \\ Z_2 = \overline{A}\,\overline{B}C + A\,\overline{B}\,\overline{C} + BC \end{cases} \quad (3.3.12)$$

解：先将上式化成最小项之和的形式

$$\begin{cases} Z_1 = AC = ABC + A\overline{B}C = m_7 + m_5 \\ Z_2 = \overline{A}\,\overline{B}C + A\,\overline{B}\,\overline{C} + BC = \overline{A}\,\overline{B}C + A\,\overline{B}\,\overline{C} + \overline{A}BC + ABC = m_1 + m_4 + m_7 + m_3 \end{cases} \quad (3.3.13)$$

取 $A_2 = A$、$A_1 = B$、$A_0 = C$，则

$$\begin{cases} Z_1 = m_7 + m_5 = \overline{\overline{m_7}\,\overline{m_5}} = \overline{\overline{Y_7}\,\overline{Y_5}} \\ Z_2 = m_1 + m_3 + m_4 + m_7 = \overline{\overline{m_1}\,\overline{m_3}\,\overline{m_4}\,\overline{m_7}} = \overline{\overline{Y_1}\,\overline{Y_3}\,\overline{Y_4}\,\overline{Y_7}} \end{cases} \quad (3.3.14)$$

式（3.3.14）表明，用 1 片 74HC138 加两个"与非门"就可实现该组合逻辑电路。实现的电路如图 3.3.21 所示。注意使能端 $E_1 = 1$、$\overline{E_2} = \overline{E_3} = 0$。

可见，用译码器实现多输出逻辑函数时，优点更明显。

[**例3.3.4**] 试用译码器 74HC138 和适当的逻辑门设计一个三位数的奇校验器。

解：设用 A、B、C 表示三位二进制数输入，Z 表示输出，$Z = 1$ 表示输入有奇数个"1"。

列写真值表见表 3.3.13。

表 3.3.13　例 3.3.4 真值表

A	B	C	Z
0	0	0	0
0	0	1	1
0	1	0	1
0	1	1	0
1	0	0	1
1	0	1	0
1	1	0	0
1	1	1	1

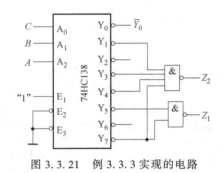

图 3.3.21　例 3.3.3 实现的电路

由真值表写出表达式为

$$Z = \overline{A}\,\overline{B}C + \overline{A}B\,\overline{C} + A\,\overline{B}\,\overline{C} + ABC$$
$$= m_1 + m_2 + m_4 + m_7 \quad (3.3.15)$$

取 $A_2 = A$、$A_1 = B$、$A_0 = C$，有

$$Z = \overline{\overline{m_1}\,\overline{m_2}\,\overline{m_4}\,\overline{m_7}} = \overline{\overline{Y_1}\,\overline{Y_2}\,\overline{Y_4}\,\overline{Y_7}} \quad (3.3.16)$$

用 74LS138 和一个"与非门"实现的电路如图 3.3.22 所示。

译码器设计组合逻辑电路的方法是将逻辑函数化成最小项之和，然后用译码器加必要的门电路实现。当译码器输出低电平有效时，门电路选"与非门"，当译码器输出高电平有效时，则选"或门"。

3.3.3　数据选择器

数据选择器又称多路选择器（Multiplexer，MUX），它的逻辑功能是在地址输入的控制下从多路输入信号中选择其中一路进行输出。

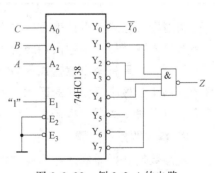

图 3.3.22　例 3.3.4 的电路

1. 数据选择器的工作原理

数据选择器有 n 位地址输入 $A_{n-1} \sim A_0$，2^n 位数据输入 $D_{m-1} \sim D_0$，1 位输出。m 和 n 的关系为 $m = 2^n$，数据选择器有"4 选 1""8 选 1""16 选 1"等几种类型。图 3.3.23 所示为"4 选 1"数据选择器示意图，其功能类似于一个单刀多掷开关，故数据选择器也称为多路开关。下面以"4 选 1"数据选择器为例介绍数据选择器的工作原理。

"4 选 1"数据选择器逻辑图如图 3.3.24 所示。其中 $D_0 \sim D_3$ 是供选择的数据输入信号，A_1、A_0 为控制数据传送的地址输入信号，Y 是输出信号。

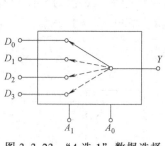

图 3.3.23 "4 选 1"数据选择器示意图

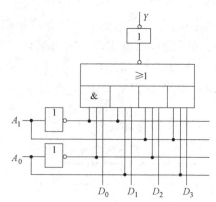

图 3.3.24 "4 选 1"数据选择器逻辑图

由图 3.3.24 可写出输出逻辑表达式为

$$Y = D_0 \overline{A_1}\,\overline{A_0} + D_1 \overline{A_1}\,A_0 + D_2 A_1 \overline{A_0} + D_3 A_1 A_0$$
$$= m_0 D_0 + m_1 D_1 + m_2 D_2 + m_3 D_3 \tag{3.3.17}$$

对应的真值表见表 3.3.14。

表 3.3.14 "4 选 1"数据选择器真值表

地址输入		数据输入	输出
A_1	A_0	$D_0\ D_1\ D_2\ D_3$	Y
0	0	××××	D_0
0	1	××××	D_1
1	0	××××	D_2
1	1	××××	D_3

由逻辑表达式和真值表可以看出，2 位地址输入指定 4 路输入数据，一组输入地址确定一条将输入数据传送至输出端的输入信道。

另外，如果将输出表达式作为一般逻辑函数，则函数的输出等于地址 $A_1 A_0$ 作为逻辑变量的全部 4 个最小项之和的形式，用数据端 D 的取值表征某个最小项是否存在。利用这一特点，可以使用数据选择器实现任意的逻辑函数。

2. 集成数据选择器

常用数据选择器集成芯片有"8 选 1"数据选择器、"双 4 选 1"数据选择器、"四 2 选 1"数据选择器等。

(1) 集成"4选1"数据选择器 集成"4选1"数据选择器的常用芯片有"双4选1"数据选择器74LS153（TTL）、74HC153（CMOS）等。图3.3.25所示为74HC153的逻辑图、引脚图和符号图。它含两个功能完全相同的"4选1"数据选择器。A_1、A_0为地址输入信号（两个选择器共用），$D_0 \sim D_3$为数据输入信号，$\overline{E}$为附加的控制信号（使能端，低电平有效），Y为输出信号。

根据逻辑图可以写出74HC153（1/2）的输出表达式为

$$Y_1 = \overline{\overline{E_1}}(\overline{A_1}\,\overline{A_0}D_0 + \overline{A_1}A_0D_1 + A_1\overline{A_0}D_2 + A_1A_0D_3) \tag{3.3.18}$$

其功能表见表3.3.15。

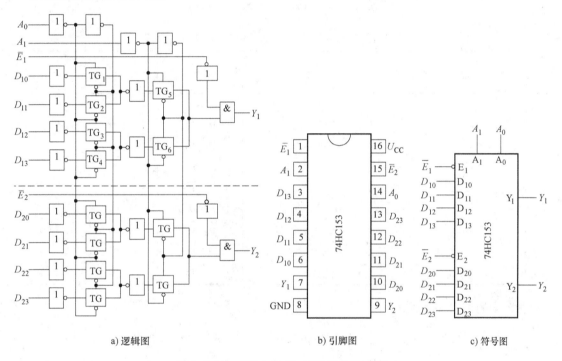

a) 逻辑图   b) 引脚图   c) 符号图

图3.3.25 "双4选1"数选器74HC153

表3.3.15 74HC153（1/2）功能表

输 入			输 出
$\overline{E_1}$	A_1	A_0	Y
1	×	×	0
0	0	0	D_{10}
0	0	1	D_{11}
0	1	0	D_{12}
0	1	1	D_{13}

(2) 集成"8选1"数据选择器 常用的集成"8选1"数据选择器有74LS151、74LS251（三态）、74HC151等。表3.3.16为74HC151的功能表，图3.3.26所示是"8选1"数据选择器74HC151的引脚图和符号图。A_2、A_1、A_0为地址输入信号，$D_0 \sim D_7$为8路数据输入信号，$\overline{E}$为使能信号，低电平有效。Y和$\overline{Y}$是两个互补的数据输出信号。

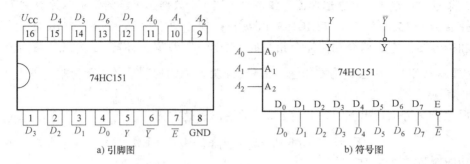

图 3.3.26 "8 选 1" 数选器 74HC151

表 3.3.16 "8 选 1" 数据选择器 74HC151 功能表

$\overline{E}$	输 入				输 出	
	A_2	A_1	A_0	D	Y	$\overline{Y}$
1	×	×	×	×	0	1
0	0	0	0	$D_0 \sim D_7$	D_0	$\overline{D}_0$
0	0	0	1	$D_0 \sim D_7$	D_1	$\overline{D}_1$
0	0	1	0	$D_0 \sim D_7$	D_2	$\overline{D}_2$
0	0	1	1	$D_0 \sim D_7$	D_3	$\overline{D}_3$
0	1	0	0	$D_0 \sim D_7$	D_4	$\overline{D}_4$
0	1	0	1	$D_0 \sim D_7$	D_5	$\overline{D}_5$
0	1	1	0	$D_0 \sim D_7$	D_6	$\overline{D}_6$
0	1	1	1	$D_0 \sim D_7$	D_7	$\overline{D}_7$

输出 Y 的逻辑表达式为

$$Y = E\,(\overline{A_2}\,\overline{A_1}\,\overline{A_0}D_0 + \overline{A_2}\,\overline{A_1}\,A_0 D_1 + \overline{A_2}\,A_1\,\overline{A_0}D_2 + \overline{A_2}\,A_1\,A_0 D_3 + A_2\,\overline{A_1}\,\overline{A_0}D_4 + A_2\,\overline{A_1}\,A_0 D_5 + A_2\,A_1\,\overline{A_0}D_6 + A_2\,A_1\,A_0 D_7) \tag{3.3.19}$$

$\overline{E} = 0$ 时数据选择器工作。

$\overline{E} = 1$ 时数据选择器被禁止工作,$Y = 0$。

如将地址码看作逻辑函数的输入变量,则上式可以写成

$$Y = E\sum_{i=0}^{7} D_i m_i \tag{3.3.20}$$

式中,m_i 是地址变量 A_2、A_1、A_0 所对应的最小项,称作地址最小项。可见,输出函数是地址输入最小项与对应输入数据乘积之逻辑和。

数据选择器的使能端同样用于对输出信号的控制和对电路功能的扩展。

[**例 3.3.5**] 试用 "8 选 1" 数据选择器 74HC151 构成 "16 选 1" 数据选择器。

解:根据数据输入端个数,用两片 "8 选 1" 数据选择器 74HC151 可扩展为一个 "16 选 1" 数据选择器。扩展时的主要工作是将 "8 选 1" 数据选择器的 3 位地址输入扩展为 "16 选 1" 数据选择器的 4 位地址输入。

将两个"8选1"数据选择器的3位地址A_2、A_1、A_0共用作为低三位地址,第4位高位地址输入端借用使能端实现,即将两个使能端信号$\overline{E}$反向共接,作为高位A_3。扩展实现的"16选1"数据选择器电路如图3.3.27所示。

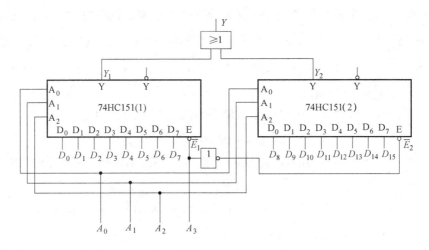

图 3.3.27 例 3.3.5 电路

当$A_3=0$时,$\overline{E}_1=0$、$\overline{E}_2=1$,芯片74HC151(1)工作,芯片74HC151(2)禁止,按照低3位地址将$D_0 \sim D_7$中的一个选送到输出端,而当$A_3=1$时,$\overline{E}_1=1$、$\overline{E}_2=0$,芯片74HC151(2)工作,芯片74HC151(1)禁止,按照低3位地址码将$D_8 \sim D_{15}$中的一个选送到输出端。

根据74HC151的功能表,芯片被禁止时,输出$Y=$"0",所以将两片74LS151输出端Y_1和Y_2经一个"或门"输出。

显然,输出端使用"与门"或者"或门"取决于使能端无效(芯片被禁止)时其输出端的状态,使能端无效时输出全为低电平,则选用"或门";使能端无效时输出全为高电平,则选用"与门"。

3. 用数据选择器设计组合逻辑电路

由式(3.3.18)、式(3.3.19)可以看出,数据选择器的输出逻辑表达式与组合逻辑函数的标准"与或"表达式完全一致,因此可直接用数据选择器实现组合逻辑电路。

对于n个地址输入的MUX,在芯片工作条件下,其表达式为

$$Y = \sum_{i=0}^{2^l-1} m_i D_i \tag{3.3.21}$$

式中,m_i是由地址变量A_{n-1}、$\cdots$、A_1、A_0组成的地址最小项。而任何一个具有l个输入变量的逻辑函数都可以用最小项之和的标准式来表示,即

$$Z = \sum_{i=0}^{2^l-1} m_i \tag{3.3.22}$$

式中,m_i是由函数的输入变量A、B、C、$\cdots$组成的最小项。

比较Y和Z的表达式可以看出,只要将逻辑函数的输入变量A、B、C、$\cdots$加至数据选择器地址输入端,并适当选择D_i的值,使$Z=Y$,就可以用MUX实现函数Z。

(1) $l \leq n$ 的情况 l 为函数的输入变量数，n 为选用的 MUX 的地址输入端数。当 $l=n$ 时，只要将函数的输入变量 A、B、C、…依次接到 MUX 的地址输入端，根据函数 Z 所需要的最小项，确定 MUX 中 D_i 的值（"0"或"1"）即可；当 $l<n$ 时，不使用的高位地址输入端接"0"或接"1"。

[**例 3.3.6**] 用数据选择器 74LS151 实现例 3.2.3 的判定试举成功的逻辑电路。

解：74HC151 是"8 选 1"数据选择器，令使能端 $\overline{E}$="0"，其输出逻辑表达式为

$$Y = \overline{A_2}\,\overline{A_1}\,\overline{A_0}D_0 + \overline{A_2}\,\overline{A_1}A_0D_1 + \overline{A_2}A_1\overline{A_0}D_2 + \overline{A_2}A_1A_0D_3 + A_2\overline{A_1}\,\overline{A_0}D_4 + A_2\overline{A_1}A_0D_5 +$$
$$A_2A_1\overline{A_0}D_6 + A_2A_1A_0D_7 \tag{3.3.23}$$

要求它实现的判定试举成功电路的逻辑函数为式（3.2.3），即

$$Z = \overline{A}BC + A\overline{B}C + AB\overline{C} + ABC$$

比较两式可知，将试举电路的输入变量 A、B、C 接入 74HC151 的地址输入端，即令 $A=A_2$，$B=A_1$，$C=A_0$，则

$$Z = \overline{A}\,\overline{B}\,\overline{C} \cdot 0 + \overline{A}\,\overline{B}C \cdot 0 + \overline{A}B\,\overline{C} \cdot 0 + \overline{A}BC \cdot 1 + A\overline{B}\,\overline{C} \cdot 0 + A\overline{B}C \cdot 1 +$$
$$AB\overline{C} \cdot 1 + ABC \cdot 1 \tag{3.3.24}$$

有 $D_0=D_1=D_2=D_4=0$，$D_3=D_5=D_6=D_7=1$，画出连接图，得到用数据选择器 74HC151 实现的判定试举成功的电路，如图 3.3.28 所示。

[**例 3.3.7**] 将 74LS153 扩展为"8 选 1"数据选择器并实现逻辑函数

$$Z = \overline{A}\,\overline{B}\,\overline{C} + AC + \overline{A}BC \tag{3.3.25}$$

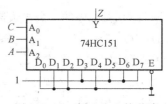

图 3.3.28 例 3.3.6 的电路

解：将两个"4 选 1"数据选择器的共用地址 A_1、A_0 作为输入的低位地址 A_1、A_0，高位地址 A_2 利用使能端实现，其中 A_2 接 $\overline{E}_1$，$\overline{A_2}$ 接 $\overline{E}_2$，同时将两个输出 Y_1 和 Y_2 相"或"，$Y=Y_1+Y_2$，即可扩展为"8 选 1"数据选择器。

变换式（3.3.25），有

$$Z = \overline{A}\,\overline{B}\,\overline{C} + AC + \overline{A}BC$$
$$= 1 \cdot (\overline{A}\,\overline{B}\,\overline{C}) + 0 \cdot (\overline{A}\,\overline{B}C) + 0 \cdot (\overline{A}B\,\overline{C}) + 1 \cdot (\overline{A}BC) + 0 \cdot (A\,\overline{B}\,\overline{C})$$
$$+ 1 \cdot (A\,\overline{B}C) + 0 \cdot (AB\,\overline{C}) + 1 \cdot (ABC) \tag{3.3.26}$$

令 $A=A_2$，$B=A_1$、$C=A_0$，与式（3.3.19）比较，显然有

$$D_0 = D_3 = D_5 = D_7 = 1$$
$$D_1 = D_2 = D_4 = D_6 = 0$$

画出接线图，得实现的逻辑电路如图 3.3.29 所示。

(2) $l>n$ 的情况 当逻辑函数的变量数 l 大于 MUX 的地址输入端数 n 时，不能采用上面所述的简单方法。如果从 l 个输入变量中选择 n 个直接作为 MUX 的地址输入，那么，多余的 $(l-n)$ 个变量就要反映到 MUX 的数据输入 D_i 端，即 D_i 是多余输入变量的函数，简称

余函数。在这种情况下设计的关键是如何求出函数 D_i。

[例 3.3.8] 设计一个监视交通信号灯工作状态的逻辑电路。在正常情况下，红、黄、绿灯只有一个亮，否则视为故障状态，发出报警信号，提醒有关人员修理。试用"4 选 1"数据选择器实现。

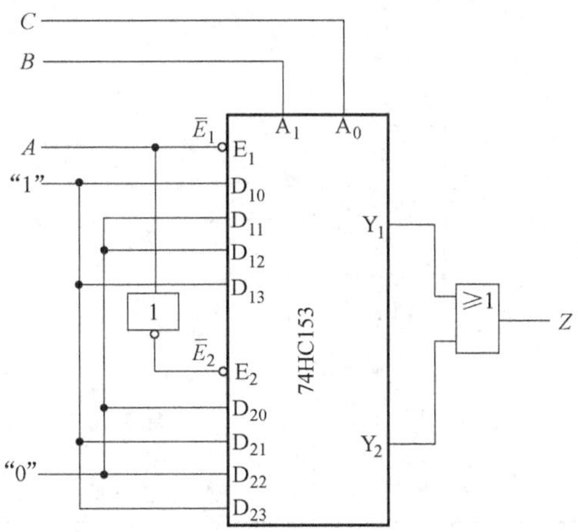

解： 据题意，设输入变量为 R、Y、G，分别表示红、黄、绿灯，"1"表示亮，"0"表示灭。Z 为输出变量，表示报警信号，"1"表示有故障，"0"表示无故障。列出真值表见表 3.3.17。

由真值表写出输出逻辑表达式为

$$Z = \overline{R}\,\overline{Y}\,\overline{G} + \overline{R}YG + R\,\overline{Y}\,G + RY\,\overline{G} + RYG \tag{3.3.27}$$

图 3.3.29 例 3.3.7 的电路

选择地址输入，令 $A_1A_0 = RY$，则多余输入变量为 G，余函数 $D_i = f(G)$。

将式 (3.3.27) 与式 (3.3.18) 比较

$Y = D_0\overline{A}_1\overline{A}_0 + D_1\overline{A}_1A_0 + D_2A_1\overline{A}_0 + D_3A_1A_0$，可得

$D_0 = \overline{G}$、$D_1 = D_2 = G$、$D_3 = 1$

画出连线图，实现电路如图 3.3.30 所示。

表 3.3.17 例 3.3.8 真值表

R	Y	G	Z
0	0	0	1
0	0	1	0
0	1	0	0
0	1	1	1
1	0	0	0
1	0	1	1
1	1	0	1
1	1	1	1

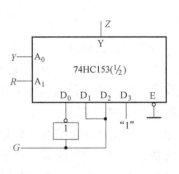

图 3.3.30 例 3.3.8 电路图

3.3.4 数据分配器

1. 数据分配器原理

数据分配器（Demultiplexer，DMUX）是根据地址码的要求，将一路数据分配到指定输出通道上的电路。数据分配器与数据选择器的功能恰好相反，它也等效于一个单刀多掷开关，只是方向相反，故称为 DMUX。

图 3.3.31 所示为 1 路-4 路数据分配器示意图和逻辑图。表 3.3.18 为其真值表。

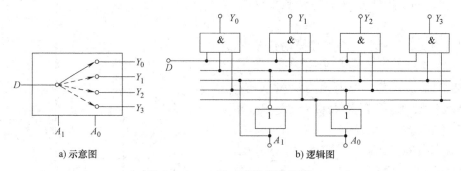

a) 示意图　　　　　b) 逻辑图

图 3.3.31　1 路-4 路数据分配器

表 3.3.18　1 路-4 路数据分配器真值表

	输　入		输　出			
	A_1	A_0	Y_0	Y_1	Y_2	Y_3
D	0	0	D	0	0	0
	0	1	0	D	0	0
	1	0	0	0	D	0
	1	1	0	0	0	D

逻辑表达式为

$$\begin{cases} Y_0 = D\,\overline{A_1}\,\overline{A_0} \\ Y_1 = D\,\overline{A_1}A_0 \\ Y_2 = DA_1\overline{A_0} \\ Y_3 = DA_1A_0 \end{cases} \tag{3.3.28}$$

不难看出，数据分配器是将一个数据分送到若干个"与门"的输入端，并用控制码控制这些"与门"的通断。此逻辑功能与带有使能端的译码器电路完全一致。

数据分配器的 n 位输入地址和 m 路输出通道之间满足 $m=2^n$ 的关系。

2. 集成数据分配器

如将译码器的使能端作为数据输入端，二进制代码输入端作为地址信号输入端使用时，则译码器便成为一个数据分配器。因此，集成 2 位二进制译码器（2 线-4 线译码器）74LS139 就是 1 路-4 路数据分配器；3 位二进制译码器（3 线-8 线译码器）74LS138 就是 1 路-8 路数据分配器。

例如，图 3.3.32 所示为用 3 线-8 线译码器实现的 1 路-8 路数据分配器。

图中，$\overline{E_3}$ 作为数据输入信号，$A_2A_1A_0$ 为地址输入信号，$\overline{E_2}$ 和 E_1 为使能信号，$\overline{Y_0}$、$\cdots$、$\overline{Y_7}$ 为 8 路输出信号。

根据译码器的逻辑功能，当 $\overline{E_2}=0$、$E_1=1$ 时，有

$$\overline{Y_i} = \overline{E_1 E_2 E_3 m_i} = \overline{D m_i} \quad (i=0,1,2,\cdots) \tag{3.3.29}$$

m_i 是地址变量 A_2、A_1、A_0 的最小项。当输入某一地址时，相应的 $m_i=1$，该地址对应

的通道输出数据 $Y_i = D$。如地址 $A_2A_1A_0 = 000$ 时，数据由通道 $\overline{Y}_0$ 输出，其他输出端为逻辑常量 "1"；若改变地址，数据的输出通道也改变，从而实现了数据分配功能。

[**例 3.3.9**]　电路如图 3.3.33 所示，试分析其逻辑功能。

解： 由图可知，3 线-8 线译码器作为 1 路-8 路数据分配器应用。根据"8 选 1"数据选择器 74LS151 和译码器 74LS138 的逻辑功能，地址输入端输入某一地址 $A_2A_1A_0$ 后，74LS151 和 74LS138 则将 $D_0 \sim D_7$ 中与该地址对应的数据传输到 8 个输出端 Y_0、…、Y_7 中对应的一个。

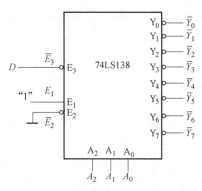

图 3.3.32　74LS138 用作为数据分配器

因此，数据选择器 74LS151 和数据分配器 74LS138 一起构成了数据分时传输系统，功能是在 3 位地址信号控制下，将 8 个输入数据中的任何一个分时传送到 8 个输出端中相对应的一个输出端。

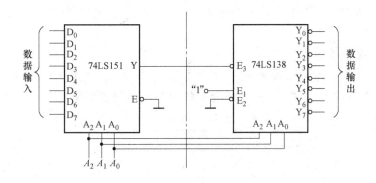

图 3.3.33　例 3.3.9 的电路

3.3.5　加法器

加法器是能实现二进制加法逻辑运算的组合逻辑电路。在数字系统中，二进制数之间的算术运算（加、减、乘、除）都是化作若干步加法运算进行的。因此，加法器是构成算术运算电路的基本单元。

1. 1 位加法器

（1）半加器　不考虑低位来的进位，只将两个 1 位二进制数相加，称为半加。实现半加操作的电路叫做半加器（Half Adder，HA）。

设输入为两个 1 位二进制数 A 和 B，输出有两个，一个是两数相加的和 S，另一个是相加后向高位进位 CO。根据半加器定义，依据二进制数加法运算规则得半加器真值表见表 3.3.19。

由真值表写出输出函数表达式为

$$\begin{cases} S = \overline{A}B + A\overline{B} = A \oplus B \\ CO = AB \end{cases} \tag{3.3.30}$$

表 3.3.19 半加器真值表

输 入		输 出	
A	B	S	CO
0	0	0	0
0	1	1	0
1	0	1	0
1	1	0	1

显然，半加器的和函数 S 是其输入 A、B 的"异或"函数；进位函数 CO 是 A 和 B 的逻辑乘。用一个"异或门"和一个"与门"即可实现半加器功能。图 3.3.34 给出了半加器逻辑图和半加器逻辑符号。

（2）全加器　两个多位二进制数相加时，除了最低位以外，每 1 位不仅应考虑本位的两个 1 位二进制数相加，而且还应考虑来自低位进位数相加。3 个 1 位二进制数相加，产生本位的和 S 及向高位进位 CO，这种运算称为全加。实现全加运算的电路叫全加器（Full Adder，FA）。

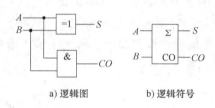

a) 逻辑图　　b) 逻辑符号

图 3.3.34　半加器

根据全加运算的逻辑关系，可列出全加器的真值表，见表 3.3.20。其中输入信号 A、B 为相加的两个 1 位二进制数，CI 为相邻低位向本位的进位，输出信号 S 为本位相加的和，CO 为本位相加后向高位的进位。

表 3.3.20　全加器真值表

A	B	CI	S	CO
0	0	0	0	0
0	0	1	1	0
0	1	0	1	0
0	1	1	0	1
1	0	0	1	0
1	0	1	0	1
1	1	0	0	1
1	1	1	1	1

全加器的输出函数有多种形式。在全加器输出函数卡诺图（见图 3.3.35）中圈 1，得最简"与或"表达式为

$$\begin{cases} S = \overline{A}\,\overline{B}CI + \overline{A}B\,\overline{CI} + A\,\overline{B}\,\overline{CI} + ABCI \\ CO = AB + ACI + BCI \end{cases} \quad (3.3.31)$$

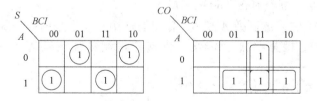

图 3.3.35　全加器输出函数卡诺图

为了尽量简化实现电路，将上式转换为

$$\begin{cases} S = A \oplus B \oplus CI \\ CO = (A \oplus B)CI + AB \end{cases} \tag{3.3.32}$$

按照式（3.3.32）得全加器逻辑图如图3.3.36a所示，图3.3.36b为其逻辑符号。

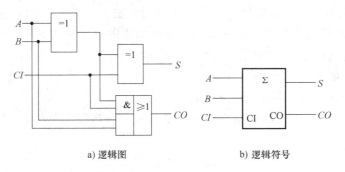

a) 逻辑图　　　　　　　b) 逻辑符号

图 3.3.36　全加器

在 S 和 CO 的卡诺图中，采用圈 0 的方法化简，得到式（3.3.33），与其对应的用"与或非门"实现的全加器如图3.3.37所示。

$$\begin{cases} S = \overline{\overline{A}\,\overline{B}\,\overline{CI} + \overline{A}BCI + A\overline{B}C + AB\,\overline{CI}} \\ CO = \overline{\overline{A}\,\overline{B} + \overline{A}\,\overline{CI} + \overline{B}\,\overline{CI}} \end{cases} \tag{3.3.33}$$

2. 多位加法器

多位加法器是实现两个 n 位二进制数相加。多位二进制数加法器可以采用一般组合逻辑电路的设计方法实现，或采用译码器、数据选择器实现，但这两种方法只适合规模较小的情况。对于多位加法器，这里采用利用 1 位加法器基本模块组合实现的方法。

根据进位方式的不同，有串行进位加法器和超前进位加法器。

（1）串行进位加法器　把全加器串联起来，依次将低位全加器进位输出端 CO 接到高位全加器的进位输入端 CI，最低位的 CI 接地，就组成了多位串行进位加法器。图3.3.38是一个 4 位串行进位二进制加法器。

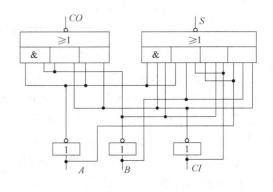

图 3.3.37　用"与或非门"实现的全加器

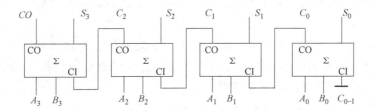

图 3.3.38　4 位串行进位二进制加法器

在串行进位方式中，进位信号是由低位向高位逐级传递的，高位数的相加必须等到低位运算完成后才能进行，由于门电路具有平均传输延迟时间 t_{pd}，经过 n 级传输，输出信号要经过 $n \times t_{pd}$ 时间才能稳定，即总平均传输延迟时间等于 $n \times t_{pd}$。所以，串行进位方式运算速度较慢，仅适用于位数不多，工作速度要求不高的场合。

（2）超前进位加法器　提高加法器运算速度的方法之一是采用超前进位方式（并行进位加法器），该方法通过逻辑电路先得出每一位全加器的进位输入信号，而无须从最低位开始向高位逐位传递进位信号，有效地提高了运算速度。

超前进位原理如下：

由式（3.3.32）可知，第 i 位的进位表达式为

$$CO_i = A_i B_i + (A_i \oplus B_i) CI_i = G_i + P_i CI_i \tag{3.3.34}$$

和表达式为

$$S_i = A_i \oplus B_i \oplus CI_i = P_i \oplus CI_i \tag{3.3.35}$$

式中，$G_i = A_i B_i$ 定义为进位生成函数；$P_i = A_i \oplus B_i$ 定义为进位传送函数。

对于 4 位二进制加法器，可推得 4 位超前进位加法器递推公式为

$$\begin{cases} S_0 = P_0 \oplus CI_0 \\ CO_0 = G_0 + P_0 CI_0 \\ S_1 = P_1 \oplus CI_1 = P_1 \oplus CO_0 \\ CO_1 = G_1 + P_1 CI_1 = G_1 + P_1 G_0 + P_1 P_0 CI_0 \\ S_2 = P_2 \oplus CI_2 = P_2 \oplus CO_1 \\ CO_2 = G_2 + P_2 CI_2 = G_2 + P_2 G_1 + P_2 P_1 G_0 + P_2 P_1 P_0 CI_0 \\ S_3 = P_3 \oplus CI_3 = P_3 \oplus CO_2 \\ CO_3 = G_3 + P_3 CI_3 = G_3 + P_3 G_2 + P_3 P_2 G_1 + P_3 P_2 P_1 G_0 + P_3 P_2 P_1 P_0 CI_0 \end{cases} \tag{3.3.36}$$

可见，所有的 CO_i 和 S_i 都是由 G_i 和 P_i 以及 CI_0 组成的"与或"式，其中 G_i 和 P_i 分别是外输入信号 A_i 和 B_i 的"与"运算和"异或"运算，而 CI_0 也是外输入信号，因此，整个电路的运算速度很快。超前进位方法提高了电路的工作速度，但增加了电路的复杂程度。图 3.3.39 所示为 4 位超前进位加法器逻辑图。

3. 集成加法器

典型的集成加法器芯片有双 1 位二进制数全加器、4 位二进制超前进位加法器等。双 1 位二进制数全加器 74LS183 内部集成了两个图 3.3.37 所示的逻辑电路，组成两个功能相同，又相互独立的 1 位二进制数全加器。4 位二进制超前进位加法器集成芯片有 TTL 的 74LS283 以及 CMOS 的 74HC283、CC4008 等。

4 位二进制超前进位加法器 74HC283 内部电路采用超前进位原理构成，其引脚图和符号图如图 3.3.40 所示。

$A_0 \sim A_3$、$B_0 \sim B_3$ 为 4 位二进制加数输入信号，CI 为低位芯片进位输入信号，$S_0 \sim S_3$ 为本位和输出信号，CO 为向高位芯片的进位输出信号。芯片内进位数直接由加数和最低位进位数形成，各位运算并行进行，运算速度快。

[**例 3.3.10**]　试用 74HC283 构成 8 位二进制加法器。

解：要实现 8 位二进制数加法器，需要两片 74HC283，分别对应低位芯片和高位芯片。

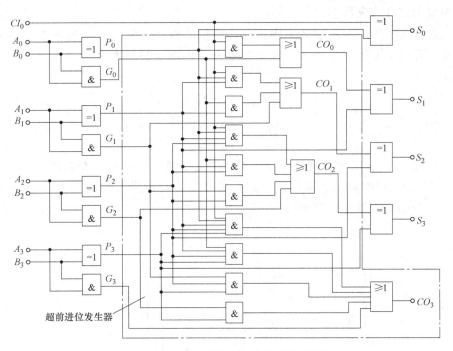

图 3.3.39　4 位超前进位加法器逻辑图

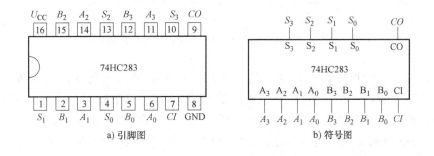

图 3.3.40　4 位二进制加法器 74HC283

两芯片之间的进位信号级联采用串联进位方式实现，即将低位芯片的进位输出端 CO 接到高位芯片的进位芯输入端 CI 上。74HC283 构成的 8 位二进制加法器如图 3.3.41 所示。

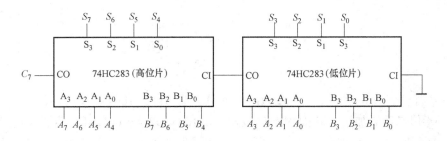

图 3.3.41　8 位二进制加法器

4. 集成加法器的应用

（1）组成减法器 在数字系统中，二进制数的减法运算通常是通过加法器来实现的，例如 A 减 B 可用 A 加负 B 来完成。在第 1 章介绍的二进制计数体制中，两数相减（$A-B$）可表示为

$$A_\text{原}-B_\text{原}=A_\text{原}-B_\text{原}+2^n-2^n$$
$$=A_\text{原}+B_\text{补}-2^n$$
$$=A_\text{原}+B_\text{反}+1-2^n \tag{3.3.37}$$

所以，A 减 B 可由 A 的原码加上 B 的补码并减 2^n 完成，其中 2^n 是自然二进制数的第 $n+1$ 位的权，在 n 位二进制算术运算中，(-2^n) 是向 $n+1$ 位的借位。图 3.3.42 所示为用 74283 组成的 4 位二进制加/减法运算电路。

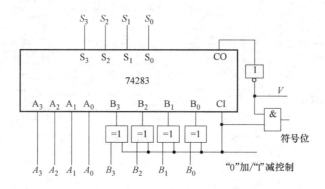

图 3.3.42 用 74283 实现 4 位二进制加/减法运算电路

电路由 4 位二进制加法器和"异或门"实现 4 位无符号二进制数的加或减。在实现加法运算时，控制信号为"0"，送入 74283 的两个数都是原码（B 不反相），运行结果为两个数之和，符号位输出为"0"，表示输出和信号是原码。在实现减法运算时，控制信号为"1"，送入 74283 的两个数一个是原码，另一个是反码（B 反相），同时 $CI=1$ 完成反码加"1"作用，运行结果为两个数之差。

当 $A>B$ 时，例如 $9-6=3$，若直接做减法演算，有 $1001-0110=0011$（3 的自然二进制码）；用图 3.3.42 所示电路实现，减数用补码表示，$1001+1010=(1)0011$，第 5 位的"1"表示在 4 位二进制加法器中有进位输出，"1"经反相器反相后进位信号 V 为"0"，运算结果是"0011"，即为 3。演算过程为

$$\begin{array}{r}9\\-6\\\hline 3\end{array} \qquad \begin{array}{r}1001\\-0110\\\hline 0011\end{array} \qquad \begin{array}{r}1001\\+1010\\\hline 10011\end{array}$$

进位 ↓ 进位反相 → 00011

当 $A<B$ 时，例如 $6-9=-3$，直接做减法演算，有 $0110-1001=(1)1101$（-3 的有符号位补码）；用 4 位二进制加法，减数用补码表示，$0110+0111=(0)1101$，第 5 位的"0"表示在 4 位二进制加法器中无进位输出，"0"经反相器反相后进位信号 V 为"1"，运算结果是"1101"（3 的补码）。演算过程为

$$\begin{array}{r}6\\-9\\\hline-3\end{array}\qquad\begin{array}{r}0110\\-1001\\\hline 11101\end{array}\qquad\begin{array}{r}0110\\+0111\\\hline 01101\end{array}$$

借位 ↲　　进位 ↲

进位反相 → 11101

符号位输出为 CO 的反相，"0"表示输出的"和"信号是原码（正数），"1"表示输出的"和"信号是补码（负数）。

（2）用加法器设计组合逻辑电路　如果逻辑函数能化成输入变量与常量相加，或者逻辑函数能化成输入变量与另一组输入变量相加，则可用加法器实现。

[例3.3.11] 试采用4位加法器完成余3码到8421BCD码的转换。

解：设输入为余3码 $E_3 E_2 E_1 E_0$，输出为8421BCD码 $Y_3 Y_2 Y_1 Y_0$。因为对于同样一个十进制数，余3码比相应的8421BCD码多3，因此要实现余3码到8421BCD码的转换，只需从余3码减去（0011）即可。由于"0011"各位变反后成为"1100"，再加"1"，即为"1101"，因此，减"0011"同加"1101"等效。所以，在4位加法器的 $A_3 \sim A_0$ 端接上余3码的4位代码，B_3、B_2、B_1、B_0 端接固定代码"1101"，就能实现转换，电路如图3.3.43所示。

[例3.3.12] 用4位加法器构成8421BCD码加法器。

解：两个用BCD码表示的数字相加，并以BCD码给出其"和"的电路称为BCD码加法器。BCD码加法器可以先列出真值表，然后按照一般组合逻辑电路的设计方法进行设计，这里采用普通二进制全加器加上修正网络的方法实现。两个8421BCD码相加，若考虑低位的进位，其"和"应为0~19。8421BCD码加法器的输入、输出都应用8421BCD码表示，而4位二进制加法器是按二进制数进行运算的，因此必须将输出的二进制数（和数）进行等值变换。表3.3.21列出了与十进制数0~19相应的二进制数及8421BCD码。从表中看出，当"和"小于等于9时不需要修正，当"和"大于9（即二进制数01010~10011等10个码）时需要加6（0110）修正，即当"和"大于9时，二进制"和"数加6（0110）才等于相应的8421BCD码。从表中还看出，"和"大于9这10个码包含两种情况：一是二进制加法器进位 $CO = CO_1 = 1$（即10000~10011）时；二是（Ⅰ芯片的"和"）输出的低4位码超过9（即1010~1111）时。后一种情况出现的条件可通过卡诺图（见图3.3.44）化简求出为

$$S_3 S_2 + S_3 S_1$$

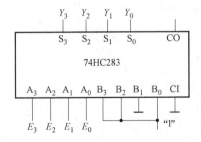

图3.3.43　例3.3.11的代码
转换电路

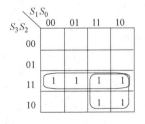

图3.3.44　例3.3.12的
卡诺图

故总的修正条件为

$$C = CO_1 + S_3S_2 + S_3S_1 = \overline{\overline{CO_1} \cdot \overline{S_3S_2} \cdot \overline{S_3S_1}} \qquad (3.3.38)$$

图 3.3.45 所示就是用这种修正方法实现的 8421BCD 码全加器。用两片 4 位二进制全加器完成两个 8421BCD 码的加法运算，第 I 芯片完成二进制数相加的操作，第 II 芯片完成"和"的修正操作。

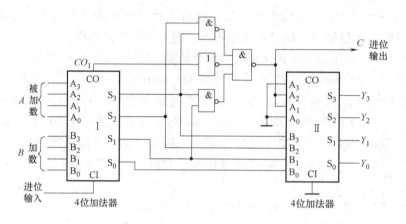

图 3.3.45 例 3.3.12 的电路

表 3.3.21 十进制数 0~19 与相应的二进制数及 8421BCD 码

十进制数	两个 8421 码数的"和"及进位					8421BCD 码				
N	CO_1	S_3	S_2	S_1	S_0	C	Y_3	Y_2	Y_1	Y_0
0	0	0	0	0	0	0	0	0	0	0
1	0	0	0	0	1	0	0	0	0	1
2	0	0	0	1	0	0	0	0	1	0
3	0	0	0	1	1	0	0	0	1	1
4	0	0	1	0	0	0	0	1	0	0
5	0	0	1	0	1	0	0	1	0	1
6	0	0	1	1	0	0	0	1	1	0
7	0	0	1	1	1	0	0	1	1	1
8	0	1	0	0	0	0	1	0	0	0
9	0	1	0	0	1	0	1	0	0	1
10	0	1	0	1	0	1	0	0	0	0
11	0	1	0	1	1	1	0	0	0	1
12	0	1	1	0	0	1	0	0	1	0
13	0	1	1	0	1	1	0	0	1	1
14	0	1	1	1	0	1	0	1	0	0
15	0	1	1	1	1	1	0	1	0	1
16	1	0	0	0	0	1	0	1	1	0
17	1	0	0	0	1	1	0	1	1	1
18	1	0	0	1	0	1	1	0	0	0
19	1	0	0	1	1	1	1	0	0	1

3.3.6 数值比较器

数值比较器是用来比较两个二进制数的数值大小的电路,简称比较器(Comparator)。

1. 1位数值比较器

将两个 1 位二进制数 A 和 B 进行比较,分别用输出 $Y_{(A>B)}$、$Y_{(A=B)}$、$Y_{(A<B)}$ 表示比较结果。设 $A>B$ 时 $Y_{(A>B)}=1$,$A<B$ 时 $Y_{(A<B)}=1$,$A=B$ 时 $Y_{(A=B)}=1$,其余输出为"0"。表 3.3.22 为 1 位数值比较器的真值表。

表 3.3.22 1 位数值比较器的真值表

A	B	$Y_{(A>B)}$	$Y_{(A<B)}$	$Y_{(A=B)}$
0	0	0	0	1
0	1	0	1	0
1	0	1	0	0
1	1	0	0	1

由真值表可见,1 位数值比较器是一个 2 输入、3 输出的逻辑电路,其逻辑表达式为

$$\begin{cases} Y_{(A>B)} = A\overline{B} \\ Y_{(A=B)} = \overline{A}\,\overline{B} + AB = \overline{\overline{A}B + A\overline{B}} \\ Y_{(A<B)} = \overline{A}B \end{cases} \quad (3.3.39)$$

根据上式,采用"与门""或非门"和反相器实现的 1 位数值比较器如图 3.3.46 所示。显然,该逻辑电路输出高电平有效。

2. 多位数值比较器

当比较两个多位数的大小时,必须从最高位开始逐步向低位进行比较。下面以 2 位数值比较为例进行介绍。

2 位数值比较器输入为二进制数 $A=A_1A_0$ 和 $B=B_1B_0$,比较结果用 $Y_{(A>B)}$、$Y_{(A<B)}$ 和 $Y_{(A=B)}$ 表示。当高位 A_1 大于 B_1,则 A 大于 B,$Y_{(A>B)}$ 为"1";当

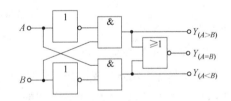

图 3.3.46 1 位数值比较器

高位 A_1 小于 B_1,则 A 小于 B,$Y_{(A<B)}$ 为"1";当高位 A_1 等于 B_1 时,两数的比较结果由低位比较的结果决定。利用 1 位数值的比较结果,可列出 2 位数值比较器的简化真值表,见表 3.3.23。

表 3.3.23 2 位数值比较器的简化真值表

输入		输入		输出		
A_1	B_1	A_0	B_0	$Y_{(A>B)}$	$Y_{(A<B)}$	$Y_{(A=B)}$
$A_1>B_1$		×		1	0	0
$A_1<B_1$		×		0	1	0
$A_1=B_1$		$A_0>B_0$		1	0	0
$A_1=B_1$		$A_0<B_0$		0	1	0
$A_1=B_1$		$A_0=B_0$		0	0	1

由表 3.3.23 可见，以 1 位数值比较器输出函数作为变量，可得 2 位数值比较器输出函数表达式为

$$\begin{cases} Y_{(A>B)} = ((A_1>B_1) + (A_1=B_1)(A_0>B_0)) \\ \qquad\quad = Y_{(A_1>B_1)} + Y_{(A_1=B_1)} Y_{(A_0>B_0)} \\ Y_{(A<B)} = ((A_1<B_1) + (A_1=B_1)(A_0<B_0)) \\ \qquad\quad = Y_{(A_1<B_1)} + Y_{(A_1=B_1)} Y_{(A_0<B_0)} \\ Y_{(A=B)} = ((A_1=B_1)(A_0=B_0)) \\ \qquad\quad = Y_{(A_1=B_1)} Y_{(A_0=B_0)} \end{cases} \qquad (3.3.40)$$

根据表达式，可得如图 3.3.47 所示的逻辑图，图中 1 位数值比较器如图 3.3.46 所示。

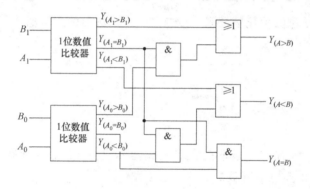

图 3.3.47　2 位数值比较器逻辑图

3. 集成 4 位数值比较器

集成芯片 74LS85 是具有 4 位数值比较功能的逻辑器件，表 3.3.24 所示为其功能表，其中 $A_3A_2A_1A_0$ 和 $B_3B_2B_1B_0$ 是待比较的两个 4 位二进制数，$I_{(A<B)}$、$I_{(A=B)}$、$I_{(A>B)}$ 为扩展输入信号，当两个 4 位以上的二进制数相比较时，供芯片之间连接使用。

74HC85 是 4 位 CMOS 集成数值比较器，功能与 74LS85 相同。

比较两个 4 位二进制数 $A_3A_2A_1A_0$ 和 $B_3B_2B_1B_0$ 时，若 $A_3>B_3$，则 $A>B$；若 $A_3<B_3$，则 $A<B$；若 $A_3=B_3$，则比较 A_2 和 B_2，依此类推。只有当 $A_3=B_3$，$A_2=B_2$，$A_1=B_1$，$A_0=B_0$，$I_{(A=B)}$ 时，才有 $Y_{(A=B)}=1$。当相比较的两个 4 位二进制数没有来自低位的比较结果时，应令 $I_{(A>B)} = I_{(A<B)} = 0$，$I_{(A=B)} = 1$。

设 $Y_1 = I_{(A>B)}$，$Y_2 = I_{(A<B)}$，$Y_3 = I_{(A=B)}$，

$Y_{31} = A_3 \overline{B_3} = (A_3>B_3)$，$Y_{32} = \overline{A_3} B_3 = (A_3<B_3)$，

$Y_{33} = \overline{\overline{A_3} B_3 + A_3 \overline{B_3}} = (A_3=B_3)$，余此类推。

由真值表可得

表 3.3.24 74LS85 功能表

输入数值				级联输入			输出		
A_3B_3	A_2B_2	A_1B_1	A_0B_0	$I_{(A>B)}$	$I_{(A<B)}$	$I_{(A=B)}$	$Y_{(A>B)}$	$Y_{(A<B)}$	$Y_{(A=B)}$
$A_3>B_3$	×	×	×	×	×	×	1	0	0
$A_3<B_3$	×	×	×	×	×	×	0	1	0
$A_3=B_3$	$A_2>B_2$	×	×	×	×	×	1	0	0
$A_3=B_3$	$A_2<B_2$	×	×	×	×	×	0	1	0
$A_3=B_3$	$A_2=B_2$	$A_1>B_1$	×	×	×	×	1	0	0
$A_3=B_3$	$A_2=B_2$	$A_1<B_1$	×	×	×	×	0	1	0
$A_3=B_3$	$A_2=B_2$	$A_1=B_1$	$A_0>B_0$	×	×	×	1	0	0
$A_3=B_3$	$A_2=B_2$	$A_1=B_1$	$A_0<B_0$	×	×	×	0	1	0
$A_3=B_3$	$A_2=B_2$	$A_1=B_1$	$A_0=B_0$	1	0	0	1	0	0
$A_3=B_3$	$A_2=B_2$	$A_1=B_1$	$A_0=B_0$	0	1	0	0	1	0
$A_3=B_3$	$A_2=B_2$	$A_1=B_1$	$A_0=B_0$	×	×	1	0	0	1
$A_3=B_3$	$A_2=B_2$	$A_1=B_1$	$A_0=B_0$	1	1	0	0	0	0
$A_3=B_3$	$A_2=B_2$	$A_1=B_1$	$A_0=B_0$	0	0	0	1	1	0

$$\begin{cases} Y_{(A>B)} = Y_{31} + Y_{33}Y_{21} + Y_{33}Y_{23}Y_{11} + Y_{33}Y_{23}Y_{13}Y_{01} + Y_{33}Y_{23}Y_{13}Y_{03}Y_1 \\ Y_{(A<B)} = Y_{32} + Y_{33}Y_{22} + Y_{33}Y_{23}Y_{12} + Y_{33}Y_{23}Y_{13}Y_{02} + Y_{33}Y_{23}Y_{13}Y_{03}Y_2 \\ Y_{(A=B)} = Y_{33}Y_{23}Y_{13}Y_{03}Y_3 \end{cases} \quad (3.3.41)$$

由于两个二进制数比较的结果只有 $A>B$、$A<B$、$A=B$ 三种可能,因此又有如下关系

$$Y_{(A>B)} = \overline{Y_{(A<B)} + Y_{(A=B)}} \tag{3.3.42}$$

$$Y_{(A<B)} = \overline{Y_{(A>B)} + Y_{(A=B)}} \tag{3.3.43}$$

图 3.3.48a 是 4 位数值比较器 74LS85 的逻辑图,图 3.3.48b、c 分别是引脚图和逻辑符号图。式(3.3.41)~式(3.3.43)是其逻辑表达式。

[**例 3.3.13**] 用 74LS85 构成 8 位数值比较器。

解:74LS85 是 4 位数值比较器。显然,构成 8 位数值比较器需要两片 74LS85。用芯片 74LS85(1)比较低 4 位,芯片 74LS85(2)比较高 4 位,比较结果由芯片 74LS85(2)输出。电路如图 3.3.49 所示。

按照表 3.3.24,应先比较高 4 位,如果高 4 位数值相等,再比较低 4 位,将芯片 74LS85(2)的级联输入端 $I_{(A>B)}$、$I_{(A=B)}$、$I_{(A<B)}$ 分别与芯片 74LS85(1)的 3 个输出端 $Y_{(A>B)}$、$Y_{(A=B)}$、$Y_{(A<B)}$ 相连,正好满足这个要求。对于芯片 74LS85(1),因为没有更低位的数据输入,须将其级联输入端 $I_{(A>B)}$、$I_{(A<B)}$、$I_{(A=B)}$ 的信号分别预置为 "0" "0" "1",当 8 位数相等时,保证电路输出 $Y_{(A=B)}=$ "1"。

上例为串联扩展方式。当位数较多且要满足一定的速度要求时,可采用并联扩展方式。图 3.3.50 所示为用 74LS85 采用并联扩展方式实现的 16 位数值比较器。根据 74LS85 的功能表就可以分析其工作原理,这里不再赘述。

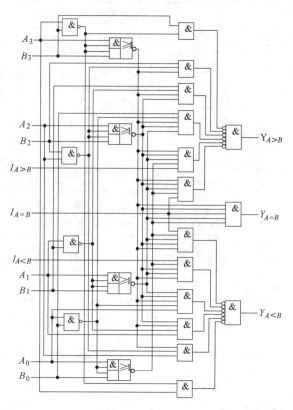

a) 逻辑图

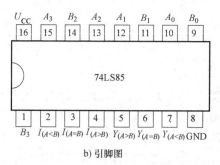

b) 引脚图

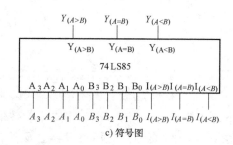

c) 符号图

图 3.3.48　4 位数值比较器 74LS85

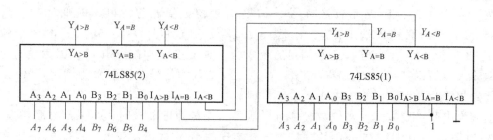

图 3.3.49　例 3.3.13 电路

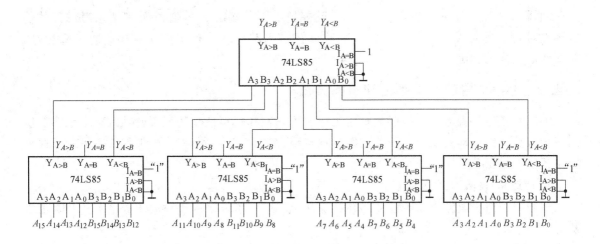

图 3.3.50 并联扩展方式实现 16 位数值比较器

3.4 组合逻辑电路中的"竞争-冒险"

3.4.1 "竞争-冒险"产生的原因

前面介绍的组合逻辑电路的分析与设计，都是把门电路当作理想器件，并在输入、输出处于稳定的逻辑电平下进行的。实际上，在第 2 章中已经了解到，所有的逻辑门都存在传输延迟时间，信号发生变化时也有一定的上升时间或下降时间。同一个门电路的两个输入信号同时向相反的逻辑电平跳变的现象称为竞争；因竞争而导致逻辑门输出产生不应有的尖峰干扰脉冲（又称过渡干扰脉冲）的现象称为冒险。因此，在组合逻辑电路中，当输入信号的状态改变时，输出端可能会出现不正常的干扰信号，使电路产生错误的输出，这种现象称为"竞争-冒险"。门电路存在延迟时间是组合逻辑电路产生"竞争-冒险"现象的根本原因。

以简单的"与门"和"或门"为例。在图 3.4.1a 中，输出 $Y_1 = A \overline{A}$。在理想情况下，输出 Y_1 的值恒为"0"。但实际上，考虑门的传输延迟时间，当 A 从"0"跳变为"1"时，在输出端就出现了极窄的 $Y_1 = 1$ 正向尖峰脉冲，如图所示，称为"1"型冒险。

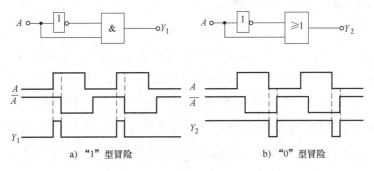

a) "1" 型冒险　　　　　　　　b) "0" 型冒险

图 3.4.1　"竞争-冒险"现象举例

同样，图3.4.1b中，输出$Y_2 = A + \bar{A}$。理想情况下，输出Y_2的值恒为"1"。考虑门的传输延迟时间，当A从"0"跳变为"1"时，在输出端出现了极窄的$Y_2 = 0$负向尖峰脉冲，如图所示，称为"0"型冒险。

3.4.2 "竞争-冒险"的判断和消除方法

"竞争-冒险"现象将直接影响电路工作的可靠性和稳定性，甚至可能导致整个数字系统的逻辑紊乱和错误动作发生。因此在组合逻辑电路中"竞争-冒险"的判别和消除对于保证电路正常工作至关重要。

1. "竞争-冒险"的判断

判断一个组合电路中是否可能存在"竞争-冒险"，可以采用代数法、卡诺图法和真值表法等。

（1）代数法 在输出逻辑函数表达式中，若某个变量同时以原变量和反变量两种形式出现，就具备了竞争条件。将其余变量取固定值"0"或1，若存在$Y = A + \bar{A}$，则有可能在A发生变化时，产生"0"型冒险；若存在$Y = A\bar{A}$，则有可能在A发生变化时，产生"1"型冒险。

[例3.4.1] 判断$Y = AC + B\bar{C}$是否存在"竞争-冒险"。

解：由于表达式Y中变量C同时以原变量和反变量两种形式出现，因此，C具备了竞争条件。

当$A = B = 1$时，$Y = C + \bar{C}$，在C发生跳变时，可能出现"0"型冒险。

[例3.4.2] 检查如图3.4.2所示电路是否存在冒险。

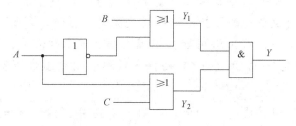

图3.4.2 例3.4.2电路

解：电路的输出逻辑函数表达式为

$$Y = (B + \bar{A})(A + C)$$

令$B = C = 0$，有$Y = A \cdot \bar{A}$，则在A发生变化时可能会产生"1"型冒险。

（2）卡诺图法 画出逻辑函数的卡诺图，并圈1方格。在卡诺图中寻找相切的卡诺圈（即两个卡诺圈之间存在不被同一卡诺圈包含的相邻最小项），如果存在，则该逻辑函数对应的电路在卡诺圈相切处存在冒险。例如表达式$Y = \bar{A}B + AC + B\bar{C}$的卡诺图如图3.4.3所示，可以看出，$\bar{A}B$和$AC$两个卡诺圈相切，相切处$B = C = 1$，所以当$B = C = 1$时，$A$发生变化时会产生冒险。同样$B\bar{C}$和$AC$两个卡诺圈相切，相切处$A = B = 1$，所以当$A = B = 1$时，$C$发生变化时会产生冒险,和代数法得出的结论相同。

(3) 真值表法　列出电路的真值表,只要存在门电路的两个输入信号各自向相反方向变化("10"变"01",或"01"变"10"),整个电路就有可能产生"竞争-冒险"。

[**例 3.4.3**]　2位二进制译码器如图3.4.4所示,判断电路有无"竞争-冒险"现象。

解:列出判断电路有无"竞争-冒险"的真值表,见表3.4.1。

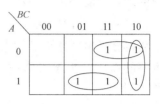

图 3.4.3　冒险的判断

表 3.4.1　例 3.4.3 真值表

A B	$\bar{A}\bar{B}$	$\bar{A}B$	$A\bar{B}$	AB
0　0	1	0	0	0
↓				
0　1	0	1	0	0
↓	"1"型冒险			"1"型冒险
1　0	0	0	1	0
↓				
1　1	0	0	0	1

当输入变量 AB 由"01"变为"10"(或相反)时,输出 $Y_0=\bar{A}\bar{B}$ 和 $Y_3=AB$ 可能产生"1"型冒险。图3.4.5所示是考虑信号变化过渡时间情况下的电压波形图。

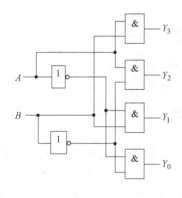

图 3.4.4　例 3.4.3 电路

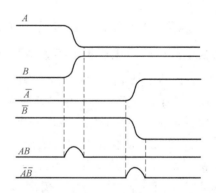

图 3.4.5　电压波形图

上述方法都比较简单,但不适用于多个变量输入的情况。如果输入变量数目多,而且大多数情况下输入变量都有两个以上同时改变状态,那么很难用这些方法判断是否会产生"竞争-冒险"现象。

采用计算机软件仿真来判断数字电路的"竞争-冒险"现象是一种有效的方法,例如Multisim、QuartusⅡ等软件都能有效地检测出电路中存在的"竞争-冒险"现象。

通过实验的手段来判断电路是否存在"竞争-冒险",是电路设计的必经阶段,只有实验检查的结果才能得出最终的结论。

2. "竞争-冒险"的消除方法

在组合逻辑电路中,如果由于"竞争-冒险"而产生干扰脉冲,势必会对触发器等对脉冲敏感的负载产生不良影响,甚至导致误操作,因此必须设法消除。消除的方法有以下几种。

(1) 修改逻辑设计

1) 增加冗余项法。以逻辑式 $Y=AC+B\overline{C}$ 为例,当 $A=B=1$ 时,$Y=C+\overline{C}$,构成了"竞争-冒险"产生的条件。根据逻辑代数的冗余律可知,若将表达式 $Y=AC+B\overline{C}$ 增加冗余项,等效为 $Y=AC+B\overline{C}+AB$,其表达式的逻辑结果不变。增加了 AB 项后,当 $A=B=1$ 时,无论 C 如何变化,始终有 $Y=C+\overline{C}+1$,不会出现只有互补项相加的结果。图 3.4.6 所示为增加冗余项后的电路。

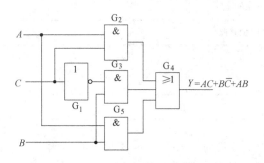

图 3.4.6 增加冗余项消除"竞争-冒险"

2) 消除互补项法。以逻辑式 $Y=(A+B)(\overline{A}+C)$ 为例。在 $B=C=0$ 时,$Y=A\overline{A}$。若直接根据这个表达式组成逻辑电路,则可能出现"竞争-冒险"。如将该式变换为 $Y=A\overline{A}+AC+\overline{A}B+BC$,消掉了 $A\overline{A}$ 项,当 A 的状态改变时不会再出现"竞争-冒险"。

该方法比较简单,但局限性比较大,不适合输入变量较多及较复杂的电路。如图 3.4.6 中,如果 A 和 B 同时向相反方向变化,电路仍然存在"竞争-冒险"现象。

(2) 接入滤波电容 组合逻辑电路由"竞争-冒险"产生的尖峰脉冲通常高频分量很丰富,因此,可以在输出端并接一个很小的滤波电容 C,对窄脉冲起到平波作用,如图 3.4.7 电路中的 C_1、C_2。在 TTL 电路中,电容的数值通常在几十至几百皮法的范围内。

该方法简单易行,但同时也使输出波形上升沿或下降沿变得缓慢,仅适用于对输出波形上下沿要求不高的情况。

(3) 引入选通脉冲 因为冒险发生在输入信号产生突变的瞬间,所以,可以给输出门的输入端增加一个选通脉冲。只有在电路稳定时才加入选通脉冲,此时允许电路有输出,而在输入信号产生突变时,由于没有加选通脉冲,使输出门被封死,这样就避免了输出端产生尖峰脉冲。图 3.4.7 中的 P_1 就是这样的选通脉冲。

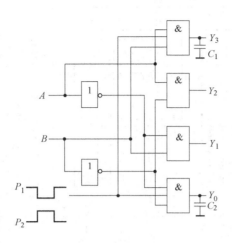

图 3.4.7 消除"竞争—冒险"的方法

(4) 引入封锁脉冲 在输入信号发生突变之前引入封锁脉冲将输出门封锁,如图 3.4.7 中的 P_2,待输入信号稳定后再去掉封锁脉冲,这样也可以避免冒险现象发生。

无论是引入封锁脉冲还是选通脉冲,最后的输出信号将变为脉冲信号。该方法不需要增加电路元件就可以从根本上消除尖峰脉冲,但要求脉冲与输入信号同步,且对取样脉冲的宽度和作用时间有较高的要求。

上述几种消除"竞争-冒险"现象的方法中引入封锁脉冲或者选通脉冲的方法比较简单,而且不增加器件数目,但必须得到合适的封锁脉冲或选通脉冲,同时有用信号将变成脉冲信号。接入滤波电容的方法简单易行,但输出电压波形随之变坏。修改逻辑设计,增加冗余项,增加了电路可靠性,如果运用得当,可以收到很好的效果,但需增加额外电路,且适用范围有限。

3.5 工程应用举例

动态扫描显示电路

图 3.5.1 所示为一个由 2 线-4 线译码器 74HC139、"2 选 1"数据选择器 74HC157、显示译码器 74HC48 和七段显示器组成的 2 位动态扫描显示电路。所谓动态扫描显示,就是让各位显示器按照一定的顺序轮流地发光显示。只要扫描频率足够高(大于 25Hz),就观察不到闪烁现象。不过,显示器频率太高时,显示器的余辉也会导致显示的数码不清晰。一般每位显示器频率 f_c 的取值范围为

$$25\text{Hz} < f_c < 100\text{Hz}$$

采用动态扫描方式,所有显示器共用一个七段译码显示译码器,可使电路简化。

两个 8421BCD 码数据组 $A_3 A_2 A_1 A_0$(个位)、$B_3 B_2 B_1 B_0$(十位)加到"四 2 选 1"数据选择器的数据输入端,其中"个位"分别送至数据选择器的 1A~4A 输入端、"十位"分别

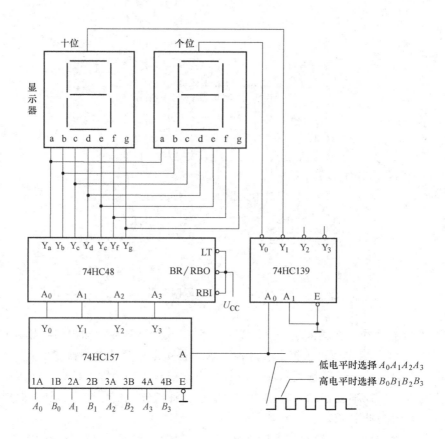

图 3.5.1 动态扫描显示器电路

送至 1B~4B 输入端。1 位地址控制信号端 A 加入方波信号,当 A=0 时,$A_3 A_2 A_1 A_0$ 传送到显示译码器的输入端。当 A=1 时,$B_3 B_2 B_1 B_0$ 传送到显示译码器的输入端。方波信号同时加到 2 线-4 线译码器 74HC139 的地址输入端 A_0。2 线-4 线译码器的输出(低电平)控制哪一个显示器亮。数据选择器的 A 端为低电平的同时,2 线-4 线译码器的 A_0 端也为低电平,74HC139 的 Y_0 输出有效(低电平),"个位"LED 显示器(采用共阴极显示器)被点亮,"个位"数码经七段显示器译码驱动,显示器显示"个位"数字,"十位"显示器不亮。同样,当方波信号为高电平时,A=1,"十位"信号传送到显示译码器的输入端;同时 $A_0=1$,74HC139 的 Y_1 输出有效电平,"十位"显示器被点亮,显示"十位"数字,"个位"显示器不亮。重复此过程,并控制方波信号的频率(>25Hz),在两个显示器上便分别显示稳定的"个位"和"十位"数字。

3.6 组合逻辑电路的 Verilog HDL 描述

图 3.6.1a~d 所示为全加器、4 位并行加法器、4 选 1 数据选择器、4 线-10 线译码器的 Verilog HDL 描述。

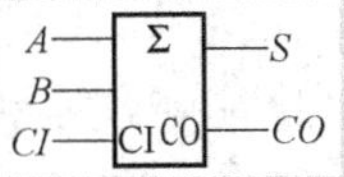

a) 全加器

```verilog
module FullAdder (A, B, CI, S, CO);
    input A, B, CI;
    output S, CO;
    assign S = (A ^ B) ^ CI;
    assign CO = (A && B) || (A ^ B) && CI;
endmodule
```

b) 4位并行加法器

```verilog
module FourBitAdder (A, B, C, CI, S, CO);
    input[3:0] A;       //符号[3:0] 描述了一个4位数组(A是4位二进制数)
    input[3:0] B;
    input CI;
    output[3:0] S;
    output CO;
    wire C1, C2, C3;    //内部输出进位
    FullAdder FA0 (A[0], B[0], CI, S[0], C1);
    FullAdder FA1 (A[1], B[1], C1, S[1], C2);
    FullAdder FA2 (A[2], B[2], C2, S[2], C3);
    FullAdder FA3 (A[3], B[3], C3, S[3], CO);
endmodule
```

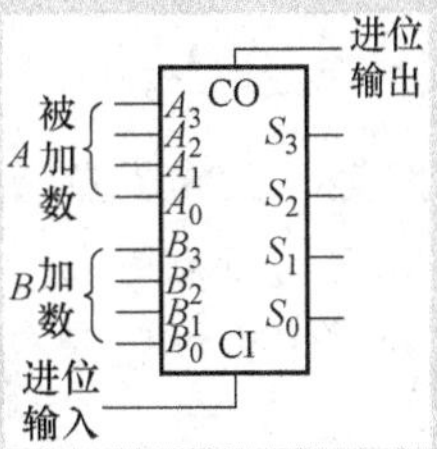

c) 4选1数据选择器

```verilog
module MUX4_1 (A, D, E, Y);
    input [1:0] A;
    input D0, D1, D2, D3;
    input E;
    output reg Y;
    always @ (E or A)
        begin
            if (E)
                Y = 0;
            else
                begin
                    case (A)
                        2'b00: Y = D0;
                        2'b01: Y = D1;
                        2'b10: Y = D2;
                        2'b11: Y = D3;
                    endcase
                end
        end
endmodule
```

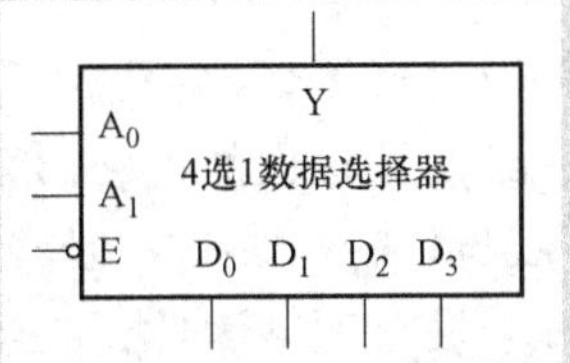

d) 4线-10线译码器

```verilog
module Decoder4_10 (A, NY);
    input [3:0] A;
    output [9:0] NY;
    always @ (A)
        begin
            case
                4'b0000: NY = 10'b1111111110;
                4'b0001: NY = 10'b1111111101;
                4'b0010: NY = 10'b1111111011;
                4'b0011: NY = 10'b1111110111;
                4'b0100: NY = 10'b1111101111;
                4'b0101: NY = 10'b1111011111;
                4'b0110: NY = 10'b1110111111;
                4'b0111: NY = 10'b1101111111;
                4'b1000: NY = 10'b1011111111;
                4'b1001: NY = 10'b0111111111;
                4'b1010: NY = 10'b1111111111;
                4'b1011: NY = 10'b1111111111;
                4'b1100: NY = 10'b1111111111;
                4'b1101: NY = 10'b1111111111;
                4'b1110: NY = 10'b1111111111;
                4'b1111: NY = 10'b1111111111;
                default: NY = 10'bxxxxxxxxxx;
            endcase
        end
endmodule
```

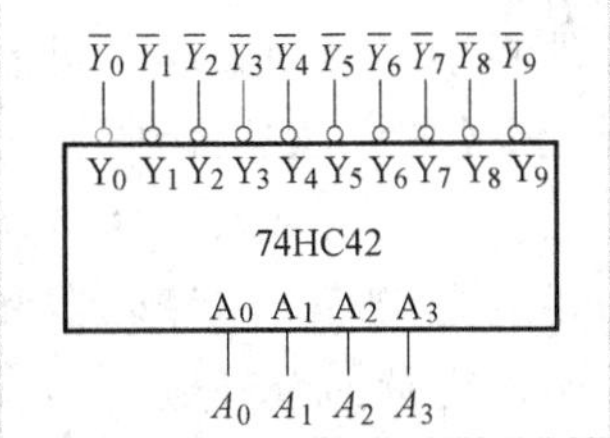

图 3.6.1 组合逻辑电路及其 Verilog 程序

本 章 小 结

组合逻辑电路是将门电路按照数字信号由输入至输出单方向传递的工作方式组合起来而构成的逻辑电路,它的特点是任一时刻的输出信号只取决于该时刻的输入信号,而与电路原来所处的状态无关。组合电路逻辑功能的表示方法有真值表、卡诺图、逻辑表达式、波形图和逻辑图等。

组合逻辑电路的分析是根据已知的逻辑电路图,找出输出与输入信号间的逻辑关系,确定电路的逻辑功能。组合逻辑电路的设计是分析的逆过程,要求画出能实现某种逻辑功能的逻辑电路图。要重点掌握组合逻辑电路分析和设计的一般方法,包括基于小规模集成电路和中规模集成电路模块的分析和设计,但不必去记忆各种具体的逻辑电路。

本章介绍了一些常用的组合逻辑器件,包括编码器、译码器、数据选择器、加法器、数值比较器和数据分配器,对这些器件要从其基本功能和工作原理上去理解,一个中规模逻辑器件的功能往往超过其名称所说的范围,只有理解了各个功能的实质及控制方法,才能灵活应用。

编码器分二进制编码器和十进制编码器,各种编码器的工作原理类似,设计方法也相同。集成二进制编码器和集成十进制编码器均采用优先编码方案。

译码器主要包括二进制译码器、二—十进制译码器和显示译码器等。数据选择器是在地址码的控制下,在同一时间内从多路输入信号中选择相应的一路信号输出的电路。常用于数据传输中的并—串转换。用译码器和数据选择器可以实现组合逻辑函数。二进制译码器的输出端提供了输入变量的全部最小项,而且每一个输出端对应一个最小项,因此,二进制译码器辅以门电路(与非门)后,适合用于实现单输出或多输出的组合逻辑函数。数据选择器为多输入单输出的组合逻辑电路,在输入数据都为"1"时,它的输出表达式为地址变量的全部最小项之和,适用于实现单输出组合逻辑函数。

按照进位方式的不同,加法器分为串行进位加法器和超前进位加法器两种。串行进位加法器电路简单、但速度较慢,超前进位加法器速度较快、但电路复杂。加法器除用来实现两个二进制数相加外,还可用来设计代码转换电路、二进制减法器和十进制加法器等。

"竞争—冒险"现象是组合逻辑电路设计和使用时遇到的难点问题,要了解"竞争—冒险"产生的原因及一般消除方法。

习 题

3.2.1 试分析题图 3.2.1 所示电路的逻辑功能,写出输出逻辑函数表达式,列出真值表,说明电路的逻辑功能。

3.2.2 对于题图 3.2.2 所示的输入输出波形,设计出能产生相应输出波形的逻辑电路。

3.2.3 试用最少数目的"与非门"设计一个 3 位多数表决电路。

3.2.4 试用 2 输入"与非门"设计一个 3 输入的组合逻辑电路。当输入的二进制码<3 时,输出为"0";输入≥3 时,输出为"1"。

3.2.5 试用门电路设计一个受光、声和触摸控制的电灯开关逻辑电路,分别用 A、B、C 表示光、声和触摸信号,用 Y 表示电灯信号。灯亮的条件是:无论有无光、声信号,只要

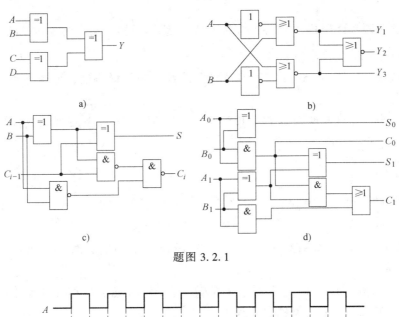

题图 3.2.1

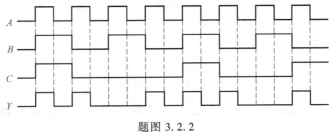

题图 3.2.2

有人触摸开关，灯就亮；当无人触摸开关时，只有当无光、有声音时灯才亮。试列出真值表，写出输出函数表达式，画出逻辑电路图，要求电路尽量简单。

3.2.6 某高校毕业班有一个学生还需要修满 9 个学分才能毕业，在所剩的 4 门课程中，A 为 5 个学分，B 为 4 个学分，C 为 3 个学分，D 为 2 个学分。试用"与非门"设计一个逻辑电路，输出为"1"时表示该生顺利毕业。

3.2.7 题图 3.2.7 所示为一工业用水容器示意图，图中实线表示水位，A、B、C 电极被水浸没时会有高电平信号输出，试用"与非门"构成的电路来实现下述控制作用：水面在 A、B 间，为正常状态，亮绿灯 G；水面在 B、C 间或在 A 以上为异常状态，点亮黄灯 Y；水面在 C 以下为危险状态，点亮红灯 R。要求写出设计过程。

3.2.8 试设计一个温度控制电路，其输入为 4 位二进制数 $ABCD$，代表检测到的温度，输出为 X 和 Y，分别用来控制暖风机和冷风机的工作。当温度低于或等于 5°时，暖风机工作，冷风机不工作；当温度高于或等于 10°时，冷风机工作，暖风机不工作；当温度介于 5°和 10°之间时，暖风机和冷风机都不工作。

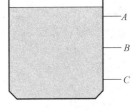

题图 3.2.7

3.3.1 试用优先编码器 74HC147 设计键盘编码电路，十个按键分别对应十进制数 0~9，编码器的输出为 8421BCD 码。要求按键 9 的优先级别最高，并且有工作状态标志，以说明没有按键按下和按键 0 按下两种情况。

3.3.2 试用两片译码器74LS138构成4线-16线译码器,输入为4位二进制码B_0、B_1、B_2、B_3,输出$\overline{Y}_0 \sim \overline{Y}_{15}$为低电平有效信号。

3.3.3 试用译码器74LS138和其他逻辑门设计一地址译码器,要求地址范围是十六进制00~3F。

3.3.4 用集成二进制译码器74LS138和"与非门"实现下列逻辑函数。

(1) $X = AC + B\,\overline{C} + \overline{A}\,\overline{B}$

(2) $X = A\,\overline{B} + AC$

(3) $X = A\,\overline{C} + A\,\overline{B} + \overline{A}B + \overline{B}C$

(4) $X = A\,\overline{B} + BC + AB\,\overline{C}$

3.3.5 试用译码器74LS138和"与非门"设计一个乘法电路,实现两位二进制数相乘,并输出结果。

3.3.6 试用译码器74LS138和适当的逻辑门设计一个组合电路。该电路输入X与输出Y均为3位2进制数,两者之间的关系如下:

当 $2 \leq X \leq 5$ 时　　$Y = X + 2$
当 $X < 2$ 时　　　　　$Y = 1$
当 $X > 5$ 时　　　　　$Y = 0$

3.3.7 数据选择器74LS151的连接方式和各输入端的输入波形如题图3.3.7所示,画出输出Y的波形。

3.3.8 数据选择器如题图3.3.8所示,并行输入数据$D_3 D_2 D_1 D_0 = 1010$,控制端信号

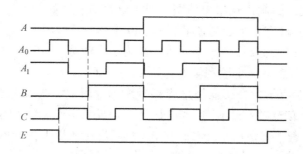

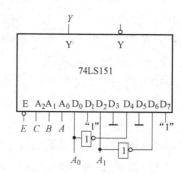

题图 3.3.7

$X=0$,$A_1 A_0$ 的态序为 00、01、10、11,试画出输出 Y 的波形。

3.3.9 用数据选择器 74LS151 实现下列逻辑函数。

(1) $X=\overline{A}\,\overline{B}C+\overline{A}B\,\overline{C}+A\,\overline{B}\,\overline{C}+ABC$

(2) $X=\overline{B}C+AC$

(3) $X=A\,\overline{B}+\overline{B}C+D$

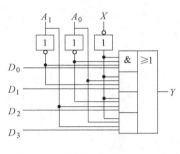

题图 3.3.8

3.3.10 用"8 选 1"数据选择器 74LS151 设计一个组合电路。该电路有 3 个输入 A、B、C 和 1 个工作模式控制变量 M,当 $M=0$ 时,电路实现"意见一致"功能(A、B、C 状态一致时输出为"1",否则输出为"0"),而当 $M=1$ 时,电路实现"多数表决"功能,即输出与 A、B、C 中多数的状态一致。

3.3.11 人的血型有 O、A、B、AB 四种。输血时输血者和受血者血型必须符合表题 3.3.11 中的关系。试用"4 选 1"数据选择器设计一个逻辑电路,用以检测输血者和受血者的血型是否符合要求。

表题 3.3.11

受血者 输血者	A	B	AB	O
A	√	×	√	×
B	×	√	√	×
AB	×	×	√	×
O	√	√	√	√

3.3.12 一个组合逻辑电路有两个控制信号 C_1 和 C_2,要求:

(1) $C_2C_1=00$ 时,$Y=A\oplus B$

(2) $C_2C_1=01$ 时,$Y=\overline{AB}$

(3) $C_2C_1=10$ 时,$Y=\overline{A+B}$

(4) $C_2C_1=11$ 时,$Y=AB$

试用"8 选 1"数据选择器设计符合上述要求的逻辑电路。

3.3.13 由 3 线-8 线译码器 74LS138 和"4 选 1"数据选择器 74LS153 组成如题图 3.3.13 所示的电路,B_1B_2 和 C_1C_2 为两组二进制数,试列出真值表,并说明功能。

3.3.14 由 3 线-8 线译码器构成的脉冲分配器电路如题图 3.3.14 所示,其中 $A_2A_1A_0$ 从 000~111 变化。

(1) 若 CP 脉冲信号加在 $\overline{E_2}$ 端,试画出 $\overline{Y_0}$~$\overline{Y_7}$ 的波形。

(2) 若 CP 脉冲信号加在 E_1 端,试画出 $\overline{Y_0}$~$\overline{Y_7}$ 的波形。

3.3.15 试用 3 线-8 线译码器 74LS138 和"与非门"设计一个 1 位二进制全加器。

3.3.16 试用两个半加器和一个"或门"构成一个全加器。

3.3.17 仿照全加器的设计方法,用门电路设计一个 1 位二进制全减器,所用门电路

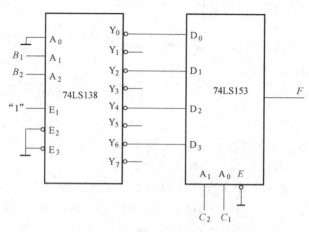

题图 3.3.13

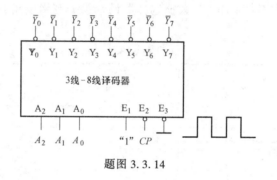

题图 3.3.14

不限。

3.3.18 用集成二进制译码器74LS138和"与非门"构成全减器。

3.3.19 试用4选1数据选择器设计一个全减器。

3.3.20 试用4位并行加法器74LS283设计一个加/减运算电器。当控制信号$M=$"0"时它将两个输入的4位二进制数相加,而当$M=$"1"时它将两个输入的4位二进制数相减。允许附加必要的电路。

3.3.21 试用4位数值比较器74HC85设计一个判别电路。若输入的数据代码$D_3D_2D_1D_0>$1001时,判别电路输出为"1",否则输出为"0"。

3.3.22 试用一片4位数值比较器74LS85和一片4位二进制加法器74LS283设计一个4位二进制数到8421BCD码的转换电路 [提示:根据BCD码中8421码的加法运算规则,当两数之和≤9(1001)时,相加的结果和按二进制数相加所得到的结果一样。当两数之和>9(即等于1010~1111)时,则应在按二进制数相加的结果上加6(0110)]。

3.3.23 试用4位数值比较器74LS85组成10位数值比较器,并画出电路图。

3.4.1 判断题图3.4.1所示电路是否有可能产生"竞争-冒险"?如果存在"竞争-冒险"应如何消除?

3.4.2 判断下列逻辑函数是否有可能产生"竞争-冒险"?如果存在"竞争-冒险"应如何消除?

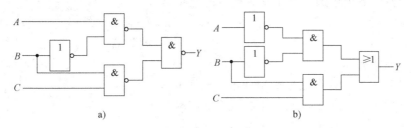

题图 3.4.1

(1) $Y_1(A, B, C, D) = \sum m(5, 7, 13, 15)$

(2) $Y_2(A, B, C, D) = \sum m(5, 7, 8, 9, 10, 11, 13, 15)$

自 测 题

1. 组合逻辑电路（　　）。
A. 不含有记忆能力的器件　　　　　　B. 含有记忆能力的器件
C. 不含有门电路　　　　　　　　　　D. 含有触发器

2. 逻辑电路的分析任务是（　　）。
A. 给定功能，通过一定的步骤设计出电路
B. 研究电路的可靠性
C. 研究电路如何提高速度
D. 给定电路，通过一定的步骤说明电路的功能

3. 输出 $X = A\overline{B}C + A\overline{C}$ 的逻辑电路由（　　）组成。
A. 两个"与门"和一个"或门"
B. 两个"与门"、一个"或门"和两个反相器
C. 两个"或门"、一个"与门"和两个反相器

4. 若在编码器中有 50 个编码对象，则要求输出二进制代码位数为（　　）位。
A. 5　　　　　　　　　　　　　　　　B. 6
C. 10　　　　　　　　　　　　　　　 D. 50

5. 一个输出为低电平有效的"16 选 1"译码器，在它的十进制 12 输出时出现了一个低电平，求这个译码器的输入是（　　）。
A. $A_3 A_2 A_1 A_0 = 1010$　　　　　　B. $A_3 A_2 A_1 A_0 = 1110$
C. $A_3 A_2 A_1 A_0 = 1100$　　　　　　D. $A_3 A_2 A_1 A_0 = 0100$

6. 3 输入、8 输出译码器，对任一组输入值其有效输出个数为（　　）。
A. 3 个　　　　　　　　　　　　　　B. 8 个
C. 1 个　　　　　　　　　　　　　　D. 11 个

7. 译码器用于（　　）。
A. 选择某一个输入并将其送到输出端
B. 将一条输入线路上的输入数据分配到几条输出线路上
C. 检测输入端的二进制数/码并转换成一种有效的输出
D. 检测有效输入并转换成二进制数/码输出

8. 从多个输入数据中选出其中一个输出的电路是（   ）。
   A. 数据分配器　　　　　　　　　　　　B. 数据选择器
   C. 数字比较器　　　　　　　　　　　　D. 编码器

9. 数据选择器有（   ）。
   A. 一个数据输入、多个数据输出和多个选择输入
   B. 一个数据输入、一个数据输出和一个选择输入
   C. 多个数据输入、多个数据输出和多个选择输入
   D. 多个数据输入、一个数据输出和多个选择输入

10. 一个"16选1"的数据选择器，其选择控制输入端有（   ）个。
    A. 1　　　　　　　　　　　　　　　　B. 2
    C. 4　　　　　　　　　　　　　　　　D. 16

11. 数据分配器用于（   ）。
    A. 选择数据　　　　　　　　　　　　　B. 分配数据
    C. 对应每个输入产生一个不同的码/数　　D. 通过一个输出表示选择的码/数

12. 8路数据分配器，其地址输入端有（   ）个。
    A. 8　　　　　　　　　　　　　　　　B. 2
    C. 3　　　　　　　　　　　　　　　　D. 4

13. 欲使1路数据分配到多路装置应选用带使能端的（   ）。
    A. 编码器　　　　　　　　　　　　　　B. 译码器
    C. 选择器　　　　　　　　　　　　　　D. 比较器

14. 半加器的特点有（   ）；全加器的特点有（   ）。
    A. 两个输入和两个输出　　　　　　　　B. 三个输入和两个输出
    C. 两个输入和三个输出　　　　　　　　D. 两个输入和一个输出

15. 如果一个数值比较器的输入为 $A=1011$、$B=1001$，则输出为（   ）。
    A. $Y_{A>B}=0$、$Y_{A<B}=1$、$Y_{A=B}=0$　　B. $Y_{A>B}=1$、$Y_{A<B}=0$、$Y_{A=B}=0$
    C. $Y_{A>B}=1$、$Y_{A<B}=1$、$Y_{A=B}=0$　　D. $Y_{A>B}=0$、$Y_{A<B}=0$、$Y_{A=B}=1$

16. 一个4位并行加法器74LS283的输入端、输出端的个数为（   ）。
    A. 4入4出　　　　　　　　　　　　　 B. 8入4出
    C. 9入5出　　　　　　　　　　　　　 D. 8入5出

17. 下列逻辑电路中，不是组合逻辑电路的有（   ）。
    A. 译码器　　　　　　　　　　　　　　B. 编码器
    C. 全加器　　　　　　　　　　　　　　D. 寄存器

18. 共阳极型七段数码管各段点亮需要（   ）。
    A. 高电平　　　　　　　　　　　　　　B. 接电源
    C. 低电平　　　　　　　　　　　　　　D. 接公共端

19. 组合电路的"竞争-冒险"是由于（   ）引起的。
    A. 电路不是最简　　　　　　　　　　　B. 电路有多个输出
    C. 电路中使用不同的门电路　　　　　　D. 电路中存在延时

第 4 章

触 发 器

内容提要

本章讨论的触发器是双稳态触发器,简称触发器。首先讨论各种具体触发器的电路结构、工作原理以及其对应的特点;然后讨论触发器的逻辑功能、触发方式和应用触发器的一些实际问题。最后介绍各种不同逻辑功能触发器之间的相互转换,以及触发器的工程应用等问题。

4.1 RS 触发器

触发器是能够存储(记忆)1 位二进制信息的基本逻辑单元。触发器具有以下特点:
1) 有两个稳定的状态(0、1),以表示存储内容。
2) 在触发信号作用下可以从一个稳定状态翻转到另一个稳定状态。
3) 当触发信号消失后,电路状态保持不变。

利用触发器的这些特点,可以实现接收、保存和输出二进制数码信息"0""1"的功能。

按照结构分类,触发器有基本触发器、同步触发器、主从触发器和边沿触发器。其中,同步、主从和边沿触发器也可以根据其触发方式分别称为电平触发的触发器、脉冲触发的触发器和边沿触发的触发器。

按照逻辑功能分类,触发器有 RS 触发器、D 触发器、JK 触发器、T 触发器和 T′触发器五种类型。

4.1.1 基本 RS 触发器

基本 RS 触发器又称置"0"、置"1"触发器,它是构成各种功能触发器的最基本单元。

1. 电路结构

把两个"与非门"G_1、G_2 的输入、输出交叉连接,即可构成基本 RS 触发器,其逻辑电路如图 4.1.1a 所示,逻辑符号如图 4.1.1b 所示。它有两个输入端 $\bar{S}$、$\bar{R}$,$\bar{S}$ 端称为置"1"(或置位)端,$\bar{R}$ 端称为置"0"(或复位)端。$\bar{S}$ 和 $\bar{R}$ 均是低电平有效,即只有在低电平时才能改变输出的状态。它有两个输出 Q、$\bar{Q}$ 信号端,正常工作时 Q 和 $\bar{Q}$ 互为"非"关系。一般规定触发器 Q 信号端的状态为触发器的状态。

2. 工作原理

根据输入信号 $\bar{S}$、$\bar{R}$ 的不同取值,触发器的输出与输入间有 4 种情况,现分析如下:

1) $\bar{S}=0$、$\bar{R}=1$。由于 $\bar{S}=0$，G_1 门有一个输入为 "0"，所以输出 $Q=1$，此时 G_2 的两个输入都是 "1"，则可得 $\bar{Q}=0$。也就是说，无论触发器以前处于什么状态都将变成 "1" 态，这种情况称为将触发器置 "1" 或者置位。又由于 $\bar{Q}$ 信号端的输出 "0" 又反馈到 G_1 门的输入端，所以即使 $\bar{S}$ 的 "0"（有效电平）撤销（由 "0" 返回到 "1"），G_1 门的输出仍保持 "1" 不变，触发器仍然稳定在 $Q=1$、$\bar{Q}=0$ 的状态，这就是触发器的记忆功能。

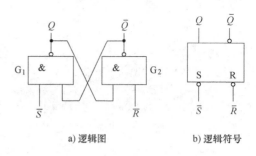

图 4.1.1 基本 RS 触发器

a) 逻辑图   b) 逻辑符号

2) $\bar{S}=1$、$\bar{R}=0$。由于 $\bar{R}=$ "0"，G_2 门有一个输入为 "0"，所以输出 $\bar{Q}=1$，此时 G_1 的两个输入都是 "1"，则可得 $Q=0$。也就是说，无论触发器以前处于什么状态都将变成 "0" 态，这种情况称为将触发器置 "0" 或者复位。又由于 Q 信号端的输出 "0" 又反馈到 G_2 门的输入端，所以即使 $\bar{R}$ 的 "0"（有效电平）撤销（由 "0" 返回到 "1"），G_2 门的输出 $\bar{Q}$ 仍保持 "1" 不变，触发器仍然稳定在 $Q=0$、$\bar{Q}=1$ 的状态，触发器具有记忆功能。

3) $\bar{S}=1$、$\bar{R}=1$。此时两个 "与非门" 的状态由原来的状态决定，因此触发器维持原来状态不变。即原来的状态被触发器存储起来，这也体现了触发器的记忆能力。

4) $\bar{S}=0$、$\bar{R}=0$。显然，这种情况下两个 "与非门" 的输出 Q 和 $\bar{Q}$ 全为 "1"，这首先违背了 Q 和 $\bar{Q}$ 互补的条件，再者，当两个输入 "0" 信号同时撤去（即 $\bar{S}=\bar{R}=1$），由于两个门传输时间的差异，触发器的状态将不能确定是 "0" 还是 "1"，这种情况为不定状态，应当避免。

3. 特性表和时序图

反映触发器次态 Q^{n+1} 与输入信号及现态 Q^n 之间对应关系的表格称为特性表。实际上，触发器的特性表就是含有状态变量（Q^n）的真值表。根据上面的分析，可列出基本 RS 触发器的特性表，见表 4.1.1。表中，"×" 表示触发器输出的不定状态，可当成无关项处理。表 4.1.2 是基本 RS 触发器的简化特性表。

表 4.1.1 基本 RS 触发器的特性表

$\bar{S}$	$\bar{R}$	Q^n	Q^{n+1}	功能说明
0	0	0	×	不允许
0	0	1	×	
0	1	0	1	置 1
0	1	1	1	
1	0	0	0	置 0
1	0	1	0	
1	1	0	0	保持
1	1	1	1	

表 4.1.2 基本 RS 触发器的简化特性表

$\bar{S}$	$\bar{R}$	Q^{n+1}	$\bar{S}$	$\bar{R}$	Q^{n+1}
0	0	×	1	0	0
0	1	1	1	1	Q^n

由特性表可知，置"1"信号 $\bar{S}=0$ 和置"0"信号 $\bar{R}=0$ 都是低电平，基本 RS 触发器为低电平（置"1"和置"0"）有效。从图 4.1.1b 所示的逻辑符号中可见，S 端和 R 端都有小圆圈，表示低电平（逻辑"0"）作为有效作用信号，如果没有小圆圈，则表示高电平（逻辑"1"）作为有效作用信号。

工作波形图又称为时序图，它描述了触发器的输出状态随时间和输入信号变化的规律。时序图是在实验中可以观察到的波形。基本 RS 触发器的时序图如图 4.1.2 所示。

基本 RS 触发器除了用"与非门"构成外，还可以用"或非门"构成，如图 4.1.3a 所示，由"或非门"构成的基本 RS 触发器的逻辑功能与"与非门"构成的基本 RS 触发器相同，都具有清"0"、置"1"和保持功能。但是它是高电平有效，因此逻辑符号中 S、R 信号输入端没有小圆圈，如图 4.1.3b 所示。

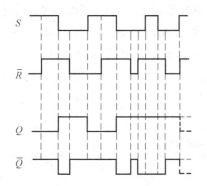

图 4.1.2 基本 RS 触发器的时序图

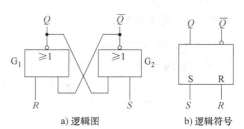

a) 逻辑图 b) 逻辑符号

图 4.1.3 用"或非门"构成的基本 RS 触发器

4.1.2 同步 RS 触发器

前面介绍的 RS 触发器触发翻转过程直接由输入信号控制，而实际上，一个系统往往包含多个触发器，常常要求系统中各个触发器在规定的时刻按照各自的输入信号所决定的状态同步触发翻转，这个时刻可由外加时钟脉冲 CP 来决定。因此，在基本 RS 触发器的基础上增加了时钟脉冲控制端，构成同步 RS 触发器。

1. 电路结构

同步 RS 触发器的电路结构如图 4.1.4a 所示，它是在基本 RS 触发器基础上增加了两个"与非门"和一个时钟脉冲控制端 CP。它的逻辑符号如图 4.1.4b 所示。同步 RS 触发器的触发方式为电平触发方式，分为高电平触发和低电平触发，图中为高电平触发，逻辑符号中 C1 端没有小圆圈。

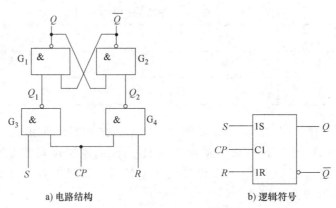

图 4.1.4 同步 RS 触发器

2. 工作原理

由图可知，输入信号要经过门 G_3 和 G_4 传递，这两个门同时受 CP 信号的控制。

当 $CP=0$ 时，G_3、G_4 门被封锁，输入信号 S、R 不影响输出端的状态，故此时触发器保持原来状态不变。

当 $CP=1$ 时，G_3、G_4 门打开，输入信号 S、R 经其反相后加到由 G_1 和 G_2 构成的基本 RS 触发器的输入端，使触发器的状态随输入状态的变化而变化。当 $S=0$、$R=1$ 时，触发器置"0"；当 $S=1$、$R=0$ 时，触发器置"1"；当 $S=R=0$ 时，触发器状态保持不变；当 $S=R=1$ 时，触发器状态不确定，为不定态。

3. 特性表和特性方程

同步 RS 触发器的特性表见表 4.1.3。

表 4.1.3 同步 RS 触发器的特性表

S	R	Q^n	Q^{n+1}	功能说明
0	0	0	0	保持
0	0	1	1	
0	1	0	0	置 0
0	1	1	0	
1	0	0	1	置 1
1	0	1	1	
1	1	0	×	不允许
1	1	1	×	

由上面特性表可知，同步 RS 触发器的输出状态由 R、S 输入状态和现态决定，而触发器转换时刻由 CP 决定。

触发器的逻辑功能还可以用特性方程来表示。所谓的特性方程就是描述触发器的次态与输入变量和触发器现态之间的逻辑关系的状态方程式。

当 $CP="1"$ 时，用卡诺图对特性表给出的状态函数进行化简，如图 4.1.5 所示，即可获得同步 RS 触发器的特性方程

$$\begin{cases} Q^{n+1} = S + \overline{R}Q^n \\ RS = 0 \quad \text{(约束条件)} \end{cases} \tag{4.1.1}$$

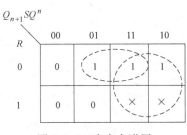

图 4.1.5　次态卡诺图

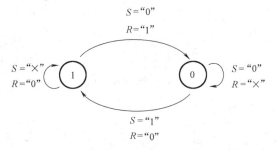

图 4.1.6　同步 RS 触发器的状态转换图

触发器的功能还可以用状态转换图来表示，同步 RS 触发器的状态转换图如图 4.1.6 所示。图中圆圈内标的 "1" 和 "0" 表示触发器的两个状态，用带箭头的弧线表示状态转换的方向，箭头指向触发器的次态，箭尾为触发器现态。弧线旁边标出了状态转换的条件。

已知同步 RS 触发器的时钟脉冲 CP 和 S、R 信号的波形图如图 4.1.7 所示，触发器的初始状态为 "0"，可以画出输出端 Q 和 $\overline{Q}$ 的波形如图 4.1.7 所示。

综上所述，同步 RS 触发器的特点如下：

1）同步 RS 触发器的翻转是在时钟脉冲控制下进行的，属于电平触发方式。在正脉冲触发方式下，只有当 CP 为高电平时，触发器才能接收输入信号，并按照其输入状态触发翻转。

2）在 CP 为高电平作用期间，一旦输入信号多次发生变化，触发器的状态也会发生多次翻转，造成空翻现象，降低了电路的抗干扰能力。可见这种触发器的触发翻转只是被控制在一个时间间隔内，而不是控制在某一时刻，因此它的使用受到一定的限制。

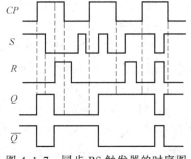

图 4.1.7　同步 RS 触发器的时序图

3）依然存在不定态。

4.1.3　主从 RS 触发器

同步 RS 触发器的触发翻转只是被控制在一个时间间隔内，而不是控制在某一时刻，它的使用受到一定限制。要使触发器的翻转能够控制在某一时刻，可采用主从 RS 触发器。

1. 电路结构

主从 RS 触发器由两级同步 RS 触发器构成，其中一级接收输入信号，其状态直接由输入信号决定，称为主触发器；还有一级的输入与主触发器的输出连接，其状态由主触发器的状态决定，称为从触发器。从触发器的状态就是整个触发器的状态。主从 RS 触发器的逻辑图和逻辑符号如图 4.1.8 所示。图中的反相器使主触发器和从触发器加上了互补时钟脉冲。

2. 工作原理

1）当 $CP=1$ 时，主触发器的输入门 G_7 和 G_8 打开，主触发器根据 R、S 的状态触发翻

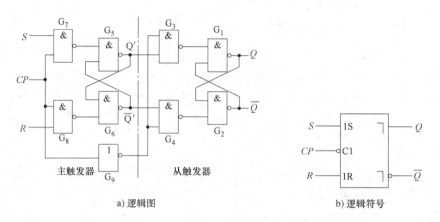

a) 逻辑图   b) 逻辑符号

图 4.1.8 主从 RS 触发器的逻辑图和逻辑符号

转；而对于从触发器，CP 经门 G_9 反相后为逻辑"0"电平，加在从触发器的输入门，使得输入门 G_3 和 G_4 封锁，从触发器的状态不受主触发器的影响，保持原来的状态不变。

2) 当 CP 由"1"变"0"后，门 G_7 和 G_8 被封锁，输入信号 R、S 不影响主触发器的状态；与此同时，门 G_3 和 G_4 被打开，从触发器按照主触发器相同的状态触发翻转。因此从触发器的翻转是在 CP 由"1"变"0"时刻（CP 的下降沿）发生的。

3) CP 一旦达到"0"电平后，主触发器被封锁，其状态不受 R、S 的影响，故从触发器的状态也不可能再改变，即它只在 CP 由"1"变"0"时刻触发翻转。

通过上面的分析可知，主从 RS 触发器具有两个值得注意的动作特点。

1) 触发器的触发翻转分两步动作完成。第一步，在 CP = "1" 时，主触发器状态受输入信号控制，从触发器保持原态；第二步，在 CP 下降沿到达后，从触发器按照主触发器的状态触发翻转，故触发器的输出状态只在下跳沿时刻改变且改变一次。

2) 主触发器本身是一个正脉冲（电平）触发的同步 RS 触发器，在 CP = 1 的时间段内输入信号都将对主触发器起控制作用。

由于存在这样的动作特点，主从 RS 触发器在 CP = 1 期间，输入信号发生过改变，CP 下降沿到达时，从触发器的状态不一定能够按照此刻输入信号的状态来确定，而必须考虑整个 CP = 1 期间输入信号的变化过程才能确定触发器的次态。

因此，对于下降沿触发的主从 RS 触发器而言，输入信号应在 CP 的上升沿前加入，并在上升沿后的高电平期间保持不变，为主触发器触发翻转做好准备，若输入信号在 CP 高电平期间发生改变，将可能使主触发器发生多次翻转。

3. 特性表和特性方程

通过上面的分析可知，主从 RS 触发器与同步 RS 触发器从逻辑功能方面看是相同的，因此两者具有相同的特性表和特性方程，其主要区别是同步 RS 触发器特性方程有效的时间是 CP = 1 时，而主从 RS 触发器特性方程有效的时间是 CP 的下降沿。

如图 4.1.8b 逻辑符号中的"⌐"为输出延迟符号，表明主从触发器的状态变化滞后于主触发器。

4.2 D触发器

4.2.1 门控D锁存器

1. 电路结构

门控D锁存器是单输入型触发器,它的逻辑电路和逻辑符号分别如图4.2.1a、b所示,它由同步RS触发器改进而成,将如图4.1.4a所示的同步RS触发器的G_3门的输出Q_1接至R端,并将S输入改成D输入。这种改接使得R和S总是保持互补关系,即满足$SR=0$,因此解决了同步RS触发器存在不定态的问题。

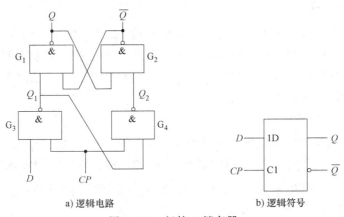

a) 逻辑电路　　　　　　　　　b) 逻辑符号

图 4.2.1　门控 D 锁存器

2. 工作原理

1)$CP=0$时,G_3、G_4门被封锁,输入信号D不影响输出端的状态,此时锁存器保持原状态不变。

2)$CP=1$时,将$S=D$、$R=\overline{D}$代入同步RS触发器的特性方程$Q^{n+1}=S+\overline{R}Q^n$,得到门控D锁存器的特性方程为

$$Q^{n+1}=D \tag{4.2.1}$$

同理,可以得到门控D锁存器在$CP=1$时的特性表,见表4.2.1。状态转换图和时序图如图4.2.2所示。

表 4.2.1　门控 D 锁存器的特性表

D	Q^{n+1}
0	0
1	1

门控D锁存器在$CP=1$时,其次态Q^{n+1}始终和D输入一致,为此常把它称为数据锁存器或延迟触发器。门控D锁存器的功能和结构都很简单,目前得到了较普遍应用。

门控D锁存器与同步RS触发器一样,在CP为高电平期间,一旦输入信号D多次发生变化或者出现干扰信号,触发器的状态也会发生多次翻转,造成空翻现象,降低了电路的抗干扰能力。它的状态的触发翻转只是被控制在一个时间段内,而不是控制在某一时刻,其应

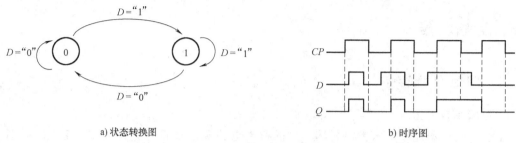

a) 状态转换图　　　　　　　　　b) 时序图

图 4.2.2　门控 D 锁存器的状态转换图和时序图

用受到一定的限制。要使触发器的翻转能够控制在某一时刻，可采用边沿 D 触发器。

4.2.2　边沿 D 触发器

主从结构的触发器输出状态的改变不在时钟 CP 的有效沿发生，而是产生了延迟，为了进一步提高触发器工作的可靠性，增强其抗干扰能力，往往希望触发器仅按照触发脉冲的上升沿或下降沿到达时刻的输入信号的状态进行翻转，在其他时刻，触发器的状态保持不变，具有该功能的触发器称为边沿触发器。

1. 电路结构

边沿 D 触发器的逻辑图和逻辑符号分别如图 4.2.3a、b 所示，由逻辑图可知该触发器由 6 个 "与非门" 组成，其中 G_1、G_2 门构成基本 RS 触发器，$G_3 \sim G_6$ 门组成控制导引门。D 为同步数据输入信号，受时钟 CP 控制。$\overline{S}_D$ 和 $\overline{R}_D$ 为异步置 "1" 信号和异步置 "0" 信号，不受时钟 CP 控制，都是低电平有效。

在逻辑符号图中 S、R 端的小圆圈就表示低电平有效，">" 表示时钟 CP 为边沿型触发器，用于区分电平触发器类别，C1 端无小圆圈表示触发器是 CP 上升沿触发，若有小圆圈表示触发器在 CP 下降沿触发。

2. 工作原理

设 $\overline{S}_D = \overline{R}_D = 1$，触发器初始状态 $Q = 0$、$\overline{Q} = 1$。

（1）$CP = 0$ 时，门 G_3、G_4 被封锁，其输出 $Q_3 = Q_4 = 1$，触发器的状态保持不变。同时，由 Q_3 至门 G_5 和 Q_4 至门 G_6 的反馈线把 G_5、G_6 门打开，使 $Q_5 = \overline{D}$，$Q_6 = D$。

（2）当 CP 由 "0" 变成 "1" 时，门 G_3、G_4 被打开，此时 $Q_3 = \overline{Q}_5 = D$，$Q_4 = \overline{Q}_6 = \overline{D}$，$G_1$、$G_2$ 门构成基本 RS 触发器，由基本 RS 触发器的逻辑功能可知 $Q = D$。

（3）CP 上升沿到来使触发器触发翻转，且在 $CP = 1$ 时，通过反馈线形成互锁，输入信号被封锁，使触发器的状态无法再改变。门 G_3、G_4 被打开后，$Q_3 = \overline{Q}_4 = D$，Q_3 和 Q_4 的状态是互补的，必有一个是 "0"，这样通过反馈线，封锁了输入信号 D 通往基本 RS 触发器的路径，使得触发器的状态保持不变。

若 $D = 0$，当 CP 上升沿到来时，使 $Q_3 = 0$、$Q_4 = 1$，触发器的状态因此变成 $Q = D = 0$；与此同时，$CP = 1$，CP 维持在高电平，但是 $Q_3 = 0$，该低电平经置 "0" 维持线、置 "1" 阻塞线②返回到门 G_5 的输入端，将门 G_5 封锁，这样就封锁了 D 通往基本 RS 触发器的路径，使得门 $G_3 \sim G_6$ 的状态不会改变，即在 $CP = 1$ 期间，利用门 G_3、G_5 的互锁作用，使触发器的状态无法再改变。若 $D=1$，当 CP 上升沿到来时，使 $Q_3=1$、$Q_4=0$，触发器的状态因此变成 $Q=D=1$；与此同时，$CP=1$，CP 维持在高电平，但是 $Q_4=0$，该低电平经置"0"阻塞线①和置"1"维持线③分别返回到门 G_3 和 G_6 的输入端，将门 G_3 和 G_6 封锁，同样封锁了 D 通往基本 RS 触发器的路径，使得 D 输入信号的变化不会影响 Q_3、Q_4 的变化，因而不会引起触发器的状态变化。

综上所述，该触发器是在 CP 上升沿接收输入信号，上升沿时触发翻转，上升沿后输入即被封锁，三步都是在上升沿前后完成，所以称为边沿触发器。同时，由于这种触发器是利用反馈脉冲的维持阻塞作用来防止空翻现象发生的，故又称为维持阻塞触发器。

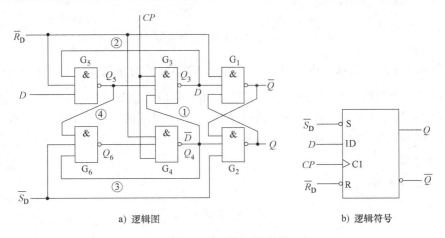

图 4.2.3 边沿 D 触发器

边沿 D 触发器的特性方程为

$$Q^{n+1}=D\ (CP\ 上升沿有效) \quad (4.2.2)$$

边沿 D 触发器的特性表和状态转换图与门控 D 触发器一样，其区别在于 CP 触发的条件不同，边沿 D 触发器触发条件是时钟脉冲的上升沿或者下降沿。

维持阻塞边沿 D 触发器的时序图如图 4.2.4 所示，图中触发器的初始状态为"1"。

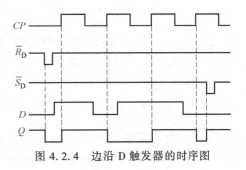

图 4.2.4 边沿 D 触发器的时序图

4.3 JK 触发器

4.3.1 主从 JK 触发器

主从 RS 触发器的输入信号 R、S 的取值不能同时为"1"，这限制了 RS 触发器的应用。主从 JK 触发器是在主从 RS 触发器的基础上稍加改动而成，其输入信号 J、K 的取值不受限制，从而解决了应用受到限制这一问题。

1. 电路结构

主从 JK 触发器是在主从 RS 触发器的基础上稍加改动而成的，它的逻辑电路和逻辑符

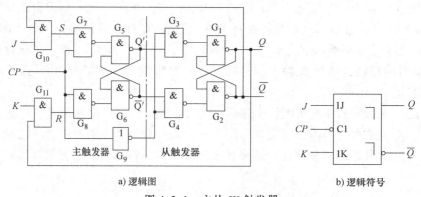

a) 逻辑图　　　　　　　　　　　b) 逻辑符号

图 4.3.1　主从 JK 触发器

号分别如图 4.3.1a、b 所示。由图可知，在主从 RS 触发器的基础上，在 S 信号端和 R 信号端分别增加了一个两输入的"与门" G_{10}、G_{11}，$\overline{Q}$ 引至门 G_{10} 的一个输入作为门 G_{10} 的一个输入信号，门 G_{10} 的另一个输入则是输入信号 J；Q 引至门 G_{11} 的一个输入作为门 G_{11} 的一个输入信号，门 G_{11} 的另一个输入则是输入信号 K。

2. 特性方程

由图 4.3.1a 可知

$$S = J\overline{Q^n}$$
$$R = KQ^n$$

将上式代入到 RS 触发器的特性方程式（4.1.1），可得到 JK 触发器的特性方程

$$Q^{n+1} = J\overline{Q^n} + \overline{KQ^n}Q^n = J\overline{Q^n} + \overline{K}Q^n \tag{4.3.1}$$

由 RS 触发器的约束条件可得 $SR = \overline{JQ^n} \cdot KQ^n = 0$，说明主从 JK 触发器从电路结构上消除了 RS 触发器存在的不定态问题，J、K 的取值不再受到限制，这也是 JK 触发器的优点之一。

3. 逻辑功能

由式（4.3.1）可知，当 $J=K=0$ 时，$Q^{n+1}=Q^n$，触发器状态保持不变；当 $J=K=1$ 时，$Q^{n+1}=\overline{Q^n}$，这时每输入一个时钟脉冲，触发器翻转一次，触发器这种工作状态称为计数状态，由触发器的翻转次数可以计算出输入时钟脉冲的个数；当 $J=1$、$K=0$ 时，$Q^{n+1}=1$；当 $J=0$、$K=1$ 时，$Q^{n+1}=0$。可见 JK 触发器具有清"0"、置"1"、保持和翻转的功能，是功能最全使用最多的一种触发器。

JK 触发器的特性表见表 4.3.1，其状态转换图如图 4.3.2 所示。

表 4.3.1　JK 触发器特性表

J	K	Q^n	Q^{n+1}	功能说明
0	0	0	0	保持
0	0	1	1	
0	1	0	0	置 0
0	1	1	0	

(续)

J	K	Q^n	Q^{n+1}	功能说明
1	0	0	1	置1
1	0	1	1	
1	1	0	1	翻转
1	1	1	0	

已知下降沿触发的 JK 触发器的时钟脉冲 CP 和 J、K 信号的波形图，触发器的初始状态为"0"。可以画出输出 Q 的波形如图 4.3.3 所示。

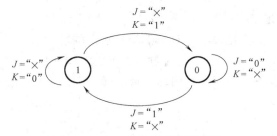

图 4.3.2 JK 触发器状态转换图

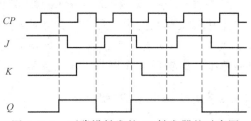

图 4.3.3 下降沿触发的 JK 触发器的时序图

4. 主从 JK 触发器的一次变化现象

由图 4.3.1a 可知，由于输出端和输入端之间存在反馈连接，若触发器处于"0"态，由于 $S = J\overline{Q^n}$、$R = KQ^n$，在 $CP = 1$ 期间，主触发器只接收 J 信号；若触发器处于"1"态，主触发器只接收 K 信号。这样的电路结构就导致了一次变化现象的产生。一次变化现象就是，在 $CP=1$ 期间，有高电平干扰信号进入 J（或 K）时，则该干扰会进入主触发器，使主触发器的 Q' 和 $\overline{Q'}$ 状态改变，而后即使 J（或 K）的高电平干扰信号已经消失，主触发器的 Q' 状态也不会随之再改变，直至下降沿到来，从触发器按照主触发器的状态（仅改变了一次）触发翻转。所以对于主从 JK 触发器，在使用时必须保证在 $CP=1$ 期间输入信号 J、K 状态不变，否则会出现逻辑错误，即所谓主从触发器的一次性变化现象。

[例 4.3.1] 已知下降沿触发主从 JK 触发器的时钟脉冲 CP 和输入信号 J、K 的波形如图 4.3.4 所示，信号 J 的波形图上用虚线标出了高电平干扰，画出考虑干扰信号影响的 Q 输出波形，触发器的初始状态为"1"。

解：1) 第一个 CP 的高电平期间，$J=0$、$K=1$，因此当 CP 下降沿到来时触发器应翻转为"0"。

2) 在第二个 CP 高电平期间信号 J 有一虚线所示的干扰，分析主从 JK 触发器的逻辑图 4.3.1 来分析干扰的影响。在干扰信号出现前，主触发器和从触发器的状态是 $Q'=0$、$\overline{Q'}=1$ 和 $Q=0$、$\overline{Q}=1$。当干扰信号出现时，J 由"0"变为"1"，门 G_{10} 的两个输入都是"1"，其输出为"1"，因而使得 $Q'=1$、

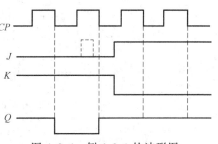

图 4.3.4 例 4.3.1 的波形图

$\overline{Q'}=0$。这样由于干扰信号的出现使得主触发器的状态 Q' 由"0"变成了"1"。

那么干扰信号消失后,主触发器的状态是否能够恢复到原来的状态呢?由于 $\overline{Q'}=0$,已将 G_5 封锁,G_7 的输出变化不会影响 Q' 的状态,也就是 J 信号端干扰信号的消失不会使 Q' 恢复到"0"状态。因此第二个 CP 的下降沿到来后触发器的状态为 $Q=Q'=1$。如果 J 信号端没有正跳变的干扰信号产生,根据第二个 CP 下降沿到来时 $J=0$、$K=1$ 的条件,触发器的正常状态应为 $Q=0$。由此可知,当 $Q=0$ 时,在 $CP=1$ 期间,J 由"0"变为"1",主触发器的状态只能根据输入信号改变一次,这种现象称为一次变化现象。并非所有条件下都会出现一次变化现象。由于 JK 触发器电路的对称性,不难理解,当满足条件当 $Q=1$ 时,在 $CP=1$ 期间,信号 K 由"0"变为"1",也会产生一次变化现象。也只有这两种条件下主从触发器会产生一次变化现象。

3)对应与第三、第四个 CP 的输入条件都是 $J=1$、$K=0$,所以 $Q=1$。

主从触发器在使用过程中,为了避免出现一次变化现象,对于下降沿触发的触发器,输入信号应在 CP 上升沿前加入,满足建立时间 t_{set},并保证在时钟脉冲的持续期内输入信号保持不变,时钟脉冲作用后,输入信号不需要保持一段时间,因而保持时间为零。

4.3.2 边沿 JK 触发器

当下降沿触发的主从 JK 触发器工作时,必须在上升沿前加入输入信号。如果在 CP 高电平期间输入端出现干扰,或改变 J、K 的状态,就有可能出现一次变化现象使触发器的状态出错。而边沿触发器仅按照 CP 触发沿到来前一瞬间的输入信号的状态进行翻转,因此,该触发器的抗干扰能力大大加强。

1. 电路结构

边沿 JK 触发器有多种结构,共同特点就是在时钟的有效沿到来时,根据输入信号 J、K 的状态决定触发器的状态。图 4.3.5a、b 分别是下降沿触发的边沿 JK 触发器的逻辑图和逻辑符号。该触发器是利用门电路的传输延迟时间构成的,图中"与非门" G_3、G_4 的传输时间比其他 6 个门组成的触发器的传输时间要长得多(由制造工艺保证)。

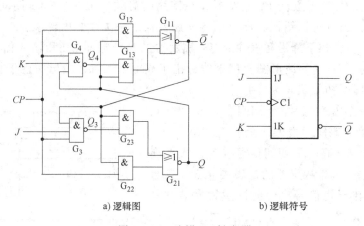

图 4.3.5 边沿 JK 触发器

2. 工作原理

1)$CP=0$ 时,触发器处于稳定状态。

CP 为 "0" 时，门 G_3、G_4 被封锁，不论 J、K 为何状态，Q_3 和 Q_4 都是 "1" 态；同时，门 G_{12}、G_{22} 也由于 CP 为 "0" 被封锁，因此 "与门" 和 "或非门" 组成的触发器处于稳定状态，触发器状态保持不变。

2）当 CP 由 "0" 变成 "1" 时，触发器不翻转，为接收输入信号做准备。

设触发器原状态为 $Q=0$，$\overline{Q}=1$。当 CP 由 "0" 变 "1" 时，有两个信号通道影响触发器的输出状态，一个是门 G_{12}、G_{22} 打开，直接影响触发器的输出，另一个是门 G_3、G_4 打开，再经门 G_{13}、G_{23}，影响触发器的状态。前一个通道只经一级 "与门"，而后一个通道则要经一级 "与非门" 和一级 "与门"，显然 CP 的跳变经前一个通道影响输出比经后一个通道要快得多。在 CP 由 "0" 变成 "1" 时，门 G_{22} 的输入信号 $CP=1$、$\overline{Q}=1$，其输出首先由 "0" 变成 "1"，这时无论 G_{23} 输出为何种状态（即无论 J、K 为何种状态）都使 Q 仍然为 "0"。同时由于 $Q=0$ 分别接入门 G_{12} 和门 G_{13} 的输入端，因此门 G_{12} 和门 G_{13} 的输出均为 "0"，使得门 G_{11} 的输出 $\overline{Q}=1$，这样触发器的状态仍然为 $Q=0$、$\overline{Q}=1$ 不变。同时 CP 由 "0" 变成 "1" 后，门 G_3、G_4 被打开，为接收信号 J、K 做好准备。

3）CP 由 "1" 变成 "0" 时，触发器翻转。

设输入信号 $J=1$，$K=0$，当 $CP=1$ 时，则 $Q_3=0$，$Q_4=1$，门 G_{13}、G_{23} 的输出均为 "0"，门 G_{22} 的输出为 "1"。当 CP 下降沿到来时，门 G_{22} 的输出由 "1" 变成 "0"，由于 G_3、G_4 传输时间较长，在 G_3、G_4 改变状态之前的一段时间里，门 G_{22}、G_{23} 各有一个输入信号为 "0"，所以门 G_{21} 输出为 "1"，即 $Q=1$，并经过门 G_{13} 使 $\overline{Q}=0$，触发器翻转。CP 一旦处于 "0" 电平，则将触发器封锁，回到（1）所分析的情况。

通过上面的分析可知，该触发器为边沿触发器，其特点是：触发器是在时钟脉冲跳变前一瞬间接收输入信号，跳变时触发翻转（本例为下降沿，在逻辑符号中，时钟脉冲输入端 C1 带有小圆圈），跳变后输入即被封锁。换言之，接收输入信号、触发翻转、封锁输入是在同一时刻完成的，显然触发方式属于边沿触发。边沿触发器的次态取决于触发器跳变沿到来前一瞬间输入端的状态。

3. 特性表和特性方程

边沿 JK 触发器与主从 JK 触发器从逻辑功能方面看是相同的，因此，两者有相同的特性表和特性方程。由于边沿触发器没有一次变化现象，工作更可靠，因此使用更加广泛。

4.3.3 集成 JK 触发器

集成 JK 触发器的产品较多，以下介绍一种较典型的高速 CMOS 双 JK 触发器 HC76。该器件内含两个相同的 JK 触发器，它们都带有预置和清零输入，属于下降沿触发的边沿触发器，其逻辑符号和引脚分布如图 4.3.6 所示。如果在一片集成器件中有多个触发器，通常在符号前面（或后面）加上数字，以示不同触发器的输入、输出信号，比如 C1 与 1J、1K 同属一个触发器。HC76 的逻辑功能见表 4.3.2。HC76 型产品的种类较多，比如还有主从 TTL 的 7476、74H76、边沿 TTL 74LS76 等，它们的功能都一样，与表 4.3.2 基本一致，只是主从触发器与边沿触发器的触发方式不同。

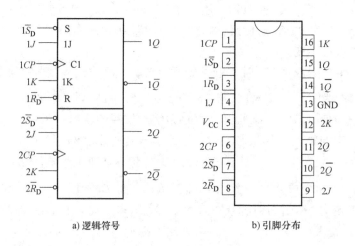

图 4.3.6 JK 触发器 HC76

表 4.3.2　HC76 的逻辑功能表

输入					输出
$\overline{S}_D$	$\overline{R}_D$	CP	J	K	Q
L	H	×	×	×	H
H	L	×	×	×	L
H	H	↓	L	L	Q^n
H	H	↓	L	H	L
H	H	↓	H	L	H
H	H	↓	H	H	$\overline{Q^n}$

4.4　触发器逻辑功能的转换

4.4.1　JK 触发器转换为 T 和 T′触发器

1. T 触发器

JK 触发器的特性方程为

$$Q^{n+1} = J\overline{Q^n} + \overline{K}Q^n$$

若令 $J = K = T$，则上式变换为

$$Q^{n+1} = T\overline{Q^n} + \overline{T}Q^n \tag{4.4.1}$$

这就是 T 触发器的特性方程。由式 (4.4.1) 可知，当输入信号 $T = 1$ 时，$Q^{n+1} = \overline{Q^n}$，触发器处于计数状态；当 $T = 0$ 时，$Q^{n+1} = Q^n$，触发器状态保持不变。T 触发器的特性表见表 4.4.1。

事实上，只要将 JK 触发器的 J、K 信号端连接在一起作为 T 信号端，就构成了 T 触发器，不必专门设计定型的 T 触发器产品。T 触发器的逻辑电路和逻辑符号如图 4.4.1 所示。

表 4.4.1 T 触发器的特性表

T	Q^n	Q^{n+1}	功能
0	0	0	保持
0	1	1	
1	0	1	翻转
1	1	0	

2. T'触发器

T'触发器的逻辑功能是每来一个时钟脉冲，触发器的状态就翻转一次。

根据 T'触发器的功能，T'触发器的特性表见表 4.4.2。其特性方程为

$$Q^{n+1} = \overline{Q^n} \tag{4.4.2}$$

表 4.4.2 T'触发器的特性表

Q^n	Q^{n+1}	功能
0	1	翻转
1	0	

由于功能单一，所以 T'触发器也没有专门产品，可由其他触发器构成。令 T 触发器中的 T 恒为"1"，则可构成 T'触发器。T'触发器的逻辑电路和逻辑符号如图 4.4.2 所示。

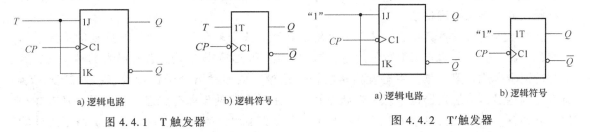

图 4.4.1　T 触发器　　　　　图 4.4.2　T'触发器

4.4.2　D 触发器和 JK 触发器的相互转换

集成触发器大多是 JK 触发器和 D 触发器，但在实际应用中，因某种原因需要把一种类型的触发器转换成另外一种类型的触发器。其转换方法通常是利用特性方程求出转换电路的逻辑表达式，进而得到转换后的逻辑电路。下面以 D 触发器与 JK 触发器之间的转换为例说明触发器逻辑功能转换过程。

1. D 触发器转换成 JK 触发器

已知 D 触发器的特性方程为 $Q^{n+1} = D$，而 JK 触发器的特性方程为 $Q^{n+1} = J\overline{Q^n} + \overline{K}Q^n$，比较这两个方程可知，只要令 D 触发器的输入信号满足 $D = J\overline{Q^n} + \overline{K}Q^n = \overline{\overline{J\overline{Q^n}} \cdot \overline{\overline{K}Q^n}}$，即可得到 JK 触发器，如图 4.4.3 所示。

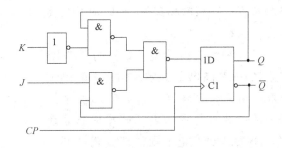

图 4.4.3　D 触发器转换成 JK 触发器

2. JK 触发器转换成 D 触发器

首先对 D 触发器的特性方程进行如下变化

$$Q^{n+1} = D = D(Q^n + \overline{Q^n}) = D\,\overline{Q^n} + DQ^n$$

将此式与 JK 触发器的特性方程进行比较可知

$$J = D, K = \overline{D}$$

由此得到转换后的电路如图 4.4.4 所示。

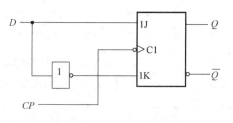

图 4.4.4 JK 触发器转换成 D 触发器

4.5 触发器的触发方式比较和脉冲工作特性

4.5.1 触发器触发方式的比较

触发器的触发方式分为电平触发、脉冲触发和边沿触发三种。

图 4.1.4 和图 4.2.1 所示的同步 RS 触发器和门控 D 锁存器都有一个共同特点，就是在 CP 为高电平的全部时间里，只要触发器接收到输入信号的变化都将引起输出状态的变化。也就是说，触发器状态的变化发生在 CP = "1" 期间，即 CP 高电平有效（有的触发器是 CP 低电平有效）。这种触发方式称为电平触发，对应的触发器通常也称作电平触发的触发器。这种触发方式存在空翻现象。

脉冲触发的触发器其接收输入信号和输出状态的改变是分别在一个 CP 周期的不同期间完成的。图 4.1.8 和图 4.3.1 所示的主从结构的 RS 和 JK 触发器均为脉冲触发的触发器，其动作分两步完成：第一步，主触发器接收输入信号，从触发器处于保持状态；第二步，CP 有效沿到达后，从触发器按主触发器状态翻转，主触发器处于保持状态。与电平触发方式相比，脉冲触发的触发器每个 CP 周期输出状态只改变 1 次，克服了空翻现象，提高了工作的可靠性。

边沿触发的触发器其接收输入数据和输出状态的转换同时发生在 CP 的跳变沿，如图 4.2.3 和图 4.3.5 所示。边沿触发器的次态仅取决于 CP 的上升沿（或下降沿）到来时的输入信号状态，而与在此前、后输入的状态没有关系。对于边沿触发方式，由于触发器接收输入数据和输出状态转换均发生在 CP 的同一边沿，所以，与其他两种触发方式相比，无空翻和一次变化现象，抗干扰能力强。

[例 4.5.1] 在图 4.5.1 中所示的 RS 触发器分别为电平触发方式（同步触发器）和边沿触发方式（边沿触发器），已知 CP、S、R 的波形如图 4.5.2 所示，试画出 Q 的波形。设触发器初态为 "1"。

解： 图 4.5.1a 为电平触发的同步 RS 触发器，CP 高电平有效。CP = 1 时触发器状态由 S 和 R 确定。图 4.5.1b 为边沿触发的边沿触发器，CP 下降沿时状态改变。RS 触发器高电平置 "1"、置 "0"。

Q 的波形如图 4.5.2 所示。对于电

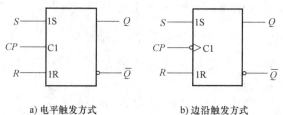

a) 电平触发方式　　　b) 边沿触发方式

图 4.5.1 例 4.5.1 图

平触发的触发器（同步触发器），在 $CP=1$ 的全部时间里，输出将随输入信号的变化而改变，有空翻现象。边沿触发器状态的转换取决于 CP 的下降沿到来前一时刻 S 和 R 的状态。

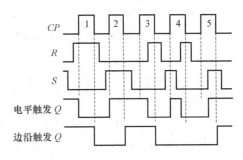

4.5.2 触发器的脉冲工作特性

为了保证集成触发器可靠工作，输入信号和时钟信号以及电路的特性应有一定的配合关系。触发器对输入信号和时钟信号之间时间关系的要

图 4.5.2 例 4.5.1 的时序图

求称为触发器的脉冲工作特性。掌握这种工作特性对触发器的应用非常重要。下面介绍几种触发器的脉冲工作特性。

1. JK 主从触发器的脉冲工作特性

如前所述，图 4.3.1 所示的 JK 主从触发器存在一次变化现象，因此 J、K 信号必须在 CP 上升沿前加入，并且不允许在 $CP=1$ 期间发生变化。为了工作可靠，CP 的"1"状态必须保持一段时间，直到主触发器的 Q' 和 $\overline{Q}'$ 信号端电平稳定，这段时间称为维持时间 t_{CPH}。不难看出，t_{CPH} 应大于一级"与门"和三级"与门"的传输延迟时间。

从 CP 下降沿到触发器输出状态稳定，也需要一定的延迟时间 t_{CPL}。我们把从时钟脉冲触发沿开始到一个输出端由"0"变"1"所需的延迟时间称为 t_{CPLH}，把从 CP 触发沿开始到输出端由"1"变"0"的延迟时间称为 t_{CPHL}。

为了使触发器可靠翻转，要求 $t_{CPL} > t_{CPHL}$。

综上分析，JK 主从触发器要求 CP 的最小工作周期 $T_{\min} = t_{CPH} + t_{CPL}$。JK 主从触发器对 CP 和 J、K 信号的要求及触发翻转时间的示意图如图 4.5.3 所示。

2. JK 负边沿触发器的脉冲工作特性

以图 4.3.5 为例，来说明这类触发器的脉冲工作特性。如前所述，该触发器无一次变化现象，输入信号可在 CP 触发沿由"1"变"0"时刻前加入。由图 4.3.5 可知，该电路要求 J、K 信号先于 CP 信号触发沿传输到 G_3、G_4 的输出端，为此，它们的加入时间至少应比 CP 的触发沿提前一级"与非门"的延迟时间。这段时间称为建立时间 t_{set}。

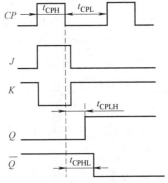

图 4.5.3 JK 主从触发器对 CP 和 J、K 信号的要求及触发器翻转时间示意图

输入信号在下降沿来到后就不必保持，原因在于即使原来的 J、K 信号变化，还要经一级"与非门"的延迟才能传输到 G_3 和 G_4 的输出端，在此之前，触发器已由 G_{12}、G_{13}、G_{22}、G_{23} 的输出状态和触发器原先的状态决定翻转。所以这种触发器要求输入信号的维持时间极短，从而具有很高的抗干扰能力，且因缩短了 t_{CPH} 可提高工作速度。

从下降沿到触发器输出状态稳定，也需要一定的延迟时间 t_{CPL}。显然，该延迟时间应大于两级"与门"和"或非门"的延迟时间。即 $t_{CPL} > 2.8\,t_{pd}$。

3. D 型正边沿维持-阻塞触发器的脉冲工作特性

由图 4.2.3 可知,在 CP 上升沿来到前,信号 D 必须经 G_5 和 G_6 传输到 G_3 和 G_4 的输入端,即这种触发器的建立时间为两级"与非门"的延迟时间,$t_{set} = 2\,t_{pd}$。

为了使触发器可靠翻转,信号 $D = 0$ 必须维持到 Q_3 由"1"变"0"后将 G_5 封锁为止,若在此之前 D 变为"1",则 Q_5 变为"0",将引起触发器误触发。在 CP 触发沿到来后,输入信号需要维持的时间称为保持时间 t_H。在输入信号 $D = 0$ 时,保持时间 $t_H = 1\,t_{pd}$。在 $D = 1$ 时,读者可自行分析,此时 t_H 为零。

为保证触发器可靠翻转,$CP = 1$ 的时间间隔 t_{CPH} 必须大于 t_{CPLH}。显然,该触发器的 t_{CPLH} 为三级"与非门"($G_3 \to G_1 \to G_2$ 或 $G_4 \to G_2 \to G_1$)延迟时间,即 $t_{CPH} > t_{CPLH} = 3\,t_{pd}$。对输入信号及触发脉冲 CP 的要求示意图如图 4.5.4 所示。

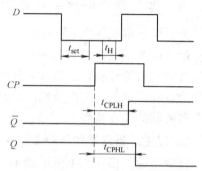

图 4.5.4　D 型上升沿维持-阻塞触发器对输入信号及触发脉冲的要求示意图

4.6　工程应用举例

1. 防盗报警电路

图 4.6.1 所示为简易的断线式防盗报警电路。电路主要包括由 CMOS "或非门"组成的基本 RS 触发器和连接在置"1"(S_D 端)和地之间的防盗线(细铜丝)组成。在正常情况下,$R_D = S_D = 0$,触发器输出 U_O 为低电平,蜂鸣器不发声。当铜丝被碰断时,置数端 S_D 变为高电平,触发器输出立刻翻转为高电平,蜂鸣器发声报警。这时即使接上铜丝,触发器输出的状态也不会改变,只有按下复位按钮 S,输出才翻转为低电平,解除警报。电路中电容 C 的作用是保证每次接通电源时,输出 U_O 为低电平。

2. 抢答判决电路

图 4.6.2 所示是一个 3 人抢答判决电路,由 3 个基本 RS 触发器和 3 个"与非门"组成。电路中 S_1、S_2、S_3 为抢答人使用的抢答按钮,S_R 为主持人控制的复位按钮。判决由发光二极管显示。抢答前,主持人按下复位按钮,三个触发器全部清零,发光二极管不亮。一人抢答成功后,对应的发光二极管亮,同时封锁其余两人的动作,即其他人再抢答无效。主持人的复位按钮可熄灭指示灯并解除封锁。

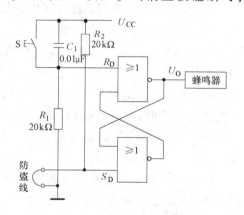

图 4.6.1　断线式防盗报警电路

图 4.6.2 三人抢答判决电路

4.7 触发器的 Verilog HDL 描述

基本 RS 触发器、边沿 D 触发器和边沿 JK 触发器可以分别用图 4.7.1～图 4.7.3 所示的

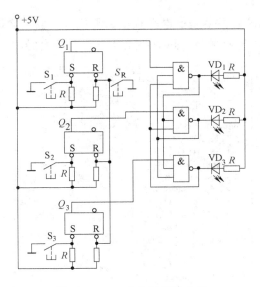

```
module DFilpFlop (D, CP, NotSD, NotRD, Q, NotQ);
    input D, CP, NotSD, NotRD;
    output reg Q, NotQ;
    always @ (posedge CP or negedge NotSD or negedge NotRD)
    begin
        if (!NotRD)   //异步清零,低电平有效
            begin
                Q<=0;
                NotQ <=1;
            end
        else if (!NotSD)   //异步置1,低电平有效
            begin
                Q<=1;
                NotQ<= 0;
            end
        else
            begin
                Q<=D;
                NotQ<= !D;
            end
    end
endmodule
```

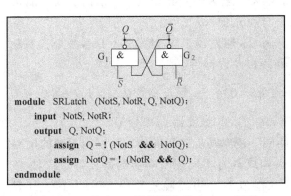

```
module SRLatch (NotS, NotR, Q, NotQ);
    input NotS, NotR;
    output  Q, NotQ;
    assign Q =! (NotS && NotQ);
    assign NotQ =! (NotR && Q);
endmodule
```

图 4.7.1 基本 RS 触发器及其 Verilog 程序   图 4.7.2 边沿 D 触发器及其 Verilog 程序

Verilog HDL 描述。基本 RS 触发器是低电平置位和复位。D 触发器是具有直接复位、置位功能的边沿 D 触发器，CP 上升沿触发。JK 触发器是 CP 下降沿触发。

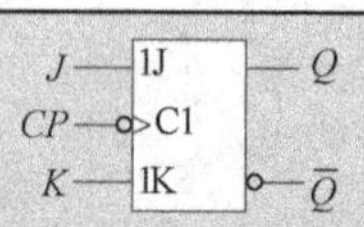

```
module JKFlipFlop (J, K, CP, Q, NotQ);
    input J, K, CP;
    output reg Q;
    output NotQ;
    assign NotQ = !Q;
    always @ (negedge CP)
        begin
            case ({j,k})
                2'b00 : Q<=Q;
                2'b01 : Q<=0;
                2'b10 : Q<=1;
                2'b11 : Q<=!Q;
            endcase
        end
endmodule
```

图 4.7.3 边沿 JK 触发器及其 Verilog 程序

本 章 小 结

触发器是数字系统中极为重要的基本逻辑单元。它有两个稳定状态，"0"态和"1"态，在外加触发信号的作用下，可以从一个状态稳定转换到另一个稳定状态。当外加信号消失后，触发器仍维持其现态不变，触发器具有记忆功能，每个触发器只能存储 1 位二进制数码。

根据电路结构不同，触发器分为基本 RS 触发器、同步触发器、主从触发器、边沿触发器等。它们的触发翻转方式不同，基本 RS 触发器根据输入信号直接被置成"1"或"0"状态，不需要时钟脉冲的触发。同步触发器属于电平触发。主从触发器和边沿触发器分别是脉冲触发和边沿触发，触发器状态转换均发生在触发脉冲的边沿，可以是脉冲上升沿有效，也可以是脉冲下降沿有效。主从触发器和边沿触发器虽然都是脉冲沿有效，但加入输入信号的时间有所不同，对于主从触发器，如果是下降沿触发，输入信号必须在上升沿前加入，而边沿触发器只需要在触发沿来到前（只要满足建立时间）加入。

根据触发器逻辑功能的不同，可将触发器分为 RS 触发器、JK 触发器、D 触发器、T 触发器和 T′触发器等。各种不同逻辑功能的触发器的特性方程为：

同步 RS 触发器：$Q^{n+1}=S+\bar{R}Q^n$（约束条件为 $RS=0$）；JK 触发器：$Q^{n+1}=J\overline{Q^n}+\bar{K}Q^n$；D 触发器：$Q^{n+1}=D$；T 触发器：$Q^{n+1}=T\overline{Q^n}+\bar{T}Q^n=T\oplus Q^n$；T′触发器：$Q^{n+1}=\overline{Q^n}$。

电路结构与逻辑功能并没有必然的联系。即同一逻辑功能的触发器，可以用不同的电路结构来实现；反之，同一种电路结构形式也可以构成具有不同逻辑功能的触发器。比如 JK 触发器既有主从式结构，也有边沿式结构。主从触发器和边沿触发器都有 RS、JK、D 触发器。

习 题

4.1.1 试画出由"与非门"组成的基本 RS 触发器输出 Q、$\overline{Q}$ 的电压波形,输入信号 R、S 的电压波形如题图 4.1.1 所示。

4.1.2 试画出题图 4.1.2 所示电路在按钮 S 由位置 A 到 B 有触点振动时(见题图 4.1.2b)触发器 Q 和 $\overline{Q}$ 的波形。该电路是用基本 RS 触发器消除机械开关因触点抖动而引起脉冲干扰的电路。

题图 4.1.1

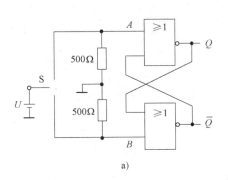 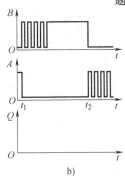

题图 4.1.2

4.2.1 将如题图 4.2.1 所示的波形加在以下触发器上,试画出触发器输出 Q 的波形(设初始状态为"0")。

(1) 上升沿 D 触发器。

(2) 下升沿 D 触发器。

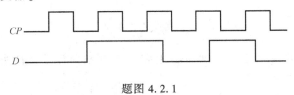

题图 4.2.1

4.2.2 逻辑电路和 CP_1、CP_2 的波形如题图 4.2.2 所示,试画出 Q_1、Q_2 的波形。设触发器的初始状态为"0"。

4.3.1 将如题图 4.3.1 所示的波形加在下面三种触发器上,试画出输出 Q 的波形(设初始状态为"0")。

(1) 上升沿 JK 触发器;

(2) 下降沿 JK 触发器;

(3) 下降沿主从 JK 触发器。

4.3.2 电路如题图 4.3.2 所示,设各触发器的初始状态为"0",画出在 CP 信号作用下题图 4.3.2a、b、c、d 的输出波形。

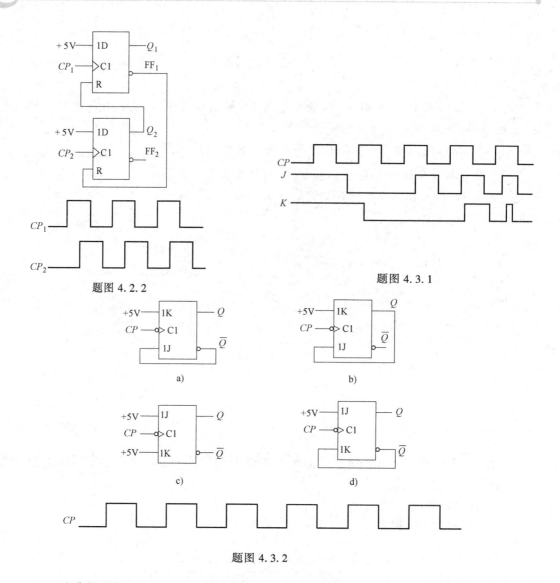

题图 4.2.2

题图 4.3.1

题图 4.3.2

4.3.3 试分析题图 4.3.3 所示触发器电路，并画出对应于 CP 及 A 输入波形的输出波

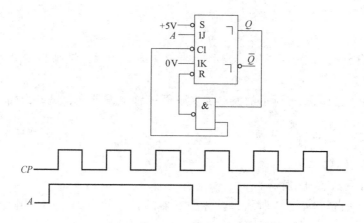

题图 4.3.3

形。设触发器初始状态为"0"。

4.3.4 电路图如题图 4.3.4 所示,试分别画出在时钟 CP 作用下 Q_A 和 Q_B 的输出波形。

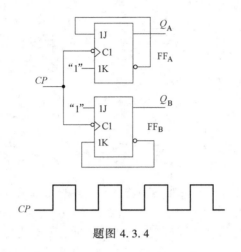

题图 4.3.4

4.4.1 将如题图 4.4.1 所示的波形加在以下触发器上,试画出触发器输出 Q 的波形(设初始状态为"0"):

(1) 上升沿 T 触发器。
(2) 下降沿 T 触发器。

4.4.2 D 触发器逻辑符号如题图 4.4.2 所示,试用适当的逻辑门将 D 触发器转换成 T 触发器。

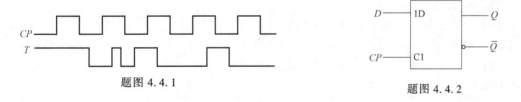

题图 4.4.1   题图 4.4.2

4.4.3 逻辑电路及 X 输入波形如题图 4.4.3 所示,试画出 Q 与 F 的输出波形。

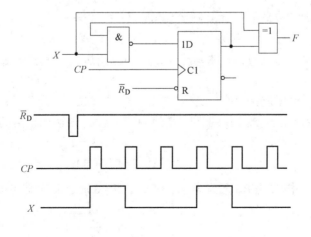

题图 4.4.3

4.4.4 电路如题图 4.4.4 所示，设 $A\bar{B}=0$ 试问该电路完成何种功能？

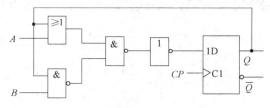

题图 4.4.4

自 测 题

1. "或非门"构成的基本 RS 触发器，输入 S、R 的约束条件是（　　）
   A. $SR=0$　　　　B. $SR=1$　　　　C. $S+R=0$　　　　D. $S+R=1$

2. 一个 T 触发器，在 $T=$ "1" 时，加上时钟脉冲，则触发器（　　）
   A. 翻转　　　　B. 置 "0"　　　　C. 置 "1"　　　　D. 保持原状

3. 在以下单元电路中，具有"记忆"功能的单元电路是：（　　）
   A. 触发器　　　　B. "与非"门　　　　C. TTL 门电路　　　　D. 译码器

4. 对于触发器和组合逻辑电路，以下（　　）的说法是正确的
   A. 两者都有记忆功能　　　　B. 两者都无记忆功能
   C. 只有组合逻辑电路有记忆功能　　　　D. 只有触发器有记忆功能

5. 边沿控制触发的触发器的触发方式为（　　）
   A. 上跳沿触发
   B. 可以是上跳沿触发，也可以是下跳沿触发
   C. 下跳沿触发
   D. 可以是高电平触发，也可以是低电平触发

6. 下列触发器中没有约束条件的是（　　）
   A. 边沿 D 触发器　　　　B. 主从 RS 触发器
   C. 同步 RS 触发器　　　　D. 基本 RS 触发器

7. 仅具有"保持""翻转"功能的触发器叫（　　）
   A. JK 触发器　　　　B. RS 触发器　　　　C. D 触发器　　　　D. T 触发器

8. 对于 JK 触发器，输入 $J=0$、$K=1$，CP 脉冲作用后，触发器的 Q^{n+1} 应为（　　）
   A. "0"　　　　B. "1"
   C. 可能是 "0"，也可能是 "1"　　　　D. 与 Q^n 有关

9. JK 触发器在 CP 时钟脉冲作用下，要使 $Q^{n+1}=Q^n$，则输入信号为（　　）
   A. $J=0$、$K=0$　　　　B. $J=0$、$K=1$
   C. $J=1$、$K=0$　　　　D. $J=1$、$K=1$

10. 由"与非门"构成的 RS 触发器，当 $\bar{S}=0$、$\bar{R}=0$ 时，触发器的状态是（　　）
    A. $Q=0$、$\bar{Q}=0$　　　　B. $Q=1$、$\bar{Q}=0$
    C. $Q=0$、$\bar{Q}=1$　　　　D. $Q=1$、$\bar{Q}=1$

11. 为实现将 JK 触发器转换为 D 触发器，应使（   ）

A. $J=D$、$K=\bar{D}$　　B. $J=\bar{D}$、$K=D$　　C. $J=K=D$　　D. $J=K=\bar{D}$

12. 欲使 D 触发器按 $Q^{n+1}=\bar{Q^n}$ 工作，应使输入 D 为（   ）

A. "0"　　　　　B. "1"　　　　　C. Q　　　　　D. $\bar{Q}$

13. 对于 T 触发器，若现态 $Q^n=1$，欲使次态 $Q^{n+1}=1$，应使输入 $T=($ $)$

A. "0"　　　　　B. "1"　　　　　C. Q　　　　　D. $\bar{Q}$

第 5 章 时序逻辑电路

内容提要

时序逻辑电路是不同于组合逻辑电路的另一类数字逻辑电路,其某一时刻的输出不仅与当时的输入信号有关,而且还与电路过去的输入有关。时序逻辑电路是构成数字系统的重要组成部分。

本章首先概要介绍时序逻辑电路的特点和描述方法,然后详细介绍时序逻辑电路的一般分析方法,寄存器、计数器等常用典型时序逻辑电路的电路结构、工作原理、逻辑功能及其应用,讲述同步时序逻辑电路的设计方法。最后给出时序逻辑电路的 Verilog HDL 描述。

5.1 时序逻辑电路的基本结构与描述方法

5.1.1 时序逻辑电路的结构与特点

在数字电路中,如果任一时刻的输出信号不仅取决于当时的输入信号,而且还与电路原来的状态有关,则该电路称为时序逻辑电路(Sequential Logic Circuit),简称时序电路。

时序逻辑电路一般包含组合逻辑电路和具有记忆能力的存储电路两部分。图 5.1.1 所示为时序逻辑电路结构框图。有些时序电路没有组合逻辑电路部分,但存储电路必不可少。构成存储电路的存储器件种类很多,如触发器、延迟元件、磁性器件等,本章只讨论由触发器构成存储电路的时序电路。

图中 $X(X_0, X_1, \cdots, X_{i-1})$ 表示外输入信号,$Y(Y_0, Y_1, \cdots, Y_{j-1})$ 表示外输出信号;$Z(Z_0, Z_1, \cdots, Z_{n-1})$ 表示触发器的输入(激励或驱动)信号;Q $(Q_0, Q_1, \cdots, Q_{m-1})$ 表示触发器的输出(状态)信号。

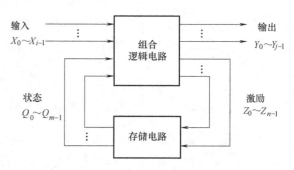

图 5.1.1 时序逻辑电路结构框图

由图 5.1.1 可见,时序电路在结构上有两个特点,一是电路中包含具有记忆功能的存储单元(触发器);二是电路具有反馈通道,触发器的输出状态反馈到组合电路的输入端,与输入信号一起,共同决定组合逻辑电路的输出。也就是说,电路的输出状态不仅与现在的输入信号有关,而且还与电路原来的状态有关。这是时序逻辑电路与组合逻辑电路最根本的区别。

按照电路工作方式也就是触发方式的不同，时序电路分为同步时序电路和异步时序电路两大类。在同步时序电路中，所有触发器受同一时钟信号控制，其状态的改变发生在同一时刻。而在异步时序电路中，触发器的时钟输入端没连接在统一的时钟脉冲上，触发器输出状态的变化不是同时发生的。

按照电路中输出信号是否和输入变量直接相关，时序电路又分为米里（Mealy）型电路和摩尔（Moore）型电路。米里型电路的外输出信号 Y 既与触发器的状态 Q^n 有关，又与外部输入信号 X 有关，如图 5.1.2a 所示的 Mealy 型串行加法器电路。在该电路中，a_i、b_i 为串行数据输入，S_i 为串行数据输出，$S_i = a_i + b_i + Q^n$。摩尔型电路的外输出信号仅与触发器的状态 Q^n 有关，而与外部输入 X 无关，如图 5.1.2b 所示的摩尔型串行加法器，其串行数据输出 $S_i = Q_1^n$。Mealy 型串行加法器电路和 Moore 型串行加法器电路具有相同的逻辑功能，但 Moore 型串行加法器电路的输出比 Mealy 型串行加法器的输出迟一个节拍。显然，摩尔型电路是米里型电路的一种特例。

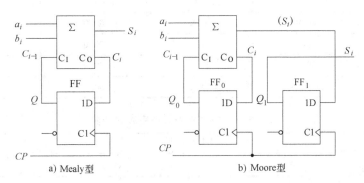

图 5.1.2 串行加法器电路

5.1.2 时序逻辑电路的描述方法

时序逻辑电路功能的描述方法有逻辑方程组、状态转换表、状态转换图和时序图等。

1. 逻辑方程组

由图 5.1.1 可见，时序逻辑电路的逻辑方程包括输出方程组、触发器驱动方程（或激励方程）组和状态方程组，分别用向量函数的形式表示为

$$Y = F(X, Q^n) \tag{5.1.1}$$

$$Z = G(X, Q^n) \tag{5.1.2}$$

$$Q^{n+1} = H(Z, Q^n) \tag{5.1.3}$$

与组合逻辑电路不同的是，在图 5.1.1 中，触发器的状态 Q^n 与激励 Z 虽然是同一时刻的信号，但 Q^n 却是前一个时钟信号作用的结果，也就是说，Z 的作用是在时钟信号作用下确定触发器下一时刻的状态，即次态 Q^{n+1}。Q^{n+1} 正是我们所关心的状态。将触发器的驱动方程和时钟方程代入触发器的特性方程 $Q^{n+1} = H(X, Q^n,)$，求得状态方程即触发器的次态方程 Q^{n+1}，这样，时序逻辑电路可以用输出方程 Y 和状态方程 Q^{n+1} 来描述。

显然，时序逻辑电路的方程描述与组合逻辑电路不同。表 5.1.1 列出了组合与时序电路的区别。

表 5.1.1 组合逻辑电路与时序逻辑电路的区别

	组合逻辑电路	时序逻辑电路
结构特点	不含记忆元件	含记忆元件
逻辑功能特点	输出仅由当前输入确定	输出由当前输入与电路状态共同确定
方程描述	输出方程	输出方程+状态方程

2. 状态转换表

状态转换表简称状态表,是用列表的方式来描述时序逻辑电路输出 Y、次态 Q^{n+1} 和外部输入 X、现态 Q^n 之间的逻辑关系。状态表有不同的表示方式,表 5.1.2~表 5.1.4 为时序逻辑电路状态表的几种表示方法。

表 5.1.2 Mealy 型时序电路状态表

$Q_1^n Q_0^n$ \ $X_1 X_0$	$Q_1^{n+1} Q_0^{n+1}/Y$			
	00	01	11	10
00	00/0	01/1	00/0	10/0
01	01/1	01/1	00/0	11/1
11	00/0	11/1	00/0	11/1
10	10/1	11/1	00/0	10/1

表 5.1.3 Moore 型时序电路状态表

$Q_1^n Q_0^n$ \ X	$Q_1^{n+1} Q_0^{n+1}$		Y
	0	1	
00	01	11	0
01	10	00	0
11	00	10	1
10	11	01	0

表 5.1.4 状态转换表的另一种形式

$Q_2^n Q_1^n Q_0^n$	$Q_2^{n+1} Q_1^{n+1} Q_0^{n+1}$	$Q_2^n Q_1^n Q_0^n$	$Q_2^{n+1} Q_1^{n+1} Q_0^{n+1}$
0 0 0	0 0 1	1 0 0	1 0 1
0 0 1	0 1 0	1 0 1	1 1 0
0 1 0	0 1 1	1 1 0	1 1 1
0 1 1	1 0 0	1 1 1	0 0 0

状态表也称为状态转换真值表,可由电路的输出方程与状态方程得到。表中逐一列出外输入以及触发器现态的所有可能取值,对应求出触发器的次态和外输出。

3. 状态转换图

状态转换图简称状态图,相比于状态表,状态图可以更直观、更形象化地表现时序逻辑电路的状态转换关系。状态图的几种结构如图 5.1.3 所示,圆形框(或其他形状)表示电路的一个状态,箭头从现态指向次态,表示状态的转换方向。箭头一侧标明此状态转换的条件、输出信号取值,标注形式为转换条件/输出。状态与标注定义须在图侧加以说明。

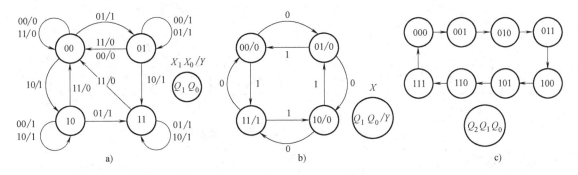

图 5.1.3 状态图的几种表示方法

状态转换表和状态转换图都用于表示时序逻辑电路全部的状态转换关系，它们的实质是一样的，只是形式不同。

4. 时序图

时序图，也称为工作波形图，是根据时间变化顺序画出的时钟信号、输入信号、触发器状态和输出之间对应关系的波形图。一般是根据状态表或状态图，画出在 CP 脉冲作用下电路的时序图。图 5.1.4 所示为与图 5.1.3c 状态变换一致的时序图表示，图中的时间轴也可以不标。

在数字电路的实验测试或计算机仿真分析中，时序图是检查时序电路逻辑功能的有效工具。

除此之外，与组合逻辑电路一样，逻辑图是对时序逻辑电路最直接的描述。HDL、状态转换卡诺图等也是描述时序电路逻辑功能的方法。

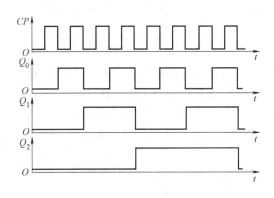

图 5.1.4 时序图

5.2 时序逻辑电路的分析方法

5.2.1 分析时序逻辑电路的一般步骤

分析时序逻辑电路，就是分析在输入信号和时钟信号作用下，时序逻辑电路的状态和输出信号的变化规律，进而确定电路的逻辑功能。

分析时序逻辑电路的一般步骤如图 5.2.1 所示。

1) 分析逻辑电路的组成，确定输入变量和输出变量，区分开组合电路和触发器部分电路构成，确定是同步还是异步电路。

2) 写出各触发器的时钟方程、驱动方程和输出方程。

3) 将驱动方程代入相应触发器的特性方程，求得各触发器的次态方程，也就是时序逻

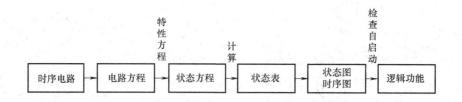

图 5.2.1 分析时序逻辑电路的一般步骤

辑电路的状态方程。

4) 根据状态方程和输出方程，列出时序电路的状态表。

将电路的输入信号和触发器现态的所有可能的取值组合代入状态方程和输出方程进行计算，求出相应的次态和输出。须注意，CP 只是一个时钟信号，不能作为输入变量。对于异步时序电路，在由状态方程确定次态时，必须考虑每个触发器的时钟信号是否到来，只有时钟信号到来，方可判断出次态。

5) 画出状态图和时序图。

6) 根据电路的状态表或状态图检查电路能否自启动并说明其逻辑功能。

5.2.2 同步时序逻辑电路的分析方法

同步与异步时序电路的分析步骤是一致的，不同之处是：对于同步时序电路，因为触发器都受同一个时钟信号 CP 控制，其状态变化发生在同一时刻，所以各触发器的时钟方程可以不写。下面举例说明同步时序逻辑电路的具体分析方法。

[**例 5.2.1**] 试分析图 5.2.2 所示时序逻辑电路，说明该电路的逻辑功能。

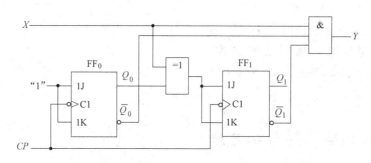

图 5.2.2 例 5.2.1 的电路图

解：该时序逻辑电路由两个下降沿触发的 JK 触发器组成。两个触发器都接至同一个时钟脉冲源 CP，故这是一个同步时序逻辑电路。

1) 根据逻辑图写方程，包括时钟方程（同步，可以不写）、驱动方程和输出方程。

① 驱动方程

$$\begin{cases} J_0 = K_0 = 1 \\ J_1 = K_1 = X \oplus Q_0 \end{cases} \tag{5.2.1}$$

② 输出方程

$$Y = X \overline{Q_0} \, \overline{Q_1} \tag{5.2.2}$$

2) 求状态方程。

将各驱动方程代入 JK 触发器的特性方程 $Q^{n+1} = J\overline{Q^n} + \overline{K}Q^n$，得到各触发器的状态方程为

$$\begin{cases} Q_1^{n+1} = (X \oplus Q_0^n)\overline{Q_1^n} + \overline{X \oplus Q_0^n}Q_1^n = X \oplus Q_0^n \oplus Q_1^n \\ Q_0^{n+1} = \overline{Q_0^n} \end{cases} \tag{5.2.3}$$

3) 列状态表。

将电路可能出现的现态和输入变量 X 在状态表中列出。设电路的初态为 $Q_1^n Q_0^n = 00$，依次代入状态方程和输出方程，得到电路的状态转换表，见表 5.2.1。

表 5.2.1 例 5.2.1 的状态表

$Q_1^n Q_0^n$	$Q_1^{n+1} Q_0^{n+1} / Y$	
	$X = 0$	$X = 1$
0 0	0 1/0	1 1/1
0 1	1 0/0	0 0/0
1 0	1 1/0	0 1/0
1 1	0 0/0	1 0/0

4) 画出状态图。

根据表 5.2.1 所示的状态转换表可得状态转换图如图 5.2.3 所示。

5) 画出时序图。

设电路的初态为 $Q_1^n Q_0^n = 00$，输入变量 X 的波形如图 5.2.4 所示。根据状态表或状态图画出时序图如图 5.2.4 所示。

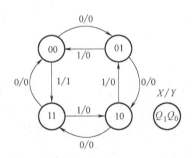

图 5.2.3 例 5.2.1 电路的状态图

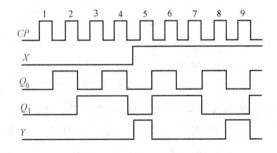

图 5.2.4 例 5.2.1 电路的时序图

例如第一个 CP 来到前 $X = 0$、$Q_1 Q_0 = 00$，从表中查出 $Q_1^{n+1} Q_0^{n+1} = 01$，因此在画波形时应在第一个 CP 来到后使 $Q_1 Q_0$ 进入 "01"。以此类推，即可以画出 $Q_1 Q_0$ 的整体波形。外输出 $Y = X \overline{Q_1} \, \overline{Q_0}$ 是组合电路的输出，只要外部输入或内部状态一变化，Y 就会跟着改变，画波形时要特别注意。

6) 逻辑功能分析。

从以上分析可以看出，当外部输入 $X = 0$ 时，状态按照加 1 规律从 00→01→10→11→00 循环变化，实现模 4 加法计数器的功能；当 $X = 1$ 时，状态按照减 "1" 规律从 00→11→

10→01→00 循环变化，并每当转换为"00"状态（最小数）时，输出 $Y=1$，实现模 4 减法计数器的功能。所以，该电路是一个同步模 4 可逆计数器。X 为加/减控制信号，Y 为借位输出。

[例 5.2.2] 分析图 5.2.5 所示时序逻辑电路，说明其逻辑功能。

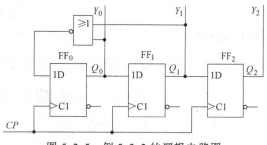

图 5.2.5　例 5.2.2 的逻辑电路图

解：该电路的 3 个上升沿触发的 D 触发器都接至同一个时钟脉冲源 CP，故为同步时序逻辑电路。

1) 根据电路列出方程组。

① 驱动方程

$$\begin{cases} D_0 = \overline{Q_1 + Q_0} = \overline{Q_1}\,\overline{Q_0} \\ D_1 = Q_0 \\ D_2 = Q_1 \end{cases} \quad (5.2.4)$$

② 输出方程

$$\begin{cases} Y_2 = Q_2 \\ Y_1 = Q_1 \\ Y_0 = Q_0 \end{cases} \quad (5.2.5)$$

2) 求状态方程。

将各驱动方程代入 D 触发器的特性方程 $Q^{n+1}=D$，得各触发器的状态方程

$$\begin{cases} Q_0^{n+1} = \overline{Q_0^n}\,\overline{Q_1^n} \\ Q_1^{n+1} = Q_0^n \\ Q_2^{n+1} = Q_1^n \end{cases} \quad (5.2.6)$$

3) 列状态表。

本例电路中没有输入信号，另外，由于电路的输出 Y_2、Y_1、Y_0 就是各触发器的状态，所以状态转换表中可以不列输出栏。表 5.2.2 所示为本例的状态表。电路有 8 个可能的现态，列在 $Q_2^n Q_1^n Q_0^n$ 栏目下，然后将现态一一代入状态方程，分别求出次态 $Q_2^{n+1} Q_1^{n+1} Q_0^{n+1}$，例如，设电路的初态 $Q_2^n Q_1^n Q_0^n = 000$，代入状态方程，得 $Q_2^{n+1}=0$、$Q_1^{n+1}=0$、$Q_0^{n+1}=1$，如此反复。

表 5.2.2　例 5.2.2 的状态表

Q_2^n	Q_1^n	Q_0^n	Q_2^{n+1}	Q_1^{n+1}	Q_0^{n+1}
0	0	0	0	0	1
0	0	1	0	1	0
0	1	0	1	0	0
0	1	1	1	1	0
1	0	0	0	0	1
1	0	1	0	1	0
1	1	0	1	0	0
1	1	1	1	1	0

4）画出状态图。

根据表 5.2.2 画出状态转换图如图 5.2.6 所示。

根据电路的状态方程也可以直接画出状态转换图。例如，设初态 $Q_2^n Q_1^n Q_0^n = 000$，代入状态方程，得 $Q_2^{n+1} Q_1^{n+1} Q_0^{n+1} = 001$，将这一结果作为新的现在的状态 $Q_2^n Q_1^n Q_0^n = 001$，再代入状态方程进行计算，得到新的次态，如此反复，直到 $Q_2^n Q_1^n Q_0^n = 100$ 的次态为"001"，形成闭合回路，即在 CP 作用下电路状态循环转换。

由图 5.2.6 可见，从"001"到"100"循环，这 3 个状态为有效状态。有效状态构成的循环为有效循环。电路中有 3 个触发器，它们的状态组合共有 8 个，其中"000、011、101、110、111"这 5 个状态不在有效循环中，为无效状态。在时钟脉冲作用下无效状态能进入有效循环状态，称之为电路具有自启动功能。相反，在时钟脉冲作用下无效状态不能进入有效循环，或者无效状态形成无效循环，则电路不能自启动。由图 5.2.6 所示的状态图可见，该电路可以自启动。

5）画出时序图。

设电路的初始状态为 $Q_2 Q_1 Q_0 = 000$，根据状态表和状态图，可画出 Q_2、Q_1、Q_0 与 CP 脉冲对应时间变化的波形图（时序图），如图 5.2.7 所示。

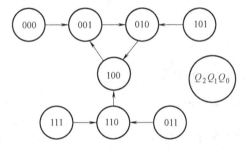

图 5.2.6　例 5.2.2 的状态转换图

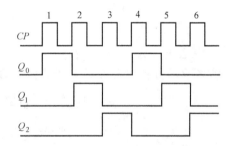

图 5.2.7　例 5.2.2 的时序图

6）说明逻辑功能。

从以上分析可以看出，该电路在 CP 脉冲作用下，把宽度为一个 CP 周期的脉冲以三次分配给 Q_0、Q_1 和 Q_2，因此，该电路的功能是脉冲分配器或节拍脉冲产生器。由状态图和波形图可以看出，该电路每经过三个时钟周期循环一次，并且该电路具有自启动能力。

5.2.3　异步时序逻辑电路的分析方法

在异步时序电路中，各个触发器的时钟信号不统一，或某些触发器在异步置数、复位时，触发器状态翻转是异步进行的，因此，分析过程比同步时序电路复杂。下面举例说明异步时序逻辑电路的具体分析方法。

[例 5.2.3]　试分析图 5.2.8 所示的时序逻辑电路。

解：电路中三个 D 触发器的时钟未共用时钟信号，所以电路为异步时序电路。分析时要特别注意每一个触发器翻转的时钟条件，只有当其中条件具备时，

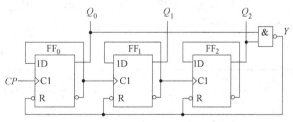

图 5.2.8　例 5.2.3 的逻辑电路图

触发器才会按照状态方程更新状态，否则将保持原来的状态不变。另外，本电路中输出 Y 反馈到 3 个触发器的异步清零端（低电平有效），当 $Y=$ "0" 时触发器状态立刻归零，与时钟条件无关。

1) 首先分析将 Y 信号端反馈线断开的情况，此时 Y 为电路的输出。

① 写出各逻辑方程组。

a. 时钟方程为

$CP_0 = CP\uparrow$ （时钟脉冲源的上升沿触发）

$CP_1 = \overline{Q}_0\uparrow = Q_0\downarrow$ （当 FF_0 的 $\overline{Q}_0$ 由 "0"→"1" 时，Q_1 才可能改变状态，否则 Q_1 将保持原状态不变。）

$$CP_2 = \overline{Q}_1\uparrow = Q_1\downarrow \tag{5.2.7}$$

b. 输出方程为

$$Y = \overline{Q_0 Q_2} \tag{5.2.8}$$

c. 驱动方程为

$$\begin{cases} D_0 = \overline{Q}_0 \\ D_1 = \overline{Q}_1 \\ D_2 = \overline{Q}_2 \end{cases} \tag{5.2.9}$$

d. 状态方程为

将各驱动方程代入 D 触发器的特性方程 $Q^{n+1}=D$，得各触发器的状态方程

$$\begin{cases} Q_0^{n+1} = D_0 CP_0 + Q_0^n \overline{CP_0} = \overline{Q}_0^n CP_0 + Q_0^n \overline{CP_0} \\ Q_1^{n+1} = D_1 CP_1 + Q_1^n \overline{CP_1} = \overline{Q}_1^n CP_1 + Q_1^n \overline{CP_1} \\ Q_2^{n+1} = D_2 CP_2 + Q_2^n \overline{CP_2} = \overline{Q}_2^n CP_2 + Q_2^n \overline{CP_2} \end{cases} \tag{5.2.10}$$

式中的 CP_i 表示时钟信号，它不是一个逻辑变量。对上升沿动作的触发器而言，$CP_i=1$ 仅表示输入端有上升沿到达；对下降沿动作的触发器而言，$CP_i=1$ 仅表示输入端有下降沿到达；$CP_i=0$ 表示没有时钟信号有效沿到达，触发器保持原状态不变。

② 列出状态转换表。由于时钟脉冲 CP 仅加到 FF_0，因此，首先求出 FF_0 的状态转换关系，进而获得 CP_1 的变化情况；再求出 FF_1 的状态转换关系，获得 CP_2 的变化情况，最后求出 FF_2 的状态转换关系。例如，当 $Q_2 Q_1 Q_0 = 011$ 时，$CP_0=1$（上升沿到达），$Q_0^{n+1}=0$，CP_1（$=\overline{Q}_0\uparrow = Q_0\downarrow$）产生触发沿，可求得 $Q_1^{n+1}=0$，此时 CP_2（$\overline{Q}_1\uparrow = Q_1\downarrow$）也产生触发沿，因而可求出 $Q_2^{n+1}=0$。这样，当 $Q_2 Q_1 Q_0 = 011$，CP_0 触发沿到达后，新状态为 $Q_3 Q_2 Q_1 Q_0 = 100$。列出的状态表见表 5.2.3。

表 5.2.3　例 5.2.3 电路的状态转换表

Q_2^n	Q_1^n	Q_0^n	Q_2^{n+1}	Q_1^{n+1}	Q_0^{n+1}	CP_2	CP_1	CP_0	Y
0	0	0	0	0	1	0	0	1	1
0	0	1	0	1	0	0	1	1	1
0	1	0	0	1	1	0	0	1	1

(续)

Q_2^n	Q_1^n	Q_0^n	Q_2^{n+1}	Q_1^{n+1}	Q_0^{n+1}	CP_2	CP_1	CP_0	Y
0	1	1	1	0	0	1	1	1	1
1	0	0	1	0	1	0	0	1	1
1	0	1	1	1	0	0	1	1	0
1	1	0	1	1	1	0	0	1	1
1	1	1	0	0	0	1	1	1	0

③ 画出状态图和时序图。根据状态转换表可得电路不引入反馈时的状态转换图和时序图如图 5.2.9 所示。

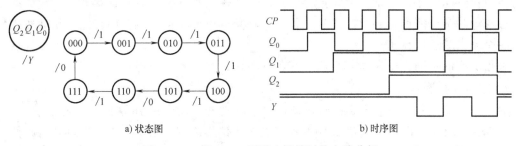

a) 状态图　　　　　　　　　　　b) 时序图

图 5.2.9　例 5.2.3 不引入反馈时的电路分析

④ 逻辑功能分析。由状态图和时序图可知，该电路一共有 8 个状态 000~111，在时钟脉冲作用下，按照加 1 规律循环变化，所以是一个异步八进制加法计数器。

2) 将 Y 信号端反馈线加到各触发器的异步清零端的情况。当 Y = "1" 时，电路按照图 5.2.9 所示的状态转换，但当 Y = 0（$Q_2Q_1Q_0$ = 101）时，触发器全部清零，电路状态立刻变为 "000"，Y 也随之变为 "1"。图 5.2.10a、b 分别为状态图和时序图。可见，电路有 5 个有效状态，功能为异步五进制加法计数器。

由图 5.2.10b 所示时序图可见，状态 "101" 瞬间出现，导致 Q_0 和 Y 出现尖峰脉冲，可能会对相连接的电路造成干扰，因此这种方法存在缺陷。

若由于某种原因电路出现无效状态 "110" "111"，则电路将按照图 5.2.9 状态变化，当进入 "000" 状态后就恢复了正常，因此电路能够自启动。

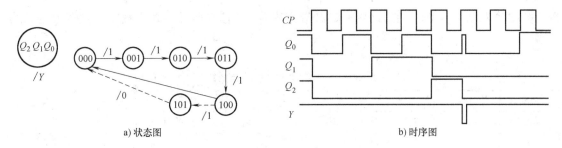

a) 状态图　　　　　　　　　　　b) 时序图

图 5.2.10　引入反馈时电路分析

5.3　常用的时序逻辑电路

根据逻辑功能进行划分，时序逻辑电路的种类比较繁多。本节主要介绍应用较广、具有典型时序逻辑电路特征的寄存器和计数器。

5.3.1 寄存器

寄存器（Register）用于寄存一组二进制数码，它是数字系统和计算机中广泛应用的基本逻辑部件，常用来暂时存放数码、运算结果或指令等。

触发器是寄存器的重要组成部分。一个触发器可存储1位二进制代码，因此存储一组 N 位二进制代码需要 N 个触发器。

根据数码输入方式的不同，寄存器分为并行方式和串行方式。并行方式是寄存器接收数据时各位代码同时输入；串行方式是将数码从一个输入端逐位输入到寄存器中。数码取出方式也分并行和串行两种，并行方式就是各位代码同时出现在输出端，串行方式是被取出的数码在一个输出端逐位输出。

根据功能的不同，寄存器分为数据寄存器和移位寄存器。

1. 数据寄存器

数据寄存器具有接收和寄存二进制数码的逻辑功能，通常用 D 触发器构成。

图 5.3.1 所示是由 TTL 边沿 D 触发器组成的 4 位集成寄存器 74LS175 的逻辑电路图，其中，$D_0 \sim D_3$ 是并行数据输入信号，CP 为寄存脉冲输入信号，$\overline{R}_D$ 是异步清零控制信号（低电平有效）。$Q_0 \sim Q_3$ 是并行数据输出信号，$\overline{Q_0} \sim \overline{Q_3}$ 是 $FF_0 \sim FF_3$ 的反码数据输出信号。74LS175 内部的门 G_1、G_2 分别构成公共输入信号 CP 和 $\overline{R}_D$ 的缓冲级，增强了公共端的驱动能力。

该电路的数码接收过程为：将需要存入的 4 位二进制数码

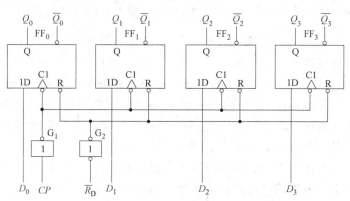

图 5.3.1 4 位集成寄存器 74LS175 的逻辑电路图

送到数据输入端 $D_0 \sim D_3$，在 CP 脉冲上升沿作用后，4 位数码并行地出现在触发器 $Q_0 \sim Q_3$ 信号端。

74LS175 的功能示于表 5.3.1 中。

表 5.3.1 74LS175 的功能表

清零	时钟	输入				输出				工作模式
$\overline{R}_D$	CP	D_0	D_1	D_2	D_3	Q_0	Q_1	Q_2	Q_3	
0	×	×	×	×	×	0	0	0	0	异步清零
1	↑	D_0	D_1	D_2	D_3	D_0	D_1	D_2	D_3	数码寄存
1	1	×	×	×	×	保持				数据保持
1	0	×	×	×	×	保持				数据保持

由功能表可知，74LS175 有异步清零功能，只要 $\overline{R}_D$ = "0"，寄存器的 4 位并行数据直接清零。在 $\overline{R}_D$ = "1" 的前提下，不论原来保存的数据是什么，寄存器在 CP 上升沿（↑）时，

将 $D_0 \sim D_3$ 数据存入，在 CP 上升沿以外时间寄存器状态保持不变。可见，74LS175 具有清零、存数和数据保持三个基本功能。

另外，74LS175 的四个数码输出端 $Q_0 \sim Q_3$ 都具有对应的互补输出端，因此在应用上既可以输出输入数据的原码，也可以输出输入数据的反码。

该寄存器接收数据时各位数码同时输入，各位数码并行出现在输出端，故为并行输入/并行输出工作方式。

2. 移位寄存器

同时具有寄存数码和移位功能的寄存器称为移位寄存器（Shift Register）。移位功能是指在移位脉冲作用下，寄存器中的数码依次左移或右移。

根据移位方向的不同，移位寄存器分为单向移位（左移或右移）寄存器和双向移位寄存器。

（1）单向移位寄存器 图 5.3.2 所示为 4 位右移寄存器电路图。该电路使用了 4 个上升沿触发的 D 触发器，组成同步时序逻辑电路结构。D_I 为数码串行输入，Q_3、Q_2、Q_1 和 Q_0 为并行输出，Q_3 为串行输出。

从电路结构看，移位寄存器是将 D 触发器"串"接了起来，触发器 FF_0 的状态按照串行输入 D_I 变化，其他各级触发器的状态均由前一级触发器状态串行传递。

按照同步时序逻辑电路的分析步骤，可以分析图 5.3.2 所示 4 位右移寄存器的移位寄存功能。根据图 5.3.2 列出触发器的驱动方程和状态方程分别为

$$D_0 = D_I \quad D_1 = Q_0^n \quad D_2 = Q_1^n \quad D_3 = Q_2^n \tag{5.3.1}$$

$$Q_0^{n+1} = D_I \quad Q_1^{n+1} = Q_0^n \quad Q_2^{n+1} = Q_1^n \quad Q_3^{n+1} = Q_2^n \tag{5.3.2}$$

因为从移位脉冲 CP 上升沿到达开始到输出端新状态的建立需要一段传输延时时间，所以在 CP 上升沿同时作用于所有的触发器时，每个触发器将按照其前一级触发器的现态改变，见式（5.3.2）。当时钟的第一个上升沿到来时，串行输入的第一个数据进入第一个触发器，第一个触发器原来的数据进入第二个触发器，依此类推，寄存器中的数据依次向右移动了 1 位。

设移位寄存器的初始状态为"0000"，串行输入数码 $D_I = 1101$，从高位到低位逐位输入到 D_0 信号端。移位寄存器中数码移动情况见表 5.3.2。由表可见，在 4 个移位脉冲作用后，输入的 4 位串行数码 1101 全部存入了寄存器中。这时，移位寄存器中的数码可由 Q_3、Q_2、Q_1 和 Q_0 并行输出。因此，利用移位寄存器可以实现数码的串行—并行转换。

数码也可从 Q_3 串行输出。串行输出时，连续加入 4 个移位脉冲，则寄存器中存放的 4 位数码"1101"从串行输出端依次输出，实现了数码的并行—串行转换。因此，图 5.3.2

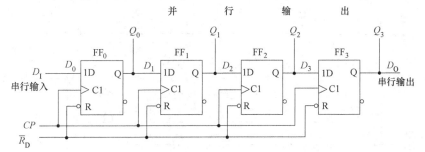

图 5.3.2 D 触发器组成的 4 位右移寄存器

所示移位寄存器也可以称为串行输入、串行/并行输出右向移位寄存器。

图 5.3.3 给出了 4 位右移寄存器时序图。

表 5.3.2 右移寄存器的状态表

移位脉冲	输入数码	输出			
CP	D_I	Q_0	Q_1	Q_2	Q_3
0	×	0	0	0	0
1	1	1	0	0	0
2	1	1	1	0	0
3	0	0	1	1	0
4	1	1	0	1	1

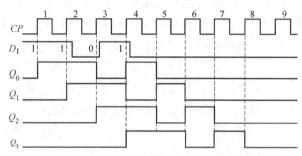

图 5.3.3　4 位右移寄存器时序图

图 5.3.4 是用 JK 触发器构成的 4 位移位寄存器。其逻辑功能与图 5.3.2 所示电路相同。

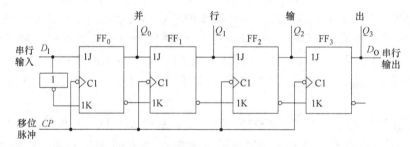

图 5.3.4　JK 触发器构成的 4 位移位寄存器

将图 5.3.2 所示右移寄存器的各触发器连接顺序变换一下，且 FF_3 的 D 端接收串行输入数码 D_I，可构成 4 位左移寄存器，如图 5.3.5 所示。

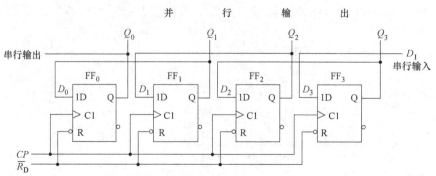

图 5.3.5　D 触发器组成的 4 位左移寄存器

分析电路可知，4 位左移寄存器从其左移输入 D_1 送入数据，在时钟信号作用下，数据逐位向左移动。

移位寄存器主要特点：

1) 输入数码在 CP 控制下，依次右移或左移。

2) 寄存 n 位二进制数码。n 个 CP 完成串行输入，并可从 $Q_0 \sim Q_3$ 端获得并行输出，再经 n 个 CP 又获得串行输出。

3) 若串行数据输入端为"0"，则 n 个 CP 后寄存器被清零。

（2）双向移位寄存器　将图 5.3.2 所示的右移寄存器和图 5.3.5 所示的左移寄存器组合起来，并引入一控制信号 S 便构成既可左移又可右移的双向移位寄存器，如图 5.3.6 所示。

由图可知，4 个 D 触发器的驱动方程为

$$\begin{cases} D_0 = \overline{\overline{SD_{IR}} + \overline{\overline{S}\,\overline{Q_1}}} \\ D_1 = \overline{\overline{S\overline{Q_0}} + \overline{\overline{S}\,\overline{Q_2}}} \\ D_2 = \overline{\overline{S\overline{Q_1}} + \overline{\overline{S}\,\overline{Q_3}}} \\ D_3 = \overline{\overline{S\overline{Q_2}} + \overline{\overline{S}\,\overline{D_{IL}}}} \end{cases} \quad (5.3.3)$$

其中，D_{IR} 为右移串行输入端，D_{IL} 为左移串行输入端。当 $S=1$ 时，$D_0 = D_{IR}$、$D_1 = Q_0^n$、$D_2 = Q_1^n$、$D_3 = Q_2^n$，在 CP 脉冲作用下，实现右移；当 $S=0$ 时，$D_0 = Q_1^n$、$D_1 = Q_2^n$、$D_2 = Q_3^n$、$D_3 = D_{IL}$，在 CP 脉冲作用下，实现左移。

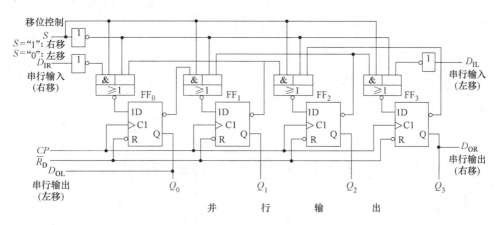

图 5.3.6　D 触发器组成的 4 位双向移位寄存器

3. 集成移位寄存器

中规模集成移位寄存器 74LS194 是一个具有并行置数、串行输入、并行输出、左移和右移等功能的 4 位双向移位寄存器。74LS194 功能见表 5.3.3，逻辑图、引脚图和逻辑符号分别如图 5.3.7a、b、c 所示。

表 5.3.3 74LS194 的功能表

输入										输出				工作模式
清零	控制		串行输入		时钟	并行输入								
$\overline{R}_D$	S_1	S_0	D_{IL}	D_{IR}	CP	D_0	D_1	D_2	D_3	Q_0	Q_1	Q_2	Q_3	
0	×	×	×	×	×	×	×	×	×	0	0	0	0	异步清零
1	0	0	×	×	×	×	×	×	×	Q_0^n	Q_1^n	Q_2^n	Q_3^n	数据保持
1	0	1	×	1	↑	×	×	×	×	1	Q_0^n	Q_1^n	Q_2^n	右移,D_{IR}为串行输入,
1	0	1	×	0	↑	×	×	×	×	0	Q_0^n	Q_1^n	Q_2^n	Q_3为串行输出
1	1	0	1	×	↑	×	×	×	×	Q_1^n	Q_2^n	Q_3^n	1	左移,D_{IL}为串行输入,
1	1	0	0	×	↑	×	×	×	×	Q_1^n	Q_2^n	Q_3^n	0	Q_0为串行输出
1	1	1	×	×	↑	D_0	D_1	D_2	D_3	D_0	D_1	D_2	D_3	并行置数

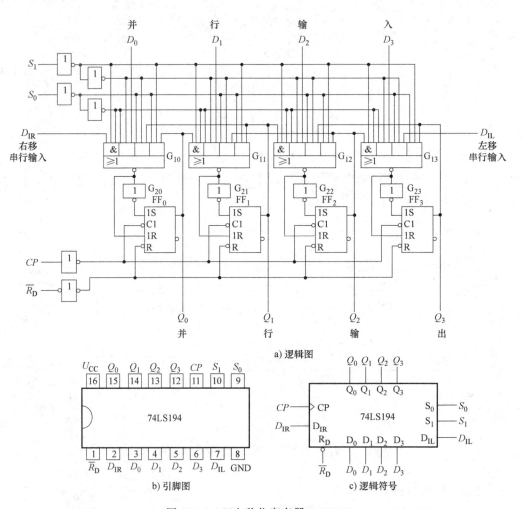

a) 逻辑图

b) 引脚图

c) 逻辑符号

图 5.3.7 双向移位寄存器 74LS194

图 5.3.7 集成逻辑电路中采用了 4 个 RS 触发器,并与"非门"配合,将 RS 触发器转换为 D 触发器,其功能与图 5.3.6 中所示完全一致。电路中连接在 1R 端上的"与或非门"

构成了一个"4 选 1"数据选择器,S_1 和 S_0 是数据选择器工作模式选择控制输入。$\overline{R}_D$ 连接到每个触发器的直接置 0 端,实现异步清零,输入缓冲器可以减轻前级的负载。D_{IL} 和 D_{IR} 分别是左移和右移串行输入,D_0、D_1、D_2 和 D_3 是并行输入,Q_0 和 Q_3 分别是左移和右移时的串行输出,Q_0、Q_1、Q_2 和 Q_3 为并行输出。

由表 5.3.3 可总结出 74LS194 具有如下功能。

当 $\overline{R}_D = 0$ 时,寄存器输出 $Q_0 \sim Q_3$ 即刻清零,与其他输入状态及 CP 无关,实现异步清零。当 $\overline{R}_D = 1$ 时,通过控制 S_1 和 S_0,可以选择 74LS194 的工作状态。

① 保持。当 $S_1 S_0 = 00$ 时,不论有无 CP 到来,各触发器状态不变,为保持功能。

② 右移。当 $S_1 S_0 = 01$ 时,在 CP 的上升沿作用下,实现右移(上移)功能,流向是 $D_{IR} \to Q_0 \to Q_1 \to Q_2 \to Q_3$。

③ 左移。当 $S_1 S_0 = 10$ 时,在 CP 的上升沿作用下,实现左移(下移)功能,流向是 $D_{IL} \to Q_3 \to Q_2 \to Q_1 \to Q_0$。

④ 并行置数。当 $S_1 S_0 = 11$ 时,在 CP 的上升沿作用下,实现置数功能:$D_0 \to Q_0$、$D_1 \to Q_1$、$D_2 \to Q_2$、$D_3 \to Q_3$。

表 5.3.4 是 74LS194 功能表的简化表示。

表 5.3.4 74LS194 简化功能表

$\overline{R}_D$	S_1	S_0	工作状态
0	×	×	置零
1	0	0	保持
1	0	1	右移
1	1	0	左移
1	1	1	并行输入

[例 5.3.1] 试用 74LS194 接成 8 位双向移位寄存器。

解:将 2 片移位寄存器 74LS194 各控制信号 S_1、S_0、$\overline{R}_D$ 以及 CP 分别并联,再按移位的顺序,将前一级的移位输出端与后一级的移位输入端相连,即构成 8 位双向移位寄存器,如图 5.3.8 所示。

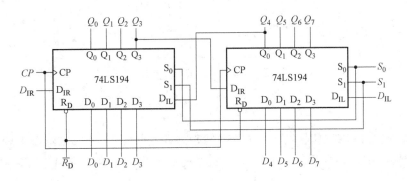

图 5.3.8 例 5.3.1 电路

5.3.2 计数器

在数字电路中，能够记录时钟脉冲个数的电路称为计数器。计数器是数字系统和计算机中种类最多、使用最广泛的逻辑功能部件。计数器不仅可以记录输入的脉冲个数，还可以实现分频、定时、产生节拍脉冲和脉冲序列、进行数字运算等。

计数器的种类繁多。按照计数器中触发器翻转是否与计数脉冲同步分类，计时器可分为同步计数器和异步计数器；按计数过程中数字的增或减分类，可分为加法计数器、减法计数器和可逆（加/减）计数器；按计数器计数进制分类，可分为二进制、十进制和 N 进制（任意进制）计数器。

计数器输入信号为计数脉冲 CP，触发器为主要组成单元。计数器是一个周期性的时序电路。计数器运行时，从某一状态开始依次经历不同的状态并完成一个循环，其状态图有一个闭合环，闭合环循环一次所需要的时钟脉冲的个数称为计数器的模值 M。计数器的模实际上为电路的有效状态数。若计数器在 M 个状态下循环计数，则计数器也可以称为模 M 计数器，或 M 进制计数器，如六进制计数器、十六进制计数器等。

1. 二进制计数器

二进制计数器（Binary Counter）是指按二进制数规律进行计数的计数器。在二进制计数器中，触发器的个数决定了计数位数。一个触发器可表示 1 位二进制数，n 个触发器可表示 n 位二进制数，构成 n 位二进制计数器，也可称为 2^n 进制计数器。如 3 个触发器构成 3 位二进制计数器，也可称为 8 进制计数器；4 位二进制计数器，可称 16 进制计数器。计数器中能计到的最大数称为计数器的计数容量，它等于计数器所有各位全为"1"时的数值。显然，n 个触发器构成的 n 位二进制计数器，模为 2^n，计数容量为 2^n-1。

（1）同步二进制计数器

1）同步二进制加法计数器。下面以同步二进制加法计数器为例介绍同步二进制计数器的工作原理。

图 5.3.9 所示为由 4 个 JK 触发器组成的 4 位同步二进制加法计数器的逻辑电路图。图中各触发器的时钟脉冲输入端接同一计数脉冲 CP，显然，这是一个同步时序电路。

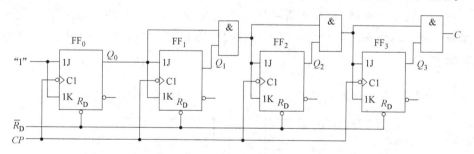

图 5.3.9 4 位同步二进制加法计数器

根据二进制加法运算规则，在多位二进制数末位加"1"，若第 i 位以下皆为"1"时，则第 i 位应翻转。由此得出规律，若用 T 触发器构成加法计数器，则第 i 位触发器输入 T_i 的逻辑表达式为

$$\begin{cases} T_i = Q_{i-1}Q_{i-2}\cdots Q_0 \\ T_0 = 1 \end{cases} \quad (5.3.4)$$

图 5.3.9 就是按式（5.3.4）构成的同步二进制加法计数器电路。4 个 JK 触发器 FF_3、FF_2、FF_1、FF_0 均接成了 T 触发器。当 $T=0$ 时，触发器状态保持，当 $T=1$ 时，触发器状态翻转。

下面按时序电路的分析步骤对此电路进行分析。

各触发器的驱动方程为

$$\begin{cases} J_0 = K_0 = 1 \\ J_1 = K_1 = Q_0^n \\ J_2 = K_2 = Q_0^n Q_1^n \\ J_3 = K_3 = Q_0^n Q_1^n Q_2^n \end{cases} \quad (5.3.5)$$

将各驱动方程代入 JK 触发器的特性方程 $Q^{n+1} = J\overline{Q^n} + \overline{K}Q^n$，得到各触发器的状态方程

$$\begin{cases} Q_0^{n+1} = J_0\overline{Q_0^n} + \overline{K_0}Q_0^n = \overline{Q_0^n} \\ Q_1^{n+1} = J_1\overline{Q_1^n} + \overline{K_1}Q_1^n = Q_0^n\overline{Q_1^n} + \overline{Q_0^n}Q_1^n \\ Q_2^{n+1} = J_2\overline{Q_2^n} + \overline{K_2}Q_2^n = Q_0^n Q_1^n \overline{Q_2^n} + \overline{Q_0^n Q_1^n}Q_2^n \\ Q_3^{n+1} = J_3\overline{Q_3^n} + \overline{K_3}Q_3^n = Q_0^n Q_1^n Q_2^n \overline{Q_3^n} + \overline{Q_0^n Q_1^n Q_2^n}Q_3^n \end{cases} \quad (5.3.6)$$

电路的输出方程为

$$C = Q_0^n Q_1^n Q_2^n Q_3^n \quad (5.3.7)$$

根据状态方程和输出方程，计算出电路的状态转换表见表 5.3.5（设各触发器的初态为"0"）。

表 5.3.5 4 位同步二进制加法计数器

计数脉冲序号	电路状态				等效十进制数	进位输出 C
	Q_3	Q_2	Q_1	Q_0		
0	0	0	0	0	0	0
1	0	0	0	1	1	0
2	0	0	1	0	2	0
3	0	0	1	1	3	0
4	0	1	0	0	4	0
5	0	1	0	1	5	0
6	0	1	1	0	6	0
7	0	1	1	1	7	0
8	1	0	0	0	8	0
9	1	0	0	1	9	0
10	1	0	1	0	10	0
11	1	0	1	1	11	0
12	1	1	0	0	12	0
13	1	1	0	1	13	0
14	1	1	1	0	14	0
15	1	1	1	1	15	1
16	0	0	0	0	0	0

状态转换图和时序图分别如图5.3.10和图5.3.11所示。

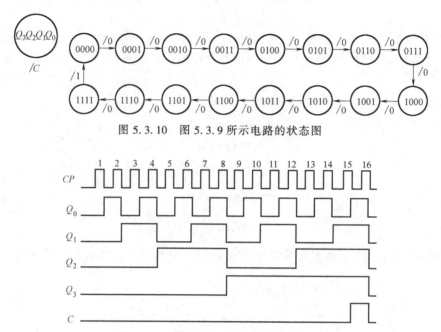

图5.3.10　图5.3.9所示电路的状态图

图5.3.11　图5.3.9所示电路的时序图

图5.3.10所示的状态图只存在一个循环，即有效循环，由4个触发器组成的时序电路，所有的16个状态均为有效状态，故电路必然具有自启动能力。

由状态图可见，电路状态从"0000"到"1111"共16个状态，每输入一个计数脉冲，计数器的状态按二进制加法规律加"1"，一个计数循环（即计数器每输入16个CP脉冲）后，计数器从"1111"回到"0000"，同时在输出C产生一个进位输出信号，所以电路为4位二进制加法计数器，也称为16进制计数器或模16（$M=16$）加法计数器。

从时序图可以看出，如果CP脉冲的频率为f_0，则输出端Q_0、Q_1、Q_2、Q_3的频率分别是$f_0/2$、$f_0/4$、$f_0/8$、$f_0/16$，也就是说，Q_0、Q_1、Q_2、Q_3分别对CP波形进行了二分频、四分频、八分频、十六分频。因此计数器具有分频功能，故计数器也称为分频器。

2）同步二进制减法计数器。根据二进制减法运算规则，在多位二进制数末位减"1"，若第i位以下皆为"0"时，则第i位应翻转。由此得出规律，若用T触发器构成同步二进制减法计数器，则第i位触发器输入T_i的逻辑式为

$$T_i = \overline{Q}_{i-1}\overline{Q}_{i-2}\cdots\overline{Q}_0$$
$$T_0 = 1 \qquad (5.3.8)$$

图5.3.12所示电路是根据式（5.3.8）构成的同步二

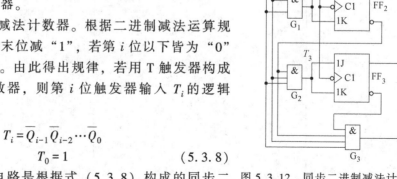

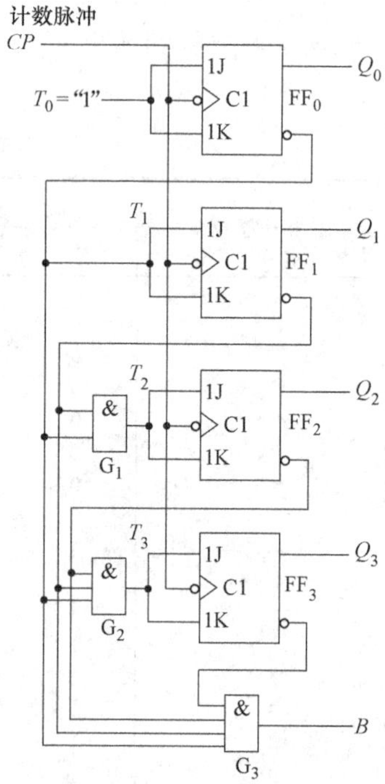

图5.3.12　同步二进制减法计数器

进制减法计数器，$B=\overline{Q_3^n Q_2^n Q_1^n Q_0^n}$ 为借位输出端，其工作原理请读者自行分析。

同步二进制计数器的基本特点总结如下：

1) n 位同步二进制计数器的模为 2^n，没有无效状态，对触发器的利用最充分。

2) 利用 T 触发器构成同步二进制计数器，只要将所有低位的一个输出相"与"并作为高一级触发器的输入就可实现。采用下降沿触发时，加法计数器以 Q 作为输出，减法计数器以 $\overline{Q}$ 作为输出。

3) 同步二进制计数器具有较高的工作速度。当计数脉冲到来时，应该翻转的触发器的输入信号平均延时时间为一级触发器的延时时间 t_{PF} 与一级门延时时间 t_{PG} 之和，其最高工作频率为

$$f_{\max}=\frac{1}{t_{PF}+t_{PG}} \tag{5.3.9}$$

（2）异步二进制计数器

1) 异步二进制加法计数器。异步二进制计数器在做"加1"计数时采用从低位到高位逐位进位的方式工作。图 5.3.13 所示为由 4 个下降沿触发的 JK 触发器组成的 4 位异步二进制加法计数器的逻辑图。图中 JK 触发器都接成 T'触发器（即 $J=K=1$）。最低位触发器 FF_0 的时钟脉冲输入端接计数脉冲 $CP_0=CP$，其他触发器的时钟脉冲输入端接相邻低位触发器的 Q 信号端。

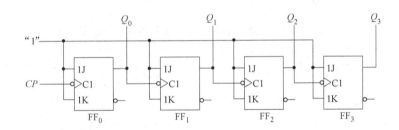

图 5.3.13 由 JK 触发器组成的 4 位异步二进制加法计数器

由于触发器 $FF_0 \sim FF_3$ 的驱动方程均为 $J=K=1$，所以得到的状态方程也相同，为 $Q^{n+1}=\overline{Q^n}$，其状态转换分析比较简单，每个触发器的时钟信号有效时即翻转。当第 1 个计数脉冲到来时 FF_0 翻转，$Q_3Q_2Q_1Q_0$ 进入 "0001" 状态，当第 2 个计数脉冲到来时 FF_0 翻转，同时 FF_1 也翻转，依此类推。时序图如图 5.3.14 所示，图中考虑了触发器的传输延迟时间 t_{pd}。由图可见，每个触发器输出状态的改变要比其时钟滞后一个 t_{pd}，这样，从 CP_0 作用在 FF_0 开始，到 FF_3 翻转为稳定状态为止，所用时间为 $4t_{pd}$。

4 位异步二进制加法计数器的状态转换表和状态转换图与同步二进制计数器相同，这里不再重复。

如果采用上升沿触发的 T'触发器构成异步二进制加法计数器，则只要将每一级触发器的时钟脉冲接相邻低位触发器的 $\overline{Q}$ 端即可。

2) 异步二进制减法计数器。将图 5.3.13 所示电路中 FF_1、FF_2、FF_3 的时钟脉冲输入端

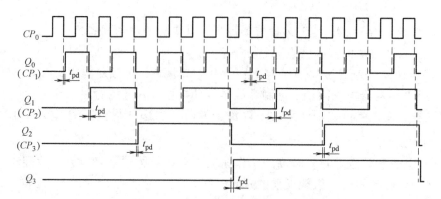

图 5.3.14　图 5.3.13 所示电路的时序图

改接到相邻低位触发器的 $\overline{Q}$ 端就可构成异步二进制减法计数器，如图 5.3.15 所示。状态转换图和时序图分别如图 5.3.16 和图 5.3.17 所示。

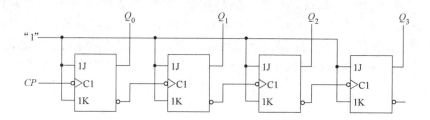

图 5.3.15　下降沿触发的异步二进制减法计数器

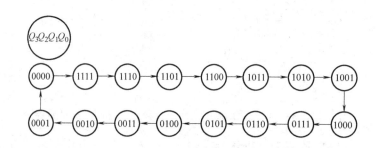

图 5.3.16　图 5.3.15 电路的状态图

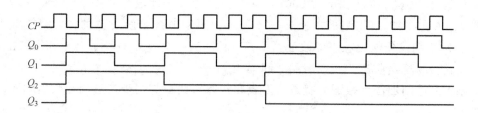

图 5.3.17　图 5.3.15 电路的时序图

采用 4 个上升沿触发的 D 触发器组成 4 位异步二进制减法计数器，只需将 D 触发器构成 T′ 触发器（$D=\overline{Q}$），最低位触发器 FF_0 的时钟脉冲输入端接计数脉冲 CP，其他触发器的时钟脉冲输入端接相邻低位触发器的 Q 端即可。

异步二进制计数器结构简单，改变级联触发器的个数，可以很方便地改变二进制计数器的位数，n 个触发器构成 n 位二进制计数器或模 2^n 计数器或 2^n 分频器。

在异步二进制计数器中，高位触发器的状态翻转必须在相邻触发器产生进位信号（加计数）或借位信号（减计数）之后才能实现，在最不利的情况下新状态的稳定需要经过所有触发器的 t_{pd} 之和的时间延迟，所以异步计数器的工作速度较低。为了提高计数速度，可采用同步计数器。

异步二进制计数器的基本特点：

1) 异步二进制计数器结构简单，T′ 触发器的连线简单且规律性强。异步 N 位二进制加法和减法计数器都是将低位触发器的一个输出端接到高位触发器的时钟输入端而构成。采用下降沿触发的 T′ 触发器时，加法计数器只需依次将低位触发器的 Q 信号端与高位触发器的时钟脉冲输入端级联；减法计数器只需依次将低位触发器的 $\overline{Q}$ 信号端与高位触发器的时钟脉冲输入端级联。而采用上升沿触发的触发器时，情况正好相反，加法计数器只需依次将低位触发器的 $\overline{Q}$ 信号端与高位触发器的时钟脉冲输入端级联即可；减法计数器只需依次将低位触发器的 Q 信号端与高位触发器的时钟脉冲输入端级联。

2) 工作速度较低。级联的触发器的位数越多，工作速度越慢。

3) 由于各触发器不在同一时间翻转，所以若用其驱动组合逻辑电路，则可能出现瞬间错误的逻辑输出。

(3) 集成二进制计数器

集成二进制计数器产品较多，有同步二进制计数器（如 CMOS 产品 74HC161、74HC163，TTL 产品 74LS161、74LS163），同步二进制可逆计数器 74LS191、74LS193 等，这些产品除了具有二进制加法计数功能之外，还附加了一些控制功能，以使应用更加灵活。

1) 集成 4 位同步二进制加法计数器。74HC161 集成计数器是一个 4 位同步二进制加法计数器，图 5.3.18 所示为引脚图和逻辑符号。逻辑功能表见表 5.3.6。电路除具有二进制加法计数功能之外，还具有预置数、保持和异步置零等附加功能。

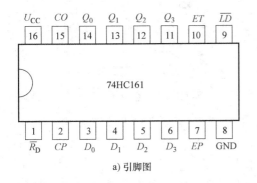
a) 引脚图

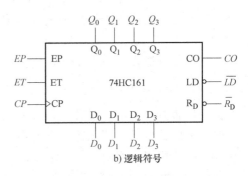
b) 逻辑符号

图 5.3.18　4 位同步二进制加法计数器 74HC161

表 5.3.6　74HC161 功能表

清零	预置	使能		时钟	预置数据输入				输出				工作模式
$\overline{R_D}$	$\overline{LD}$	EP	ET	CP	D_3	D_2	D_1	D_0	Q_3	Q_2	Q_1	Q_0	
0	×	×	×	×	×	×	×	×	0	0	0	0	异步清零
1	0	×	×	↑	d_3	d_2	d_1	d_0	d_3	d_2	d_1	d_0	同步置数
1	1	0	×	×	×	×	×	×	保持				保持
1	1	×	0	×	×	×	×	×	保持				保持(CO="0")
1	1	1	1	↑	×	×	×	×	计数				加法计数

由功能表可知，74HC161 具有以下功能。

异步清零。$\overline{R_D}$ 为清零（复位）信号端，低电平有效。当 $\overline{R_D}=0$ 时，不管其他输入端的状态如何，不论有无时钟脉冲 CP，计数器输出将被直接置零（$Q_3Q_2Q_1Q_0=0000$）。可见，清零功能的实现与时钟信号无关，这种情况称为异步清零。不清零时 $\overline{R_D}$ 为高电平。

同步并行预置数。$\overline{LD}$ 为预置数控制信号，低电平有效。当 $\overline{R_D}=1$、$\overline{LD}=0$ 时，在输入时钟脉冲 CP 上升沿的作用下，并行输入端的数据 $d_3d_2d_1d_0$ 被置入计数器的输出端，即 $Q_3Q_2Q_1Q_0=d_3d_2d_1d_0$，这可以使计数器从预置数开始进行加法计数。由于这个操作要与 CP 上升沿同步，所以称为同步预置数。不预置数时应使 $\overline{LD}$ 信号为高电平。

计数。当 $\overline{R_D}=\overline{LD}=1$，且 $EP=ET=1$ 时，电路工作在计数状态。EP 和 ET 为工作状态控制信号，高电平有效。输入计数脉冲 CP，计数器进行二进制加法计数，工作状态与图 5.3.10 相同。当从"0000"状态开始连续输入 16 个计数脉冲时，电路将从"1111"状态返回"0000"状态，输出信号 CO 从高电平跳变为低电平，作为进位输出信号。进位信号表达式为

$$CO = ET \cdot Q_3^n Q_2^n Q_1^n Q_0^n \tag{5.3.10}$$

保持。当 $\overline{R_D}=\overline{LD}=1$，且 $EP \cdot ET=0$，即两个使能控制端中有低电平时，计数器保持原来的状态不变。这时，如 $EP=0$、$ET=1$，则进位输出信号 CO 保持不变；如 $ET=0$ 则不管 EP 状态如何，进位输出信号 CO 为低电平"0"。

对照图 5.3.19 所示的时序图有助于了解其逻辑功能和时间关系。注意，只有当 $CP=1$ 时，EP、ET 才允许改变状态。

74LS161/74161 与 74HC161 只是电性能参数不同，三者在引脚排列、逻辑功能上没有区别。

74HC163 集成计数器也是一个 4 位同步二进制加法计数器，其功能表见表 5.3.7。由功能表可知，74HC163 与 74HC161 的区别在于清零功能，74HC161 是异步清零，$\overline{R_D}$ 出现低电平，计数器立即被置零，不受时钟脉冲控制。而 74HC163 是采用同步清零方式，$\overline{R_D}$ 为低电平后要同时加入时钟信号，计数器才被清零。

74HC163 的引脚图和逻辑符号与 74HC161 相同。

2）集成 4 位同步二进制可逆计数器。有些应用场合要求计数器既能进行递增计数又能进行递减计数，这就需要做成加/减计数器（可逆计数器）。

74LS191 和 74LS193 都是 4 位同步二进制可逆计数器。74LS191 只有一个时钟信号输入

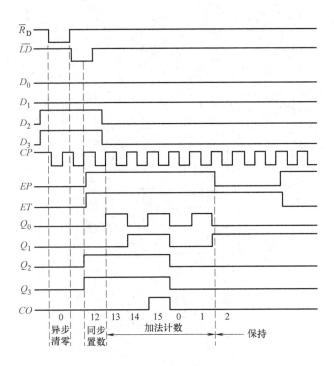

图 5.3.19　74HC161 的时序图

表 5.3.7　4 位同步二进制加法计数器 74HC163 的功能表

清零	预置	使能		时钟	预置数据输入				输出				工作模式
$\overline{R}_D$	$\overline{LD}$	EP	ET	CP	D_3	D_2	D_1	D_0	Q_3	Q_2	Q_1	Q_0	
0	×	×	×	↑	×	×	×	×	0	0	0	0	同步清零
1	0	×	×	↑	d_3	d_2	d_1	d_0	d_3	d_2	d_1	d_0	同步置数
1	1	0	×	×	×	×	×	×	保持				保持
1	1	×	0	×	×	×	×	×	保持				保持($CO=0$)
1	1	1	1	↑	×	×	×	×	计数				加法计数

端，电路的加、减由加/减控制信号的电平决定，因此也称为单时钟方式。74LS193 的加、减是由来自两个不同的脉冲源的加法计数脉冲和减法计数脉冲控制，因此也称为双时钟方式。

图 5.3.20a 是集成 4 位二进制同步可逆计数器 74LS191 的逻辑图，图 5.3.20b、c 分别是引脚图和逻辑符号图。74LS191 电路与图 5.3.9 的加法电路和图 5.3.12 的减法电路相同，触发器的 J、K 信号端接在一起构成 T 触发器。由逻辑电路图可知，当电路处于计数状态时 ($\overline{LD}=1$ 且 $EN=0$)，各触发器的驱动方程为

$$\begin{cases} T_i = \overline{\overline{U/D}} \prod_{j=0}^{i-1} Q_j + (\overline{U/D}) \prod_{j=0}^{i-1} \overline{Q}_j \quad (i=1,2,3) \\ T_0 = 1 \end{cases} \tag{5.3.11}$$

可以看出，当 $\overline{U/D}=0$ 时，式 (5.3.11) 与式 (5.3.4) 相同，74LS191 做加法计数；当 $\overline{U/D}=1$ 时，式 (5.3.11) 与式 (5.3.8) 相同，74LS191 做减法计数。

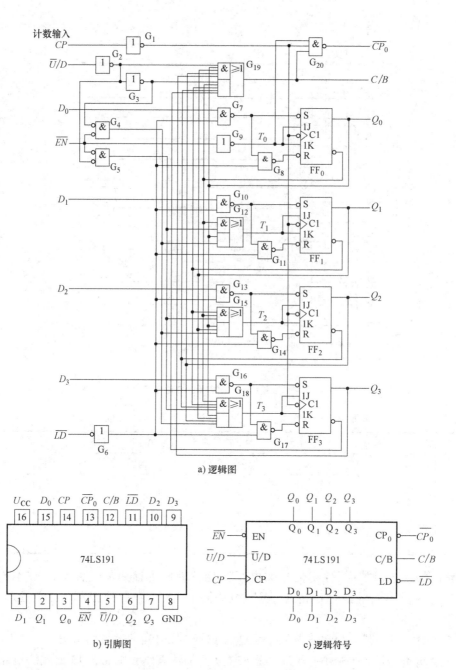

图 5.3.20 集成 4 位二进制同步可逆计数器 74LS191

除了实现加/减计数，74LS191 还有一些附加功能，见表 5.3.8。

表 5.3.8 74LS191 的功能表

预置	使能	加/减控制	时钟	预置数据输入				输出				工作模式
$\overline{LD}$	$\overline{EN}$	$\overline{U}/D$	CP	D_3	D_2	D_1	D_0	Q_3	Q_2	Q_1	Q_0	
0	×	×	×	d_3	d_2	d_1	d_0	d_3	d_2	d_1	d_0	异步置数
1	1	×	×	×	×	×	×	保持				数据保持
1	0	0	↑	×	×	×	×	加法计数				加法计数
1	0	1	↑	×	×	×	×	减法计数				减法计数

其中$\overline{LD}$是异步预置数控制信号，D_3、D_2、D_1、D_0是预置数据输入信号；$\overline{EN}$是使能信号，低电平有效；$\overline{U}/D$是加/减控制信号，$\overline{U}/D = 0$时作加法计数，$\overline{U}/D = 1$时作减法计数；C/B是进位/借位输出信号，也称为最大/最小输出信号；$\overline{CP_0}$是串行时钟脉冲输出端。由表可总结出74LS191具有以下功能：

异步置数。当$\overline{LD}$是低电平时，不管其他输入端的状态如何，不论有无时钟脉冲CP，并行输入端的数据$d_3d_2d_1d_0$被直接置入计数器的输出端，即$Q_3Q_2Q_1Q_0=d_3d_2d_1d_0$。它的置数方式是异步的，与74LS161的同步置数方式不同。

注意该计数器无清零端，需清零时可用预置数的方法置零。

保持和计数。$\overline{EN}$是使能信号，低电平有效。当$\overline{LD} = 1$且$\overline{EN} = 1$时，计数器保持原来的状态不变。当$\overline{LD} = 1$且$\overline{EN} = 0$时，在CP端输入计数脉冲，计数器进行二进制计数。当$\overline{U}/D = 0$时做加法计数；当$\overline{U}/D = 1$时做减法计数。

C/B是进位/借位输出信号，也称为最大/最小输出信号。$\overline{CP_0}$是串行时钟脉冲输出端。由逻辑图可列出逻辑表达式

$$C/B = (\overline{U}/D) Q_3 Q_2 Q_1 Q_0 + \overline{\overline{U}/D}\,\overline{Q_3}\,\overline{Q_2}\,\overline{Q_1}\,\overline{Q_0} \quad (5.3.12)$$

$$\overline{CP_0} = \overline{\overline{EN}\,CP\,C/B} \quad (5.3.13)$$

当加法计数，计到最大值"1111"时，C/B输出"1"，有进位信号；当减法计数，计到最小值"0000"时，C/B也输出"1"，有借位信号。当$C/B = 1$的情况下，在下一个CP上升沿到达前$\overline{CP_0}$端有一个负脉冲输出。

图5.3.21是74LS191的时序图。由时序图可以较清楚地看出$\overline{CP_0}$和CP之间的时间关系。

74LS193是双时钟4位同步二进制加/减计数器，逻辑图如图5.3.22所示。

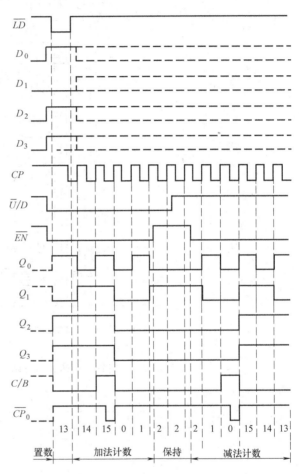

图5.3.21　74LS191时序图

其中，加法计数脉冲CP_U和减法计数脉冲CP_D来自两个不同的脉冲源。电路中4个触发器均采用T'触发器，即$T=1$，只要有时钟信号，触发器就会翻转。由图可列出各触发器的时钟方程

$$\begin{cases} CP_i = CP_U \prod_{j=0}^{i-1} Q_j + CP_D \prod_{j=0}^{i-1} \overline{Q_j} & (i=1,2,3) \\ CP_0 = CP_U + CP_D \end{cases} \quad (5.3.14)$$

当有计数脉冲 CP_U 输入时，计数器做加法计数；当有计数脉冲 CP_D 输入时，计数器做减法计数。CP_U 和 CP_D 计数脉冲在时间上应该错开。

74LS193 的引脚图和符号如图 5.3.23a、b 所示。

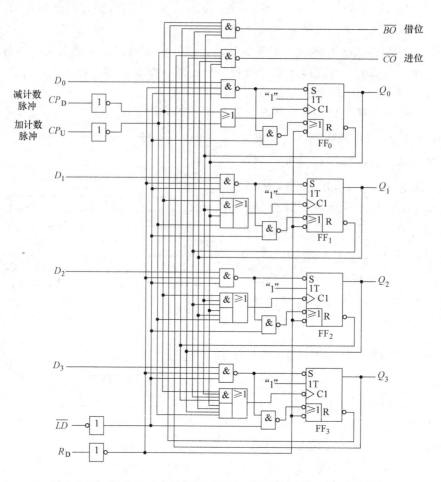

图 5.3.22　双时钟 4 位同步二进制加/减计数器 74LS193 逻辑图

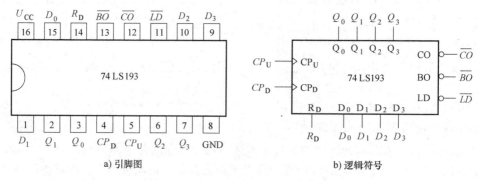

a) 引脚图　　　　　　　　　　b) 逻辑符号

图 5.3.23　74LS193 引脚图和逻辑符号

表 5.3.9 是 74LS193 的功能表。由功能表可知，74LS193 具有异步清零（高电平有效）和异步置数（低电平有效）功能。

表 5.3.9 74LS193 的功能表

清零	预置	时钟		预置数据输入				输出				工作模式
R_D	$\overline{LD}$	CP_U	CP_D	D_3	D_2	D_1	D_0	Q_3	Q_2	Q_1	Q_0	
1	×	×	×	×	×	×	×	0	0	0	0	异步清零
0	0	×	×	d_3	d_2	d_1	d_0	d_3	d_2	d_1	d_0	异步置数
0	1	↑	1	×	×	×	×	加法计数				$\overline{CO}=\overline{\overline{CP_U}\cdot Q_3Q_2Q_1Q_0}$
0	1	1	↑	×	×	×	×	减法计数				$\overline{BO}=\overline{\overline{CP_D}\cdot \overline{Q_3}\overline{Q_2}\overline{Q_1}\overline{Q_0}}$
0	1	1	1	×	×	×	×	保持				$\overline{CO}=\overline{BO}=1$

2. 十进制计数器

（1）8421BCD 码十进制加法计数器　图 5.3.24 所示为由 4 个下降沿触发的 T 触发器组成的 8421BCD 码同步十进制加法计数器的逻辑图。它是在 4 位二进制计数器基础上修改而成，当计到"1001"时，下一个 CP 脉冲到来时，电路状态回到"0000"。

根据图 5.3.24 所示电路列出驱动方程

$$\begin{cases} T_0 = 1 \\ T_1 = Q_0\overline{Q_3} \\ T_2 = Q_0Q_1 \\ T_3 = Q_0Q_1Q_2 + Q_0Q_3 \end{cases} \quad (5.3.15)$$

输出方程

$$C = Q_0Q_3 \quad (5.3.16)$$

将各驱动方程代入 T 触发器的特性方程 $Q^{n+1} = T\overline{Q^n} + \overline{T}Q^n$，得各触发器的状态方程

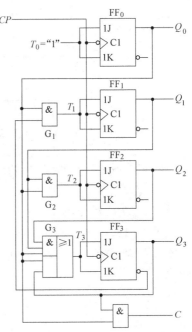

图 5.3.24　8421BCD 码同步十进制加法计数器的逻辑图

$$\begin{cases} Q_0^{n+1} = \overline{Q_0^n} \\ Q_1^{n+1} = Q_0^n\overline{Q_1^n}\overline{Q_3^n} + \overline{Q_0^nQ_3^n}Q_1^n \\ Q_2^{n+1} = Q_0^nQ_1^n\overline{Q_2^n} + \overline{Q_0^nQ_1^n}Q_2^n \\ Q_3^{n+1} = (Q_0^nQ_1^nQ_2^n + Q_0^nQ_3^n)\overline{Q_3^n} + \overline{Q_0^nQ_1^nQ_2^n + Q_0^nQ_3^n}Q_3^n \end{cases}$$

$$(5.3.17)$$

设初态为 $Q_3Q_2Q_1Q_0 = 0000$，代入状态方程进行计算，列出表 5.3.10 所示状态表，状态转换图和时序图分别如图 5.3.25 和图 5.3.26 所示。

图 5.3.25 所示的状态图中仅有一个有效循环，其中的状态称为有效状态。由于图 5.3.24 所示的电路中有 4 个触发器，它们的状态组合共有 16 种，其余 6 种状态为无效状态。由状态转换图可见，当由于某种原因使计数器进入无效状态时，在时钟信号作用下，最终能进入有效状态，故电路能够自启动。

表 5.3.10 图 5.3.24 的状态表

脉冲序号	$Q_3Q_2Q_1Q_0$				C
0	0	0	0	0	0
1	0	0	0	1	0
2	0	0	1	0	0
3	0	0	1	1	0
4	0	1	0	0	0
5	0	1	0	1	0
6	0	1	1	0	0
7	0	1	1	1	0
8	1	0	0	0	0
9	1	0	0	1	1

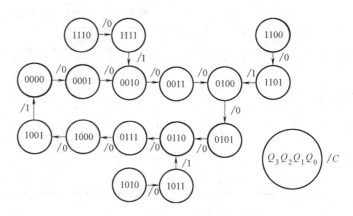

图 5.3.25 图 5.3.24 电路的状态图

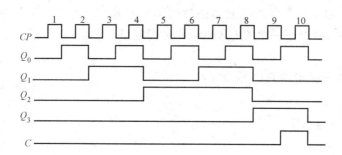

图 5.3.26 图 5.3.24 电路的时序图

由状态图或时序图可见，该电路为一具有自启动功能的 8421BCD 码同步十进制加法计数器。

图 5.3.27 所示为由 4 个下降沿触发的 JK 触发器组成的 8421BCD 码异步十进制加法计数器。可以用前面介绍的异步时序逻辑电路分析方法对该电路进行分析，此处不再做详细分析。图 5.3.28 为该电路的工作波形图，图中标出了第 8 个时钟脉冲到达后，各触发器的状态转换过程。

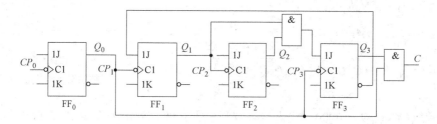

图 5.3.27 8421BCD 码异步十进制加法计数器

（2）十进制减法计数器 图 5.3.29 所示电路是同步十进制减法计数器，它是对同步二进制减法计数器进行修改而成，在"0000"时减"1"后跳变为"1001"，然后按二进制减法计数。

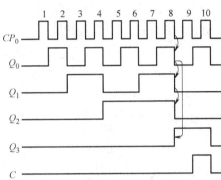

图 5.3.28 异步十进制加法计数器工作波形图　　图 5.3.29 同步十进制减法计数器

由图 5.3.29 可得各触发器的驱动方程

$$\begin{cases} T_0 = 1 \\ T_1 = \overline{\overline{Q_0}\,\overline{\overline{Q_3}\,\overline{Q_2}\,\overline{Q_1}}} \\ T_2 = \overline{\overline{Q_0}\,\overline{Q_1}\,\overline{\overline{Q_1}\,\overline{Q_2}\,\overline{Q_3}}} \\ T_3 = \overline{\overline{Q_0}\,\overline{Q_1}\,\overline{Q_2}} \end{cases} \tag{5.3.18}$$

输出方程

$$B = \overline{\overline{Q_0^n}\,\overline{Q_1^n}\,\overline{Q_2^n}\,\overline{Q_3^n}} \tag{5.3.19}$$

将驱动方程代入 T 触发器的特性方程并化简,得状态方程为

$$\begin{cases} Q_0^{n+1} = \overline{Q_0^n} \\ Q_1^{n+1} = \overline{Q_0^n}(Q_2^n + Q_3^n)\overline{Q_1^n} + Q_0^n Q_1^n \\ Q_2^{n+1} = (\overline{Q_0^n}\,\overline{Q_1^n}\,\overline{Q_3^n})\overline{Q_2^n} + (Q_0^n + Q_1^n)Q_2^n \\ Q_3^{n+1} = (\overline{Q_0^n}\,\overline{Q_1^n}\,\overline{Q_2^n})\overline{Q_3^n} + (Q_0^n + Q_1^n + Q_2^n)Q_3^n \end{cases} \tag{5.3.20}$$

由上述方程可计算得到状态转换图如图 5.3.30 所示。

（3）集成十进制计数器 典型的十进制计数器产品有同步计数器74××160、74××162，异步计数器74××290、74××196，单时钟十进制可逆计数器74××190、CC4510，双时钟产品74××192、CC40192等。

1）8421BCD 码同步加法计数器 74LS160。图 5.3.31 是中规模集成 8421BCD 码同步十进制加法计数器 74LS160 的引脚图和符号。

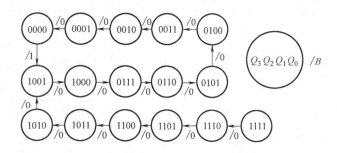

图 5.3.30 十进制减法计数器状态转换图

74LS160 与 74LS161 具有相同的芯片引脚和符号，功能表也一致，使用方法一样，差别仅在于 74LS160 是十进制而 74LS161 是十六进制。74LS160 进位输出 CO 的逻辑表达式为

$$CO = ETQ_3^n Q_0^n \tag{5.3.21}$$

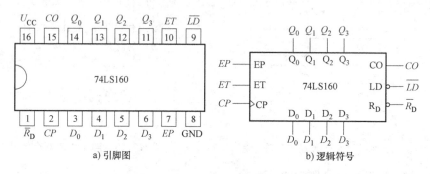

图 5.3.31 74LS160 的引脚图和逻辑符号

表 5.3.11 是 74LS160 功能表的另一种表示方法，与 74LS161 的功能表描述是一致的。

表 5.3.11 74LS160 功能表

CP	$\overline{R_D}$	$\overline{LD}$	EP	ET	功能
×	0	×	×	×	清零
↑	1	0	×	×	置数
×	1	1	0	×	保持
×	1	1	×	0	保持（$CO=0$）
↑	1	1	1	1	加法计数（$CO=ET \cdot Q_3^n Q_0^n$）

2）单时钟同步十进制可逆计数器 74LS190。图 5.3.32a 所示为单时钟同步十进制可逆计数器 74LS190 的逻辑图，图 5.3.32b 为逻辑符号，其功能表见表 5.3.12。74LS190 电路的工作原理与同步十六进制加/减计数器 74LS191 基本相同，各输入端和输出端的功能和用法也相同，不同的是电路只用到"0000~1001"十个状态。

表 5.3.12 74LS190 功能表

CP	$\overline{EN}$	$\overline{LD}$	$\overline{U}/D$	功能
×	×	0	×	置数
×	1	1	×	保持
↑	0	1	0	加计数（$C/B=Q_3Q_0$）
↑	0	1	1	减计数（$C/B=\overline{Q_0^n}\,\overline{Q_1^n}\,\overline{Q_2^n}\,\overline{Q_3^n}$）

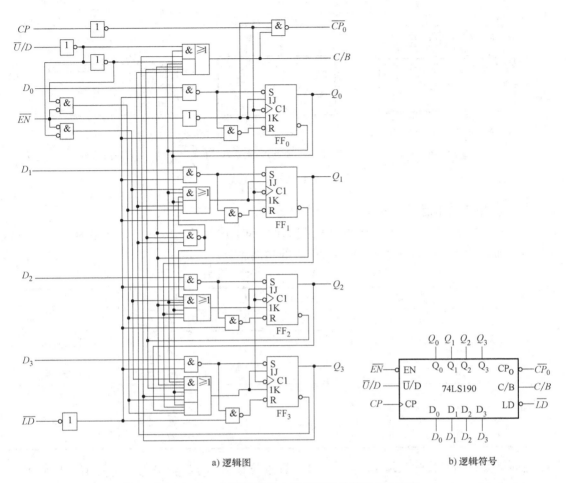

a) 逻辑图　　　　　　　　　　　　b) 逻辑符号

图 5.3.32　单时钟同步十进制可逆计数器 74LS190

由逻辑图和功能表可知，74LS190 通过 $\overline{U}/D$ 控制加/减运算，当 $\overline{U}/D=0$ 时做加法计数，当 $\overline{U}/D=1$ 时做减法计数。当加法计数计到最大值"1001"时，C/B 信号端输出"1"，当输出从"1001"变到"0000"时，C/B 信号端输出"0"；当减法计数计到最小值"0000"时，在 C/B 信号端也输出"1"，当输出从"0000"变到"1001"时，C/B 信号端输出"0"。在 $C/B=1$ 的情况下，在下一个 CP 上升沿到达前 $\overline{CP}_0$（串行时钟脉冲）端有一个负脉冲输出。

3）二—五—十进制异步加法计数器 74LS290。74LS290 可以工作在二进制计数、五进制计数和十进制计数方式，其引脚图、逻辑符号和结构示意图如图 5.3.33 所示。

74LS290 可以工作在以下几种方式。

① 二进制计数方式。计数器的时钟输入为 CP_0，输出为 Q_0。

② 五进制计数方式。计数器的时钟输入为 CP_1，输出为 Q_3、Q_2、Q_1。

③ 十进制计数方式。将 Q_0 与 CP_1 相连，当 CP_0 用作时钟脉冲输入，Q_3、Q_2、Q_1、Q_0 用作输出时，为 8421BCD 码十进制计数器；当 CP_1 用作时钟脉冲输入，Q_3 与 CP_0 相连，Q_0、

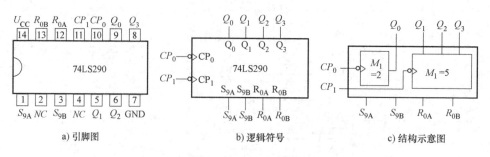

图 5.3.33　74LS290

Q_3、Q_2、Q_1 用作输出时，构成 5421 码十进制计数。

74LS290 可以工作在二进制计数、五进制计数和十进制计数方式，因此称为二—五—十进制异步加法计数器。表 5.3.13 是 74LS290 的功能表。

表 5.3.13　74LS290 的功能表

复位输入		置位输入		时钟	输出				工作模式
R_{0A}	R_{0B}	S_{9A}	S_{9B}	CP	Q_3	Q_2	Q_1	Q_0	
1	1	0	×	×	0	0	0	0	异步清零
1	1	×	0	×	0	0	0	0	
×	×	1	1	×	1	0	0	1	异步置数
0	×	0	×	↓		计	数		加法计数
0	×	×	0	↓		计	数		
×	0	0	×	↓		计	数		
×	0	×	0	↓		计	数		

由表可知，当复位输入端 $R_{0A} = R_{0B} = 1$，且置位输入 $S_{9A} S_{9B} = 0$ 时，不论有无时钟脉冲 CP，计数器输出将被直接置零；当置位输入 $S_{9A} = S_{9B} = 1$ 时，无论其他输入端状态如何，计数器输出将被直接置 9（即 $Q_3 Q_2 Q_1 Q_0 = 1001$）；当 $R_{0A} R_{0B} = 0$，且 $S_{9A} S_{9B} = 0$ 时，在计数脉冲（下降沿）作用下，实现二—五—十进制加法计数。

3. 任意进制计数器

目前生产的同步计数器芯片基本上分为二进制和十进制两种。而在实际的数字系统中，经常需要其他任意进制的计数器，如一百进制、六十进制、十二进制、七进制等。可以采用计数器级联、置数法和复位法等方法来设计任意进制计数器。

用集成计数器构成任意进制计数器　用已有的 M 进制芯片组成任意（N）进制计数器是常用的方法。所谓 N 进制，就是计数器在计数时有效循环中状态总数为 N 个。如果 $M>N$，则只需一片 M 进制计数器；如果 $M<N$，则要多片 M 进制计数器。

1) $M>N$ 的情况。用 M 进制集成计数器构成 N 进制计数器的原理就是在计数循环过程中设法跳过 $M-N$ 个状态。跳过无效状态可以利用集成计数器的清零和置数功能实现。

① 复位法构成任意进制计数器。复位法（反馈归零法）是利用计数器的复位（清零）控制端构成 N 进制计数器的方法，适用于有清零输入端的集成计数器。

集成计数器的清零有同步和异步两种方式。异步清零不受时钟脉冲控制，只要有效清零电平到来，立即清零；同步清零则需在有效电平和计数脉冲有效沿共同作用下才能实现。

异步清零法适用于具有异步清零端的集成计数器。

[例 5.3.2] 用 74LS161 构成六进制递增计数器。

解：74LS161 是一个 4 位二进制计数器，它具有异步清零端 $\overline{R}_D$，功能表见表 5.3.6。在其计数过程中，不论输出处于哪一个状态，只要在异步清零端输入一个低电平，使 $\overline{R}_D = 0$，74LS161 的输出状态会即刻从那个状态回到 "0000" 状态，清零信号消失后，$\overline{R}_D = 1$，计数器从 "0000" 状态开始重新计数。

图 5.3.34a 所示是用集成计数器 74LS161 和 "与非门" 组成的六进制计数器，图 5.3.34b 是主循环状态转换图。由图可知，计数器从 "0000" 状态开始计数，当第 6 个 CP 脉冲上升沿到来时，输出 $Q_3Q_2Q_1Q_0$ 状态为 "0110"，经 "与非门" 译码后，反馈到清零端一个清零信号 $\overline{R}_D = 0$，$Q_3Q_2Q_1Q_0$ 立即被置成 "0000"。可以看出，控制清零端的信号是 N(6) 状态，即 $\overline{R}_D = \overline{Q_2Q_1}$。计数器被清零的同时 $\overline{R}_D$ 回到高电平，计数器从 "0000" 态开始新的计数周期。由于电路一进入 "0110" 状态后立即被置成 "0000" 状态，所以 "0110" 状态仅在极短的瞬间出现，为过渡状态，在稳定的状态循环中不包括 "0110" 状态。这样，计数器跳过了 "0110~1111" 这 10 个状态，构成了六进制计数器，也称为模 6 计数器。进位输出脉冲可以从 Q_2 引出。

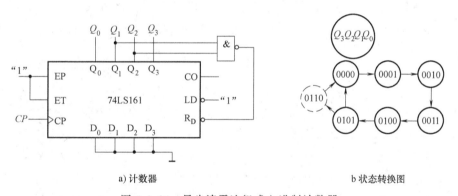

a) 计数器   b 状态转换图

图 5.3.34 异步清零法组成六进制计数器

异步清零法产生的复位信号极短，而计数器中各触发器的动态特性和带负载情况不尽相同，可能造成有的触发器已归零，有的不能归零，导致电路误动作。一种提高归零可靠性的方法是用 RS 触发器暂存清零信号，保证触发器有足够的归零时间。图 5.3.35 所示为图 5.3.34 的改进电路。

当电路中 CP 脉冲上升沿到达，$Q_3Q_2Q_1Q_0$ 状态变为 "0110" 时，G_1 输出低电平，RS 触发器被置 "1"，$\overline{Q}$ 为 "0"，使 $\overline{R}_D = 0$，$Q_3Q_2Q_1Q_0$ 立即被置成 "0000"。此时虽然 G_1 输出不再是低电平，但 RS 触发器仍然保持 "1" 态，直到 CP 下降沿到来，CP 为低电平，RS 触发器被置 "0"，$\overline{Q}$ 端低电平才消失，$\overline{R}_D = 1$。清零端的复位信号宽度被延长至 CP 高电平持续的时间。

六进制计数器的进位脉冲输出可以从 Q 信号端引出。

异步清零法实现 N 进制计数存在过渡状态，使电路工作的可靠性受到影响，而用同步清零法实现，计数循环中不出现过渡状态，从而保证了电路工作的可靠性。

同步清零法适用于具有同步清零端的集成计数器。

[例 5.3.3] 用 74LS163 构成六进制计数器。

解：74LS163 是一个 4 位二进制计数器，其功能表见表

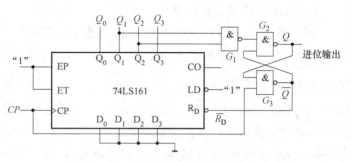

图 5.3.35 提高归零可靠性的改进电路

5.3.7，它具有同步清零端 $\overline{R}_D$，低电平有效。在其计数过程中，设输出处于某一个状态，它需要在计数脉冲的有效沿和清零端有效电平（$\overline{R}_D = 0$）同时作用下才能使计数器 74LS163 的输出状态从那个状态回到 "0000" 状态。显然，清零反馈控制信号与异步清零法不同。

图 5.3.36a 所示是用集成计数器 74LS163 和 "与非门" 组成的六进制计数器，有效循环状态转换图如图 5.3.36b 所示。由图可知，控制清零端的信号是 $N-1(5)$ 状态，即 $\overline{R}_D = \overline{Q_2 Q_0}$。计数器从 "0000" 状态开始计数，当计到 $Q_3 Q_2 Q_1 Q_0 = 0101$ 时，$\overline{R}_D = 0$，当计数器输入第 6 个计数脉冲时，CP 的上升沿与 $\overline{R}_D = 0$ 的共同控制作用使 $Q_3 Q_2 Q_1 Q_0$ 立即被置成 "0000"。同时清零信号消失，$\overline{R}_D = $ "1"，计数器从 "0000" 状态开始重新计数，实现了六进制计数。

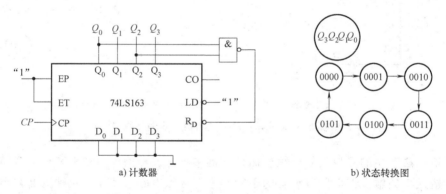

图 5.3.36 同步清零法组成 6 进制计数器

② 置数法构成任意进制计数器。置数法（反馈置数法）是利用集成计数器的预置（置数）控制端构成任意（N）进制计数器的方法，适用于具有预置功能的集成计数器。

一个 M 进制集成计数器有其固定的二进制数的编码顺序。如十进制计数器 74LS160 的编码是 "0000、0001、0010、0011、0100、0101、0110、0111、1000、1001"。如果用 74LS160 构成一个六进制现计数器，可以选择 0000 到 0101 这六个状态进行编码，也可以用 0001 到 0110 这六个状态进行编码，等等。置数法是在 M 进制计数器的 M 个状态 S_0、S_1、S_2、$\cdots$、S_{M-2}、S_{M-1} 中选定所需的 N 个连续状态，并从计数循环中的任何一个状态置入数而跳过 $M-N$ 个状态，得到 N 进制计数器。

异步预置数法适用于具有异步预置端的集成计数器。

[**例 5.3.4**] 用 74LS191 构成十进制递增计数器。

解：图 5.3.37a 所示是用 4 位二进制同步可逆计数器 74LS191 和"与非门"组成的十进制计数器。图中将 $Q_3Q_2Q_1Q_0=1101$ 的状态经"与非门"译码，产生预置信号 $\overline{LD}=\overline{Q_3Q_2Q_0}$，当第 10 个 CP 脉冲上升沿到来时，反馈到置数端一个置数信号 $\overline{LD}=0$，$Q_3Q_2Q_1Q_0$ 立即被置成"0011"，同时 $\overline{LD}$ 回到"1"。该电路的有效状态是"0011~1100"，共 10 个状态，跳过了"1101、1110、1111、0000、0001、0010"六个状态，主循环状态图如图 5.3.37b 所示。该电路可作为余 3 码计数器。

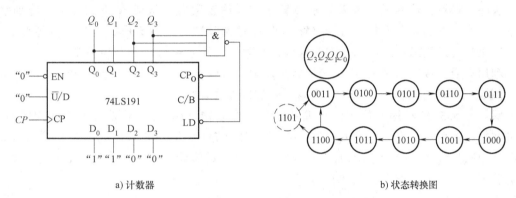

a) 计数器　　　　　　　　　　　b) 状态转换图

图 5.3.37　异步置数法组成余 3 码十进制计数器

同步预置数法适用于具有同步预置端的集成计数器。

[**例 5.3.5**] 用 74LS160 构成七进制计数器。

解：图 5.3.38a 所示是用集成计数器 74LS160 和"与非门"组成的七进制计数器，图中把进位信号反相后反馈到置数端。数据输入端应置成"0011"状态。电路从"0011"开始计数，当 74LS160 计数到 $Q_3Q_2Q_1Q_0=1001$ 时，$CO=ET \cdot Q_3 \cdot Q_0 = 1$、$\overline{LD}=0$，在第 7 个 CP 脉冲作用后，$Q_3Q_2Q_1Q_0$ 被置成"0011"，同时 $CO=0$、$\overline{LD}=1$，电路开始新的计数周期。有效循环状态图如图 5.3.38b 所示。

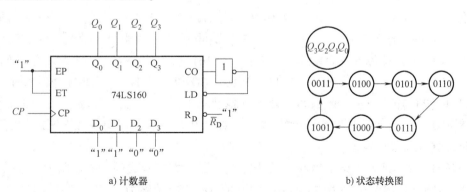

a) 计数器　　　　　　　　　　　b) 状态转换图

图 5.3.38　同步置数法组成七进制计数器

综上所述，改变集成计数器的模可用清零法，也可用预置数法。清零法比较简单，预置数法比较灵活。但不管用哪种方法，都应首先搞清所用集成组件的清零端或预置端是异步还是同步工作方式，根据不同的工作方式选择合适的清零信号或预置信号。

2）$M<N$ 的情况。当要实现计数器的工作状态 N 大于所用集成计数器的模数 M 时，则需要多片芯片。多片芯片的级联可以采用串行进位方式或并行进位方式。串行进位方式是以低位芯片的进位输出信号作为高位芯片的时钟输入信号；并行进位方式是以低位芯片的进位输出信号作为高位芯片的使能信号，两芯片的时钟信号同时接计数脉冲 CP。

如果 N 可以分解为两个因数相乘，即 $N = N_1 \times N_2$，则可以将两个计数器 N_1 和 N_2 串接起来，构成 N 进制计数器。当 N 为大于 M 的素数，不能分解为两个因数相乘时，可以先将计数器级联，扩展计数容量，再采取整体置零或整体置数方式构成 N 进制计数。特别强调，在采用 4 位二进制或十进制计数器级联实现 N 进制计数时，用集成二进制计数器级联，其计数数码是二进制码；用集成十进制计数器级联，其计数数码是 8421BCD 码。

利用集成计数器的进位/借位等级联扩展端，可以非常方便地实现计数器的级联。

[**例 5.3.6**] 用两片 74LS161 实现 256 进制加法计数器。

解：图 5.3.39 是用两片 4 位二进制加法计数器 74LS161 采用同步级联方式构成的 8 位二进制加法计数器，模为 $16 \times 16 = 256$。此时，两个 74LS161 芯片共用同一个时钟控制信号，所以称为同步级联。图中用低位芯片 74LS161（1）的进位输出 CO 去控制高位芯片的 EP、ET，这种工作方式也称为并行进位方式。

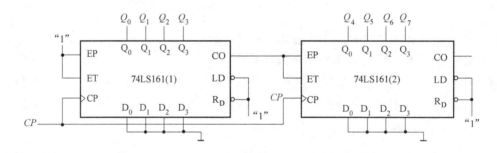

图 5.3.39　例 5.3.6 同步级联（并行进位）方式

根据功能表可知，当输出状态 $Q_3Q_2Q_1Q_0 = 1111$ 时，进位输出信号 $CO = 1$。图中芯片 74LS161（1）的工作状态控制信号 EP、ET 接高电平，计数器始终处于计数状态；芯片 74LS161（1）的进位输出 CO 接高位芯片 74LS161（2）的 EP 和 ET。只有当低位芯片 74LS161（1）计数至 15（二进制"1111"）时，$CO = 1$，在下一个 CP 脉冲到来时，高位芯片 74LS161（2）计数一次，低位芯片处于其他状态时，高位芯片不动作。这样，实现了 8 位二进制加法计数，计数长度为 $2^4 \times 2^4 = 256$。如用 M 片级联，可实现 2^{4M} 进制计数器，或称为 $4M$ 位二进制加法计数器。

图 5.3.40 所示是采用异步级联（异步方式扩展）方式构成的 256 进制加法计数器。

芯片 74LS161（1）和芯片 74LS161（2）的 EP、ET 始终为"1"，工作在计数状态。低位芯片每计数到"1111"，CO 变为高电平，在下一个 CP 脉冲到来时，低位芯片变为"0000"，CO 同时由高电平变为低电平，经反相器反相后，高位芯片 CP 端产生一个正跳脉冲沿，高位芯片计"1"。显然，两片计数器不是同步工作的。电路的这种连接方式也称为串行进位方式。

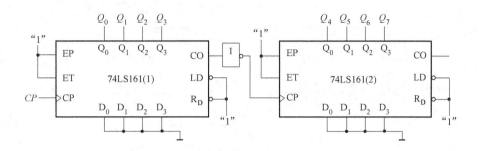

图 5.3.40　例 5.3.6 异步级联（串行进位）方式

[例 5.3.7]　用两片 74LS290 构成 100 进制计数器。

解：74LS290 是二—五—十进制异步加法计数器，功能见表 5.3.13。先将 74LS290 分别接成 8421BCD 计数器，然后级联，如图 5.3.41 所示。74LS290 没有进位/借位输出端，它用个位计数器的输出信号 Q_3 产生一个进位脉冲，即用异步级联方式组成 2 位 8421BCD 码十进制加法计数器。当个位计数器计数至 9（1001）时，$Q_3=1$，下一个 CP 脉冲到达时，个位计数器进入"0"（0000），Q_3 由"1"变为"0"，给十位计数器一个进位脉冲，十位计数器计入"1"。计数器的状态从 00001001 进入到 00010000，依此计数，构成 10×10=100 进制计数器。

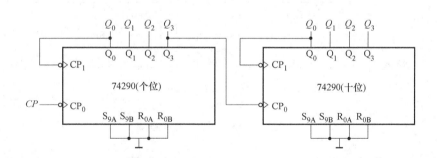

图 5.3.41　例 5.3.7 电路

[例 5.3.8]　试用两片 74LS161 组成同步三十一进制计数器。

解：因为 $N=31$，有 $16<N<256$，所以要用两片十六进制计数器 74LS161。由于 31 是一个不能分解的素数，所以首先将两芯片的 CP 端与计数脉冲相连，构成同步 16×16=256 进制计数器，然后采用整体清零方式或整体置数方式构成三十一进制计数器。利用 74LS161 同步置数功能采用整体置数方式实现的三十一进制计数器电路如图 5.3.42 所示。

十进制数 31 对应的二进制数为 0001 1111，控制同步置数端 LD 的信号是 $N-1$(30) 状态 0001 1110，在出现 $\overline{LD}=0$ 信号以前，两片 74LS161 均按十六进制计数。即芯片 74LS161（1）到芯片 74LS161（2）片之间为十六进制。当计数器计到 0001 1110 时产生 $\overline{LD}=0$ 信号，在下一个 CP 脉冲到达时，将"0000"同时置入两片 74LS161 中，计数范围为"0000 0000～0001

1110"，构成 31 进制计数器。

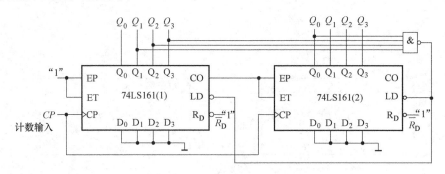

图 5.3.42　例 5.3.8 电路

[**例 5.3.9**]　试用两片 74LS160 组成同步三十一进制计数器。

解：用两片同步十进制计数器 74LS160 构成的三十一进制计数器如图 5.3.43 所示。首先将 2 片 74LS160 以同步连接方式构成 10×10 = 100 进制计数器，其中芯片 74LS160（1）为 "个位"，芯片 74LS160（2）为 "十位"。然后采用整体清零方式或整体置数方式构成三十一进制计数器。74LS160 具有异步清零和同步置数功能（见表 5.3.11）。本例利用同步置数方式实现电路，如图 5.3.43 所示。

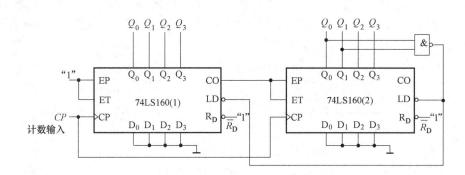

图 5.3.43　例 5.3.9 电路

在出现 $\overline{LD}=0$ 信号以前，两片 74LS160 均按十进制计数。即第（1）片到第（2）片之间为十进制。当计数器计到 30（0011 0000）时，高位芯片（2）的 Q_1Q_0 同时为 1，使 "与非门" 输出 "0"，两芯片 $\overline{LD}=0$，在下一个 CP 脉冲到达时，将 "0000" 同时置入两片 74LS160 中，计数范围为 "0000 0000 ~ 0011 0000"，构成三十一进制计数器。

4. 移位寄存器型计数器

通常将由移位寄存器构成的计数器称为移位寄存器型计数器。直接由串行输出数据反馈到串行输入端的移位型计数器称为环形计数器，而将串行输出数据取反后反馈到串行输入端的移位型计数器称为扭环形计数器。

（1）环形计数器　将图 5.3.2 所示移位寄存器首尾相连，即 $Q_3 = D_0$，则构成基本环形计数器，如图 5.3.44a 所示。首先在 $\overline{LD}$ 信号端加入启动低电平脉冲，使 $Q_3Q_2Q_1Q_0 = 0001$，则在 CP 脉冲作用下，得到图 5.3.44b 所示的有效循环状态转换图，电路构成四进制计数器。

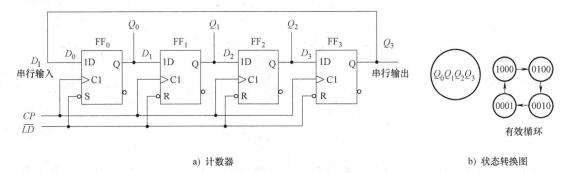

a) 计数器　　　　　　　　　　　　　　b) 状态转换图

图 5.3.44　环形计数器

图 5.3.45 是用 74194 构成的环形计数器。当正脉冲启动信号 START 到来时，使 $S_1S_0 = 11$，从而不论移位寄存器 74194 的原状态如何，在 CP 作用下总是执行置数操作使 $Q_0Q_1Q_2Q_3 = 1000$。当 START 由 "1" 变 "0" 之后，$S_1S_0 = 01$，在 CP 作用下移位寄存器进行右移操作。在第四个 CP 到来之前 $Q_0Q_1Q_2Q_3 = 0001$。这样在第四个 CP 到来时，由于 $D_{IR} = Q_3 = 1$，故在此 CP 作用下 $Q_0Q_1Q_2Q_3 = 1000$。可见该计数器共 4 个状态，为模 4 计数器。状态图如图 5.3.45b 所示。

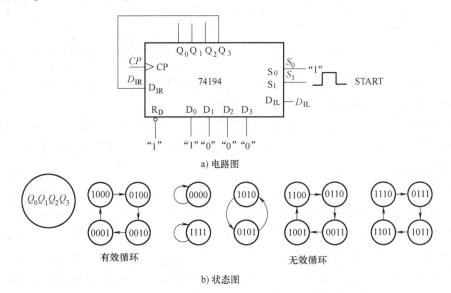

a) 电路图

b) 状态图

图 5.3.45　用 74194 构成的环形计数器

环形计数器的电路十分简单，N 位移位寄存器可以计 N 个数，实现模 N 计数器，且状态为 "1" 的输出端的序号即代表收到的计数脉冲的个数，通常不需要任何译码电路，不存在普通译码器输出可能会出现的 "竞争-冒险" 现象。

（2）扭环形计数器　环形计数器的状态利用率不高，4 个触发器只有 4 个计数状态。为了增加有效计数状态，扩大计数器的模，将图 5.3.2 电路中的 $\overline{Q}_3$ 与 D_0 相连，则构成扭环形计数器（也称为约翰逊计数器），如图 5.3.46 所示。图 5.3.47 为状态图，可见该电路有 8 个计数状态，为模 8 计数器。一般来说，N 位移位寄存器可以组成模 $2N$ 的扭环形计数器。

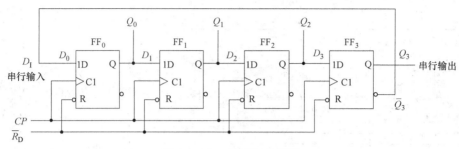

图 5.3.46 扭环形计数器

图 5.3.48 是用 74194 构成的扭环形计数器,它是将 74194 的输出 Q_3 反相后,接到串行输入端 D_{IR}。其状态图与图 5.3.47 所示相同。

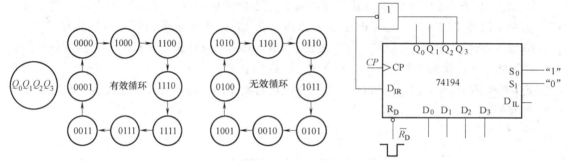

图 5.3.47 图 5.3.46 电路的状态图　　图 5.3.48 用 74194 构成的扭环形计数器

由状态图有效循环可见,扭环形计数器在每次转换状态时只有一位触发器改变状态,因此将电路译码输出时不会出现"竞争-冒险"现象。

环形和扭环形计数器电路结构简单,但没能充分利用触发器的资源,电路存在无效循环状态,电路均不能自启动。若要实现自启动,还需按照时序电路设计方法修改反馈电路。

5. 计数器应用

(1) 脉冲分配器　脉冲分配器是数字系统中定时部件的组成部分,它在时钟脉冲作用下,顺序地使每个输出端输出节拍脉冲,用以协调系统各部分的工作,有时也称为节拍脉冲发生器或顺序脉冲发生器。

1) 用计数器和译码器组成的脉冲分配器。图 5.3.49a 为由计数器 74LS161 和译码器 74LS138 组成的一个八节拍脉冲分配器的电路图。在计数脉冲 CP 作用下,输出状态 $Q_2Q_1Q_0$ 在 "000~111" 之间循环变化,从而译码器的输出 $\overline{Y}_0 \sim \overline{Y}_7$ 分别为图 5.3.49b 所示的脉冲序列。

实际上,由于 74LS161 中各个触发器的传输延迟时间不可能完全相同,所以尽管触发器是在同一时钟信号触发下工作,但在将计数器的状态译码时电路存在"竞争-冒险"现象。例如,当计数状态由 "001" 变为 "010" 时,若触发器 FF_0 先翻转为 "0",FF_1 后翻转为 "1",那么将会出现短暂的 "000" 状态,在译码器输出 $\overline{Y}_0$ 端就可能会产生一个窄的干扰脉冲,如图 5.3.49c 所示(其他干扰未画出)。

要消除"竞争-冒险"现象,可以在 74LS138 的 E_1 端加入选通脉冲,选通脉冲的有效时

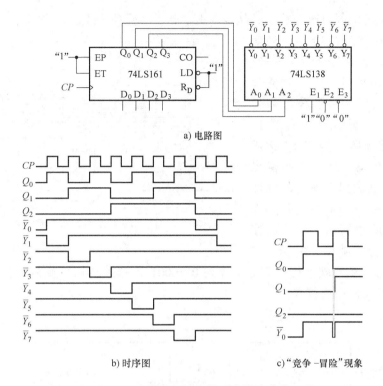

图 5.3.49 计数器和译码器组成的脉冲分配器

间要与触发器的翻转时间错开。如图 5.3.50a 电路所示将 CP 加在控制端,可以消除干扰脉冲。这时输出脉冲虽然是顺序出现,但已不是一个紧随一个了,如图 5.3.50b 所示。

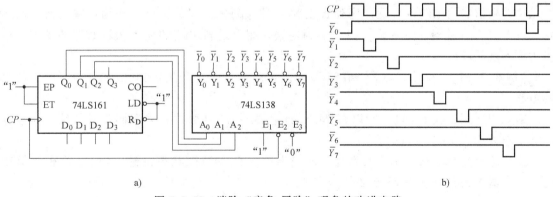

图 5.3.50 消除"竞争-冒险"现象的改进电路

2) 环形计数器作脉冲分配器。从移位寄存器组成的环形计数器状态图可以看出,其有效循环中每一个状态只有一个"1",因此,环形计数器本身就是脉冲分配器。与计数器和译码器组成的脉冲分配器相比,环形计数器作脉冲分配器,其突出优点是电路结构简单,不需要译码电路,同时消除了"竞争-冒险"现象。缺点是状态利用率低、不能自启动。

图 5.3.51 所示是用扭环形计数器加译码器构成的八节拍脉冲分配器。扭环形计数器在每次转换状态时只有 1 位触发器状态不同,因此在状态转换过程中译码器的任何一个门电路

都不会有两个输入端同时改变状态，从根本上消除了"竞争-冒险"现象。

(2) 序列信号发生器　序列信号是在时钟脉冲作用下产生的一串周期性的二进制信号。用计数器和组合逻辑电路可以构成各种序列发生器。图 5.3.52 所示是由计数器 74LS161 及数据选择器 74LS151 构成的序列信号发生器。计数器的输出 $Q_0 Q_1 Q_2$ 分别接到数据选择器的地址输入 $A_0 A_1 A_2$，需要产生的序列加入到数据选择器的数据输入端，如序列 01100011 并行加到 $D_0 \sim D_7$ 端。在

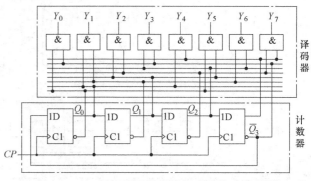

图 5.3.51　用扭环形计数器构成的脉冲分配器

CP 脉冲作用下，Z 信号端串行循环输出序列 01100011。这种结构只要修改数据选择器的数据输入即可改变输出序列信号。

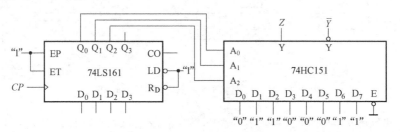

图 5.3.52　计数器组成序列信号发生器

用计数器和门电路也可设计序列长度为 P 的序列发生器。设计方法为：首先将计数器构成一个模 P 计数器，然后设计组合逻辑电路。组合逻辑电路的输入为计数器的状态，输出为要实现的序列信号。

[例 5.3.11]　试用计数器 74LS161 和门电路设计一个产生"11001000110"序列信号的电路。

解： 因序列长度 $P=11$，所以将 74LS161 构成模 11 计数器。采用同步置数法，计数器有效状态设为"0101～1111"。

设计组合逻辑电路，其输入为计数器输出 $Q_0 \sim Q_3$ 的有效状态，输出为 Z。真值表见表 5.3.14。图 5.3.53 所示为输出 Z 的卡诺图。

表 5.3.14　例 5.3.11 表

$Q_3 Q_2 Q_1 Q_0$	Z	$Q_3 Q_2 Q_1 Q_0$	Z
0 1 0 1	1	1 0 1 1	0
0 1 1 0	1	1 1 0 0	0
0 1 1 1	0	1 1 0 1	1
1 0 0 0	0	1 1 1 0	1
1 0 0 1	1	1 1 1 1	0
1 0 1 0	0		

由卡诺图得出 Z 的逻辑表达式为

$$Z = Q_0 \overline{\overline{Q_1}} + \overline{Q_0} Q_1 Q_2 = \overline{\overline{Q_0 \overline{Q_1}} \cdot \overline{\overline{Q_0} Q_1 Q_2}}$$

产生"11001000110"序列信号的电路如图 5.3.54 所示。

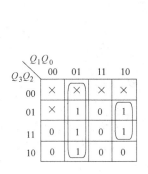

图 5.3.53　例 5.3.11 卡诺图

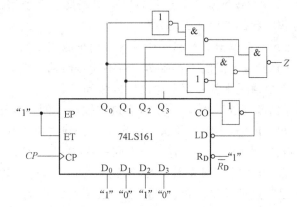

图 5.3.54　例 5.3.11 电路

5.4　同步时序逻辑电路的设计方法

时序逻辑电路的设计是分析的逆过程，即根据设计要求，选择适当的逻辑器件设计出符合要求的逻辑电路的过程。图 5.4.1 给出同步时序逻辑电路设计过程。

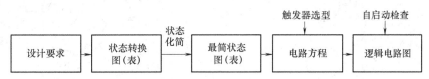

图 5.4.1　同步时序逻辑电路设计过程

设计的一般步骤为：

1) 根据设计要求，设定状态，建立原始状态图和状态表。

① 分析因果关系，分别确定输入变量和输出变量。

② 找出所有可能的状态和状态转换之间的关系，不同的状态用不同的字符命名。

③ 根据原始状态图建立原始状态表。

2) 状态化简，建立最简状态转换图。

对原始状态图或表进行状态化简，合并等价状态。等价状态是指在相同的输入下有相同的输出，并转换到同一个次态的两个状态。多个等价状态可合并为一个状态。

3) 状态分配，又称状态编码，建立编码状态表。

① 确定编码的位数，也即确定触发器的个数。触发器的个数 n 与电路的状态数 M 之间满足关系：$2^{n-1} < M \leq 2^n$。

② 给每个状态指定一个二进制代码，即进行状态编码。不同的编码方案所得到的电路繁简不同。为了阅读和设计方便，常常采用二进制码或循环码。

③ 建立编码后的状态转换图或状态转换表（状态转换卡诺图）。

4）建立电路方程。

① 选择触发器的类型。触发器产品大多是 JK 触发器和 D 触发器。用小规模集成电路设计时，使用多功能的 JK 触发器一般设计出的电路较简单。

② 根据编码状态表或状态转换卡诺图以及所采用的触发器的逻辑功能，求出电路的输出方程、状态方程和驱动方程。

5）根据输出方程和驱动方程画出电路逻辑图。

6）检查电路能否自启动。若不能自启动，则需修改设计。

下面通过举例介绍上述设计方法和步骤。

[**例 5.4.1**] 设计一个带有进位输出端的同步五进制加法计数器。

解：1）根据设计要求，设定状态，建立原始状态图。

五进制计数器，应有 5 个不同的状态，分别用 S_0、S_1、…、S_4 表示。在计数脉冲 CP 作用下，5 个状态循环翻转，在状态为 S_4 时，有进位输出 C。设 $C=1$ 表示有进位输出，$C=0$ 表示没有进位输出。状态转换图如图 5.4.2 所示。

2）状态化简。五进制计数器应有 5 个不同的状态来表示输入的时钟脉冲数，所以无须进行化简。

3）状态分配，列状态转换编码表。由式 $2^n \geq M > 2^{n-1}$ 可知，可选三个触发器。该计数器选用 3 位自然二进制加法计数编码，即 $S_0=000$、$S_1=001$、…、$S_4=100$。编码后的状态图如图 5.4.3 所示，并由此列出状态转换表见表 5.4.1。

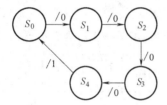

图 5.4.2　例 5.4.1 原始状态图

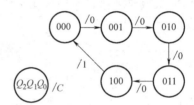

图 5.4.3　例 5.4.1 编码的状态图

表 5.4.1　例 5.4.1 的状态转换表

状态转换顺序	Q_2^n Q_1^n Q_0^n	Q_2^{n+1} Q_1^{n+1} Q_0^{n+1}	进位输出 C
S_0	0　0　0	0　0　1	0
S_1	0　0　1	0　1　0	0
S_2	0　1　0	0　1　1	0
S_3	0　1　1	1　0　0	0
S_4	1　0　0	0　0　0	1

4）选择触发器。选用 JK 触发器。

5）触发器的状态方程和输出方程。根据状态表可以分别画出 Q_2^{n+1}、Q_1^{n+1}、Q_0^{n+1} 和进位输出 C 的卡诺图，如图 5.4.4 所示，三个无效状态"101、110、111"作无关项处理。

卡诺图化简同时考虑 JK 触发器的特性方程得五进制加法计数器的状态方程和输出方程为

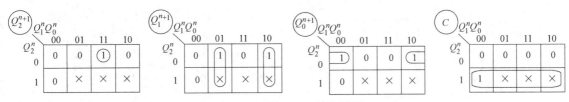

图 5.4.4 例 5.4.1 的卡诺图

$$\begin{cases} Q_2^{n+1} = Q_0^n Q_1^n \overline{Q_2^n} \\ Q_1^{n+1} = Q_0^n \overline{Q_1^n} + \overline{Q_0^n} Q_1^n \\ Q_0^{n+1} = \overline{Q_0^n} \overline{Q_2^n} \end{cases} \quad (5.4.1)$$

$$C = Q_2^n \quad (5.4.2)$$

6）求驱动方程。将状态方程与 JK 触发器的特性方程 $Q^{n+1} = J\overline{Q^n} + \overline{K}Q^n$ 进行对比，求得各触发器的驱动方程为

$$\begin{cases} J_2 = Q_0^n Q_1^n & K_2 = 1 \\ J_1 = Q_0^n & K_1 = Q_0^n \\ J_0 = \overline{Q_2^n} & K_0 = 1 \end{cases} \quad (5.4.3)$$

7）画逻辑图。根据驱动方程和输出方程，画出五进制计数器的逻辑图如图 5.4.5 所示。

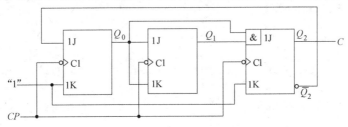

图 5.4.5 例 5.4.1 的逻辑图

8）检查能否自启动。将无效状态 101、110、111 分别代入式（5.4.1）计算。在 CP 脉冲作用下，分别进入有效状态 010、010、000，所以电路能够自启动。图 5.4.6 所示为电路完整的状态图。

[例 5.4.2] 设计一个串行数据检测器。该检测器可对按时钟节拍传送的序列信号 X 进行检测。当连续输入 4 个或 4 个以上"1"信号时，检测器输出 Y = 1，否则输出 Y = 0。检测器示意图如图 5.4.7 所示。

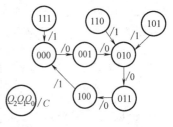

图 5.4.6 例 5.4.1 状态图

解：1）根据设计要求，设定状态，建立原始状态图。

根据题意该电路有一个序列信号输入 X 和一个检测输出 Y。

电路应至少有 5 个不同状态，即

S_0 状态：没有收到"1"时的状态。

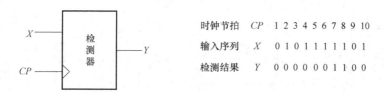

图 5.4.7 例 5.4.2 的序列检测器示意图

S_1 状态：收到 1 个 "1" 后的状态。

S_2 状态：连续收到 2 个 "1" 后的状态。

S_3 状态：连续收到 3 个 "1"（以及 4 个以上 "1"）后的状态。

S_4 状态：连续收到 4 个或 4 个以上 "1" 后的状态。

根据题意可知，不管电路处于什么状态，只要电路接收到 "0"，便会转移到状态 S_0。画出原始状态图如图 5.4.8 所示。

2）状态化简。观察原始状态图 5.4.8 可知，对于状态 S_3 和 S_4，输入 X 为 "0" 和 "1" 时，它们的次态和输出完全相同，即这两个状态是等价状态，所以将 S_3 和 S_4 合并，并用 S_3 表示，图 5.4.9 是经过化简之后的状态图。

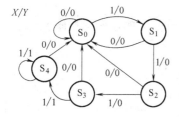

图 5.4.8 例 5.4.2 的原始状态图

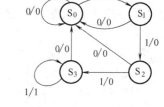

图 5.4.9 例 5.4.2 的简化状态图

3）状态分配，列状态转换编码表。由式 $2^n \geqslant 4 > 2^{n-1}$，可选两个触发器。选用两个 D 触发器。两个触发器状态 Q_1Q_0 有 "00、01、10、11" 共 4 种可能，对状态进行编码，考虑安全性（相邻码组之间只有一个码变化），本例取 $S_0=00$、$S_1=01$、$S_2=11$、$S_3=10$。

由图 5.4.9 可画出编码后的状态表见表 5.4.2。

表 5.4.2 例 5.4.2 的编码状态表

$Q_1^n Q_0^n$ \ $Q_1^{n+1}Q_0^{n+1}/Y$	X	
	0	1
0　0	00/0	01/0
0　1	00/0	11/0
1　1	00/0	10/0
1　0	00/0	10/1

4）求状态方程和输出方程。根据状态表可以画出表示次态和输出的卡诺图，如图 5.4.10 所示。

由图 5.4.10 得状态方程和输出方程为

$$\begin{cases} Q_1^{n+1} = XQ_0^n + XQ_1^n = X\overline{\overline{Q_0^n}\,\overline{Q_1^n}} \\ Q_0^{n+1} = X\,\overline{Q_1^n} \end{cases} \quad (5.4.4)$$

输出方程为

$$Y = XQ_1^n\overline{Q_0^n} \quad (5.4.5)$$

5) 求驱动方程和输出方程。将状态方程与 D 触发器的特性方程 $Q^{n+1} = D$ 进行对比，求得各触发器的驱动方程为

$$\begin{cases} D_0 = X\,\overline{Q_1^n} \\ D_1 = X\,\overline{\overline{Q_0^n}\,\overline{Q_1^n}} \end{cases} \quad (5.4.6)$$

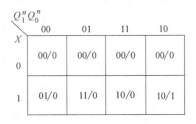

图 5.4.10 例 5.4.2 的次态/输出 $(Q_1^{n+1}Q_0^{n+1}/Y)$ 卡诺图

6) 画逻辑图。根据驱动方程和输出方程，画出该串行数据检测器的逻辑电路如图 5.4.11 所示。

7) 检查能否自启动。电路中 4 个状态均为有效状态，因此电路不存在不能自启动问题。

[例 5.4.3] 用 JK 触发器设计一个五进制同步计数器，要求其有效循环状态为 "000→001→011→101→110→000"。

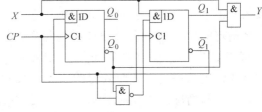

图 5.4.11 例 5.4.2 的逻辑图

解：1) 列状态表。该时序电路有三个状态变量，设为 Q_2、Q_1、Q_0。题中已给出最简状态图，根据题要求的有效循环状态，可作出二进制状态表见表 5.4.3。

表 5.4.3 例 5.4.3 状态表

Q_2^n	Q_1^n	Q_0^n	Q_2^{n+1}	Q_1^{n+1}	Q_0^{n+1}
0	0	0	0	0	1
0	0	1	0	1	1
0	1	0	×	×	×
0	1	1	1	0	1
1	0	0	×	×	×
1	0	1	1	1	0
1	1	0	0	0	0
1	1	1	×	×	×

2) 确定驱动方程。根据状态表画出表示次态的卡诺图，如图 5.4.12 所示。

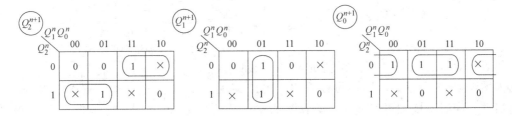

图 5.4.12 例 5.4.3 次态卡诺图

由次态卡诺图求出其状态方程

$$\begin{cases} Q_2^{n+1} = Q_1^n \overline{Q_2^n} + \overline{Q_1^n} Q_2^n & (J_2 = Q_1^n, K_2 = Q_1^n) \\ Q_1^{n+1} = Q_0^n \overline{Q_1^n} & (J_1 = Q_0^n, K_1 = 1) \\ Q_0^{n+1} = \overline{Q_0^n}\,\overline{Q_2^n} + Q_0^n \overline{Q_2^n} & (J_0 = \overline{Q_2^n}, K_0 = Q_2^n) \end{cases} \quad (5.4.7)$$

3) 自启动检查。将无效状态分别代入式（5.4.7）计算，得电路完整的状态图如图 5.4.13 所示。

由状态图可见，该电路一旦进入状态 "100"，就不能进入计数主循环，因而该电路不能实现自启动，需要修改设计。

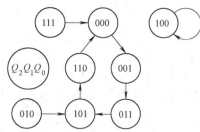

图 5.4.13 例 5.4.3 状态图

修正方法 1：由于次态卡诺图中包括在圈里的任意项取为 "1"，而在圈外的任意项取为 "0"，即无效状态的次态已被指定。若这个指定的次态属于有效循环中的状态，电路可以自启动，反之则不可以自启动。通过修改指定状态（即改变方程的化简方式）可以使其具备自启动功能。将原来没有描述的状态的转移情况加以定义，如将状态表中无效状态的转移方向均定义为 "000"，见表 5.4.4。显然，按照表 5.4.4 设计的时序电路，无效循环均能进入有效循环。但这种方法由于失去了任意项，会增加电路的复杂程度。

表 5.4.4 例 5.4.3 修改状态表

Q_2^n	Q_1^n	Q_0^n	$Q_2^{n+1} Q_1^{n+1} Q_0^{n+1}$
0	0	0	0 0 1
0	0	1	0 1 1
0	1	0	0 0 0
0	1	1	1 0 1
1	0	0	0 0 0
1	0	1	1 1 0
1	1	0	0 0 0
1	1	1	0 0 0

修正方法 2：改变原来次态卡诺图的圈法。如果希望能尽量使用任意项，可以对 Q_0^{n+1} 和 Q_2^{n+1} 的圈法作修改。如修改 Q_0^{n+1} 的圈法，它仅改变 Q_0 的状态转移。新的圈法如图 5.4.14 所示。

由新圈法得

$$\begin{cases} Q_0^{n+1} = \overline{Q_1^n}\,\overline{Q_0^n} + \overline{Q_2^n} Q_0^n \\ J_0 = \overline{Q_1^n} \quad K_0 = Q_2^n \end{cases} \quad (5.1.8)$$

代入无效状态重新计算，得新的电路完整的状态图如图 5.4.15 所示。从图中可以看出，电路实现了自启动，同时不增加驱动方程的复杂程度。

4) 画逻辑图

图 5.4.16 是具有自启动功能的实现电路，状态

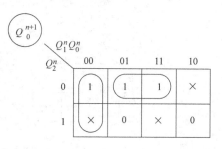

图 5.4.14 例 5.4.3 新的圈法

转换图如图 5.4.15 所示。

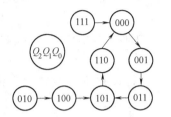

图 5.4.15　例 5.4.3 修改后的状态图

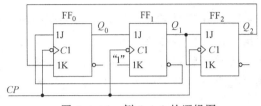

图 5.4.16　例 5.4.3 的逻辑图

5.5　工程应用举例

药片瓶装控制系统

图 5.5.1 所示为一个药片瓶装控制系统框图。系统由寄存器、计数器等时序逻辑电路以及编码器、译码器、数值比较器等组合逻辑电路构成。系统通过计数装入一个瓶中的药片数来限制装入的药片量，从而实现每个药瓶中装入预设数目的药片。

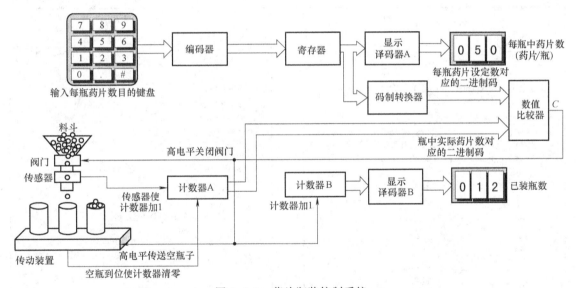

图 5.5.1　药片瓶装控制系统

键盘用以设置每瓶内应装入的药片数，其输入的十进制数经编码器转换成对应的 4 位 BCD 代码并存储在寄存器内。寄存器的输出一路送至显示译码器，显示器显示每瓶中应装的药片数，如显示的设置数为 50；另一路经码制转换电路将设定数代码转换为对应的二进制数，该二进制数与瓶中实际药片数对应的二进制数通过数值比较器进行比较。

计数器 A 用来计数装入瓶中的药片数。分装药的料斗内每落下一片药片，光电传感器就产生一个脉冲信号，该信号作为计数器的计数脉冲，使计数器 A 加 1。显然，计数器 A 的二进制状态表示瓶中药片的实际数量。

计数器 A 的输出送至数值比较器。当比较器输入的每瓶药片设置数与瓶中装入的实际药片数相等时，表示已装满一瓶，数值比较器相等输出端变为高电平，即 $C="1"$。C 的高电平输出分别作用于料斗（停止装瓶）、传动装置（移出满瓶，移入空瓶）和计数器 B（加 1 脉冲）。

计数器 B 用来计数已装瓶数，每装满一瓶，计数器 B 加 1，并通过显示译码器 B 和显示器显示出来，如显示已装瓶数 12。

当空瓶被移动到料斗下方时，传动装置产生一个清零脉冲，将计数器 A 复位，数值比较器输出变为低电平，料斗开启，开始新的装瓶。

5.6 时序逻辑电路的 Verilog HDL 描述

1. 4 位二进制计数器

图 5.6.1 所示为带异步复位的 4 位同步二进制计数器及其 Verilog HDL 描述。

2. 集成十进制计数器

图 5.6.2 所示为 8421BCD 码同步十进制加法计数器的 Verilog HDL 描述。计数器具有工作状态控制信号 EP、ET（高电平有效）、异步清零信号 $\overline{R_D}$ 和同步置数信号 $\overline{LD}$（低电平有效）。

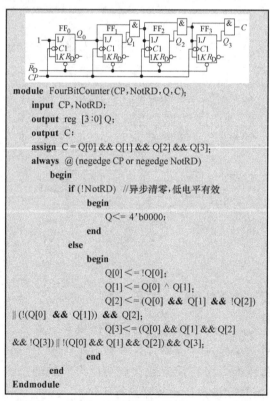

图 5.6.1　4 位二进制计数器及其 Verilog 程序

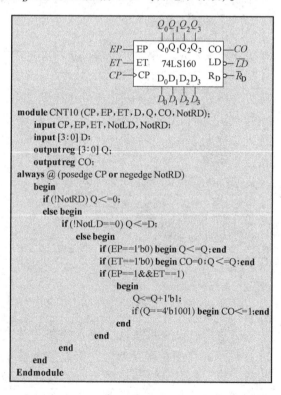

图 5.6.2　集成十进制计数器 Verilog 程序

3. 双向 4 位移位寄存器

图 5.6.3 所示为 4 位双向移位寄存器的 Verilog HDL 描述。寄存器具有异步清零 $\overline{R_D}$（低

电平有效）端、并行置数、串行输入、并行输出、左移和右移工作模式选择控制输入端 S_1 和 S_0，左移和右移串行输入 D_{IL} 和 D_{IR} 端。

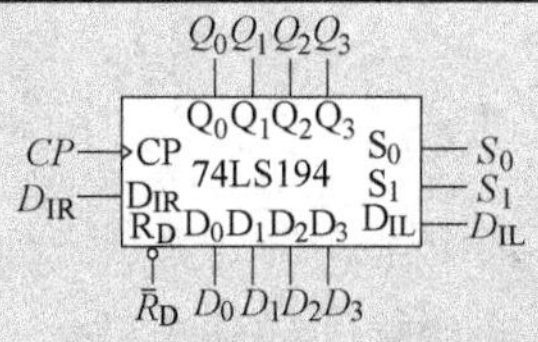

```
module Shifter (CP, NotRD, DIL, DIR, S, Q);
  input CP, NotRD, S, DIL, DIR;
  input [1:0] S;
  input [3:0] D;
  output reg [3:0] Q;
  always@ (posedge CP)
    begin
      if(! NotRD) begin Q<=0;end
      else if (S == 2'b00) begin Q<=Q; end
      else if (S == 2'b01)
        begin
          if(DIR)begin Q<=(Q>>1); Q[3]<=1; end
          else begin Q<=(Q>>1); Q[3]<=0; end
        end
      else if(S == 2'b10)
        begin
          if(DIL)begin Q<=(Q<<1); Q[0]<=1; end
          else begin Q<=(Q<<1); Q[0]<=0; end
        end
      else begin Q<=D; end
    end
Endmodule
```

图 5.6.3　双向 4 位移位寄存器 Verilog 程序

本 章 小 结

时序逻辑电路的输出状态不仅与现在的输入信号有关，而且还与电路原来的状态有关，这是时序逻辑电路与组合逻辑电路最根本的区别。时序电路中必须含有具有记忆能力的存储器件，触发器是最常用的存储器件。

描述时序逻辑电路功能的方法有逻辑方程组、状态转换表、状态转换图和时序图等，其中逻辑方程组包括输出方程组、触发器驱动方程（或激励方程）组和状态方程组。这些方法是分析和设计时序逻辑电路的主要工具。

分析同步时序逻辑电路的一般步骤为：逻辑图→驱动方程、输出方程→状态方程→状态转换真值表→状态转换图和时序图→逻辑功能。

同步时序逻辑电路的设计是分析的逆过程，它是根据设计要求，选择适当的逻辑器件设计出符合要求的逻辑电路的过程。

计数器和寄存器是极具典型性和代表性的时序逻辑电路，要掌握其工作原理、逻辑功能及其应用。时序逻辑电路集成器件产品众多，本章只介绍了个别的典型器件，因此要注意掌握时序逻辑电路的共同特点和分析方法。

集成计数器应用很广。用已有的 M 进制集成计数器产品可以构成 N（任意）进制的计数器和分频器。计数器与组合电路配合可以构成顺序脉冲发生器、序列信号发生器等。

寄存器常用来暂时存放数据、指令等。寄存器的基本功能要求是数据能存入、能保持和能取出。用移位寄存器可实现数据的串行—并行转换，组成环形计数器、扭环计数器、顺序脉冲发生器等。

习　题

5.1.1　试简述时序逻辑电路的基本结构和特点。

5.1.2　试列举时序逻辑电路逻辑功能的描述方法。

5.2.1　时序电路如题图 5.2.1a 所示，X 为输入逻辑变量。（1）画出电路的状态转换表和状态转换图。（2）画出在题图 5.2.1b 所示波形作用下，Q 和 Y 的输出波形。设触发器初态为"0"。

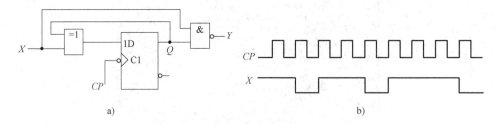

题图 5.2.1

5.2.2　试分析题图 5.2.2 所示时序逻辑电路。设触发器的初态均为"0"。

（1）写出各触发器的驱动方程、状态方程。

（2）列出状态转换表并画出完整的状态图，判断电路是否能自启动。

（3）说明电路的逻辑功能。

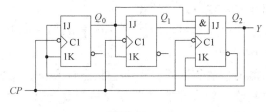

题图 5.2.2

5.2.3　试分析题图 5.2.3 所示时序逻辑电路的功能。写出电路的驱动方程、状态方程和输出方程，列出状态转换表并画出状态转换图，检查电路能否自启动。

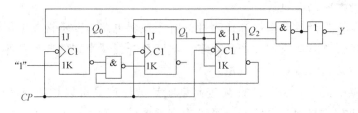

题图 5.2.3

5.2.4 分析题图 5.2.4 给出的时序电路,画出电路的状态转换图,检查电路能否自启动,说明电路实现的功能。A 为输入变量。

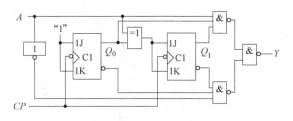

题图 5.2.4

5.2.5 分析题图 5.2.5 所示的时序电路,画出电路的状态转换图,并对应 CP 画出输出 Q_0 和 Q_1 的波形,说明电路实现的功能。设电路的初始状态为 "00"。

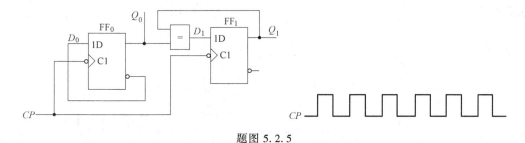

题图 5.2.5

5.2.6 分析题图 5.2.6 时序逻辑电路,写出电路的驱动方程、状态方程和输出方程,画出电路的状态转换图,检查电路能否自启动,说明电路实现的功能。

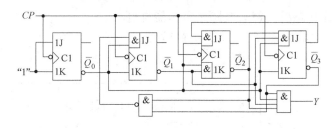

题图 5.2.6

5.2.7 某计数器波形如题图 5.2.7 所示,试确定该计数器的模,并画出状态转换图。

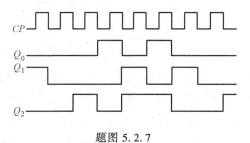

题图 5.2.7

5.2.8 同步时序逻辑电路如题图 5.2.8 所示，触发器初始状态均为"0"。试求：(1) 在连续 7 个时钟脉冲 CP 作用下输出 Q_0、Q_1 和 Y 的波形。(2) 输出 Y 与时钟 CP 的关系。

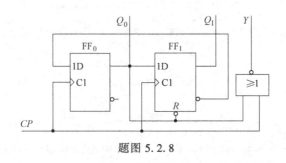

题图 5.2.8

5.2.9 题图 5.2.9 所示为一异步时序逻辑电路，试分析其逻辑功能，画出状态转换图和波形图。

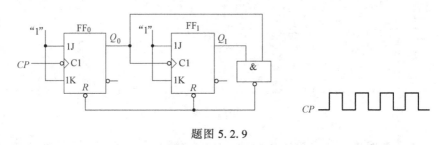

题图 5.2.9

5.2.10 分析如题图 5.2.10 所示时序逻辑电路。（设触发器的初始状态均为"0"）
(1) 写出各触发器的时钟方程、驱动方程、状态方程。
(2) 画出完整的状态图，判断电路是否具能自启动。
(3) 画出在 CP 作用下的 Q_0、Q_1 及 Q_2 的波形。

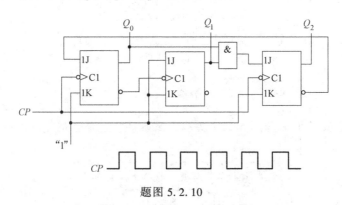

题图 5.2.10

5.3.1 电路如题图 5.3.1a 所示，其输入 A 及 CP 的波形如题图 5.3.1b 所示。试画出输出 Q_0、Q_1、Q_2 的波形，设触发器初始状态均为"0"。

5.3.2 在题图 5.3.2 所示电路中，若两个移位寄存器中的原始数据分别为 $A_3A_2A_1A_0$ = "1001"，$B_3B_2B_1B_0$ = "0011"，CI 的初始值为 0，试问经过 4 个 CP 信号作用以后两个寄存器

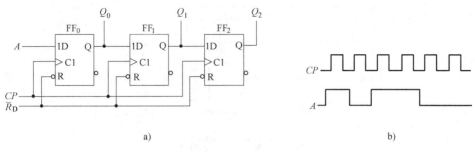

题图 5.3.1

中的数据如何？这个电路完成什么功能？

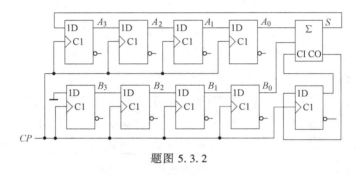

题图 5.3.2

5.3.3 用移位寄存器 74194 和逻辑门组成的电路如题图 5.3.3 所示。设 74194 的初始状态 $Q_3Q_2Q_1Q_0$ = "0001"，试画出各输出 Q_3、Q_2、Q_1、Q_0 和 Y 的波形。

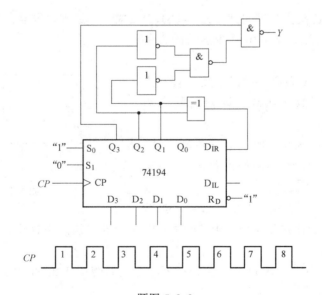

题图 5.3.3

5.3.4 电路如题图 5.3.4 所示，图中 74HC153 为 "4 选 1" 数据选择器。试问当 MN 为各种不同输入时，电路分别是那几种不同进制的计数器。

5.3.5 试分析题图 5.3.5 所示电路，说明它们各是多少进制的计数器。

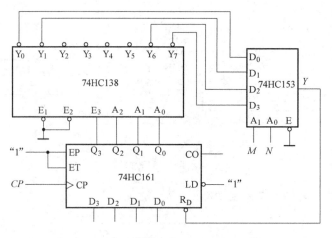

题图 5.3.4

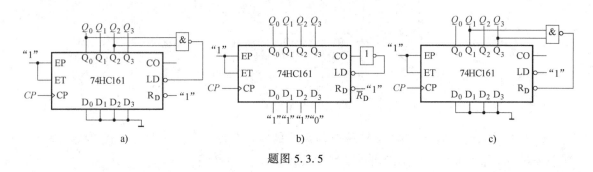

题图 5.3.5

5.3.6　试用 4 位同步二进制计数器 74LS161 接成十三进制计数器，标出输入、输出端。可以附加必要的门电路。要求用两种不同的方法实现。

5.3.7　试用 74160 及必要的门电路实现八进制计数器。要求用置数法实现，设初始状态为"0010"。

5.3.8　分析题图 5.3.8 所示的计数器电路，分别画出在 $M=1$ 和 $M=0$ 时电路的状态转换图，说明各为多少进制的计数器。

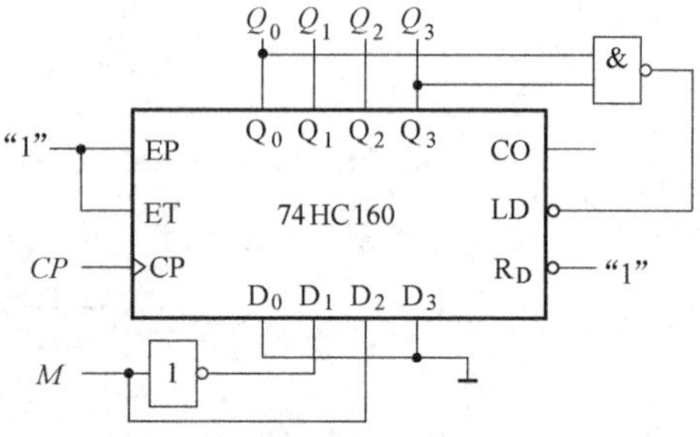

题图 5.3.8

5.3.9　设计一个可控制进制的计数器，当输入控制变量 $M=0$ 时工作在四进制，$M=1$ 时工作在十五进制。请标出计数输入端和进位输出端。

5.3.10　用二—五—十进制计数器 74LS290 构成如题图 5.3.10 所示计数电路，试分析它们各为几进制计数器？

5.3.11　试用 74160 构成同步二十四进制计数器，要求采用两种不同的方法。

5.3.12　试用两片 74161 组成八十三进制计数器。

5.3.13　试分析题图 5.3.13 电路是多少进制的计数器，Y 与 CP 的频率之比（分频比）是多少。

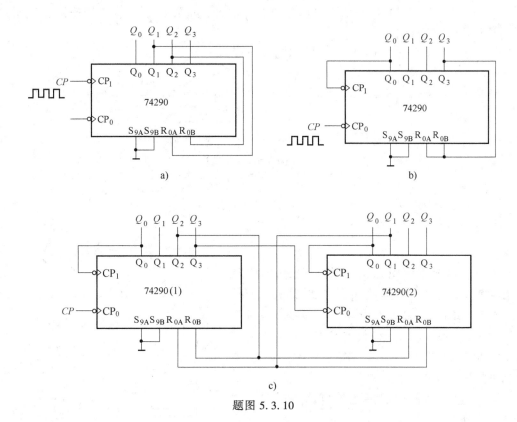

题图 5.3.10

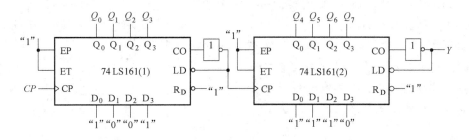

题图 5.3.13

5.3.14 试分析题图 5.3.14 电路是多少进制的计数器。

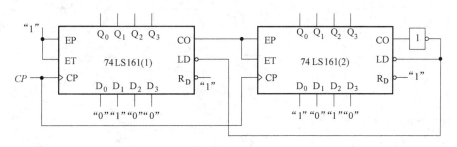

题图 5.3.14

5.3.15 题图 5.3.15 是一个移位寄存器型计数器，试画出它的状态转换图，说明这是几进制计数器，能否自启动。

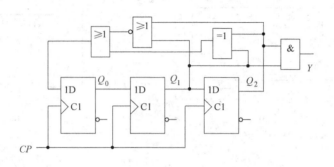

题图 5.3.15

5.3.16 试分析题图 5.3.16 所示电路的功能，说明在时钟 CP 作用下，电路输出 Z 状态如何变化。

5.4.1 试用 JK 触发器设计一个同步减法计数器，当输入信号 $X=0$ 时，计数器状态保持不变；当 $X=1$ 时，状态变化为 "11→10→01→00→11→…"。画出逻辑电路图，写出设计步骤。

5.4.2 已知某同步时序逻辑电路的时序图如题图 5.4.2 所示。

（1）列出电路的状态转换真值表，写出每个触发器的驱动方程和状态方程。

（2）试用 D 触发器和"与非门"实现该时序逻辑电路，要求电路最简。画出逻辑电路图。

5.4.3 试用负边沿 D 触发器设计一个同步时序逻辑电路，其状态图如题图 5.4.3 所示。

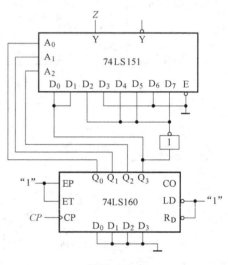

题图 5.3.16

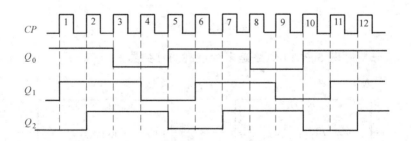

题图 5.4.2

（1）列出状态表。

（2）写出激励方程和输出方程。

（3）画出逻辑电路。

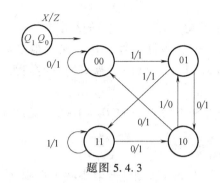

题图 5.4.3

自 测 题

1. 同步计数器和异步计数器比较,同步计数器的显著优点是（　　）。
A. 工作速度高　　　　　　　　　　B. 触发器利用率高
C. 电路简单　　　　　　　　　　　D. 不受时钟 CP 控制

2. 下列逻辑电路中为时序逻辑电路的是（　　）。
A. 变量译码器　　B. 加法器　　　C. 数码寄存器　　D. 数据选择器

3. 存储 8 位二进制信息要（　　）个触发器。
A. 2　　　　　　B. 3　　　　　　C. 4　　　　　　D. 8

4. N 个触发器可以构成能寄存（　　）位二进制数码的寄存器。
A. $N-1$　　　　B. N　　　　　C. $N+1$　　　　D. $2N$

5. 8 位移位寄存器,串行输入时经（　　）个脉冲后,8 位数码全部移入寄存器中。
A. 1　　　　　　B. 2　　　　　　C. 4　　　　　　D. 8

6. 指出下列电路中能够把串行数据变成并行数据的电路应该是（　　）。
A. JK 触发器　　B. 3—8 线译码器　C. 移位寄存器　　D. 十进制计数器

7. 4 个触发器组成的环行计数器最多有（　　）个有效状态。
A. 4　　　　　　B. 6　　　　　　C. 8　　　　　　D. 16

8. 1 个移位寄存器原来的状态为"0000",如果串行输入始终为"1",则经过 4 个移位脉冲后寄存器的内容为（　　）。
A. 0001　　　　B. 0111　　　　C. 1110　　　　D. 1111

9. 使用 100kHz 的时钟频率,8 个数位可以在（　　）时间内串行进入移位寄存器中？
A. 80μs　　　　B. 8μs　　　　　C. 80ms　　　　D. 10μs

10. 利用 1MHz 的时钟频率,8 个数位可以在（　　）时间内并行进入移位寄存器中？
A. 在 8μs 内
B. 在 8 个触发器的传输延迟时间内
C. 在 1 个触发器的传输延迟时间内
D. 在 1μs 内

11. 3 位二进制计数器的最大模是（　　）。
A. 3　　　　　　B. 6　　　　　　C. 8　　　　　　D. 16

12. 模 12 计数器必须具有（　　）。
    A. 12 个触发器　　　B. 3 个触发器　　　C. 同步时钟　　　D. 4 个触发器

13. 1 个由触发器组成的 4 位异步计数器，每个触发器从时钟到 Q 输出的时间延迟为 12ns。计时器从"1111"再循环回到"0000"，需要的总时间为（　　）。
    A. 12ns　　　B. 24ns　　　C. 48ns　　　D. 36ns

14. 集成十进制加法计数器初态为 $Q_3Q_2Q_1Q_0=1001$，经过 5 个 CP 脉冲后，计数器状态为（　　）。
    A. 0000　　　B. 0100　　　C. 0101　　　D. 1110

15. 把 1 个五进制计数器与 1 个六进制计数器串联可得到（　　）进制计数器。
    A. 6　　　B. 5　　　C. 11　　　D. 30

16. 要将方波脉冲的周期扩展 10 倍，可采用（　　）。
    A. 10 级施密特触发器　　　　　　B. 10 位二进制计数器
    C. 十进制计数器　　　　　　　　D. 10 位 D-A 转换器

17. 输入 100Hz 脉冲信号，要获得 10Hz 的输出脉冲信号需要用多少进制计数器实现（　　）。
    A. 一百进制　　　B. 十进制　　　C. 五十进制　　　D. 五进制

18. 已知 Q_3、Q_2、Q_1、Q_0 是 8421BCD 码同步十进制加法计数器的触发器的输出，若以 Q_3 作为进位，则其周期和正脉冲宽度是（　　）。
    A. 10 个 CP 脉冲，正脉冲宽度为 1 个 CP 周期
    B. 10 个 CP 脉冲，正脉冲宽度为 2 个 CP 周期
    C. 10 个 CP 脉冲，正脉冲宽度为 4 个 CP 周期
    D. 10 个 CP 脉冲，正脉冲宽度为 8 个 CP 周期

19. 时序逻辑电路设计的任务是（　　）。
    A. 给定功能，通过一定的步骤设计出时序电路
    B. 研究电路的可靠性
    C. 研究电路如何提高速度
    D. 给定电路，通过一定的步骤说明电路的功能

第 6 章 半导体存储器

内容提要

半导体存储器是数字系统的重要组成部分，常用来存储大量的二进制数据，和其他存储方式相比，它具有体积小、速度快、集成度高、功耗小的特点。本章主要介绍只读存储器和随机存取存储器的基本结构和工作原理及工程应用，在实际使用中更关注存储器的容量扩展，本章也进行了介绍。

6.1 概述

半导体存储器（Semi-Conductor Memory）是一种以半导体电路作为存储媒体的存储器。由于对运行速度的要求，现代计算机的内存储器多采用半导体存储器。内存储器就是由称为存储器芯片的半导体集成电路组成。

半导体存储器体积小、存储速度快、存储密度高，与逻辑电路接口容易。主要用作高速缓冲存储器、主存储器、只读存储器及堆栈存储器等。

评价半导体存储器性能的两个主要技术指标是：存储容量和存取时间。存储容量指存储器所能记忆信息的多少，即存储器所包含记忆单元的总位数。存取速度是指从 CPU 给出有效的存储地址到存储器给出有效数据所需的时间。

半导体存储器按其制造工艺可分为：双极晶体管存储器和 MOS 晶体管存储器。按其存储原理可分为：静态存储器和动态存储器两种。

半导体存储器通常按功能分为只读存储器（Read Only Memory，ROM）和随机存取存储器又称为读写存储器（Read Access Memory，RAM）。本章将对这两类存储器进行介绍。

6.2 只读存储器

ROM 是线路最简单的半导体电路，通过掩膜工艺，一次性制造，在元件正常工作的情况下，其中的代码与数据将永久保存，并且不能进行修改。ROM 通常存储重复使用的数据，如表格、已编译完的指令等。由于断电后 ROM 中存储的数据仍然能够保持，所以 ROM 具有非易失性。

ROM 存储器通常包括存储矩阵、地址译码器、"读/写"控制及 I/O 缓冲三大部分，其电路结构如图 6.2.1 所示。

存储器中的最小单位是存储单元，每个存储单元存储 1 位二进制数据"1"或"0"。一片ROM中具有成千上万个存储单元，存储单元以矩阵的形式排列，故称为存储矩阵。存储器的容量指存储矩阵可以存储数据的总和。半导体存储器的容量越大，存放程序和数据的能力就越强。

"写"操作是将数据放到存储器中指定地址的存储单元中去。"读"操作是把存储器中指定地址中的数据复制出来。寻址操作是"读"和"写"的共同部分，用来选择指定的存储单元的地址。通常存储器中数据的读出和写入是以"字"为单位进行的，每次操作读出或写入1个"字"，1个"字"含有若干个存储单元，每个

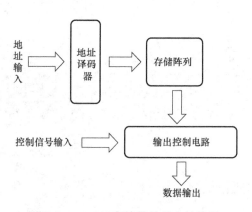

图6.2.1 ROM存储器的基本结构图

存储单元被称为该"字"的1位（bit），1个"字"中所含的存储单元数量称为"字长"。通常1个"字"的"字长"可以是1位、4位、8位或16位等。存储器的容量可以用存储的"字"数和"字长"的乘积来标识。例如，64KB×8的存储器可以存储65536个"字"（1KB＝1024B），每个"字"的"字长"为8位。存储器的容量越大，意味着能够存储的数据越多。为了区分不同的"字"，将同1个"字"的各位编成一组，并指定1个编号，称为该"字"的地址。构成"字"的存储单元也称为地址单元。每个"字"都有唯一地址与其对应，同时每个"字"的地址反映该"字"在存储器中的物理地址。

输出电路一般都包含三态缓冲器，以便与系统的数据总线连接。当有数据输出时，可以有足够的能力驱动数据总线，当没有数据输出时，输出呈高组态不会对数据总线有影响。

ROM的种类很多，其基本结构相同，按其存储阵列的存储单元所用的器件不同可以分为二极管型、晶体管型和MOS型；根据数据"写入"方法不同，ROM可分为掩膜式只读存储器（MROM）、可一次性编程只读存储器（PROM）、可擦除可编程只读存储器（EPROM）、电可擦除可编程只读存储器（EEPROM）、快闪存储器（Flash Memory）。

6.2.1 掩膜式只读存储器（MROM）

MROM（Macro Read Only Memory）指的是掩膜式只读存储器。MROM是最基本的ROM，通常在制造时由厂家利用掩膜工艺将数据写入，数据一旦写入可长时间保存并且不能修改。多数ROM利用晶体管与行线和列线是否连接来表示"1"或"0"。图6.2.2所示是一个MOS型ROM单元，当栅极和行线相连时表示存储了1位"1"，此时行线为高电平，场效应晶体管导通，相应的列线上的电平为高电平，反之存储了1位"0"。

6.2.2 可编程只读存储器（PROM）

PROM（Programmable Read Only Memory）指的是可编程只读存储器。这样的产品只允许写入一次，所以也被称为一次可编程只读存储器（One Time Programming ROM，OTP-ROM）。一旦编程序之后，信息就永久性地固定下来。用户可以读出和使用，但再也无法改变其内容。PROM在出厂时，存储的内容全为"1"，用户可以根据需要利用编程器将其中的某些单元写入数据"0"（部分的PROM在出厂时数据全为"0"，则用户可以将其中的部

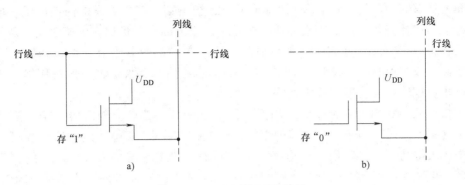

图 6.2.2　MOS 型 ROM 单元

分单元写入"1"），以实现对其编程序的目的。PROM 的典型产品是双极性熔丝结构，如果想改写某些单元，则可以给这些单元通以足够大的电流，并维持一定的时间，原先的熔丝即可熔断，这样就达到了改写某些"位"的效果，熔丝熔断的过程是不可逆的，因此 PROM 只能改写一次。图 6.2.3 是 MOS 型 PROM 的存储单元示意图，熔丝连接在 MOS 管的源极和列线之间。在编程序时，当通过足够大的电流，熔丝熔断，相应的单元存入 1 位"0"；而熔丝保持原样，存入的数据就是"1"。

另外一类经典的 PROM 为使用肖特基二极管的 PROM，出厂时，其中的二极管处于反向截止状态，还是用通以大电流的方法将反相电压加在肖特基二极管上，造成其永久性击穿即可。

PROM 只能编程序一次，使用灵活性受到一定的限制。PROM 的这一性能不能满足数字系统研发中需要经常改写存储内容的需求，因此需要生产出一种既能擦除又可重写的 ROM。

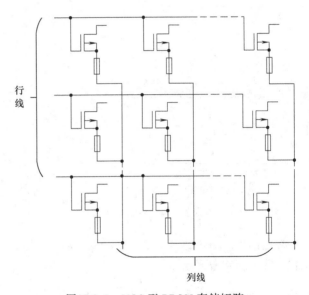

图 6.2.3　MOS 型 PROM 存储矩阵

6.2.3　可擦除可编程只读存储器（EPROM）

EPROM（Erasable Programmable Read-Only Memory）指的是可擦除可编程只读存储器。它的特点是具有可擦除功能，擦除后即可再一次编程序，但是缺点是写入前必须先把里面存储的数据擦掉。可擦除 PROM 分为两种基本类型：紫外线擦除 PROM（UV EPROM）和电擦除 PROM（EEPROM）。

UV EPROM 的存储单元通常为叠栅注入式 MOS 管，即 SIMOS 管，它是一种增强型 NMOS 管，有两个栅极，一个作为控制栅极 G_c，一个作为浮栅 G_f，结构如图 6.2.4 所示，控制栅用于控制读出和写入，浮栅用于长期保存注入其中的电荷。当写入数据时，在漏极和栅极之间加足够高的电压，使漏极和衬底间的 PN 结击穿，产生大量的高能电子，电子穿过氧化绝缘层，使浮栅带电。当用紫外线照射时，浮栅上的电子形成光电流泄放，从而恢复到写入前的状态。UV EPROM 有一个很明显的标志，在它的封装上有一个由透明石英做的小窗，便于紫外线照射擦除，编程序后 UV EPROM 芯片的石英玻璃窗一般使用黑色不干胶纸盖住，以防止遭到阳光直射而丢失数据。

图 6.2.5 是 SIMOS 管存储单元，当浮栅注入电荷后，若地址译码器的输出使"字"线为高电平（+5V）时，由于注入电荷的存在，SIMOS 管截止，"位"线上读出数据"1"；当浮栅上未注入电荷，"字"线为高电平（+5V）时，SIMOS 管导通，"位"线上读出数据"0"。所以浮栅注入电荷的 SIMOS 管相当于写入数据"1"，而未注入电荷的 SIMOS 管相当于存入数据"0"。

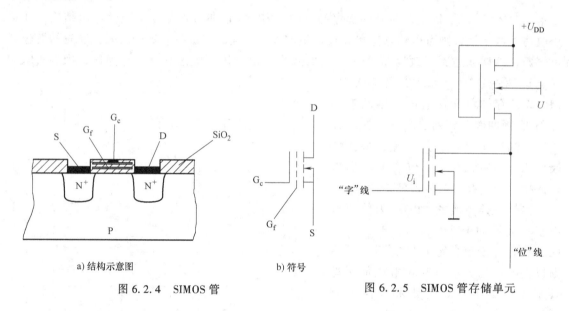

图 6.2.4　SIMOS 管　　　　　　　图 6.2.5　SIMOS 管存储单元

常用的 EPROM 芯片有 2716（2KB×8）、2732（4KB×8）、2764（8KB×8），它们均采用 SIMOS 管作为存储单元。

6.2.4　电信号擦除的可编程只读存储器（EEPROM）

虽然 UV EPROM 具备可擦除可编程序的特点，但其擦除操作比较麻烦，芯片的擦除时间也较长，通常擦除一次需要用紫外线或 X 射线照射 20～30min。为了克服这一缺点，研制出用电信号擦除的可编程 ROM 即 EEPROM（Electrically Erasable Programmable Read-Only Memory），其功能与 UV EPROM 一样，不同之处是清除数据的方式，它是以约 20V 的电压来进行清除的。另外它还可以用电信号进行数据写入。

在 EEPROM 的存储单元中通常采用一种浮栅隧道氧化层 MOS 管称为 Flotox 管，如图 6.2.6 所示。

Flotox 管与 SIMOS 管相似，也属增强型 NMOS 管。它有两个栅极即控制栅和浮栅，所不同的是 Flotox 管的浮栅与漏区之间有一层很薄的氧化层区域，此区域被称为隧道区。当隧道区的电场强度大到一定程度时，在浮栅和漏区之间出现导电隧道，此时隧道区的电子可以双向通过，形成电流，这种现象称为隧道效应。

为了提高擦写的可靠性，并保护隧道区的超薄氧化层，在 EEPROM 的存储单元中除了有 Flotox 管以外还附加了一个选通管，如图 6.2.7 所示。根据浮栅上是否充有电荷来区分存储单元是"1"还是"0"。当正常工作时，欲读出某单元的数据，应使"字"线 W_i ="1"，同时在控制栅 G_C 上加+3V 电压，若浮栅上已经充有电荷，则

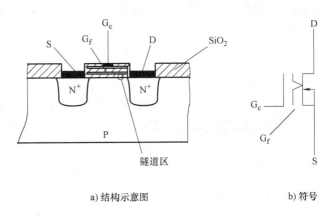

图 6.2.6　Flotox 管

VT_1 不导通，读出数据"1"，若浮栅上未充电荷，则 VT_1 导通，读出数据"0"。

如果使 $W_i=1$，$B_j=0$ 则 VT_2 导通，VT_1 漏极接近地电位，此时在 G_C 加 20V 左右，宽度为 10ms 的脉冲电压，就会在浮栅和漏极之间极薄的氧化层内呈现隧道效应，使漏区的电子在电场的作用下经由隧道区注入浮栅，当正脉冲过后隧道效应消失，浮栅中的电子得以长期保存。由于浮栅上有电荷，Flotox 管的开启电压达到 7V 以上，所以此时读出的 G_C 上的+3V 电压不能使 VT_1 导通，读出数据"1"。

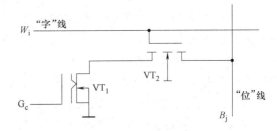

图 6.2.7　EEPROM 的存储单元

如果使 $W_i=1$，G_C 接地，同时使 B_j 加 20V 左右，宽度为 10ms 的脉冲电压，则 VT_2 导通，VT_1 漏极电压为 20V，则在浮栅和漏极之间呈现隧道效应，浮栅上的电子通过隧道区放电，放电完成后，若在 G_C 上加+3V 电压，则 Flotox 管导通，读出该单元的数据为"0"。

EEPROM 在一般情况下可以擦写 100～100000 次，擦写一次需要 20ms 左右时间。虽然 EEPROM 可以用电信号擦写，但其擦写仍需要专门的编程序器为其施加编程序脉冲，因此其不能取代 RAM。

6.2.5　快闪式存储器（Flash Memory）

Flash Memory 指的是"闪存"，所谓"闪存"，它也是一种非易失性的内存，属于 EEPROM 的改进产品。快闪式存储器存储单元 MOS 管剖面结构示意图如图 6.2.8 所示。它的结构与 EPROM 中的 SIMOS 管相似，两者之间的区别仅在于浮栅与衬底之间氧化层厚度不同。在 EPROM 中氧化层厚度一般为 30~40mm，而在闪存中厚度仅为 10~15mm，且浮栅与源区的重叠部分由源区横向扩散形成，面积极小，因而浮栅-源区之间的电容也极小，当控制栅和源极之间加电压时，大部分电压降在浮栅-源区之间的电容上。撤去电压后，由于没有放电回路，浮栅上的电子可以保持 100 年左右。进行"读"操作的时候，在控制栅上加上控制电压，若浮栅上没有电荷，MOS 管导通，在"位"线上得到"1"；若浮栅上有电荷，MOS 管开启，电压升高，MOS 管截止，在"位"线上得到"0"。当在控制栅和源极间加反

向电压时，浮栅放电，完成擦写操作。闪存的存储单元就是由这样一只管子组成的如图6.2.9所示。

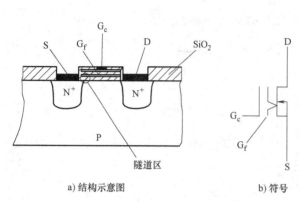
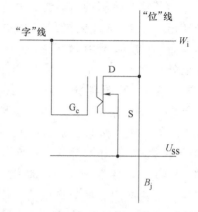

图6.2.8 快闪式存储器中的叠栅MOS管　　　　图6.2.9 快闪式存储器中的存储单元

与EEPROM相比，Flash ROM有写入速度快，写入电压低的优点。闪存的每个存储单元只需要单个MOS管，结构比EEPROM更加简单，存储容量可以做得更大，"读写"和擦除数据都非常方便，在最近几年得到了非常快的发展和普及。EEPROM可以单字节擦除和单字节写入，Flash ROM的最大特点是必须按块（Block）擦除（每个区块的大小不定，不同厂家的产品有不同的规格）。与EEPROM相比Flash具有密度大，"读/写"速度快，可靠性高等优点，但比RAM的"读/写"还是慢一些。

因为RAM需要能够按字节改写，而Flash ROM做不到，所以用Flash ROM来取代RAM就显得不合适。

Flash ROM是目前最常见的可擦写ROM了，目前闪存被广泛用在PC的主板上，用来保存BIOS程序，便于进行程序升级。其另外一大应用领域是用来作为硬盘的替代品，具有抗振、速度快、无噪声、耗电低的优点。现在各种半导体存储卡，包括Compact Flash/CF，Smart Media/SM，Security Digital/SD，Multimedia Card/MMC，Memory Stick/MS，以及FUJI新出的标准vCard，还有各种钥匙链大小的USB移动硬盘/USB Drive/优盘，内部用的都是Flash ROM。

USB闪存驱动器包括闪存存储器，以及与之相连的标准USB连接器，两者集成在一个小盒子里。USB的连接端可以和计算机相连，并从计算机中得到电源。这种存储器可以重复写入数据，其容量通常在2~128GB之间，典型的USB驱动闪存如图6.2.10所示。

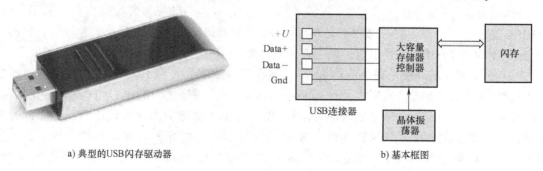

图6.2.10 USB闪存驱动器及其基本框图

6.3 随机存取存储器（RAM）

随机存取存储器是指可以随机写入或读出其信息的存储器。数据读出后，存储器内的原数据不变；而新数据写入后，原数据自然消失，并被新数据代替。当停止向芯片供电后，它所保存的信息全部丢失，属易失性存储器。它主要用来存放临时的程序和数据。RAM 又分为静态 RAM 和动态 RAM 两大类，这两类 RAM 的整体结构基本相同，区别在于存储单元的结构和工作原理有所不同。

6.3.1 静态 RAM

静态随机存取存储器（Static RAM，SRAM）是用双极型电路或 MOS 电路构成的双稳态触发器来记忆信息的，没有动态 RAM 固有的电容放电造成的刷新问题。只要电源正常供电，触发器就能稳定地存储数据，因此称为静态存储器。

SRAM 的特点是速度快，不需要刷新，外围电路比较简单，但集成度低（存储容量小），功耗大。目前 SRAM 的存取速度在 5ns 以下，单片容量约为 256KB 左右。

静态 RAM 存储单元如图 6.3.1 所示。其中 $T_1 \sim T_4$ 构成基本 RS 触发器，用来存储 1 位数据。T_5、T_6 为"行"控制门，由"行"地址 X_j 控制，当 $X_j = 1$ 时，T_5、T_6 导通，触发器与"位"线接通；当 $X_j = 0$ 时，T_5、T_6 截止，触发器与"位"线断开。T_7、T_8 为"列"控制门，由列地址 Y_j 控制。当 $Y_j = 1$ 时，T_7、T_8 导通，外部数据线和"位"线相连。可见，当"行"地址和"列"地址都有效时，$T_5 \sim T_8$ 均导通，触发器才能和外部数据线连接，进行"读/写"操作。对于静态 RAM，利用触发器存储数据，只要不断电，数据就可以长时间保留。

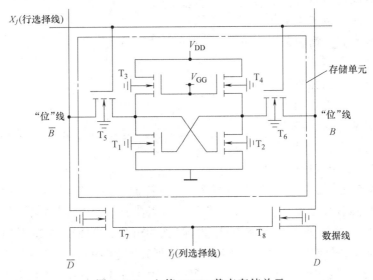

图 6.3.1 六管 NMOS 静态存储单元

6.3.2 动态 RAM

静态 RAM "读/写"速度快，只要不掉电数据能长时间保持，但是它也有明显的缺点，存储单元所用晶体管多，功耗大，集成度受限制。为了克服这些缺点，人们研制了动态 RAM。

动态 RAM 的存储矩阵是由动态 MOS 存储单元组成。动态 MOS 存储单元利用 MOS 管栅极电容的电荷效应存储数据。由于 MOS 管的输入电阻极大，因此栅极电容中所存储的电荷在没有其他放电回路时能够保存数毫秒到十分之几秒，为避免存储的信息消失，必须定时给电容补充漏掉的电荷，通常把这种操作称为刷新或再生。

目前，大容量的动态 RAM 中广泛采用如图 6.3.2 中点画线框中所示的单管结构。基本存储单元只包括一个 MOS 管和一个电容。其中 MOS 管起开关的作用。

进行"写"操作时，$R/\overline{W}=0$，输入三态门打开，输出缓冲门关断，将要写入的数据放到数据线上，当"行"线为高电平时，MOS 管导通，电容和"位"线连接。若写入数据为"1"，则对电容充电，电容电压升高；若写入数据为"0"，并且电容之前电压为"0"，则电容电压不变，假如电容之前存储的电压为"1"，电容放电，电压降低。数据写入完毕，"行"线恢复到低电平，MOS 管关断，电容没有放电回路，所存信息保持不变。

进行读操作时 $R/\overline{W}=1$，输入三态门关断，输出缓冲门打开，当"行"线为高电平时，MOS 管导通，电容和"位"线连接，电容所存储的数据出现在数据线上。由于读出时会消耗电容中存储的电荷，存储的数据会被破坏，故每次读出后，必须及时对读出的单元进行刷新。进行刷新操作时，"行"线为高电平，MOS 管导通，电容连接到"位"线上，输出缓冲器有效，所存的数据通过输出缓冲器加到刷新缓冲器的输入端，这样，读出的数据经过刷新缓冲器和"位"线对电容进行刷新，完成了刷新操作。

动态随机存取存储器 DRAM 是靠 MOS 电路中的栅极电容来存储信息的，由于电容上的电荷会逐渐泄漏，需要定时充电以维持存储内容不会丢失（称为动态刷新，例如每隔 1~2ms 刷新一次），所以动态 RAM 需要设置刷新电路，相应外围电路就较为复杂，因此 DRAM 在单片机系统中应用得很少。

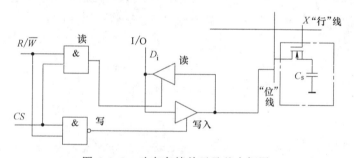

图 6.3.2 动态存储单元及基本框图

DRAM 的特点是集成度高（存储容量大），功耗低，但速度慢不如 SRAM，需要刷新。由于 DRAM 芯片具有高密度、低功耗的特点，所以集成度的提高非常迅速。集成度差不多以每 3 年增加 4 倍的速度发展着。与此同时，DRAM 的性能也在不断提高。早期的 16KB DRAM 的存取时间约为 200ns，64KB 的存取时间为 100ns，256KB 的存取时间已小于 7ns，但这个速度与 SRAM 相比还是较慢的，因为最快的 SRAM 的存取时间可达 1ns 以下。

同步动态随机存储器（Synchronous DRAM，SDRAM）是 DRAM 的一种类型。SDRAM 同以前的 DRAM 有很大的区别，它在一个 CPU 时钟周期内即可完成数据的访问和刷新，即可与 CPU 的时钟同步工作，极大地提高了存储器的存取速度。SDRAM 采用了双存储体结构，当一个存储体被 CPU 存取时，另一个存储体就做好了准备，两个存储体自动切换。计算机中内存条就用的是 SDRAM。

6.4 工程应用举例

6.4.1 ROM 集成芯片及应用举例

ROM 常用于存放系统的运行程序或固定不变的数据。此外，由于 ROM 是一种组合逻辑电路，因此可以用它来实现各种组合逻辑函数功能，特别是多输入、多输出的逻辑函数。ROM 实现逻辑函数功能一般按以下步骤进行：根据逻辑函数的输入、输出变量数，确定 ROM 的容量，选择合适的 ROM 芯片，列出真值表，逻辑函数的输入作为地址，输出作为存储内容，将内容按地址写入 ROM 即可。下面举例说明 ROM 的简单应用。

ROM 的种类很多，常见的 EPROM 芯片有 2732、2764、27128、27256 及 27512 等，这些芯片的使用方法大体相同，差别仅在于不同的芯片存储容量的大小不同。我们以 2732 为例来讲述 ROM 芯片的使用方法。图 6.4.1 是 2732 的引脚图和功能框图，图中 U_{CC} 是芯片的工作电压，$\overline{OE}$ 是输出允许信号，$\overline{CE}$ 为片选信号，如果只使用一片芯片，片选信号可以直接接地。$A_0 \sim A_{11}$ 是地址输入端，$D_0 \sim D_7$ 为数据输出端。

2732 是一种容量为 4KB 的 EPROM，其封装形式为 28 线双列直插式封装芯片，其读出时间为 100~300ns，其工作电源为 $5(1\pm10\%)$V。

用 2732 实现二进制码与格雷码的转换电路如图 6.4.2 所示。该电路需要用到 ROM 的 4 根地址线 $A_3A_2A_1A_0$，其余的 8 根地址线接地。将待转换的代码由 I_3、I_2、I_1、I_0 输入，转换后的代码由 O_3、O_2、O_1、O_0 输出。ROM 中相对应的地址存放的内容见表 6.4.1。8 位数据输出的 $D_7D_6D_5D_4$ 4 位内容不限，$D_3D_2D_1D_0$ 位存放的内容按表 6.4.1 中内容存放。

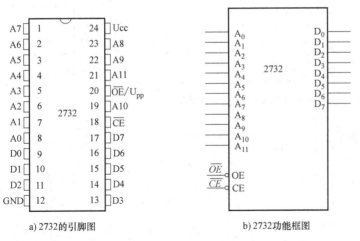

图 6.4.1 2732 的引脚图和功能框图

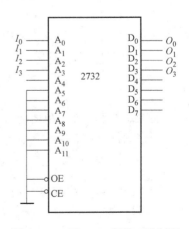

图 6.4.2 用 ROM 实现二进制码转换为格雷码

表 6.4.1　ROM 中存放的内容

$I_3I_2I_1I_0$ ($A_3A_2A_1A_0$)	$O_3O_2O_1O_0$ ($D_3D_2D_1D_0$) 格雷码	$I_3I_2I_1I_0$ ($A_3A_2A_1A_0$)	$O_3O_2O_1O_0$ ($D_3D_2D_1D_0$) 格雷码
0 0 0 0	0 0 0 0	1 0 0 0	1 1 0 0
0 0 0 1	0 0 0 1	1 0 0 1	1 1 0 1
0 0 1 0	0 0 1 1	1 0 1 0	1 1 1 1
0 0 1 1	0 0 1 0	1 0 1 1	1 1 1 0
0 1 0 0	0 1 1 0	1 1 0 0	1 0 1 0
0 1 0 1	0 1 1 1	1 1 0 1	1 0 1 1
0 1 1 0	0 1 0 1	1 1 1 0	1 0 0 1
0 1 1 1	0 1 0 0	1 1 1 1	1 0 0 0

6.4.2　RAM 集成芯片及应用举例

RAM 芯片通常用作单片机的外部数据存储器，常用的静态 RAM 芯片有 6116、6264、62128、62256，该系列的不同型号仅仅是地址线的数目和个别引脚有差别，使用方法基本相同。其引脚排列如图 6.4.3 所示。

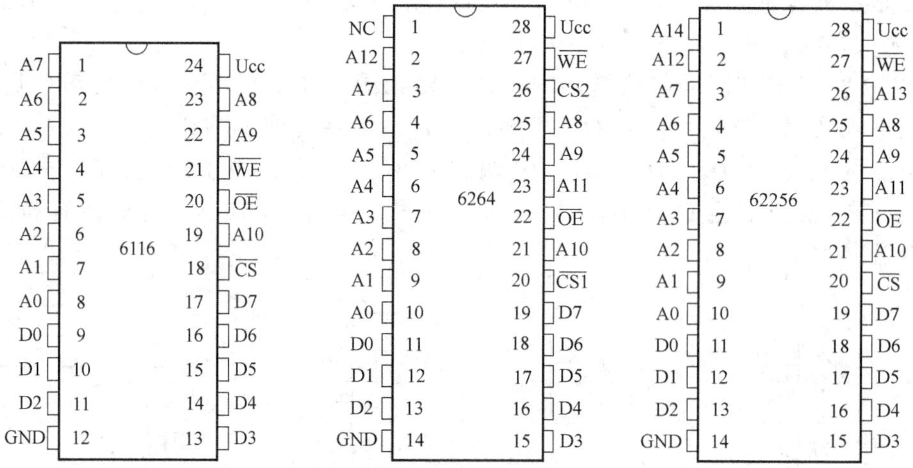

图 6.4.3　常用静态 RAM 芯片引脚图

引脚符号的含义和功能说明如下：

D0～D7：双向三态数据总线。

A0～Ai：地址输入线 $i=10$（6116 芯片），$i=12$（6264 芯片），$i=14$（62256 芯片）

$\overline{CS}$（$\overline{CS1}$）：片选信号输入端，低电平有效。

CS2：片选信号输入端，高电平有效。

$\overline{OE}$：读选通信号输入端，低电平有效。

$\overline{WE}$：写选通信号输入端，低电平有效。

U_{CC}:电源+5V。
GND:接地端。

静态 RAM 存储器在使用时主要有 3 种工作方式:数据的读出,数据的写入和保持,这些工作方式的功能见表 6.4.2。

表 6.4.2 6116、6264、62256 芯片操作控制

方式 \ 信号	$\overline{CS}(\overline{CS_1})$	CS_2	$\overline{OE}$	$\overline{WE}$	D0~Q7
读	L	H	L	H	数据输出
写	L	H	H	L	数据输入
保持	L	H	H	H	高组态
保持	H	X	X	X	高组态
保持	X	L	X	X	高组态

注:L 代表低电平,H 代表高电平,X 表示任意电平。

单片机连接一片 RAM 芯片 6264 的电路如图 6.4.4 所示。6264 的容量为 8KB,有 13 根地址线。由 P0.0~P0.7 口提供低 8 位地址,P2.0~P2.4 提供高 5 位地址,片选通过 P2.5 连接 $\overline{CS}$ 实现,6264 芯片的地址范围为 0000H~1FFFH。

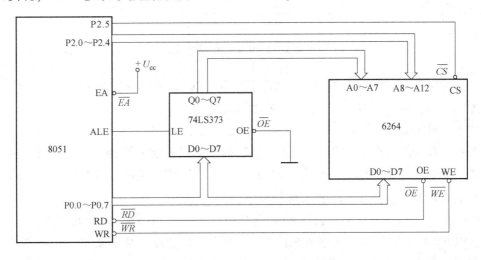

图 6.4.4 8051 连接 8KB RAM6264 电路图

6.4.3 存储容量的扩展

在复杂的数字系统中,通常要求存储器有较大的存储容量。但是由于制造工艺的限制,单片存储器芯片的容量不能做得很大,为解决这一矛盾,需要对已有的存储器芯片进行扩展。

存储容量的扩展指的是将多片存储芯片按照一定的方式连接起来,构成大容量的存储系统。扩展既可以是"位"数的扩展也可以是"字"数得扩展,并且可以是两者同时扩展。

1."位"数的扩展

存储器芯片的"字长"一般为 1 位、4 位和 8 位。当实际数字系统中的"字"数够而

"位"数不够时，需要进行"字长"扩展即"位"扩展。现举例如下。

[例6.4.1] 试用多片2KB×4位的RAM芯片扩展成2KB×32位的存储系统。

解：用2KB×4位的RAM芯片扩展成2KB×32位的存储系统，"字"数够而"位"数不够，所以需要进行"位"扩展。"位"扩展通常利用芯片的并联方式来实现。将8片2KB×4的RAM芯片的地址线、"读/写"控制线$R/\overline{W}$、片选信号$\overline{CS}$分别并联，作为扩展后存储系统的地址线、"读/写"控制线$R/\overline{W}$、片选信号$\overline{CS}$，各个芯片的数据输入输出端作为"字"的各个位线，如图6.4.5所示。扩展后存储系统的容量为2KB×32位，是单片存储器的容量的8倍。

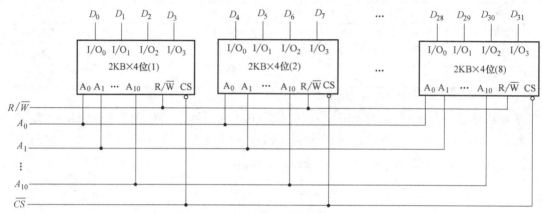

图6.4.5 RAM的位扩展连接图

对于只读存储器ROM，因为ROM芯片上没有"读/写"控制线$R/\overline{W}$，所以"位"扩展时不予考虑，其他引出端的连线与RAM芯片相同。

2. "字"数的扩展

如果一片存储芯片的"位"数够而"字"数不够时，需要采用"字"扩展连接方式，将存储器扩展成为"字"数满足要求的存储系统。"字"数的扩展可以利用外加译码器的输出控制存储芯片的片选信号端$\overline{CS}$来实现。现举例如下。

[例6.4.2] 试用8片MC6264SRAM芯片扩展成一个64KB×8的存储系统。

解：MC6264芯片是8KB×8位的SRAM。此题中芯片"位"数够而"字"数不够，故需要采用"字"数扩展的方式。考虑使用3线-8线译码器74LS138的8个输出信号（低电平有效）作为8片MC6264芯片的片选信号。MC6264芯片的地址线有13根，即$A_0 \sim A_{12}$，而64KB×8的存储系统的地址线需要16根，即$A_0 \sim A_{15}$，所以连线时将每片芯片的$A_0 \sim A_{12}$并联起来，作为扩展后系统的低13位，将74LS138的地址输入端作为扩展后系统地址的高3位即A_{13}、A_{14}、A_{15}，8片MC6264的I/O口并联，作为扩展后系统的I/O，接线后的存储系统如图6.4.6所示。

例题中每片MC6264的地址分配情况见表6.4.3。

表6.4.3 MC6264的地址分配表

器件编号	A_{15}	A_{14}	A_{13}	地址范围
MC6264(1)	0	0	0	0000H~1FFFH
MC6264(2)	0	0	1	2000H~3FFFH

(续)

器件编号	A_{15}	A_{14}	A_{13}	地址范围
MC6264(3)	0	1	0	4000H ~ 5FFFH
MC6264(4)	0	1	1	6000H ~ 7FFFH
MC6264(5)	1	0	0	8000H ~ 9FFFH
MC6264(6)	1	0	1	A000H ~ BFFFH
MC6264(7)	1	1	0	C000H ~ DFFFH
MC6264(8)	1	1	1	E000H ~ FFFFH

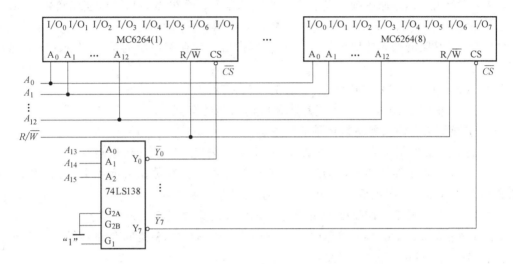

图 6.4.6　RAM 的"字"数扩展连接图

本 章 小 结

半导体存储器是计算机中的重要组成部分，按功能分为只读存储器 ROM 和随机存取存储器 RAM 两大类，属于大规模集成电路。

ROM 具有非易失性，断电后 ROM 中存储的数据仍然能够保持，在元件正常工作的情况下，其中的代码与数据将永久保存，并且不能够进行修改。一般地，ROM 通常存储重复使用的数据，如表格、已编译完的指令等。本章中主要介绍了 MROM、PROM、EPROM、EEPROM 及 Flash Memory。其中 EEPROM、Flash Memory 已经可以进行电擦写的操作，具备了一定的 RAM 特性。

RAM 属易失性存储器，是可以随机写入或读出其信息的存储器。数据读出后，存储器内的原数据不变；而新数据写入后，原数据自然消失，并被新数据代替。当停止向芯片供电后，RAM 所保存的信息全部丢失。RAM 主要用来存放临时的程序和数据。根据 RAM 的分类，本章主要介绍了静态 RAM 和动态 RAM。静态 RAM "读/写"速度快，只要不掉电数据能长时间保持，但是它存储单元所用晶体管数目多，功耗大。动态 RAM 的存储矩阵是由动态 MOS 存储单元组成，为避免存储的信息消失，必须定时地给电容补充漏掉的电荷。

无论是 ROM 还是 RAM，当其存储容量不满足要求时，都可以对其进行"位"扩展或者是"字"扩展。

习　题

6.1.1　什么是半导体存储器？它有哪些种类？

6.2.1　在存储器结构中，什么叫"字"？什么叫"字长"？如何标注存储器的容量？

6.2.2　一个存储容量为 256KB×8 位的 ROM，其地址码应为多少位？

6.2.3　哪几种 ROM 具有多次擦除重写功能？哪种 ROM 的擦除过程就是数据写入过程？

6.2.4　指出下列存储系统各具有多少个存储单元，至少需要几根地址线和数据线。
(1) 64KB×1　(2) 256KB×4　(3) 1MB×1　(4) 128KB×8

6.2.5　设存储器的起始地址为全"0"，试指出下列存储系统的最高地址的十六进制地址码为多少？
(1) 2KB×1　(2) 16KB×4　(3) 256KB×32

6.2.6　试确定用 ROM 实现下列逻辑函数时所需的容量：
(1) 实现两个 3 位二进制数相乘的乘法器。
(2) 将 8 位二进制数转换成十进制数（用 BCD 码表示）的转换电路。

6.3.1　DRAM 中存储的数据如果不进行周期性刷新，其数据将会丢失；而 SRAM 中存储的数据无须刷新，只要电源不断电就可以永久保存，为什么？

6.3.2　一般情况下，DRAM 的集成度比 SRAM 的集成度高，为什么？

6.3.3　用容量为 16KB×1 位存储器芯片构成一个 32KB×8 位的存储系统，有多少根数据线？有多少个 16KB×1 位的存储器芯片？

6.3.4　一个有 4096 位的 DRAM，如果存储矩阵为 64×64 结构形式，且每个存储单元刷新时间为 100ns，则存储单元全部刷新一遍最快需要多长时间？如果刷新每行的最长间隔时间为 15.6μs，则该 DRAM 的刷新周期最长为多少？刷新操作所用时间占刷新周期的百分比是多少？

6.3.5　一个有 1MB×1 位的 DRAM，采用地址分时送入的方法，芯片应具有几根地址线？

自　测　题

1. 只能按地址读出信息，而不能写入信息的存储器为（　　）。
A. RAM　　B. ROM　　C. PROM　　D. EPROM

2. 一个 ROM 有 10 根地址线，8 根位线（数据输出线），它的存储容量为（　　）。
A. 1024　　B. 2^{10}×8　　C. 10×8^2　　D. 10×8

3. 存储器 RAM 在运行时具有（　　）。
A. "读"功能　　　　　　B. "写"功能
C. "读/写"功能　　　　D. 无"读/写"功能

4. 哪种器件中存储的信息在掉电以后即丢失？（　　）
A. SRAM　　B. UVEPROM　　C. E^2PROM　　D. PAL

5. 对于半导体存储器的描述，下列哪种说法是错误的？（　　）

A. RAM "读/写" 方便，但一旦掉电，所存储的内容就会全部丢失。

B. ROM 掉电以后数据不会丢失。

C. RAM 可分为静态 RAM 和动态 RAM。

D. 动态 RAM 不必定时刷新。

6. 一个 32 位数据 "字" 由几个字节组成？（　　）

A. 2B　　　　　B. 4.5B　　　　　C. 4B

7. 具有 256 个地址的存储器有

A. 256 条地址线　　　　　B. 6 条地址线

C. 1 条地址线　　　　　　D. 8 条地址线

8. 以下说法中，哪一种是正确的？（　　）

A. ROM 仅可作为数据存储器

B. ROM 仅可作为函数发生器

C. ROM 不可作为数据存储器也不可作为函数发生器

D. ROM 可作为数据存储器也可作为函数发生器

第 7 章 可编程逻辑器件

内容提要

本章将系统介绍简单可编程逻辑器件、复杂可编程逻辑器件、现场可编程门阵列的基本结构（包括内部结构和组织结构），之后介绍使用可编程逻辑器件设计逻辑电路的基本方法和通用流程，内容涵盖逻辑抽象、器件选型、设计输入、功能仿真、逻辑实现、时序仿真、下载与综合等，最后通过一个自动售货机实例展示使用可编程逻辑器件实现逻辑电路的基本流程。

7.1 概述

数字集成电路按照逻辑功能的区别可以分为两类，分别为通用型集成电路和专用型集成电路。前述章节介绍的中、小规模数字集成电路（如 74LS 系列、74HC 系列、CC4000 系列）均属于通用型集成电路。它们的逻辑功能都较为基本，在组成复杂数字系统时经常会用到，因此具有很强的通用性。另外，它们的内部电路在出厂前就已经完全固定，无法在出厂后再次改变。

从理论上讲，使用通用型集成电路可以实现任何复杂的逻辑功能。随着集成电路工艺的不断提升，如果能把所需的逻辑功能集成在单个芯片上，不仅能够使整机电路实现优化，元件数量减少，布线缩短，体积和重量减小，而且能够使电路的可靠性大大提升。这种依据不同的产品需求而定制化的特殊规格集成电路称之为专用集成电路（Application Specific Integrated Circuit，ASIC）。然而，由于专用集成电路芯片的设计周期长，工艺生产与测试难度增加，故生产成本较高。在出货量较小的情况下，采用专用集成电路在经济上不太实惠。

可编程逻辑器件（Programmable Logic Device，PLD）的发明成功地解决了以上矛盾。PLD 也是一种通用型数字集成电路，与一般通用型数字集成电路不同的是：PLD 内部的数字电路可以在出厂后规划决定，有些类型的 PLD 也允许在规划决定后再次进行改变。这种高自由度的结构允许设计人员通过编程把一个数字系统集成在一片 PLD 上，而不必请芯片制造厂商设计和制作专用的集成电路芯片。

目前常见的可编程逻辑器件大致可以分为简单可编程逻辑器件（Simple Programmable Logic Device，SPLD）、复杂可编程逻辑器件（Complex Programmable Logic Device，CPLD）和现场可编程门阵列（Field Programmable Gate Array，FPGA）三大类。以下将分别进行介绍。

7.2 简单可编程逻辑器件（SPLD）

简单可编程逻辑器件主要包括可编程阵列逻辑（Programmable Array Logic，PAL）和通用阵列逻辑（Generic Array Logic，GAL）两类。一般来说，PAL 仅可进行一次程序编写，而 GAL 可以多次重复编写程序。

7.2.1 可编程阵列逻辑（PAL）

PAL 是由 Monolithic 内存公司（Monolithic Memories，Inc.，MMI）于 20 世纪 70 年代推出的第一个商业化的 PLD。

PAL 结构的 PLD 能够实现具有确定数目变量的任何最小项之和的逻辑表达式。在第 2 章中讲到，任何组合逻辑函数均可以表示为最小项之和的形式，因此都可以使用 PAL 实现。图 7.2.1 给出了一个简单的 PAL 结构 PLD 的例子，该结构的 PLD 具有两个输入和一个输出变量。大部分 PAL 都具有多个输入和多个输出，便于实现更为复杂的逻辑电路。

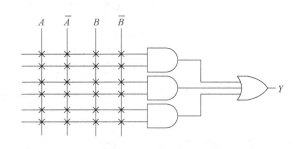

图 7.2.1　PAL 基本的"与/或"结构

PAL 中的可编程阵列本质上是导体网格或导体矩阵，形成行、列交错的形式。每个行和列的交叉点都有一段熔丝，称为一个单元。每行连接"与门"的输入，每列连接一个原变量或者反变量。通过编写程序控制熔丝的连接或者熔断，输入变量或反变量的任何一种组合连接到"与门"的输入端，形成所需的乘积项。"与门"的输出连接"或门"的输入端，产生最小项之和的输出。

一个简单的 PAL 编程实例如图 7.2.2 所示。对 PAL 编程后，最上方的"与门"生成了乘积项 AB，中间的"与门"生成了乘积项 $A\overline{B}$，下方的"与门"生成了乘积项 $\overline{A}\,\overline{B}$，由图可知，保留的熔丝将想要的变量或者反变量连接到"与门"的输入端。在给定的乘积项中，没有使用到的变量和反变量对应的熔丝将被熔断。图中得出的输出逻辑表达式为 $Y=AB+A\overline{B}+\overline{A}\,\overline{B}$。

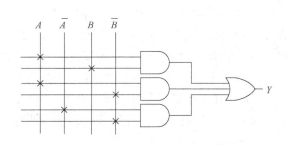

图 7.2.2　PAL 实现最小项之和的输出

7.2.2 通用阵列逻辑（GAL）

GAL 是在 PAL 基础上发展出来的 PLD，它和 PAL 具有同样的"与"、"或"结构，不同处在于 GAL 使用了可重复编程的工艺技术，如使用 EEPROM 替代了熔丝，因此 GAL 可以反复对电路的组态、配置进行烧录、清除、再烧录、再清除。GAL 这种可重复烧录的特性在研发过程中的试制阶段特别好用，一旦在逻辑电路的设计上发现有任何错误，GAL 就能够以重新烧录的方式来修正错误。典型的 GAL 结构如图 7.2.3 所示。

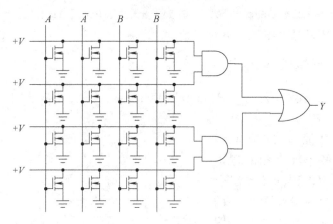

图 7.2.3　GAL 的典型结构

7.3　复杂可编程逻辑器件（CPLD）

　　PAL、GAL 仅适合用在约数百个逻辑门所构成的小型电路中，若要实现更大的电路，使用 CPLD 则更为适合。CPLD 是由多个 SPLD 组成的一种单独器件，各 SPLD 间的互接连线也可以进行程序性地规划、烧录，CPLD 运用这种多合一的整合做法，使其单个芯片就能实现数千个逻辑门甚至数十万个逻辑门才能构成的电路。

　　CPLD 技术日新月异，各厂商也纷纷推出了具有代表性的产品。虽然不同厂商的 CPLD 都具有各自的特色，但基本结构大同小异。下面以 Altera 公司于 2010 年发布的 MAX V 系列为例，介绍 CPLD 的电路结构和工作原理。

　　MAX V 系列器件根据型号的不同，共包含 24～221 个逻辑阵列块（Logic Array Block，LAB），每个 LAB 包含 10 个逻辑单元（Logic Element，LE）。LAB 在芯片中以行、列交错的形式排列，LAB 之间由多轨互联接口连接，具备快速数据交换的能力。

　　MAX V 系列 CPLD 的结构如图 7.3.1 所示，由 LAB、输入输出单元（I/O Element，IOE）和多轨互连接口三部分构成。此外，MAX V 系列 CPLD 还具有一个全局时钟网络，该网络包含 4 条全局时钟线，可为整个芯片提供时钟信号。

1. 逻辑阵列块（LAB）

　　逻辑阵列块（LAB）是 MAX V 系列 CPLD 的主要结构，其结构框图如图 7.3.2 所示。每个 LAB 由 10 个逻辑单元（LE）、LE 连接线、LAB 控制信号、本地互连线、查找表（Look-Up Table，LUT）链、寄存器链等组成。每个 LAB 拥有最多 26 条独立的输入信号线，另外包含 10 条由 LE 的输出反馈到输入的信号线。本地互连线负责在同一个 LAB 中的 LE 之间传输信号。LUT 链将 LUT 输出从一个 LE 传输到相邻的 LE，以便在同一个 LAB 内进行快速的 LUT 连接。寄存器链将一个 LE 寄存器的输出传送到 LAB 内相邻的 LE 寄存器。

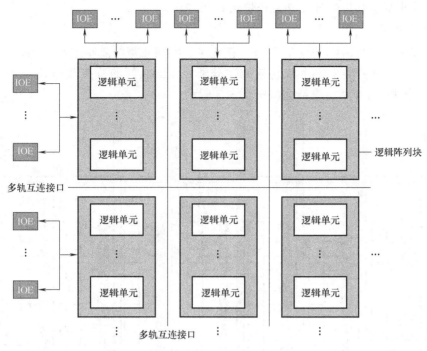

图 7.3.1 MAX V 系列 CPLD 结构框图

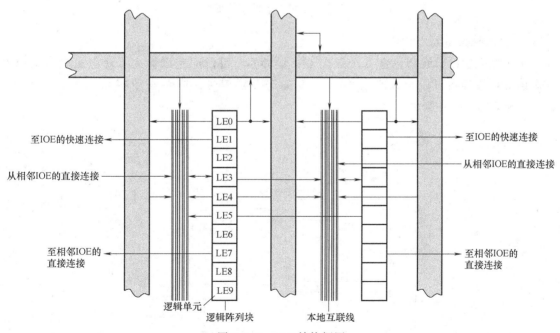

图 7.3.2 LAB 结构框图

2. 逻辑单元（LE）

LE 是 MAX V 系列 CPLD 中最小的逻辑结构，与 PAL、GAL 类似，LE 用来实现组合逻辑。每个 LE 都包含一个 4 输入 LUT，可以实现 4 个变量的任何函数。另外，每个 LE 都包含 1 个可编程寄存器和进位链，具备进位选择能力。

3. 多轨互连线

多轨互连线用于将 LAB 和 I/O 引脚连接起来，实现所需的复杂逻辑功能。在 MAX V 系列 CPLD 中，存在两种类型的多轨互连线，分别是：LAB 间的直接互连线；同时连接 4 个 LAB 的 R4 互连线。R4 互连线结构如图 7.3.3 所示。

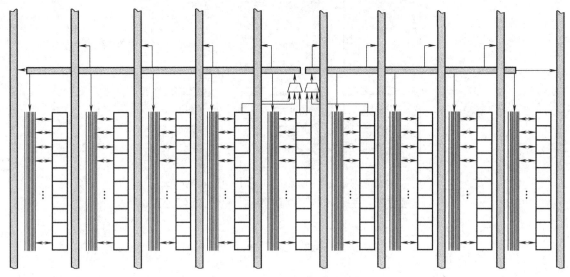

图 7.3.3　R4 互连线结构框图

4. 输入输出单元（IOE）

每个输入输出单元都包含一个双向 I/O 缓冲器，可以配置成输入、输出或双向工作方式。该 I/O 缓冲器可以接收来自相邻 LAB 的寄存器信号，或者驱动相邻 LAB 的寄存器。IOE 结构如图 7.3.4 所示。

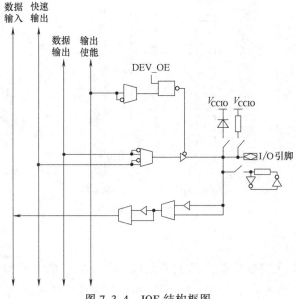

图 7.3.4　IOE 结构框图

7.4 现场可编程门阵列（FPGA）

当 PAL 正向 GAL、CPLD 发展之时，另一种"可编程化"的器件也逐渐成形，称之为现场可编程门阵列（Field Programmable Gate Array，FPGA）。CPLD 和 FPGA 都包含了较大数量的可编程逻辑单元。CPLD 的密度在几千到几万个逻辑单元之间，而 FPGA 通常是在几万到几百万个逻辑单元。FPGA 通常也可以在焊接后再进行程序烧录与变更，这种特性与大型的 CPLD 相似。对于绝大多数 FPGA 而言，其内部的程序组态配置具有易失性，当没有持续电力供应后，其组态配置的内容就会消失。因此，FPGA 需要配合非易失性存储器（如 PROM 或 EEPROM 等）共同使用，在电路重新获得电力后，由非易失性存储器将组态配置内容重新载入 FPGA 中。国际上有多家厂商均推出了自己的 FPGA 芯片，如 Xilinx、Altera、ACTEL、Lattice Semiconductor 及 ATMEL 等，国内也有部分厂商和研究机构在进行 FPGA 的研发，如京微雅格、高云和同方国芯等。各个厂商的 FPGA 产品线众多、结构也不尽相同。下面以 Xilinx 公司推出的 Spartan-3 系列为例介绍 FPGA 的基本结构。

1. Spartan-3 系列概述

Spartan-3 系列是业界首款 90nm FPGA，包括 25 种器件，器件密度范围为 5~500 万系统门。该系列 FPGA 成本较低，适合众多消费型电子应用开发，如宽带接入、家庭网络、显示/投影和数字电视设备等。Spartan-3 系列架构由以下五个基本的可编程功能单元组成。

1) 可配置逻辑模块（CLB）：包含灵活的查找表（LUT），这些查找表用来实现用作触发器或锁存器的逻辑单元和存储单元功能。CLB 可以执行多种逻辑功能，并且可以存储数据。

2) 输入/输出模块（IOB）：控制器件的 I/O 引脚与内部逻辑之间的数据流。IOB 支持双向数据流和三态操作。支持多种信号标准，包括若干高性能差分标准。包括双倍数据速率（DDR）寄存器。

3) 块随机存储器（Block RAM）：提供 18KB 双端口模块形式的数据存储。

4) 乘法器模块：接收两个 18 位二进制数字作为输入，并且计算乘积。

5) 数字时钟管理器模块（DCM）：为时钟信号的分配、延迟、倍频、分频和相移提供自校准的全数字解决方案。

Spartan-3 系列架构如图 7.4.1 所示，IOB 呈环形交错排列在规则的 CLB 阵列周围。每列 Block RAM 由若干个 18KB 的 RAM 模块组成。每个 Block RAM 与一个专用乘法器关联。DCM 的定位方式是器件上端和下端各两个，较大器件的侧边上也有 DCM。Spartan-3 系列具有完整的内部连线网络，这些连线将所有的内部功能互连在一起，使信号可以传送到器件的任何地方。每个功能单元都有相关的开关矩阵网络，可以实现多重的内部互连。

2. 可配置逻辑模块（CLB）

可配置逻辑模块（CLB）是构成用来实现同步电路和组合电路的主要逻辑资源。每个 CLB 包含 4 个切片（Slice），每个 Slice 包含两个查找表（LUT），这些查找表用来实现逻辑功能和用作触发器或锁存器的两个专用存储单元。LUT 可用作 16×1 存储器（RAM16）或 16 位移位寄存器（SRL16），而其他多路复用器和进位逻辑功能则可简化宽逻辑和算术运算函

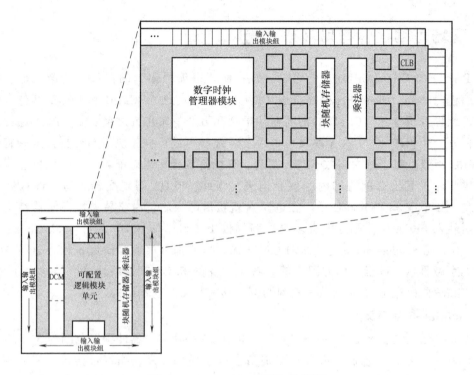

图 7.4.1　Spartan-3 系列架构框图

数。设计中的大多数通用逻辑运算结果都自动映射到 CLB 中的 Slice 资源中。CLB 按行列排列成规则的阵列，如图 7.4.2 所示。

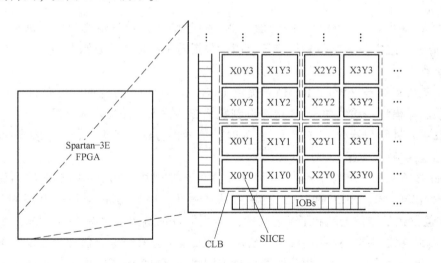

图 7.4.2　CLB 的阵列结构

每个 CLB 由 4 个互连的 Slice 组成，这些 Slice 成对分组。每对组合成具有独立进位链的列。左侧一对支持逻辑功能和存储器功能，其中的 Slice 称为 SLICEM。右侧一对仅支持逻辑功能，其中的 Slice 称为 SLICEL。所以，半数 LUT 支持逻辑功能和存储器功能（包括 RAM16 和 SRL16 移位寄存器），另半数仅支持逻辑功能，这两种类型在阵列的所有列中间隔排列。SLICEL 可以缩小 CLB 尺寸和降低器件成本，而且具有优于 SLICEM 的性能。

一个 Slice 包括两个 LUT 函数发生器和两个存储单元，并且附带相应逻辑功能，如图 7.4.3 所示。Slice 具有以下公共单元，用来提供逻辑、算术和 ROM 功能：①两个 4 输入 LUT 函数发生器 F 和 G；②两个存储单元；③两个宽函数多路复用器；④进位和算术逻辑功能。

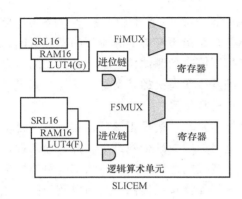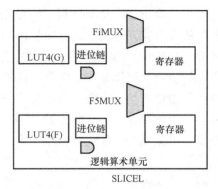

图 7.4.3 Slice 中的资源

3. 输入/输出模块（IOB）

输入/输出模块（IOB）支持多种接口标准，为封装引脚与 FPGA 内部逻辑功能之间提供单向或双向可编程接口。IOB 内有三条主要信号通路：输出通路、输入通路和三态通路。各通路有其自己的存储单元对，可用作寄存器或锁存器。所有进入 IOB 的信号通路（包括与存储单元相关的通路）都具有反相器选项。放置在这些通路上的任何反相器都被自动吸收到 IOB 中。

7.5 用可编程逻辑器件设计逻辑电路

随着半导体生产工艺的不断发展，PLD 的规模越来越大，设计逻辑电路的工作量也越来越大。在这种情况下，PLD 的编程工作必须在开发系统的支持下才能完成。当前的 SPLD、CPLD 和 FPGA 生产厂商均为其旗下的器件提供了软件支持。使用这些软件程序包配合 PLD 来完成多功能、高效率的逻辑电路开发，称之为电子设计自动化（Electronic Design Automation，EDA）。

使用 EDA 工具进行逻辑电路设计大体上可按照如下步骤进行：

第一步，进行逻辑抽象。首先把待实现的逻辑功能抽象为逻辑函数，表示为逻辑方程、真值表、状态转换图、状态转换表等形式。

第二步，器件选型。选择 PLD 器件时应该考虑是否需要经常改写逻辑功能，是组合逻辑电路还是时序逻辑电路，电路规模大小，对工作速度及功耗等参数的要求等。

第三步，选定开发系统。有些公司专门从事 EDA 工具套件的开发和销售，例如 Synopsys、Cadence、Mentor Graphics、Agilent、Altium 及 Xilinx 等，可以根据实际情况进行选择。

第四步，设计输入文件。主流的 EDA 工具支持两种输入文件的设计方式，分别为原理图输入方式及文本输入方式。当使用文本输入方式时，开发人员必须熟悉硬件描述语言，如 VHDL、Verilog HDL 等。原理图输入方式允许开发人员在元器件库中选择所需的逻辑门和其他逻辑功能符号并放置在屏幕上，之后按照设计需求连接起来形成设计方案。原理图输入方式不需要开发人员掌握硬件描述语言。

第五步，功能仿真。功能仿真也叫做功能验证，是 EDA 中验证数字电路是否与预定规范功能相符的一个验证过程。通常所说的功能仿真是指不考虑实际器件的延迟时间，只考虑逻辑功能的一个流程。功能仿真的目标是达到尽可能高的测试覆盖率，被测试的内容要尽可能覆盖所有的语句、逻辑分支、条件、路径、触发、状态机的状态等。功能仿真可以使用波形编辑器进行图形化仿真，也可以使用测试平台进行仿真。

第六步，逻辑综合。一旦输入设计经过功能仿真验证逻辑正确后，编译器会自动进行布尔函数化简、消除冗余项等优化步骤，将逻辑电路的门数减少到最少，并将输入设计转换为电路连线网表的形式。网表又称连线表，是指用基础的逻辑门来描述数字电路连接情况的描述方式。网表通常传递了电路连接方面的信息，例如模块的实例、线网以及相关属性等。根据不同的分类，网表可以是物理或逻辑的，也可以是基于实例或基于线网的，或者是平面的或多层次的，等等。

第七步，逻辑实现。在设计经过逻辑综合之后，编译器需要对设计进行逻辑实现，主要包括布线、引脚分配等。为了正确地进行逻辑实现，EDA 工具需要熟悉具体器件的结构和引脚信息。通常这些信息都保存在 EDA 工具的数据库中。

第八步，时序仿真。时序仿真又称时序验证，可以检查电路是否能够在指定的时钟频率下正常工作，以及是否存在影响电路整体功能的时序问题。EDA 工具根据目标器件的特性（如门传输延迟）来进行时序验证。和功能仿真一样，可以使用波形编辑器来观察时序仿真的结果。

第九步，下载与测试。若功能仿真和时序仿真都已完成，就可以启动下载程序，将最终产生的比特流文件下载到目标器件中，并自动进行器件配置。之后用实验方法测试它的逻辑功能，检查它是否达到了设计要求。

7.6 使用可编程逻辑器件设计自动售货机控制系统

自动售货机控制系统可以先使用 Verilog 描述后，再在 PLD 中实现。本节主要介绍自动售货机控制系统中的每个模块的 Verilog 代码描述，之后将所有模块组合以描述整个系统。

自动售货机控制系统由两部分组成：时序逻辑电路和组合逻辑电路，其中时序逻辑电路中包含了定时电路。

自动售货机控制系统框图如图 7.6.1 所示。

自动售货机控制系统的编程序模型如图 7.6.2 所示，所有的输入和输出的标识都已给定。

时序逻辑电路中分为三部分，分别是按键模块、定时器以及找"零"与提供商品模块；组合逻辑电路中分为六个部分，分别是编码器、存储器、译码和价格显示模块、投币计数

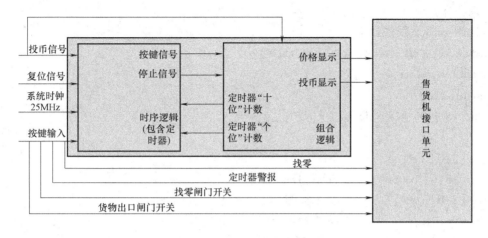

图 7.6.1 自动售货机控制系统框图

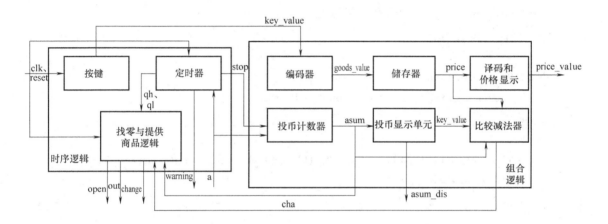

图 7.6.2 自动售货机控制系统的编程模型

器、投币显示单元以及比较减法器。这个模型将用来为系统进行 Verilog 程序设计。

7.6.1 时序逻辑电路

时序逻辑电路中分为三部分，按键模块、定时器以及找"零"与提供商品模块。接下来就三个模块分别进行详细设计说明。

1. 按键模块

该模块用于判断按下的按键在矩阵按键中的位置，并输出对应的键。clk 为系统时钟，其频率为 25MHz，reset 为复位清零，row 为输入的行值；中间变量 col 为列值；count 用于产生一个 1kHz 的时钟信号 clk_1kHz，以确保每次扫描矩阵按键的时间为 1ms，由于系统的时钟频率为 25MHz，即系统的时钟周期为 40ns，所以当 count 计数到 12499 时，将 clk_1kHz 反转为 ~clk_1kHz，此时每两个相邻 clk_1kHz 信号之间的时间即为 1ms；state 为状态标志位，用于判断哪一行的按键被按下；key_flag 为按键标志位，若按键被按下则 key_flag 置"1"；col_reg 为列值寄存器，row_reg 为行值寄存器；key_value 作为输出的键值，与后面的编码器相连接。

按键的 verilog 程序如下:

```verilog
module key (clk, reset, row, key_value);
 input clk,reset;
 input [3:0] row;
 output [3:0] key_value;

 reg [3:0] col;
 reg [13:0] count;      //delay_1ms
 reg [2:0] state;       //状态标志
 reg key_flag;          //按键标志位
 reg clk_1khz;          //1kHz 时钟信号
 reg [3:0] col_reg;     //寄存扫描列值
 reg [3:0] row_reg;     //寄存扫描行值
 reg [3:0] key_value;

 always @ (posedge clk or negedge reset)
   if (!reset) begin clk_1khz<=0; count<=0; end
   else
     begin
       if(count>=14'd12499) begin clk_1khz<=~clk_1khz;count<=0;end
       else count<=count+1;
     end

 always @ (posedge clk_1khz or negedge reset)
   if(!reset) begin col<=4'b0000;state<=0;end
   else
     begin
       case (state)
       0:
         begin
           col[3:0]<=4'b0000;
           key_flag<=1'b0;
           if(row[3:0]!=4'b1111) begin state<=1;col[3:0]<=4'b1110;end //有键按下,
```
扫描第一行
```verilog
           else state<=0;
         end
       1:
         begin
```

```verilog
            if(row[3:0]!=4'b1111) begin state<=5;end        //判断是否是第一行
            else   begin state<=2;col[3:0]<=4'b1101;end     //扫描第二行
          end
      2:
          begin
            if(row[3:0]!=4'b1111) begin state<=5;end        //判断是否是第二行
            else begin state<=3;col[3:0]<=4'b1011;end       //扫描第三行
          end
      3:
          begin
            if(row[3:0]!=4'b1111) begin state<=5;end        //判断是否是第三行
            else begin state<=4;col[3:0]<=4'b0111;end       //扫描第四行
          end
      4:
          begin
            if(row[3:0]!=4'b1111) begin state<=5;end        //判断是否是第一行
            else state<=0;
          end
      5:
          begin
            if(row[3:0]!=4'b1111)
              begin
                col_reg<=col;                               //保存扫描列值
                row_reg<=row;                               //保存扫描行值
                state<=5;
                key_flag<=1'b1;                             //有键按下
              end
            else
              begin state<=0;end
          end
    endcase
  end

  always @ (col_reg or row_reg)
    begin
      case ({col_reg,row_reg})
        8'b1110_1110:key_value<=4'b0000;
        8'b1110_1101:key_value<=4'b0001;
```

```
                8'b1110_1011:key_value<=4'b0010;
                8'b1110_0111:key_value<=4'b0011;

                8'b1101_1110:key_value<=4'b0100;
                8'b1101_1101:key_value<=4'b0101;
                8'b1101_1011:key_value<=4'b0110;
                8'b1101_0111:key_value<=4'b0111;

                8'b1011_1110:key_value<=4'b1000;
                8'b1011_1101:key_value<=4'b1001;
                8'b1011_1011:key_value<=4'b1010;
                8'b1011_0111:key_value<=4'b1011;

                8'b0111_1110:key_value<=4'b1100;
                8'b0111_1101:key_value<=4'b1101;
                8'b0111_1011:key_value<=4'b1110;
                8'b0111_0111:key_value<=4'b1111;
            endcase
        end
endmodule
```

2. 定时器模块

该模块用于对客户端的投币时间进行计时。clk 为系统时钟，频率为 25MHz，reset 为复位清零，a 为投币信号，qh 为计时器"十位"，ql 为计时器"个位"，当有投币信号且复位信号不为"1"时，计时器从 30 开始倒数，一直计数到"00"时，stop 信号置"1"使计时器停止，此时 warning 开始发出警告。中间变量 count 用于产生一个 1Hz 的时钟信号 clk_out，以确保每次倒数的时间为 1s，由于系统的时钟频率为 25MHz，即系统的时钟周期为 40ns，所以当 count 计数到 12499999 时，将 clk_out 反转为~clk_out，此时每两个相邻 clk_out 信号之间的时间即为 1s。

定时器的 verilog 程序如下：

```
module timer (reset, clk, qh, ql, warning, a, stop);
    input reset, clk;
    input [7:0]a;
    output [3:0]qh, ql;
    output warning, stop;
    reg [3:0] qh, ql;
    reg [24:0] count;
    wire stop;
    wire warning;
    reg clk_out;
```

```verilog
//计数器计数进程
always @ (posedge clk or negedge reset)
    if(! reset)
        count<=25'd0;
    else if(count = = 25'd12_499_999)
        count<=25'd0;
    else
        count<=count+1'b1;


always @ (posedge clk or negedge reset)              //产生 clk_out 时钟输出
    if(! reset)
        clk_out<=0;
    else if(count = = 25'd12_499_999)
        clk_out<= ~ clk_out;
    else
        clk_out<=clk_out;

assign warning = ({qh,ql} = = 8'b00&(reset = = 1'b1));
assign stop = ({qh,ql} = = 8'b00&(reset = = 1'b1));

always @ (posedge clk_out or negedge reset)
    begin
        if(! reset)
            {qh,ql}<=8'h30;
        else if(a! = 1'b0)
            begin
                if({qh,ql} = = 8'h00) begin {qh,ql}<={qh,ql}; end
                else if(ql = = 4'h0) begin qh<=qh-1'b1;ql<=4'h9; end
                else begin qh<=qh;ql<=ql-1'b1; end
            end
    end
endmodule
```

3. 找"零"与提供货物模块

该模块用于对客户端找"零"和提供所需商品。clk 为系统时钟；reset 为复位清零；qh 和 ql 是定时器的"十位"和"个位"输出，用于对是否在规定时间内做出有效的投币行为进行判断；cha 为找"零"值；out 为商品闸门开关；open 为找"零"闸门开关；asum 为用户投入的硬币总数，设置此输入意在保证当客户没有在规定的 30s 时间内投入足够的硬币，但又投入硬币时，能够将用户所有投入的硬币作为找"零"输出。中间变量 count1 将两个闸门的开通时间控制在 5s，其原理在之前已说明。

若在 30s 之内投入大于等于所选商品价格的硬币，售货机将提供货物和找"零"，若未能完成，则售货机退回所有硬币，不提供货物。

找"零"与提供货物模块的 verilog 程序如下：

```verilog
module output (clk, reset, cha, out, change, asum, qh, ql, open);
    input clk, reset;                    //定义系统时钟和复位信号
    input signed [7:0] cha;              //用户总投币数与商品价格的差值,有正
                                         //  有负,故定义为 signed 型
    input [7:0] asum;                    //用户总投币数
    input [3:0] qh, ql;                  //定时器"个位"和定时器"十位"
    output out;                          //找"零"闸门开关
    output [7:0] change;                 //找"零"值
    output open;                         //货物闸门开关
    reg out;
    reg open;
    reg [7:0] change;
    reg [27:0] count1;

    always@(posedge clk or negedge reset)
    //当复位信号到来时(!reset="1"),out、change、open、count1 全部置"0"
    if(!reset)
        begin
            out<=1'b0;change<=8'b00000000;
            open<=1'b0;count1<=28'd0;
        end
    //如果此时定时器未计到"00",判断闸门是否开启了 5s,若开启了 5s,则将两个闸门
    //  关闭,count1 和找"零"值置"0"
    //若还未开启 5s,则判断此时的差值是否大于等于 0,且投币数是否不为 0,若满足,
    //  则打开两个闸门,提供货物并找"零"
    else if({qh,ql}>8'h00)
        begin
            if(count1==28'd124_999_999)        //让闸门打开 5s
                begin
                    count1<=28'd0;open<=1'b0;
                    out<=1'b0;
                    change<=8'b00000000;
                end
            else if(!cha[7]&asum!=1'b0)
                begin
```

```verilog
                out<=1'b1;change<=cha;
                open<=1'b1;count1<=count1+1;
            end
        end
//如果此时定时器计到"00",首先判断闸门是否开启了5s,若开启了5s,则将两个闸门关闭,count1和找"零"值置"0"
//若还未开启5s,先判断此时的差值是否大于等于0并且投币数是否不为0
//若满足,则打开两个闸门,提供货物并找"零"
        else if ({qh,ql}==8'h00)
            begin
                if (count1==28'd124_999_999)   //让闸门打开5s
                    begin
                        count1<=28'd0;open<=1'b0;
                            out<=1'b0;
                        change<=8'b00000000;
                    end
                else if (!cha[7]&asum!=1'b0)
                    begin
                        out<=1'b1;change<=cha;
                        open<=1'b1;count1<=count1+1;
                    end
//定时器计到"00",闸门还未开启5s时的另一种情况是,差值小于0,但投币数不为0
//若满足此条件,则只打开找"零"闸门,将所有投入的硬币全部找出,不提供货物
                else if (cha[7]&asum!=1'b0)
                    begin
                        out<=1'b1;change<=asum;
                            open<=1'b0;count1<=count1+1;
                    end
            end
endmodule
```

7.6.2 组合逻辑电路

组合逻辑电路中分为六个部分,分别是编码器、存储器、译码和价格显示模块、投币计数器、投币显示单元以及比较减法器,接下来就六个模块分别进行详细设计说明。

1. 编码器

该模块用于将按键模块输入的键值转化为4位二进制货物编码,输出为goods_value。编码器的verilog程序如下:

```verilog
module encoder(
    key_value,    //键值
    goods_value   //商品值
    );
    input [3:0] key_value;
    output [3:0] goods_value;
    reg [3:0] goods_value;

    always @ (key_value)
        begin
            case (key_value)
                4'b0001:goods_value<=4'b0001;
                4'b0010:goods_value<=4'b0010;
                4'b0011:goods_value<=4'b0011;
                4'b0100:goods_value<=4'b0100;
                4'b0101:goods_value<=4'b0101;
                4'b0110:goods_value<=4'b0110;
                4'b0111:goods_value<=4'b0111;
                4'b1000:goods_value<=4'b1000;
                4'b1001:goods_value<=4'b1001;
                4'b1010:goods_value<=4'b1010;
                4'b1011:goods_value<=4'b1011;
                4'b1100:goods_value<=4'b1100;
                4'b1101:goods_value<=4'b1101;
                4'b1110:goods_value<=4'b1110;
                4'b1111:goods_value<=4'b1111;
                default;
            endcase
        end
endmodule
```

2. 存储器

该模块用于将编码器输入的商品值对应到各个商品的价格中并储存，输出为 price。

存储器的 verilog 程序如下：

```verilog
module storage(
    goods_value,  //货物
    price
    );

    input [3:0] goods_value;
```

```verilog
    output [7:0] price;
    reg [7:0] price;

    always @(goods_value)
        begin
            case(goods_value)
                4'b0001:price<=8'b00000010;
                4'b0010:price<=8'b00000011;
                4'b0011:price<=8'b00001001;

                4'b0100:price<=8'b00001000;
                4'b0101:price<=8'b00001000;
                4'b0110:price<=8'b00000101;
                4'b0111:price<=8'b00000100;

                4'b1000:price<=8'b00000010;
                4'b1001:price<=8'b00000010;
                4'b1010:price<=8'b00000110;
                4'b1011:price<=8'b00000011;

                4'b1100:price<=8'b00000001;
                4'b1101:price<=8'b00000010;
                4'b1110:price<=8'b00000101;
                4'b1111:price<=8'b00001001;
                default;
            endcase
        end
endmodule
```

3. 译码和价格显示模块

该模块用于将存储器存储的商品价格在数码管上进行显示,输出为 price_value。Cyclone4 EP4CE6E22C8 型芯片的数码管为共阴极结构,所以应将要显示部分置"1",不显示部分置"0"。

译码和价格显示模块的 verilog 程序如下:

```verilog
module price_dis(
    price_value,  //价格值
    price    //商品
    );

    input [7:0] price;
```

```
        output [7:0] price_value;
        reg [7:0] price_value;

        always @ (price)
            begin
                case(price)
                    8'b00000001:price_value<=8'b00000110;
                    8'b00000010:price_value<=8'b01011011;
                    8'b00000011:price_value<=8'b01001111;
                    8'b00000100:price_value<=8'b01100110;
                    8'b00000101:price_value<=8'b01101101;
                    8'b00000110:price_value<=8'b01111101;
                    8'b00000111:price_value<=8'b00000111;
                    8'b00001000:price_value<=8'b01111111;
                    8'b00001001:price_value<=8'b01101111;
                    8'b00001010:price_value<=8'b01110111;
                    8'b00001011:price_value<=8'b01111100;
                    8'b00001100:price_value<=8'b00111001;
                    8'b00001101:price_value<=8'b01011110;
                    8'b00001110:price_value<=8'b01111001;
                    8'b00001111:price_value<=8'b01110001;
                    default;
                endcase
            end
endmodule
```

4. 计数器

该模块用于将用户投入的硬币进行计数,每投入一个硬币,则计数器加 1,当 stop 信号开始工作时,无论是否有硬币投入,计数器都停止工作,并保持其在 30s 时的值。此模块的输出为 asum。

计数器的 verilog 程序如下:

```
module counter (a, stop, asum);
    input [7:0] a;
    output [7:0] asum;
    input stop;
    reg [7:0] asum;

    always@ (a)
        if(stop = = 1'b1)
            asum<=asum;
```

```
        else if(a==1'b0)
            asum<=8'b00000000;
        else
            asum<=asum+1'b1;
```

endmodule

5. 投币显示单元

该模块用于将用户投入的硬币数在数码管上进行显示，将投入的硬币数转化为七段数码管显示，其显示原理已在前面说明。此模块的输出为 asum_dis。

投币显示单元的 verilog 程序如下：

```
module money_dis(
    asum,        //投币数
    asum_dis     //投币显示
    );

    input [7:0] asum;
    output [7:0] asum_dis;
    reg [7:0] asum_dis;

    always@(asum)
        begin
            case(asum)
                8'b00000000:asum_dis<=8'b00111111;
                8'b00000001:asum_dis<=8'b00000110;
                8'b00000010:asum_dis<=8'b01011011;
                8'b00000011:asum_dis<=8'b01001111;

                8'b00000100:asum_dis<=8'b01100110;
                8'b00000101:asum_dis<=8'b01101101;
                8'b00000110:asum_dis<=8'b01111101;
                8'b00000111:asum_dis<=8'b00000111;

                8'b00001000:asum_dis<=8'b01111111;
                8'b00001001:asum_dis<=8'b01101111;
            endcase
        end
endmodule
```

6. 减法比较器

该模块用于将用户投入的硬币总数 asum 和存储在存储器中的 price 进行比较，用

asum 减 price 得到差值 cha，cha 作为找"零"值进行输出，此时应注意 cha 要定义为 signed 型，并为其多设置 1 位符号位，因为 asum 减 price 可能为负值，所以要考虑到负号问题。

减法比较器的 verilog 程序如下：
```
module comparator (price, cha, asum);
    input [7:0] price;
    output signed [7:0] cha;
    input [7:0] asum;
    always @ (asum)
        if(asum! = 8'b00000000)
            cha<= (asum-price);
endmodule
```

7.6.3 开发软件仿真

将上述各模块在 Quartus 软件中进行编译通过后，编写 testbench 在 modelsim 中验证各模块的逻辑和功能是否正确，然后编写头文件将各个模块连接起来，再编译头文件的 testbench 验证整个系统是否可以正确工作。本系统的总输入为按键，投币信号，系统时钟及清零复位信号，总输出为价格显示，投币数显示，商品输出闸门开关，找"零"闸门开关，找"零"值及定时器警告，编写的头文件如下：

```
module auto_vending_top(
    clk,
    reset,
    col,
    row,
    a,
    asum_dis,
    price_value,
    change,
    open,
    warning,
    out
    );
    input clk;
    input reset;
    input [3:0] col;
    input [3:0] row;
    input [7:0] a;
        output [7:0] asum_dis;
    output [7:0] price_value;
```

```verilog
output [7:0] change;
output open;
output warning;
output out;
wire [3:0] qh_1;
wire [3:0] ql_1;
wire [3:0] key_value_1;
wire [3:0] goods_value_1;
wire [7:0] price_1;
wire stop_1;
wire [7:0] asum_1;
wire [7:0] cha_1;

key U0(
        .row(row),
        .col(col),
        .key_value(key_value_1)
    );

encoder U1(
        .key_value(key_value_1),
        .goods_value(goods_value_1)
);

storage U2(
        .goods_value(goods_value_1),
        .price(price_1)
);

price_dis U3(
    .price(price_1),
        .price_value(price_value)
);

timer U4(
        .reset(reset),
        .clk(clk),
    .a(a),
        .qh(qh_1),
```

```
            .ql(ql_1),
            .warning(warning),
            .stop(stop_1)
    );

    counter U5(
            .a(a),
            .stop(stop_1),
            .asum(asum_1)
    );

    money_dis U6(
            .asum(asum_1),
            .asum_dis(asum_dis)
    );

    comparator U7(
            .price(price_1),
            .asum(asum_1),
            .cha(cha_1)
    );

    output U8(
        .clk(clk),
        .reset(reset),
        .cha(cha_1),
        .asum(asum_1),
        .qh(qh_1),
        .ql(ql_1),
        .out(out),
        .change(change),
        .open(open)
    );

endmodule
```

将各模块程序、头文件程序和头文件的 testbench 在 modelsim 中进行仿真,产生的仿真波形如图 7.6.3 所示。

此次仿真中,设置输入按键为行值 4'b1110,列值 4'b1101,即为按下第一行第二列的键,其对应的货物值为 4'b0001,价格为 2 元。开始投入 1 个 1 元硬币,out、open 保持

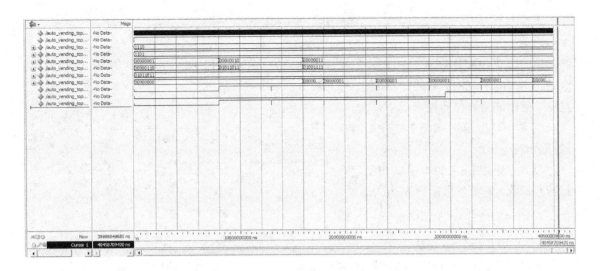

图 7.6.3　modelsim 仿真波形

为"0",即找"零"闸门开关和货物闸门开关不打开,change 没有值,即不找"零";投入 2 个 1 元硬币时,out 和 open 置"1",找"零"闸门开关和货物闸门开关打开,并保持 5s,change 没有值,不找"零"。若投入 3 个 1 元硬币,找"零"闸门开关和货物闸门开关打开,并保持 5s,change 变为"1",找"零"1 元。至此,自动售货机各项功能完全实现。

本 章 小 结

使用可编程序逻辑器件设计逻辑电路的步骤如下:

第一步,进行逻辑抽象。明确输入/输出变量,确定逻辑关系。

第二步,选择 PLD 器件的类型和型号。

第三步,选定开发系统。需要根据器件的开发需要选择适当的开发系统。

第四步,设计输入文件。根据开发系统软件能够接受的逻辑功能描述方式(如原理图输入方式及文本输入方式等)编写输入文件。

第五步,功能仿真。不考虑实际器件的延迟时间,只验证设计电路的逻辑功能。可以使用波形编辑器进行图形化仿真,也可以使用测试平台进行仿真。

第六步,逻辑综合。编译器进行布尔函数化简、消除冗余项等优化步骤,将输入设计转换为电路连线网表的形式。

第七步,逻辑实现。编译器通过检索 EDA 工具的数据库,对电路设计进行逻辑实现,主要包括布线、引脚分配等。

第八步,时序仿真。EDA 工具根据目标器件的特性进行时序仿真,检查电路是否能够在指定的时钟频率下正常工作,以及是否存在影响电路整体功能的时序问题。

第九步,下载与测试。将最终产生的比特流文件下载到目标器件中,用实验方法测试它的逻辑功能,检查它是否达到了设计要求。

习 题

7.1.1 可编程序逻辑器件和通用集成电路以及 ASIC 有何不同？

7.2.1 GAL 的含义是什么？GAL 与 PAL 相比其主要优点是什么？

7.2.2 写出题图 7.2.2 中 PAL 阵列的输出表达式。

7.2.3 对题图 7.2.2 中的 PAL 阵列进行编程，实现下列逻辑表达式。

(1) $Y = A\bar{B}C + \bar{A}B\bar{C} + ABC$

(2) $Y = A\bar{B}C + \bar{A}\ \bar{B}C + \bar{A}BC$

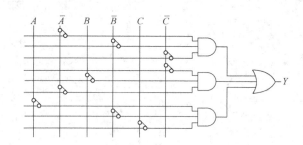

题图 7.2.2

7.3.1 大规模可编程序逻辑器件主要有哪几类，它们之间的主要区别是什么？

7.4.1 FPGA 的结构一般可以分为哪几部分？

7.4.2 以 Spartan-3 系列 FPGA 为例，简述输入输出模块的作用。

7.4.3 以 Spartan-3 系列 FPGA 为例，简述其内部结构组成，并说明可配置逻辑模块内部结构。

7.5.1 试说明在下列应用场景下选用哪种类型的 PLD 最合适。

(1) 小批量定型产品中的中规模逻辑电路。

(2) 产品研制过程中需要不断修改的中、小规模逻辑电路。

(3) 少量的定型产品中需要的规模较大的逻辑电路。

自 测 题

1. SPLD 的两种类型是（ ）

A. PAL 和 GAL   B. PAL 和 FPGA   C. GAL 和 FPGA   D. CPLD 和 FPGA

2. PAL 的组成结构是（ ）

A. 一个可编程序"与门"阵列和一个可编程序"或门"阵列

B. 一个可编程序"与门"阵列和一个固定"或门"阵列

C. 一个固定"与门"阵列和一个可编程序"或门"阵列

D. 一个固定"与门"阵列和一个固定"或门"阵列

3. GAL 的组成结构是（ ）

A. 一个可编程序"与门"阵列和一个可编程序"或门"阵列

B. 一个可编程序"与门"阵列和一个固定"或门"阵列

C. 一个固定"与门"阵列和一个可编程序"或门"阵列

D. 一个固定"与门"阵列和一个固定"或门"阵列

4. CPLD 中的术语 LAB 代表（ ）

A. 逻辑阵列块   B. 逻辑单元   C. 输入输出单元   D. 多轨互连线

5. CPLD 中的术语 LE 代表（　　）
A. 逻辑阵列块　　　B. 逻辑单元　　　C. 输入输出单元　　　D. 多轨互连线
6. CPLD 中的术语 IOE 代表（　　）
A. 逻辑阵列块　　　B. 逻辑单元　　　C. 输入输出单元　　　D. 多轨互连线
7. 非易失性存储器主要包括（　　）
A. RAM 和 PROM　　　　　　　　B. PROM 和 EEPROM
C. RAM 和 EEPROM　　　　　　　D. RAM 和 Flash ROM
8. 作为逻辑设计的文本输入（　　）
A. 必须使用逻辑符号　　　　　　B. 必须使用 HDL
C. 只能使用布尔代数　　　　　　D. 必须使用具体的代码
9. 在功能仿真中，必须指定（　　）
A. 具体目标器件　　B. 输入波形　　　C. 输出波形　　　D. HDL
10. 设计流程的逻辑综合阶段的最终输出是（　　）
A. 网表　　　　　　B. 比特流　　　　C. 时序仿真　　　D. 器件引脚定义

第 8 章
脉冲信号的产生与整形

内容提要

在数字电路中，常常需要各种脉冲信号，如时序电路中的时钟脉冲、控制过程中的定时信号、计数器的计数脉冲信号等。所谓脉冲信号，是指具有一定持续时间的电压或电流信号，即：凡不具有连续正弦波形状的信号，几乎都可以统称为脉冲信号，如矩形波、方波、尖顶波和锯齿波等。最常见的脉冲信号有矩形波和方波。

获得脉冲信号的方法一般有两种：一是利用已有信号通过波形变换、整形得到脉冲信号；另一种则是利用脉冲信号产生电路直接产生。产生和处理这些脉冲信号的电路有单稳态触发器、施密特触发器和多谐振荡器。其中，施密特触发器虽然不能自动产生脉冲信号，但能对已有的信号进行变换、整形及脉冲幅度鉴别；单稳态触发器可用于脉冲信号的整形、定时、延时，多谐振荡器能直接产生脉冲波形。

本章讨论脉冲波形的产生和整形电路，它的形式多种多样，有：逻辑门电路构成的、555 定时器构成的，还有中规模集成器件构成的脉冲单元电路。虽然它们的构成形式不同，却有着相同的工作特点。

555 定时器是一种将模拟和数字集成于一体的电子器件，使用灵活方便，只要外加少量的阻容元件，就能构成多种用途的电路，如单稳态触发器、施密特触发器和多谐振荡器等，使其在电子技术中得到了非常广泛的应用。

8.1 单稳态触发器

单稳态触发器，顾名思义，是指只有一个稳定状态。前面第 5 章介绍的触发器，是有"0""1"两个稳定状态，因此，也被称为双稳态触发器。本章介绍的单稳态触发器与双稳态触发器不同，具有如下的工作特点：

1) 单稳态触发器具有一个稳态和一个暂稳态两个不同的工作状态。没有触发脉冲作用时，电路处于一种稳定状态，这是一个能够长期持久保持的状态。

2) 在触发脉冲作用下，电路能从稳态自动翻转到暂稳态，暂稳态是不能长久保持的状态，在暂稳态维持一段时间以后，自动返回到稳态。

3) 电路暂稳态持续时间的长短取决于电路本身的参数，即由电路的 RC 延时环节的参数值决定，而与触发脉冲的宽度和幅度无关。

由于具备这些特点，单稳态触发器被广泛地应用于脉冲的变换、延时和定时等。

8.1.1 门电路构成的单稳态触发器

1. 电路组成及工作原理

单稳态触发器可由逻辑门和 RC 电路组成,它的暂稳态通常都是靠 RC 电路的充、放电过程来维持。根据 RC 电路连接方式的不同,单稳态触发器分为微分型单稳态触发器和积分型单稳态触发器两种。下面分析微分型单稳态触发器。

CMOS 门组成的微分型单稳态触发器如图 8.1.1a 所示,也可以画成图 8.1.1b 所示。从图 8.1.1a 可以看出,与基本 RS 双稳态触发器的结构有类似之处。

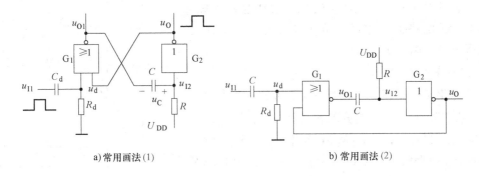

a) 常用画法(1) b) 常用画法(2)

图 8.1.1 CMOS "或非门" 构成的微分型单稳态触发器

下面以图 8.1.1 为例,分析单稳态触发器的工作原理。为了便于讨论,将 CMOS 门电路的电压传输特性进行理想化处理,且设定 CMOS 门的阈值电压 $U_{TH} \approx \frac{1}{2}U_{DD}$,输出高电平 $U_{OH} \approx U_{DD}$,输出低电平 $U_{OL} \approx 0V$。

(1) 没有触发信号时,电路处于一种稳定状态 电路在稳态时,由于 G_2 门的输入端经电阻 R 接 U_{DD},故 $u_O = U_{OL} = 0$。若要保持电容器两端的电压保持不变 $u_{O1} = U_{DD}$,为了保证 G_1 "或非门" 的输出是高电平,G_1 门的输入端 u_d 必须均为 "0",即稳态时 $u_{I1} = 0$,电容器 C_d 两端的电压接近 0V,电路处于稳定状态。只要没有正脉冲触发,电路就一直保持这个稳态不变。

(2) 外加触发信号,电路由稳态翻转至暂稳态 当输入端输入正的触发脉冲 u_{I1},在 R_d 和 C_d 组成的微分电路的输出端得到很窄的正脉冲 u_d。当 u_d 上升到 G_1 门的阈值电压 U_{TH} 时,在电路中产生如下正反馈过程:

$$u_d \uparrow \rightarrow u_{O1} \downarrow \rightarrow u_{I2} \downarrow \rightarrow u_O \uparrow$$

这一正反馈过程使 u_{O1} 迅速地从高电平跳变为低电平。由于电容器 C 两端的电压不能突变,电容器 C 的右端 u_{I2} 电压也同时跳变为低电平,并使 u_O 跳变为高电平,电路进入暂稳态。此时,即使 u_d 返回到低电平,u_O 仍将维持高电平。由于电容器 C 的存在,电路的这种状态是不能长久保持的,所以将电路此时的状态称之为暂稳态。暂稳态时 $u_{O1} \approx 0$,$u_O \approx U_{DD}$。

(3) 暂稳态期间电容器 C 充电,电路自动从暂稳态返回至稳态 进入暂稳态后,电源

U_{DD} 经电阻 R 和 G_1 门导通的工作管对电容 C 充电,u_{I2} 按指数规律升高,当 u_{I2} 达到 G_2 门的阈值电压 U_{TH} 时,电路又产生下述正反馈过程:

$$u_{I2}\uparrow \to u_O \downarrow \to u_{O1}\uparrow$$

如果此时触发脉冲消失,即 u_d 返回到低电平,则 u_{O1}、u_{I2} 迅速跳变为高电平,并使输出返回 $u_O \approx 0V$ 的状态。同时,电容通过电阻 R 和 G_2 门的输入电路向 U_{DD} 放电,直至使电容 C 上的电压为 0,电路最终恢复到稳定状态时的初始值,电路从暂稳态自动返回稳态。

根据上述电路工作过程分析,可画出电路工作时各点电压波形如图 8.1.2 所示。

2. 主要参数的计算

(1) 输出脉冲宽度 t_w 由图 8.1.2 可知,触发信号作用后,输出脉冲宽度 t_w 就是暂稳态持续时间,也就是 RC 电路在充电过程中,使 u_{I2} 从 0V 上升到 U_{TH} 所需时间。

根据 RC 电路过渡过程的分析,可求得输出脉冲宽度为

$$t_w = RC\ln\frac{u_C(\infty)-u_C(0^+)}{u_C(\infty)-U_{TH}} \quad (8.1.1)$$

式中,$u_C(0^+)$ 是电容的起始电压值;$u_C(\infty)$ 是电容的充电终了电压值。

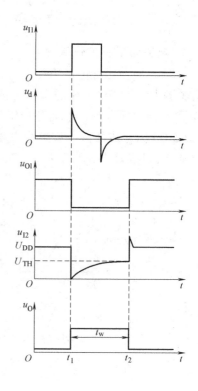

图 8.1.2 微分型单稳态触发器中各点的电压波形图

电容在充电过程中,$u_C(0^+)=0$、$u_C(\infty)=U_{DD}$、$\tau=RC$、$U_{TH}=\frac{1}{2}U_{DD}$。将这些值代入式 (8.1.1) 得

$$t_w = RC\ln\frac{U_{DD}-0}{U_{DD}-U_{TH}} = RC\ln 2 = 0.7RC \quad (8.1.2)$$

(2) 恢复时间 t_{re} 暂稳态结束后,还要经过一段恢复时间,让电容 C 上的电荷释放完,才能使电路完全恢复到触发前的起始状态。恢复时间一般认为要经过放电时间常数的 3~5 倍,RC 电路才基本达到稳态。

(3) 最高工作频率 f_{max} 设触发信号 u_{I1} 的周期为 T,为了使单稳态电路能正常工作,应满足 $T>(t_w+t_{re})$ 的条件,因此,单稳态触发器的最高工作频率为

$$f_{max}=\frac{1}{T_{min}}<\frac{1}{t_w+t_{re}} \quad (8.1.3)$$

微分型单稳态触发器也可由 "与非门" 和 "非门" 构成,如图 8.1.3 所示。

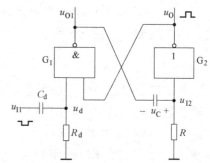

图 8.1.3 "与非门" 和 "非门" 构成的微分型单稳态触发器

8.1.2 集成单稳态触发器及其应用

根据电路工作特性的不同，集成单稳态触发器分为可重复触发和不可重复触发两种，下面介绍集成不可重复触发 TTL 型单稳态触发器 74121。

不可重复触发单稳态触发器是指在暂稳态期间，如有触发脉冲加入，电路的输出脉宽不受其影响，仍由电路中的 R、C 参数值确定。而可重复触发单稳态电路在暂稳态期间，如有触发脉冲加入，电路会被输入脉冲重复触发，暂稳态将延长，暂稳态在最后一个脉冲的触发沿，再延时 t_w 时间后返回稳态。其输出脉宽根据触发脉冲的输入情况的不同而改变。

1. TTL 集成单稳态触发器 74121 的逻辑功能和使用方法

TTL 集成器件 74121 是一种不可重复触发的集成单稳态触发器，其内部逻辑图如图 8.1.4 所示。电路由触发信号控制电路、微分型单稳态触发器和输出缓冲器三部分组成。

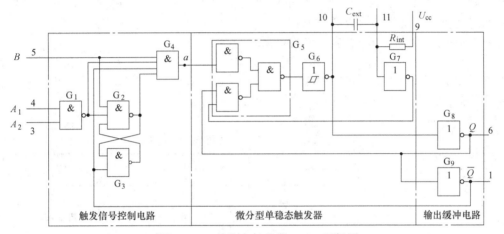

图 8.1.4 单稳态触发器 74121 逻辑图

单稳态触发器 74121 在使用时，要在芯片的 10、11 引脚之间外接电容 C_{ext}（如采用电解电容，电容 C 的正极端接 10 脚）。根据输出脉宽的要求，定时电阻 R 可选择外接电阻 R_{ext} 或芯片内部电阻 R_{int}（2kΩ）。单稳态触发器采用内、外部电阻的电路连接如图 8.1.5a、b 所示。

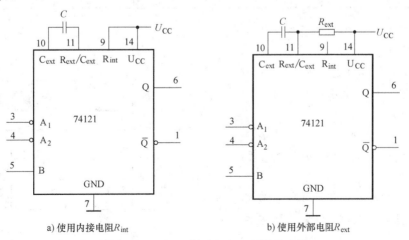

a) 使用内接电阻 R_{int} b) 使用外部电阻 R_{ext}

图 8.1.5 74121 定时电容、电阻的连接

(1) 工作原理　如将图 8.1.4 中，具有施密特性的"非门" G_6 和 G_5 门合起来看，看成是一个"或非门"，它与 G_7 "非门"、电阻 R_{int} 及电容 C_{ext} 组成微分型单稳态触发器，其工作原理与 8.1.1 节所介绍的微分型单稳态触发器基本相同。电路只有一个稳态 $Q=0$、$\overline{Q}=1$。当 G_4 门输出端 a 点有正脉冲触发时，电路进入暂态 $Q=1$、$\overline{Q}=0$。电路输出脉冲的宽度由 R_{int} 和 C_{ext} 大小决定。

G_1、G_2、G_3 和 G_4 组成的触发信号控制电路，不仅实现了输入信号触发沿可选择，而且还使电路具有不可重复触发特性。如当 A_1、A_2 当中至少有一个接低电平，且触发信号 B 输入时，电路选择上升沿触发。此时，由于 G_4 门的其他三个输入端均为高电平，当输入信号 B 的上升沿到来时，a 点也随之跳变为高电平，在正脉冲触发下，单稳态电路进入暂态，$Q=1$、$\overline{Q}=0$。$\overline{Q}$ 的低电平使触发信号控制电路中基本 RS 触发器的 G_2 门输出为低电平，于是 G_4 门被封锁，此时即使有触发信号输入，也不会有触发信号到达 a 点。只有电路在返回稳定状态后，触发信号才能使电路再次被触发。由以上分析可知，电路具有边沿触发的性质，且属于不可重复触发的单稳态触发器。

与 8.1.1 节所述电路相同，电路的输出脉冲宽度为

$$t_w \approx 0.7RC \tag{8.1.4}$$

如需采用下降沿触发，则可将 B 输入高电平，触发脉冲从 A_1 或 A_2 输入。电路的工作状态与电路选择上升沿触发时完全相同。

(2) 逻辑功能　74121 的功能见表 8.1.1。

表 8.1.1　74121 功能表

输入			输出		说明
A_1	A_2	B	Q	$\overline{Q}$	
L	×	H	L	H	保持稳态
×	L	H	L	H	
×	×	L	L	H	
H	H	×	L	H	
H	↓	H	⊓	⊔	下降沿触发
↓	H	H	⊓	⊔	
↓	↓	H	⊓	⊔	
L	×	↑	⊓	⊔	上升沿触发
×	L	↑	⊓	⊔	

由功能表可知，在下述情况下，电路有正脉冲输出：

① 若 A_1、A_2 两个输入中有一个或两个为低电平，B 产生由"0"到"1"的正跳变时。

② 若 B 为高电平，A_1、A_2 中有一个或两个产生由"1"到"0"的负跳变时。

(3) 工作波形　根据 74121 的功能表，可画出图 8.1.5a 的工作波形如图 8.1.6 所示。

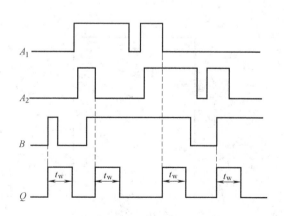

图 8.1.6　74121 集成单稳态触发器的工作波形

2. 单稳态触发器的应用

(1) 定时　分析图 8.1.7 定时电路可知，电路只有在单稳态触发器的输出为高电平期间（t_w 时间内），u_A 信号才有可能通过"与门"。单稳态触发器的 RC 的取值不同，"与门"的开启时间则不同，通过"与门"的脉冲个数也就随之改变。

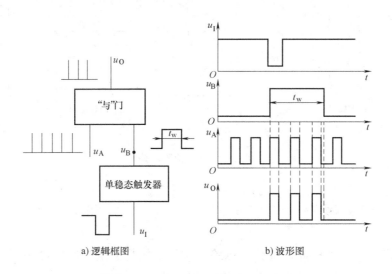

图 8.1.7　单稳态触发器作定时电路的应用

(2) 延时　单稳态触发器的另一用途是实现脉冲的延时。用两片 74121 组成的脉冲延时电路和工作波形分别如图 8.1.8a、b 所示。从波形图可以看出，u_O 脉冲的上升沿，相对输入信号 u_1 的上升沿延迟了 t_{w1} 时间。

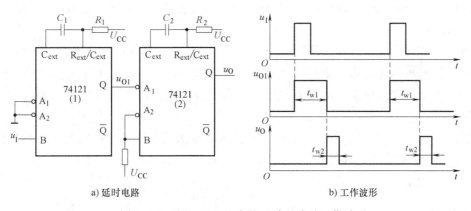

图 8.1.8　用 74121 组成的延时电路及工作波形

(3) 噪声消除电路　由单稳态触发器组成的噪声消除电路及工作波形分别如图 8.1.9a、b 所示，有用的信号一般都有一定的脉冲宽度，而噪声多表现为尖脉冲。从分析结果可见，只要合理地选择 R、C 的值，使单稳态电路的输出脉宽 t_w 大于噪声宽度 t_N 而小于信号的输出脉宽 t_s，即可消除噪声。

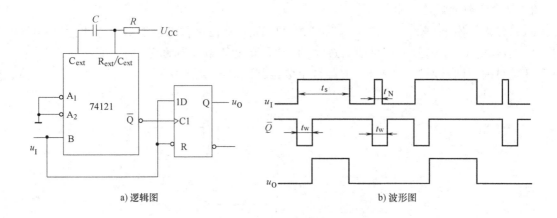

a) 逻辑图 b) 波形图

图 8.1.9 噪声消除电路

8.2 施密特触发器

施密特触发器是一种脉冲信号整形电路，常用于波形变换、幅度鉴别等，在数字电路中应用十分广泛，其中一个重要应用就是它可以将变化缓慢的输入信号（正弦波、锯齿波等）整形为良好的矩形波。由施密特触发器的电压传输特性可以看出，它具有以下特点：

1) 电路有两个稳定状态：一个稳态输出为高电平 U_{OH}，另一个稳态输出为低电平 U_{OL}。这两个稳态需要靠输入信号来维持。

2) 电路属于电平触发，对于缓慢变化的信号仍然适用。当输入信号达到某一电压值时，输出电压会发生跳变。但输入信号在增加和减小过程中，使输出状态跳变时所对应的输入电平并不相同。

3) 电路具有滞回电压特性。当输入信号高于 U_{T+} 时，输出电压会处于某一个稳定状态，U_{T+} 称为上门限电压或正向阈值电压；当输入信号低于 U_{T-} 时，输出电压会处于另一个稳定状态，U_{T-} 称为下门限电压或负向阈值电压。正向阈值电压和负向阈值电压之差，称为回差电压，用 ΔU 表示，即 $\Delta U = U_{T+} - U_{T-}$。

根据输入、输出相位关系的不同，施密特触发器分为同相输出和反相输出两种类型。它们的电压传输特性曲线及逻辑符号分别如图 8.2.1a、b 所示。

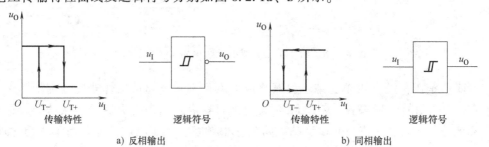

a) 反相输出 b) 同相输出

图 8.2.1 施密特电路的传输特性及逻辑符号

8.2.1 门电路构成的施密特触发器

1. 电路组成

CMOS 门电路组成的施密特触发器如图 8.2.2 所示。电路中两个 CMOS 反相器串接，通过分压电阻 R_1、R_2 将输出端的电压反馈到 G_1 门的输入端，就构成了施密特触发器。

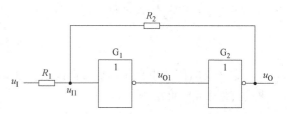

图 8.2.2 CMOS 反相器组成的施密特触发器

2. 工作原理

设 CMOS 反相器的阈值电压 $U_{TH} \approx \dfrac{1}{2} U_{DD}$，电路中 $R_1 < R_2$。不难分析，如果 $R_1 > R_2$，则既有可能 $u_{O1} \approx U_{DD}$、$u_O \approx 0V$，也有可能 $u_{O1} \approx 0V$、$u_O \approx U_{DD}$，出现输出状态不定的问题，所以要求电路必须满足 $R_1 < R_2$。

从图 8.2.2 可知，G_1 门的输入电平 u_{I1} 决定着电路的输出状态。根据叠加原理有

$$u_{I1} = \frac{R_2}{R_1+R_2} u_I + \frac{R_1}{R_1+R_2} u_O \tag{8.2.1}$$

设输入信号 u_I 为三角波。

当 $u_I = 0$ 时，$u_{I1} \approx 0V$，G_1 门截止，G_2 门导通，$u_{O1} = U_{OH} \approx U_{DD}$，$u_O = U_{OL} \approx 0V$。

u_I 从 0V 电压逐渐增加，只要 $u_{I1} < U_{TH}$，电路保持 $u_O \approx 0V$ 不变。当 u_I 上升到 $u_{I1} = U_{TH}$ 时，G_1 门进入其电压传输特性转折区，随着 u_{I1} 的增加在电路中产生如下正反馈过程：

$$u_I \uparrow \to u_{I1} \uparrow \to u_{O1} \downarrow \to u_O \uparrow$$

这样，电路的输出状态很快从低电平跳变为高电平，$u_O \approx U_{DD}$。

我们把输入信号在上升过程中，使电路的输出电平发生跳变时所对应的输入电压称为正向阈值电压，用 U_{T+} 表示。

即由式（8.2.1）得

$$u_{I1} = U_{TH} = \frac{R_2}{R_1+R_2} U_{T+} \tag{8.2.2}$$

$$U_{T+} = \left(1 + \frac{R_1}{R_2}\right) U_{TH} \tag{8.2.3}$$

如果 u_{I1} 继续上升，电路在 $u_{I1} > U_{TH}$ 后，输出状态维持 $u_O \approx U_{DD}$ 不变。

如果 u_I 从高电平开始逐渐下降，当降至 $u_{I1} = U_{TH}$ 时，G_1 门又进入其电压传输特性转折区，随着 u_I 的下降，电路产生如下的正反馈过程：

$$u_I \downarrow \to u_{I1} \downarrow \to u_{O1} \uparrow \to u_O \downarrow$$

电路迅速从高电平跳变为低电平，$u_O \approx 0V$。

我们把输入信号在下降过程中，使输出电平发生跳变时所对应的输入电平称为负向阈值电压，用 U_{T-} 表示。根据式（8.2.1）有

$$u_{I1} = U_{TH} = \frac{R_2}{R_1+R_2} U_{T-} + \frac{R_1}{R_1+R_2} U_{DD}$$

将 $U_{DD} = 2U_{TH}$ 代入可得

$$U_{T-} \approx \left(1 - \frac{R_1}{R_2}\right)U_{TH} \quad (8.2.4)$$

定义正向阈值电压 U_{T+} 与负向阈值电压 U_{T-} 之差为回差电压，记作 ΔU_T。由式（8.2.3）和式（8.2.4）可求得

$$\Delta U_T = U_{T+} - U_{T-} \approx 2\frac{R_1}{R_2}U_{TH} = \frac{R_1}{R_2}U_{DD} \quad (8.2.5)$$

式（8.2.5）表明，电路的回差电压与 R_1/R_2 成正比，改变 R_1、R_2 的比值即可调节回差电压的大小。

3. 工作波形及电压传输特性

根据以上分析，可画出电路的工作波形如图 8.2.3a 所示。以 u_O 作为电路的输出和以 u_{O1} 作为输出时，电路的电压传输特性分别如图 8.2.3b、c 所示。图 8.2.3b、c 表明，如以 u_O 作为电路的输出时，电路为同相输出施密特触发器；如以 u_{O1} 作为输出时，电路则为反相输出施密特触发器。

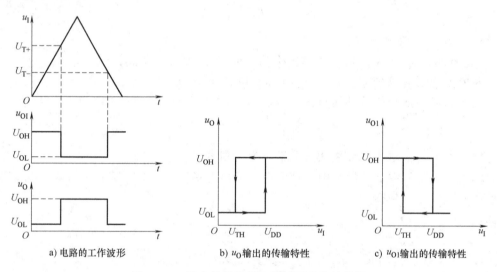

a) 电路的工作波形　　b) u_O 输出的传输特性　　c) u_{O1} 输出的传输特性

图 8.2.3　施密特触发器工作波形及传输特性

[**例 8.2.1**] 在图 8.2.2 所示的电路中，电源电压 $U_{DD} = 10V$，G_1、G_2 选用 CC4069 反相器，其负载电流最大允许值 $I_{OH(max)} = 1.3mA$，门的阈值电压 $U_{TH} = \frac{1}{2}U_{DD} = 5V$，且 $R_1/R_2 = 0.5$。

1) 求电路 U_{T+}、U_{T-} 及 ΔU_T 的值。
2) 试计算 R_1、R_2 值。

解：1) 求 U_{T+}、U_{T-} 和 ΔU_T。

由式（8.2.3）、式（8.2.4）和式（8.2.5）可求出

$$U_{T+} = \left(1 + \frac{R_1}{R_2}\right)U_{TH} = 1.5 \times 5V = 7.5V$$

$$U_{T-} \approx \left(1-\frac{R_1}{R_2}\right)U_{TH} = (1-0.5)\times 5V = 2.5V$$

$$\Delta U_T = U_{T+} - U_{T-} = 5V$$

2) 计算 R_1、R_2 值。

为保证反相器 G_2 输出高电平时的负载电流不超过最大允许值 $I_{OH(max)}$，应使

$$\frac{U_{OH}-U_{TH}}{R_2} < I_{OH(max)}$$

考虑到 $U_{OH} \approx U_{DD} = 10V$，故由上式可得

$$R_2 > \frac{10V-5V}{1.3mA} = 3.85k\Omega$$

当选 $R_2 = 15k\Omega$ 时，则 $R_1 = \frac{1}{2}R_2 = 7.5k\Omega$

8.2.2 集成施密特触发器及其应用

1. TTL 集成施密特触发器 74132

TTL 集成施密特触发器 74132 是一个典型的集成施密特触发器，其内部包括 4 个相互独立的 2 输入施密特触发器"与非门"。图 8.2.4 为集成施密特触发器 74132 的电路图、芯片引脚图。电路由输入级、施密特电路级、电平偏移和输出级四部分组成，各个部分的作用如下。

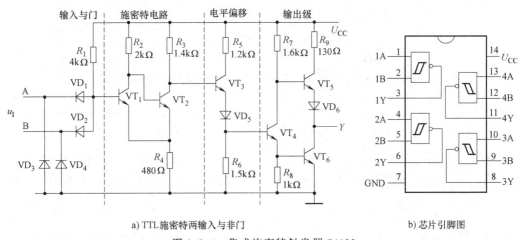

a) TTL施密特两输入与非门　　　　b) 芯片引脚图

图 8.2.4　集成施密特触发器 74132

① 输入级：二极管 VD_1、VD_2 和 R_1 构成"与门"输入级，实现逻辑"与"功能。VD_3、VD_4 是保护二极管，防止负脉冲干扰。

② 施密特电路级：VT_1、VT_2 和 $R_2 \sim R_4$ 构成施密特触发器，VT_1 和 VT_2 通过射极电阻 R_4 耦合实现正反馈，加速状态转换。

③ 电平偏移：VT_3、VD_5、R_5、R_6 构成电平偏移，其主要作用是在 VT_2 饱和时，利用 U_{BE3} 和 VD_5 的电平偏移，保证 VT_4 截止。

④ 输出级：VT_4、VT_5、VT_6、VD_6 和 $R_7 \sim R_9$ 构成推挽输出级结构，既实现逻辑"非"

的功能，又增强带负载能力。

电路的逻辑功能为 $Y=\overline{AB}$。输入 A、B 电平中，只要有一个低于施密特触发器的负向阈值电压 U_{T-} 时，$Y=1$；只有 A、B 均高于正向阈值电压 U_{T+} 时，$Y=0$。该电路的正向阈值电压 $U_{T+}=1.5\sim 2.0\mathrm{V}$，负向阈值电压 $U_{T-}=0.6\sim 1.1\mathrm{V}$，典型的回差电压值 $\Delta U_T=0.8\mathrm{V}$。

2. CMOS 集成施密特触发器 CC40106

图 8.2.5a 为 CC40106 的电路图。集成施密特触发器 CC40106 的内部电路由施密特电路、整形电路和输出电路三部分组成，核心部分是施密特电路。图中 T_{P4}、T_{N4} 和 T_{P5}、T_{N5} 组成两个首尾相连的反相器构成整形级，在 u_{O1} 上升和下降过程中，利用两级反相器的正反馈作用，可使输出波形的上升沿和下降沿变得很陡直。输出级为 T_{P6} 和 T_{N6} 组成的反相器，它不仅能起到与负载隔离的作用，而且可提高电路的带负载能力。

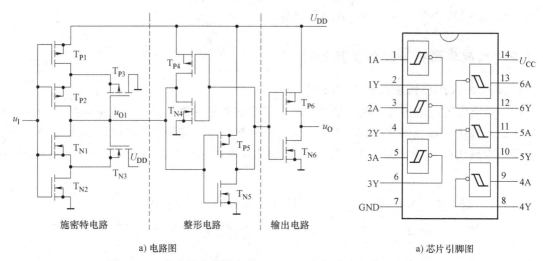

图 8.2.5 集成施密特触发器 CC40106 内部电路及其芯片引脚图

施密特触发器由 $T_{P1}\sim T_{P3}$（PMOS 管）、$T_{N1}\sim T_{N3}$（NMOS 管）组成，设 PMOS 管的开启电压为 U_{TP}，NMOS 管的开启电压为 U_{TN}。

电路的输入信号 u_I 为三角波。当 $u_I=0$ 时，T_{P1}、T_{P2} 导通，T_{N1}、T_{N2} 截止，电路中 u_{O1} 为高电平（U_{DD}），u_{O1} 的高电平使 T_{P3} 截止、T_{N3} 导通，电路为源极跟随器，此时，T_{N1} 源极的电位 $u_{S(TN1)}$ 较高，此时 $u_O=U_{OH}$。

u_I 电位逐渐升高，当 $u_I>U_{TN}$ 时，T_{N2} 导通，由于 T_{N1} 的源级电压较大，即使 $U_I>\dfrac{U_{DD}}{2}$，T_{N1} 仍不能导通。随着继续升高，T_{P1}、T_{P2} 的栅源电压的绝对值减小，至使 T_{P1}、T_{P2} 趋于截止。随着 T_{P1}、T_{P2} 的截止，其内阻急剧增大，从而使得 u_{O1} 和 $u_{S(TN1)}$ 开始下降。当 $u_I-u_{S(TN1)}\geqslant U_{TN}$ 时，T_{N1} 开始导通，并引起如下正反馈过程：

$$u_{O1}\downarrow \to u_{S(TN1)}\downarrow \to u_{GS(TN1)}\uparrow \to R_{ON1}(T_{N1}\text{ 导通电阻})$$

于是，T_{N1} 迅速导通，u_{O1} 随之下降，致使 T_{P3} 很快导通，进而使 T_{P1}、T_{P2} 截止，u_{O1} 下降为低电平。u_I 继续升高最终使 T_{P1} 也完全截止，输出电压 u_O 从高电平跳变为低电平。在 $U_{DD}\gg$

$U_{TN}+|U_{TP}|$ 的条件下，电路的正向阈值电压 U_{T+} 远大于 $\frac{1}{2}U_{DD}$。

同理，u_I 逐渐下降的过程与 u_I 上升过程类似，电路也会出现一个急剧变化的工作过程，使电路转换为 u_{O1} 高电平，$u_O=U_{OH}$ 的状态。在 u_I 下降过程中的负向阈值电压 U_{T-} 也远低于 $\frac{1}{2}U_{DD}$。

由上述分析可知，电路在 u_I 上升和下降过程中分别有不同的两个阈值电压，电路为反相输出的施密特触发器。值得指出的是，由于集成电路内部器件参数差异较大，即使 U_{DD} 相同，不同的器件也有不同的 U_{T+} 和 U_{T-} 值。

3. 施密特触发器的应用

施密特触发器的应用较广，其典型应用列举如下：

(1) 波形变换　施密特触发器常用于波形变换，如将正弦波、三角波等变换成矩形波等。将幅值大于 U_{T+} 的正弦波输入到施密特触发器的输入端，根据施密特触发器的电压传输特性，可画出输出电压波形，如图 8.2.6 所示。结果表明，通过电路在状态变化过程中的正反馈作用，施密特触发器可将输入变化缓慢的周期信号变换成了与其同频率、边缘陡直的矩形波。调节施密特触发器的 U_{T+} 或 U_{T-}，可改变 u_O 的脉宽。

(2) 波形的整形与抗干扰　在工程实际中，对于缓慢变化的矩形波，可以改善波形的上升沿和下降沿，其波形如图 8.2.7a 所示；对于如图 8.2.7b 所示的输入信号可以消除振荡。只要回差电压选择合适，就可达到理想的整形效果。

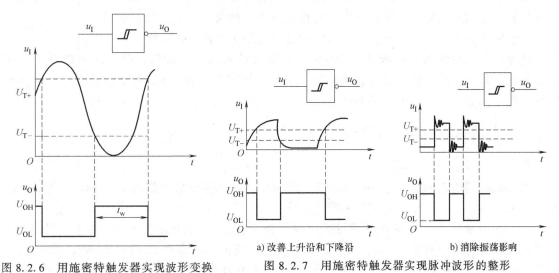

图 8.2.6　用施密特触发器实现波形变换

a) 改善上升沿和下降沿　　b) 消除振荡影响

图 8.2.7　用施密特触发器实现脉冲波形的整形

要消除图 8.2.8a 所示矩形波的顶部干扰，如果回差电压取小了，顶部干扰无法消除，输出波形如图 8.2.8b 所示。适当调大回差电压，才能消除顶部干扰，得到如图 8.2.8c 所示的理想波形。

(3) 幅度鉴别　施密特触发器属电平触发方式，即其输出状态与输入信号 u_I 的幅值有关，因此可作为幅度鉴别电路。如图 8.2.9 所示，只有幅度大于 U_{T+} 的那些脉冲才会使施密特触发器翻转，u_O 有脉冲输出；而对于幅度小于 U_{T+} 的脉冲，施密特触发器不翻转，u_O 就没有脉冲输出。

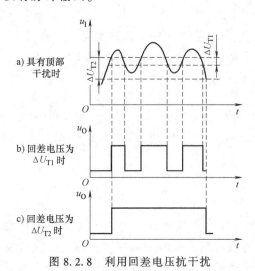

图 8.2.8 利用回差电压抗干扰

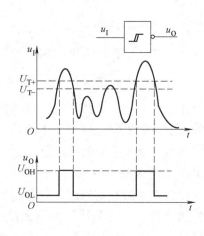

图 8.2.9 用施密特触发器进行幅度鉴别

8.3 多谐振荡器

多谐振荡器是一种自激振荡电路，它在接通电源后，不需要外加触发信号，电路就能自行产生一定频率和一定幅值的矩形波。由于矩形波含有丰富的谐波分量，所以将它称之为多谐振荡器。多谐振荡器在工作过程中没有稳定状态，故又被称为无稳态电路。

多谐振荡器的电路形式有多种，但它们都具有如下共同的结构特点：

电路由开关器件和反馈延时环节组成。开关器件可以是逻辑门、电压比较器及定时器等，其作用是产生脉冲信号的高、低电平。反馈延时环节一般由 RC 电路组成，其作用是将输出电压延时后，再反馈到开关器件的输入端，以改变输出状态，得到矩形波。

8.3.1 多谐振荡器的工作原理

1. 电路组成及工作原理

由 CMOS 门电路和 RC 电路组成的多谐振荡器及其原理图分别如图 8.3.1a、b 所示。图 8.3.1b 中的 D_1、D_2、D_3、D_4 均为保护二极管。

（1）第一暂稳态及电路自动翻转的过程 假定在 $t=0$ 时接通电源，电容 C 尚未充电，电路初始状态为第一暂稳态，$u_{O1}=U_{OH}$，$u_{O2}=U_{OL}$。此时，电源经 G_1 门的 T_{P1} 管、R 和 G_2 门的 T_{N2} 管给电容 C 充电，如图 8.3.1b 所示。随着充电时间的增加，u_I 的值不断上升，当 u_I 达到 U_{TH} 时，电路发生下述正反馈过程：

$$u_I \uparrow \to u_{O1} \downarrow \to u_{O2} \uparrow$$

这一正反馈过程使 $u_{O1}=U_{OL}$，$u_{O2}=U_{OH}$，电路转入第二暂稳态。

（2）第二暂稳态及电路自动翻转的过程 在电路进入第二暂稳态瞬间，u_{O2} 产生从 0V 至 U_{DD} 的上跳，由于电容两端电压不能突变，则 u_I 也出现相同幅值的上跳，保护二极管的钳位作用，使得 u_I 仅上跳至 $U_{DD}+U_D$，U_D 为二极管正向导通压降。随后，电容 C 通过 G_2 门

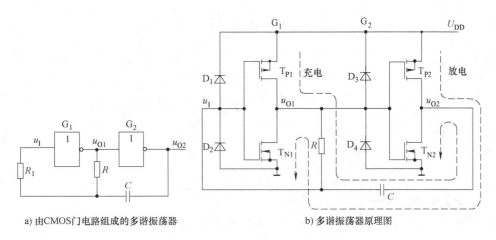

a) 由CMOS门电路组成的多谐振荡器　　b) 多谐振荡器原理图

图 8.3.1　多谐振荡器及其原理图

的 T_{P2}、电阻 R 和 G_1 门的 T_{N1} 放电，使 u_I 下降，当 u_I 降至 U_{TH} 后，电路又产生如下正反馈过程：

$$u_I \downarrow \rightarrow u_{O1} \uparrow \rightarrow u_{O2} \downarrow$$

于是，$u_{O1} = U_{OH}$、$u_{O2} = U_{OL}$，电路又返回到第一暂稳态。此后，电路重复上述过程。如此周而复始，电路不断从一个暂稳态翻转到另一个暂稳态，于是，在 G_2 门的输出端得到方波信号。电路工作波形图如图 8.3.2 所示。

由上述分析可见，多谐振荡器的两个暂稳态的转换过程是通过电容 C 充放电作用来实现的。电容的充放电作用又集中体现在图中 u_I 的变化上。

2. 振荡周期的计算

多谐振荡器的振荡周期与两个暂稳态时间有关，而两个暂稳态时间又分别由电容的充放

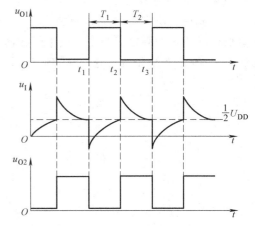

图 8.3.2　多谐振荡器波形图

电时间决定。设电路的第一暂稳态和第二暂稳态时间分别为 T_1、T_2，根据电路状态转换时 u_I 的几个特征值，可以计算电路的振荡周期。

(1) T_1 的计算　将图 8.3.2 中的 t_1 作为第一暂稳态起点，$T_1 = t_2 - t_1$，$u_I(0^+) = -U_D \approx 0V$，$u_I(\infty) = U_{DD}$，$\tau = RC$，根据 RC 电路过渡过程的分析可知，u_I 由 0V 变化到 U_{TH} 所需要的时间 T_1 为

$$T_1 = RC\ln\frac{U_{DD}}{U_{DD} - U_{TH}} \tag{8.3.1}$$

(2) T_2 的计算　同理，将 t_2 作为第二暂稳态时间起点有

$$u_I(0^+) = U_{DD} + U_D \approx U_{DD},\ u_I(\infty) = 0V,\ \tau = RC$$

由此可求出

$$T_2 = RC\ln\frac{U_{DD}}{U_{TH}} \qquad (8.3.2)$$

所以

$$T = T_1 + T_2 = RC\ln\left[\frac{U_{DD}^2}{(U_{DD}-U_{TH})U_{TH}}\right] \qquad (8.3.3)$$

将 $U_{TH} = \dfrac{U_{DD}}{2}$ 代入上式，得

$$T = RC\ln 4 \approx 1.4RC \qquad (8.3.4)$$

3. 用施密特触发器构成多谐振荡器

由于施密特触发器有 U_{T+} 和 U_{T-} 两个不同的阈值电压，如能使其输入电压在 U_{T+} 和 U_{T-} 之间反复变化，就可以在输出端得到矩形波。将施密特触发器的输出端经 RC 积分电路接回其输入端，利用 RC 电路充放电过程改变输入电压，即可用施密特触发器构成多谐振荡器。用施密特触发器构成的多谐振荡器如图 8.3.3a 所示。

（1）工作原理　设在电源接通瞬间，电容器 C 的初始电压为零，输出电压 u_O 为高电平。u_O 通过电阻 R 对电容器 C 充电，当 u_C 达到 U_{T+} 时，施密特触发器翻转，u_O 由高电平跳变为低电平。此后，电容器 C 又开始放电，u_C 下降，当它下降到 U_{T-} 时，电路又发生翻转，u_O 又由低电平跳变为高电平，C 又被重新充电。如此周而复始，在电路的输出端，就得到了矩形波。u_C 和 u_O 的波形如图 8.3.3b 所示。

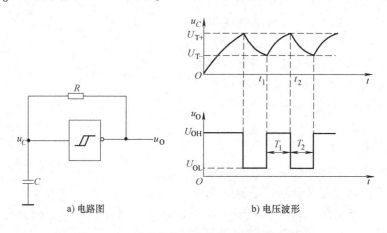

图 8.3.3　用施密特触发器构成的多谐振荡器

（2）振荡周期的计算　假设图 8.3.3 中 CMOS 施密特触发器为 CC40106，已知 $U_{OH} \approx U_{DD}$、$U_{OL} \approx 0V$，则图 8.3.3 中的输出电压 u_O 的周期 $T = T_1 + T_2$，计算如下：

① T_1 的计算

以图 8.3.3 中 t_1 作为时间起点，则有

$$u_I(0^+) = U_{T-},\ u_I(\infty) = U_{DD},\ u_I(T_1) = U_{T+},\ \tau = RC$$

可知

$$T_1 = RC\ln\frac{U_{DD}-U_{T-}}{U_{DD}-U_{T+}} \tag{8.3.5}$$

② T_2 的计算

以图 8.3.3 中 t_2 作为时间起点，则有

$$u_I(0^+) = U_{T+}, \quad u_I(\infty) = 0, \quad u_I(T_2) = U_{T-}, \quad \tau = RC$$

可知

$$T_2 = RC\ln\frac{U_{T+}}{U_{T-}} \tag{8.3.6}$$

③ 振荡周期 T 的计算

$$T = T_1 + T_2 = RC\ln\left(\frac{U_{DD}-U_{T-}}{U_{DD}-U_{T+}} \times \frac{U_{T+}}{U_{T-}}\right) \tag{8.3.7}$$

[例 8.3.1] 在图 8.3.3 中已知 $R = 10\text{k}\Omega$，$C = 0.022\mu\text{F}$，CMOS 施密特触发器的 $U_{DD} = 5\text{V}$、$U_{OH} \approx 5\text{V}$、$U_{OL} = 0\text{V}$、$U_{T+} = 2.75\text{V}$、$U_{T-} = 1.67\text{V}$，试计算输出波形的高电平持续时间 t_{PH}、低电平持续时间 t_{PL} 和占空比 q。

解： 电路的输出波形如图 8.3.3b 所示。t_{PH}、t_{PL} 实际上就是图 8.3.3 中的 T_1 和 T_2，由式（8.3.5）和式（8.3.6）可分别求出

$$t_{PH} = T_1 = RC\ln\frac{U_{DD}-U_{T-}}{U_{DD}-U_{T+}} = 10\text{k}\Omega \times 0.022\mu\text{F} \times \ln\frac{5-1.67}{5-2.75} = 86.2\mu\text{s}$$

$$t_{PL} = T_2 = RC\ln\frac{U_{T+}}{U_{T-}} = 10\text{k}\Omega \times 0.022\mu\text{F} \times \ln\frac{2.75}{1.67} \approx 110\mu\text{s}$$

占空比 q 为

$$q = \frac{t_{PH}}{t_{PL}+t_{PH}} = \frac{86.2}{86.2+110} = 43.9\%$$

8.3.2 石英晶体多谐振荡器

在现代数字系统中，往往要求多谐振荡器的振荡频率具有很高的稳定性，否则，就会导致系统不能可靠地工作。式（8.3.3）表明，用门电路组成的多谐振荡器的振荡频率不仅与时间常数 RC 有关，而且还与门电路的阈值电压 U_{TH} 有关。当电源电压波动，温度变化（引起门电路的阈值电压 U_{TH} 变化）时，电路振荡频率的稳定性会变得很差，用门电路组成的多谐振荡器很难适应现代数字系统的要求。在对振荡频率稳定性要求很高的电子设备中，只能采用由石英晶体组成的石英晶体振荡器。石英晶体振荡器的振荡频率不仅频率稳定度极高，而且频率范围也很宽，它的频率范围可从几百赫兹到几百兆赫兹。

石英晶体的电路符号及其阻抗频率特性分别如图 8.3.4a、b 所示。石英晶体的阻抗频率特性表明，它的选频特性非常好，将它接入多谐振荡器的正反馈环路中后，只有频率为 f_s 的电压信号容易通过，在电路中形成正反馈，而其他频率信号都被石英晶体衰减，电路的振荡频率就是 f_s。而 f_s 仅与石英晶体的结晶方向和外形尺寸有关，而与电路中的电阻、电容无关。石英晶体振荡器的频率稳定度极高，其频率稳定度 $\Delta f_s/f_s$ 可达 $10^{-11} \sim 10^{-10}$。

一种典型的石英晶体振荡电路如图 8.3.5 所示，图中，电阻 R_1 和 R_2 的作用是使反相器

G_1、G_2 工作在电压特性曲线的转折区,有利于电路起振。如采用 TTL 门电路,R_1 和 R_2 通常取值为 $0.5 \sim 2k\Omega$ 之间;如采用 CMOS 门电路,其阻值则在 $5 \sim 100M\Omega$ 之间。电容 C_1、C_2 为两个反相器之间的耦合电容,电容 C_1 的大小选择应使其在频率为 f_s 时的容抗可以忽略不计,这样,可保证 G_1 和 G_2 之间形成正反馈环路。

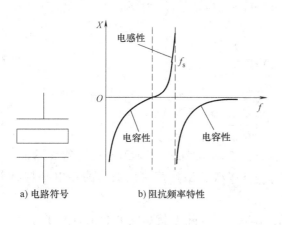

图 8.3.4 石英晶体的电路符号及阻抗频率特性

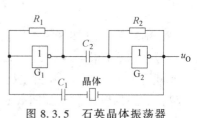

图 8.3.5 石英晶体振荡器

8.4 555 定时器及其工程应用

集成 555 定时器是一种将模拟电路的功能与数字电路的功能巧妙地结合在同一硅片上的多用途中规模集成电路。它的设计新颖,构思奇巧,使用方便灵活,应用极为广泛。自从美国 Signetics 公司于 1972 年生产出第一片 555 定时器,世界上主要的半导体公司相继生产了各自的 555 定时器产品,型号众多。555 定时器分为双极型和 CMOS 型,双极型产品型号的后 3 位数字都是 555,CMOS 产品型号的最后 4 位数字都是 7555。不管是双极型还是 CMOS 型,555 定时器芯片的功能和引脚排列都完全相同。一般说来,双极型定时器的驱动能力较强,电源电压范围为 $5 \sim 16V$。而 CMOS 定时器的电源电压范围为 $3 \sim 18V$,它具有低功耗、输入阻抗高等优点。

8.4.1 555 定时器的组成及其逻辑功能

1. 电路组成

555 定时器的电路结构如图 8.4.1 所示。它由分压器、电压比较器 C_1 和 C_2、基本 RS 触发器、放电晶体管 VT 以及缓冲器 G 组成。阈值输入端 u_{I1} 接在比较器 C_1 的反相输入端,触发输入端 u_{I2} 接在比较器 C_2 的同相输入端。

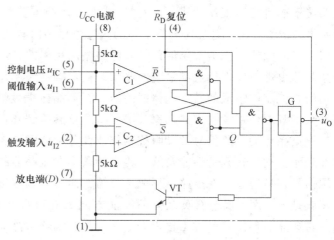

图 8.4.1 555 定时器的电路结构

三个 5kΩ 的电阻串联组成的分压器，为比较器 C_1、C_2 分别提供 $\frac{2}{3}U_{CC}$ 和 $\frac{1}{3}U_{CC}$ 的基准电压。当控制电压端（5 脚）悬空时，一般该端接上 $0.01\mu F$ 左右的滤波电容；如果控制电压端（5 脚）外接电压 u_{IC}，则比较器 C_1、C_2 的基准电压就变为 u_{IC} 和 $\frac{1}{2}u_{IC}$。

比较器 C_1 和 C_2 的输出控制基本 RS 触发器和放电晶体管 VT 的状态。放电晶体管 VT 为外接电路提供放电通路，定时器在使用时，VT 的集电极（7 脚）一般都要外接一个上拉电阻。

$\overline{R}_D$（4 脚）为直接复位输入端，当 $\overline{R}_D$ 为低电平时，不管其他输入端的状态如何，输出端 u_O 即为低电平。

当 $u_{I1} > \frac{2}{3}U_{CC}$、$u_{I2} > \frac{1}{3}U_{CC}$ 时，比较器 C_1 输出低电平，比较器 C_2 输出高电平，基本 RS 触发器 Q 端置"0"，VT 导通，输出端 u_O 为低电平。

当 $u_{I1} < \frac{2}{3}U_{CC}$、$u_{I2} < \frac{1}{3}U_{CC}$ 时，比较器 C_1 输出高电平，比较器 C_2 输出低电平，基本 RS 触发器 Q 端置"1"，VT 截止，输出端 u_O 为高电平。

当 $u_{I1} < \frac{2}{3}U_{CC}$、$u_{I2} > \frac{1}{3}U_{CC}$ 时，基本 RS 触发器 $\overline{R}$="1"、$\overline{S}$="1"，触发器状态不变，电路保持原状态不变。

2. 逻辑功能

综合上述分析，可得 555 定时器功能表，见表 8.4.1。

表 8.4.1 555 定时器功能表

输入			输出	
阈值输入(u_{I1})	触发输入(u_{I2})	复位($\overline{R}_D$)	输出(u_O)	放电晶体管 VT
×	×	0	0	导通
$<2U_{CC}/3$	$<U_{CC}/3$	1	1	截止
$>2U_{CC}/3$	$>U_{CC}/3$	1	0	导通
$<2U_{CC}/3$	$>U_{CC}/3$	1	不变	不变

8.4.2 555 定时器构成的单稳态触发器

用 555 定时器构成的单稳态触发器和简化电路分别如图 8.4.2a、b 所示。

没有触发信号时，u_I 处于高电平 $\left(u_I > \frac{1}{3}U_{CC}\right)$，如果接通电源后 $Q = 0$，则 $u_O = 0$，VT 导通，电容通过 VT 放电，使 $u_C = 0$，u_O 保持低电平不变。如果接通电源后 $Q = 1$，VT 就会截止，电源通过电阻 R 向电容 C 充电，当 u_C 上升到 $\frac{2}{3}U_{CC}$ 时，由于 R = 0、S = 1，触发器置"0"，u_O 为低电平。此时 VT 导通，电容 C 放电，u_O 保持低电平不变。因此，电路通电后在没有触发信号时，电路只有一种稳定状态，$u_O = 0$。

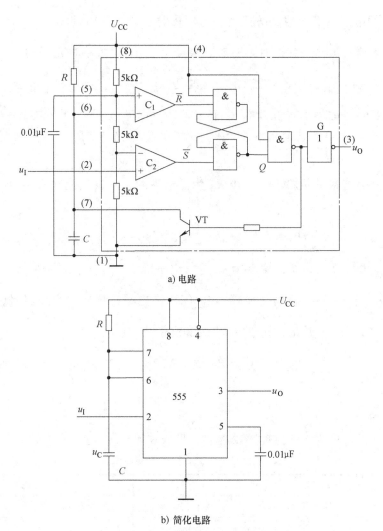

a) 电路

b) 简化电路

图 8.4.2 用 555 构成的单稳态触发器

若触发输入端施加触发信号 $\left(u_I < \dfrac{1}{3}U_{CC}\right)$ 时，电路的输出状态由低电平跳变为高电平，电路进入暂稳态，晶体管 VT 截止。此后电容 C 充电，当电容充电至 $u_C = \dfrac{2}{3}U_{CC}$ 时，电路的输出电压 u_O 由高电平翻转为低电平，同时 VT 导通，于是电容 C 放电，电路返回到稳定状态。电路的工作波形如图 8.4.3 所示。

如果忽略 VT 的饱和压降，则 u_C 从零电平上升到 $\dfrac{2}{3}U_{CC}$ 的时间，即为输出电压 u_O 的脉宽 t_w。

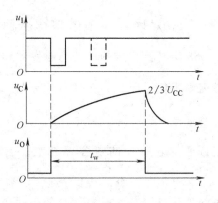

图 8.4.3 工作波形

$$t_w = RC\ln\frac{U_{CC}-0}{U_{CC}-\frac{2}{3}U_{CC}}$$

$$= RC\ln 3 \approx 1.1RC \tag{8.4.1}$$

通常 R 的取值在几百欧至几兆欧之间，电容取值为几百皮法到几百微法。这种电路产生的脉冲宽度可从几个微秒到几分钟。如果在电路的暂稳态持续时间内，加入新的触发脉冲，如图 8.4.3 中的虚线所示，则该脉冲对电路不起作用，因此称该电路为不可重复触发的单稳态触发器。

由 555 定时器构成的可重复触发单稳态电路及工作波形分别如图 8.4.4a、b 所示。

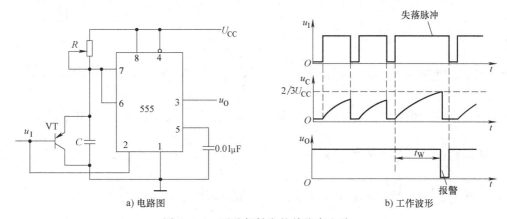

图 8.4.4 可重复触发的单稳态电路

当 u_I 输入负向脉冲后，电路进入暂稳态，同时晶体管 VT 导通，电容 C 放电。输入负脉冲撤除后，晶体管 VT 截止，电容 C 充电，在 u_C 未充到 $\frac{2}{3}U_{CC}$ 之前，电路处于暂稳态。如果在此期间，又加入新的触发脉冲，晶体管 VT 又导通，电容 C 再次放电，输出仍然维持在暂稳态，只有在触发脉冲撤除后，在输出脉宽 t_w 时间内没有新的触发脉冲，电路才返回到稳定状态。该电路可用作失落脉冲检测，或对电动机转速或人体的心律进行监视，如果转速不稳或人体的心律不齐时，u_O 的低电平可用作报警信号。

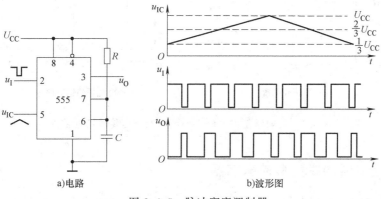

图 8.4.5 脉冲宽度调制器

用单稳态电路组成的脉宽调制电路如图8.4.5a所示。在单稳态电路的电压控制端输入三角波,当输入电压升高时,电路的阈值电压升高,输出脉冲宽度随之增加;而当输入电压降低时,电路的阈值电压也降低,输出的脉冲宽度则随之减小。随着输入电压的变化,在单稳态的输出端,就可得到一串随控制电压变化的脉宽调制波形,如图8.4.5b所示。

8.4.3 555定时器构成的施密特触发器

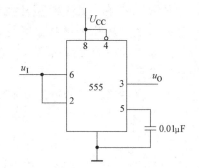

将555定时器的阈值输入端和触发输入端相接,即构成施密特触发器,电路如图8.4.6所示。

如果 u_I 由0V开始逐渐增加,当 $u_I < \frac{1}{3}U_{CC}$ 时,输出 u_O 为高电平;u_I 继续增加,当 $\frac{1}{3}U_{CC} < u_I < \frac{2}{3}U_{CC}$ 时,输出 u_O 维持高电平不变;u_I 继续增加,当 $u_I > \frac{2}{3}U_{CC}$ 时,

图8.4.6 用555构成的施密特触发器

u_O 由高电平跳变为低电平;之后 u_I 再增加,仍是 $u_I > \frac{2}{3}U_{CC}$,输出保持低电平不变。

如果 $u_I > \frac{2}{3}U_{CC}$ 的电压值逐渐下降,只要 $\frac{1}{3}U_{CC} < u_I < \frac{2}{3}U_{CC}$,电路输出状态不变仍为低电平;只有当 $u_I < \frac{1}{3}U_{CC}$ 时,电路才再次翻转,u_O 就由低电平跳变为高电平。

如果 u_I 为三角波,电路的工作波形和电压传输特性曲线分别如图8.4.7a、b所示。图中正、负向阈值电压分别为 $\frac{2}{3}U_{CC}$ 和 $\frac{1}{3}U_{CC}$。如施密特触发器控制电压(5脚)端接 U_{IC},改变 U_{IC} 可以调节电路的回差电压。

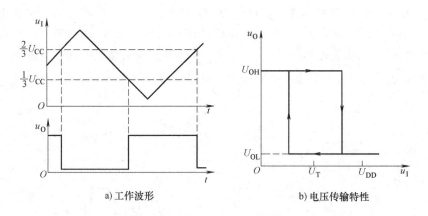

a)工作波形   b)电压传输特性

图8.4.7 施密特触发器的工作波形及电压传输特性曲线

8.4.4 555定时器构成的多谐振荡器

由555定时器构成的多谐振荡器如图8.4.8a所示。接通电源后,电容 C 被充电,当 u_C

上升到 $\frac{2}{3}U_{CC}$ 时，使 u_O 为低电平，同时放电晶体管 VT 导通，此时电容 C 通过 R_2 和 VT 放电，u_C 下降。当 u_C 下降到 $\frac{1}{3}U_{CC}$ 时，u_O 翻转为高电平。电容 C 放电所需的时间为

$$t_{pL} = R_2 C \ln \frac{0 - \frac{2}{3}U_{CC}}{0 - \frac{1}{3}U_{CC}} = R_2 C \ln 2 \approx 0.7 R_2 C \tag{8.4.2}$$

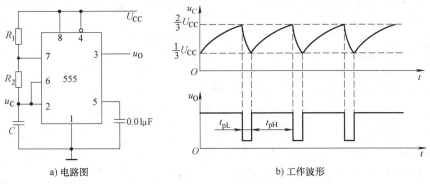

图 8.4.8 多谐振荡器
a) 电路图　　b) 工作波形

当放电结束时，VT 截止，U_{CC} 将通过 R_1、R_2 向电容 C 充电，u_C 由 $\frac{1}{3}U_{CC}$ 上升到 $\frac{2}{3}U_{CC}$ 所需的时间为

$$t_{pH} = (R_1 + R_2) C \ln \frac{U_{CC} - \frac{1}{3}U_{CC}}{U_{CC} - \frac{2}{3}U_{CC}} = (R_1 + R_2) C \ln 2 \approx 0.7 (R_1 + R_2) C \tag{8.4.3}$$

当 u_C 上升到 $\frac{2}{3}U_{CC}$ 时，电路又翻转为低电平。如此反复，在电路的输出端就得到一个周期性的矩形波。电路的工作波形如图 8.4.8b 所示，其振荡频率为

$$f = \frac{1}{t_{pL} + t_{pH}} \approx \frac{1.43}{(R_1 + 2R_2) C} \tag{8.4.4}$$

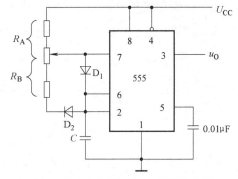

图 8.4.9 占空比可调的方波发生器

图 8.4.8a 所示电路的 $t_{pL} \neq t_{pH}$，而且占空比固定不变。如果要实现占空比可调可采用如图 8.4.9 所示电路。

由于电路中二极管 D_1、D_2 的单向导电特性，使电容 C 的充放电回路分开，调节电位器，就可调节多谐振荡器的占空比。图中，U_{CC} 通过 R_A、D_1 向电容 C 充电，充电时间为

$$t_{pH} \approx 0.7 R_A C \tag{8.4.5}$$

电容 C 通过 D_2、R_B 及 555 中的放电晶体管 VT 放电，放电时间为

$$t_{pL} \approx 0.7R_B C \tag{8.4.6}$$

因而，振荡频率为

$$f = \frac{1}{t_{pH}+t_{pL}} \approx \frac{1.43}{(R_A+R_B)C} \tag{8.4.7}$$

占空比为

$$q(\%) = \frac{R_A}{R_A+R_B} \times 100\% \tag{8.4.8}$$

上面仅讨论了由555定时器组成的单稳态触发器、多谐振荡器和施密特触发器，实际上，由于555定时器的比较器灵敏度高、输出驱动电流大、功能灵活，因而在电子电路中获得了广泛应用。

8.4.5 工程应用举例

1. 由555定时器构成的冰箱温度控制电路

如图8.4.10所示。RT_1和RT_2均为负温度系数的热敏电阻，J为冰箱压缩机控制继电器线圈，J通电，压缩机工作，反之停机。

当压缩机停机时，冰箱温度回升，随着温度的上升，RT_1和RT_2的阻值下降，2端和6端电位下降。当2端电位下降到5V时（即对应冰箱上限温度时），$u_O = U_{OH}$，压缩机开始工作。因此，调节R_{W2}可整定上限温度。

随着压缩机工作，冰箱温度下降，RT_1和RT_2的阻值上升，2端和6端电位上升。当6端电位上升到10V时（即对应冰箱下限温度时），$u_O = U_{OL}$，压缩机停止工作。因此，调节R_{W1}可整定下限温度。

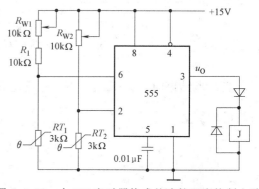

图8.4.10 由555定时器构成的冰箱温度控制电路

2. 由555定时器构成的门铃电路

门铃电路如图8.4.11所示。每按一次按钮S，扬声器以1.2kHz的频率鸣响10s。

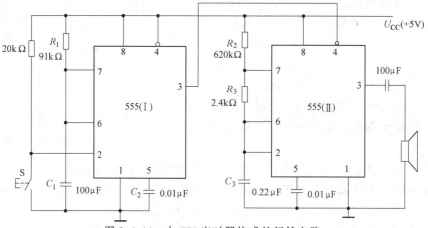

图8.4.11 由555定时器构成的门铃电路

3. 由 555 定时器构成的逻辑电平测试仪

如图 8.4.12 所示电路是由 555 定时器构成的逻辑电平测试仪。待测输入信号的频率约为 1Hz 或更低，U_A 调到 2.5V。当待测输入逻辑电平大于 2.5V 时，LED_1（红）亮；当待测输入逻辑电平小于 1.25V 时，LED_2（绿）亮。

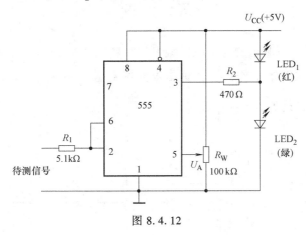

图 8.4.12

本 章 小 结

本章介绍了用于产生矩形脉冲的各种电路。其中一类是脉冲整形电路，它们虽然不能自动产生脉冲信号，但能把其他形状的周期性信号变换为所要求的矩形脉冲信号，达到整形的目的。

施密特触发器和单稳态触发器是最常用的两种脉冲信号整形电路。施密特触发器输出的高、低电平随输入信号的电平而改变，输出脉冲的宽度是由输入信号决定的。施密特触发器的主要技术参数是回差电压，回差的作用是提高抗干扰能力；单稳态触发器只有一个稳态，在触发脉冲作用下，由于电路中 RC 延时环节的作用，电路在触发脉冲消失后又自动返回到稳态，电路的输出脉冲的宽度由电路参数决定，与输入信号无关，输入信号只起触发作用。因此，单稳态触发器可以用于产生固定宽度的脉冲信号。单稳态触发器的主要技术指标是输出脉冲宽度。

多谐振荡器是典型的脉冲信号产生电路，它无须外加输入信号，在接通电源后，就可以自动产生矩形波脉冲信号。因此，多谐振荡器是一种自激振荡电路（或叫无稳态触发器）。石英晶体振荡器具有很高的频率稳定度，它的振荡频率由石英的谐振频率决定，因此在频率稳定性要求较高的场合，通常采用石英晶体振荡器。

单稳态触发器、施密特触发器和多谐振荡器有多种电路构成形式。常见的电路构成有三种，一种是由门电路构成，一种是由 555 定时器构成，还有一种是由中规模集成器件组成的脉冲单元电路。对于它们的分析方法一般采用的是波形分析法，分析的关键是要找出电路状态发生转换的电压值。

555 定时器是一种应用广泛的模数混合的集成器件，多用于脉冲产生、整形及定时等，只需简单连接或外接少量的阻容元件就可方便地组成单稳态触发器、施密特触发器、多谐振荡器，还可以接成各种应用电路。

集成单稳态触发器分为非重复触发和可重复触发两大类，在暂稳态期间，出现的触发信号对非重复触发单稳态电路的输出脉宽没有影响，而对可重复触发单稳态电路可起到连续触发作用。

习　题

8.1.1　由 CMOS 门电路组成的单稳态触发器如题图 8.1.1a 所示。触发脉冲信号 u_I 如图 8.1.1b 所示。试分析电路的工作原理，画出电路中对应 u_I 的 u_{O1}、u_R、u_O 的波形，并写出输出脉宽 t_w 的表达式。设 $U_{TH}=\frac{1}{2}U_{DD}$。

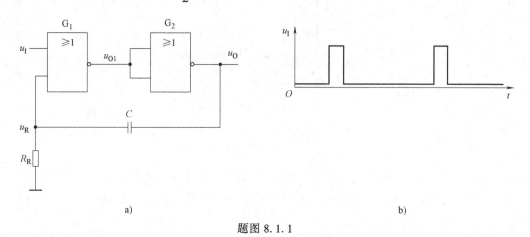

题图 8.1.1

8.1.2　由 COMS "与非门" 电路组成的微分型单稳态触发器如题图 8.1.2a 所示。触发脉冲信号 u_I 如题图 8.1.2b 所示。试分析电路的工作原理，画出电路中 u_{O1}、u_R、u_O 的波形。设 $U_{TH}=\frac{1}{2}U_{DD}$。

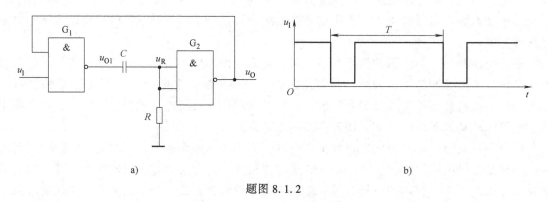

题图 8.1.2

8.1.3　由 COMS 门电路组成的积分型单稳态触发器如题图 8.1.3a 所示。触发脉冲信号 u_I 如题图 8.1.3b 所示。试分析电路的工作原理，画出电路中 u_{o1}、u_C、u_o 的波形。设 $U_{TH}=\frac{1}{2}U_{DD}$。

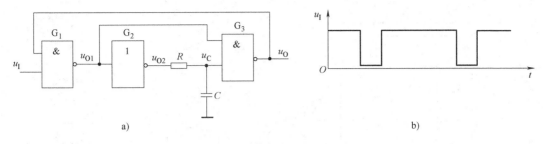

题图 8.1.3

8.1.4 题图 8.1.4a 所示是用集成单稳态触发器 74121 构成的脉冲整形电路。u_I 为输入的不规则脉冲信号如题图 8.1.4b 所示，对应画出输出 u_O 的波形，并说明输出脉冲的宽度由哪些参数决定？

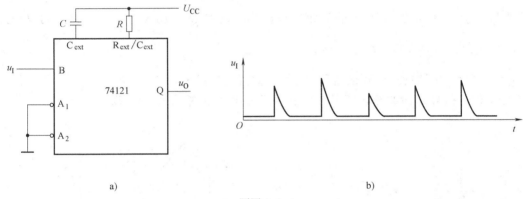

题图 8.1.4

8.1.5 题图 8.1.5a 所示是集成单稳态触发器 74121 和 D 触发器构成的噪声消除电路。u_I 为输入信号如题图 8.1.5b 所示，设单稳态触发器的输出脉冲宽度 t_W 满足：$t_N < t_W < t_S$，其中，t_N 为噪声信号，t_S 为噪声输入信号脉宽。试定性画出 Q 和 u_O 的对应波形。

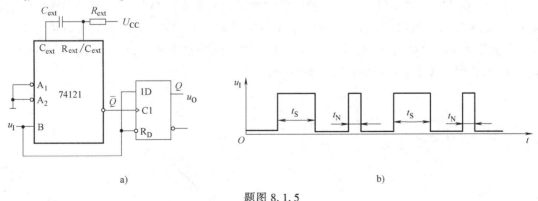

题图 8.1.5

8.1.6 题图 8.1.6a 所示是集成单稳态触发器 74121 和门电路构成的脉冲宽度鉴别电路。u_I 为输入信号如题图 8.1.6b 所示，设单稳态触发器的输出脉冲宽度为 t_W，当输入 u_I 的正向脉冲宽度小于 t_W 时，即 $t_1 < t_W$ 时，u_{O1} 输出负脉冲；而当输入 u_I 的正向脉冲宽度大于 t_W 时，即 $t_2 > t_W$ 时，u_{O2} 输出负脉冲。试定性画出 Q、u_{O1}、u_{O2} 的对应波形。

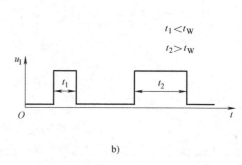

a)   b)

题图 8.1.6

8.2.1 在题图 8.2.1a 所示的施密特电路中，已知 $R_1 = 10\text{k}\Omega$、$R_2 = 30\text{k}\Omega$。G_1 和 G_2 为 CMOS 反相器，$U_{DD} = 15\text{V}$、$U_{TH} = \dfrac{1}{2}U_{DD}$。

（1）试计算电路的正向阈值电压 U_{T+}、负向阈值电压 U_{T-} 和回差电压 ΔU_T。

（2）输入信号 u_I 的波形如题图 8.2.1b 所示，试画出输出电压波形。

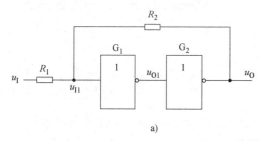
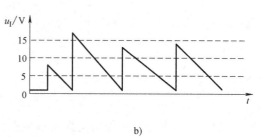

a)   b)

题图 8.2.1

8.2.2 由 TTL "与非门" 组成的施密特触发器如题图 8.2.2a 所示。设 "与非门" 输出高电平 $U_{OH} = 3.6\text{V}$，输出低电平 $U_{OL} = 0\text{V}$，阈值电压 $U_{TH} = 1.1\text{V}$，G_1 门的输入短路电流 $I_{IS} = 0\text{A}$，二极管的 $U_D = 0.7\text{V}$、$R_1 = 1\text{k}\Omega$、$R_2 = 2\text{k}\Omega$。试画出在题图 8.2.2b 所示输入信号作用下 u_{O1} 和 u_O 的波形，并求出回差电压 ΔU_T 的大小。

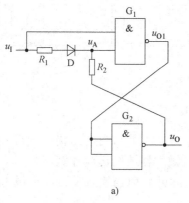
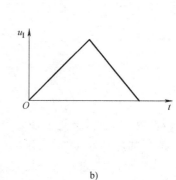

a)   b)

题图 8.2.2

8.2.3 分析题图 8.2.3a 所示电路。已知 TTL "与非门" 的阈值电压 $U_{TH} = 1.4V$，二极管的导通压降 $U_D = 0.7V$。试画出电压传输特性，画出给定输入 u_1 对应的输出 u_{O1}、u_{O2}、u_O 的波形。

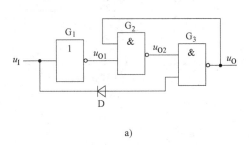
a)

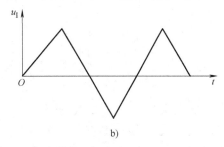
b)

题图 8.2.3

8.2.4 题图 8.2.4 所示电路为一个回差电压可调的施密特触发电路。它是利用射极跟随器中的发射极电阻实现回差电压的调节，设阈值电压 $U_{TH} = 1.4V$，二极管的导通压降 $U_D = 0.7V$，发射结的导通压降 $U_{BE} = 0.7V$。要求：

（1）分析电路的工作原理。

（2）当 R_{e1} 在 50~100Ω 的范围内变化时，求出回差电压的变化范围。

8.2.5 题图 8.2.5 是由集成施密特触发器 74132 和集成单稳态触发器 74121 构成的电路。已知集成施密特触发器的 $U_{DD} = 10V$、$R = 100kΩ$、$C = 0.01\mu F$、$U_{T+} = 6.3V$、$U_{T-} = 2.7V$、$R_{ext} = 30kΩ$、$C_{ext} = 0.01\mu F$。

（1）计算 u_{O1} 的周期和 u_{O2} 的脉宽。

（2）画出 u_C、u_{O1}、u_{O2} 的波形。

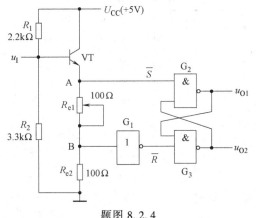

题图 8.2.4

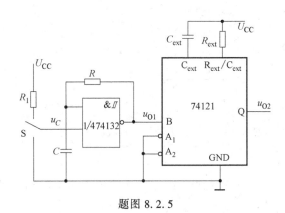

题图 8.2.5

8.3.1 题图 8.3.1 电路为 CMOS "或非门" 构成的多谐振荡器，图中 $R_S = 10R$。设阈值电压 $U_{TH} = \frac{1}{2}U_{DD}$。

（1）画出 u_{O1}、u_{O2}、u_1 的波形。

（2）计算电路的振荡频率。

8.3.2 TTL "非门" 构成的环形振荡器如题图 8.3.2 所示，试分析其工作原理，并画出各个 "非门" 的输出波形。

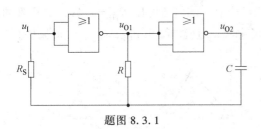
题图 8.3.1

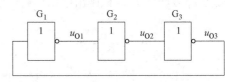
题图 8.3.2

8.3.3 由题图 8.3.2 改进的由 TTL"非门"构成的环形振荡器如题图 8.3.3 所示，它是带有 RC 延迟电路的环形振荡器。试分析其工作原理，并画出各个"非门"的输出波形。设 $U_{TH}=1.4V$、$U_{OH}=3V$、$U_{OL}=0$、$R=510\Omega$、$R_S=120\Omega$、$C=2000pF$。

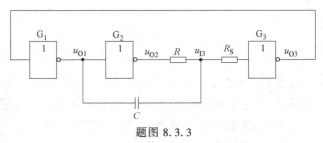
题图 8.3.3

8.4.1 题图 8.4.1 所示是由 555 定时器组成的多谐振荡器，其中 $R_B=20k\Omega$。试分析：
（1）当 $R_A=20k\Omega$ 时，该电路能否产生对称的方波？
（2）要使电路起振，R_A 的最小值应为多少？

8.4.2 题图 8.4.2 所示是由 555 定时器组成的防盗报警电路，AB 导线为传感导线。说明此电路的工作原理。

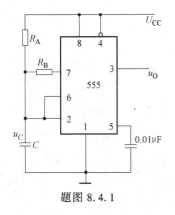
题图 8.4.1

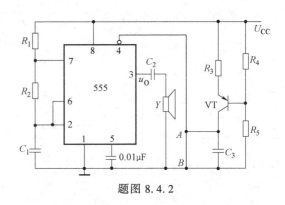
题图 8.4.2

8.4.3 题图 8.4.3a 为由 555 定时器组成的脉冲宽度调制电路。调制信号 u_{IC} 在 $\frac{1}{3}U_{CC} \sim \frac{2}{3}U_{CC}$ 之间变化，触发信号 u_I 如题图 8.4.3c 所示。要求：
（1）求出该电路输出脉冲 u_O 的脉宽变化范围。
（2）确定触发信号 u_I 的最小周期。

8.4.4 题图 8.4.4a 为由 555 定时器构成的锯齿波发生器。晶体管 VT 和电阻 R_1、R_2、R_e 构成恒流源电路，定时给电容 C 充电。输入脉冲 u_I 如题图 8.4.4b 所示。要求：
（1）对应画出电容电压 u_C 及 u_O 的波形。
（2）计算电容 C 的充电时间。

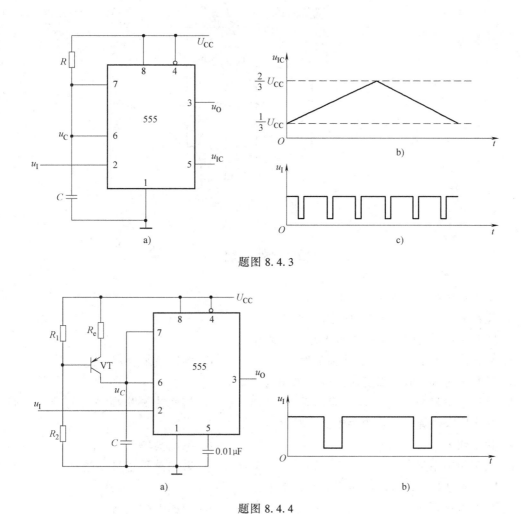

题图 8.4.3

题图 8.4.4

8.4.5 电路如题图 8.4.5a 所示，波形如题图 8.4.5b 所示。画出对应 u_I 的输出 u_{O1} 和 u_{O2} 的波形。

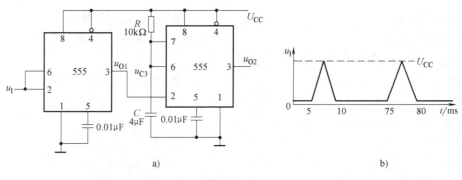

题图 8.4.5

8.4.6 由 555 定时器与场效应晶体管 VT 构成的电路如题图 8.4.6 所示。VT 工作于可变电阻区，其导通电阻为 R_{DS}。（1）说明电路功能。（2）写出输出电压 u_O 的频率表达式。

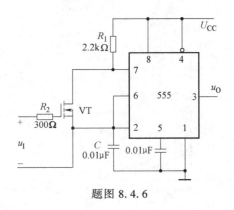

题图 8.4.6

自 测 题

1. 多谐振荡器可产生（　　）。
   A. 正弦波　　　　　　B. 矩形脉冲　　　　　　C. 三角波　　　　　　D. 锯齿波
2. 将正弦波变成同频率的方波电路，可采用（　　）。
   A. 单稳态触发器　　　B. 多谐振荡器　　　　　C. 施密特触发器
3. 用来鉴别脉冲信号幅度时，可以采用（　　）。
   A. 单稳态触发器　　　B. 多谐振荡器　　　　　C. 施密特触发器
4. 石英晶体多谐振荡器的突出优点是（　　）。
   A. 速度快　　　　　　　　　　　　　　　　　B. 电路简单
   C. 振荡频率稳定　　　　　　　　　　　　　　D. 输出波形边沿陡峭
5. 以下各电路中，可以产生定时脉冲的电路是（　　）。
   A. 多谐振荡器　　　　　　　　　　　　　　　B. 单稳态触发器
   C. 施密特触发器　　　　　　　　　　　　　　D. 石英晶体振荡器
6. 输入为 2kHz 的矩形脉冲信号，欲得到 500Hz 的矩形脉冲输出，应采用的电路是（　　）。
   A. 多谐振荡器　　　　　　　　　　　　　　　B. 单稳态触发器
   C. 施密特触发器　　　　　　　　　　　　　　D. 二进制计数器
7. 单稳态触发器的主要用途是（　　）。
   A. 整形、延时、鉴幅　　　　　　　　　　　　B. 延时、定时、存储
   C. 延时、定时、整形　　　　　　　　　　　　D. 整形、定时、鉴幅
8. 自动产生矩形波脉冲信号的是（　　）。
   A. T 触发器　　　　　　　　　　　　　　　　B. 单稳态触发器
   C. 施密特触发器　　　　　　　　　　　　　　D. 多谐振荡器
9. 由 555 定时器构成的单稳态触发器，其输出脉冲宽度取决于（　　）。
   A. 电源电压　　　　　　　　　　　　　　　　B. 触发信号幅度
   C. 触发信号宽度　　　　　　　　　　　　　　D. 外接 R、C 的数值
10. 滞回特性是（　　）的基本特性。

A. 多谐振荡器 B. 单稳态触发器
C. 施密特触发器 D. T 触发器

11. 以下电路中无稳态的电路是（　　），有一个稳态和一个暂稳态的电路是（　　），有两个稳态的电路是（　　）。

A. 多谐振荡器 B. 单稳态触发器
C. 施密特触发器 D. JK 触发器

12. 施密特触发器的特点是（　　）。

A. 具有记忆功能
B. 具有负反馈作用
C. 上升和下降过程的阈值电压不同

13. 由 555 定时器组成的单稳态触发器输出脉冲的宽度约为（　　）。

A. $0.7RC$ B. RC C. $1.1RC$ D. $2RC$

第 9 章 数-模(D-A)和模-数(A-D)转换器

内容提要

本章主要介绍数-模转换器和模-数转换器。在 D-A 转换器小节中介绍 D-A 转换器的基本工作原理，权电阻型 D-A 转换器、倒 T 形电阻网络 D-A 转换器、权电流源型 D-A 转换器的电路结构及工作情况，集成 D-A 转换芯片及其工程应用。在 A-D 转换器小节中介绍 A-D 转换的采样、保持、量化和编码，并行比较型 A-D 转换器、逐次逼近型 A-D 转换器、双积分型 A-D 转换器的电路结构及工作情况，集成 A-D 转换芯片及其工程应用。

9.1 概述

随着数字电子技术的迅速发展，尤其是计算机在自动控制和自动检测系统中的广泛应用，使得用数字电路处理模拟信号的情况更加普遍。为了能够用数字系统处理模拟信号，必须把模拟信号转换为数字信号，以便送入数字系统中进行处理，然后把处理后的数字信号再转换成相应的模拟信号，并作为最后的输出去控制执行机构。把实现从模拟信号到数字信号转换的电路称为 A-D 转换器。把实现从数字信号到模拟信号转换的电路称为 D-A 转换器。

A-D 和 D-A 转换器是沟通模拟、数字领域的桥梁。它不仅广泛应用于工业控制系统中，而且在数据传输系统、自动测试设备、医疗信息处理、电视信号的数字化、图像信号的处理和识别、数字通信和语音信息处理等诸多领域广泛应用。

9.2 D-A 转换器

9.2.1 D-A 转换的基本原理

D-A 转换器也可以看作是一个特殊的译码器，是将多位二进制数转换成与其成正比的模拟量（电压或电流）输出的电路。其转换的原理就是利用电阻（或电容）译码网络将输入的每一位的二进制代码按其权值的大小，转换成相应的模拟量，然后，将其相"加"即可得到与输入二进制成比例的模拟量输出，从而实现 D-A 的转换。图 9.2.1 是 D-A 转换器的结构框图。

其中 $d_0 \sim d_{n-1}$ 是输入的 n 位二进制数，u_o 或 i_o 是与输入二进制成比例的输出电压或电流。寄存器是用来暂存输入的 n 位数字量，且要求它的输出必须是并行的，以便能同时控制

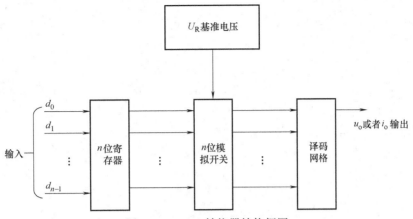

图 9.2.1 D-A 转换器结构框图

n 个模拟开关。译码网络由电阻或电容网络以及求和电路组成。此外，基准电压源的稳定度对 D-A 转换器的转换精度和速度有直接的影响。

图 9.2.2 所示为输入信号为 3 位二进制数时 D-A 转换器输入与输出的转换特性。

常用的 D-A 转换器有：权电阻 D-A 转换器、倒 T 形电阻 D-A 转换器、权电流 D-A 转换器等类型。

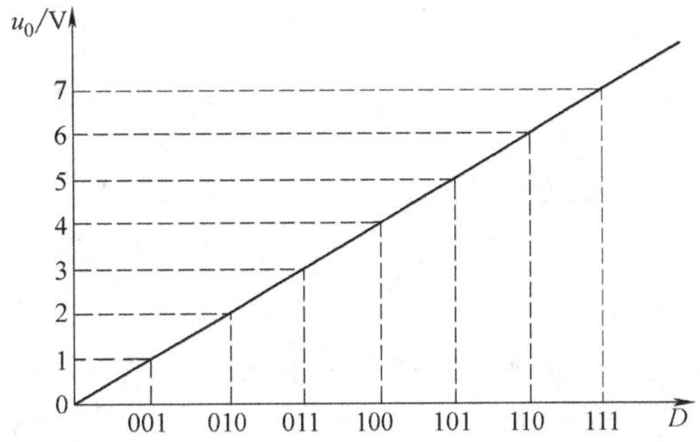

图 9.2.2 输入为 3 位二进制时 D-A 转换器转换特性

9.2.2 二进制权电阻型 D-A 转换器

一个多位二进制数中每一位 "1" 所代表的数值大小称为这一位的权值。若一个 n 位二进制数用 $D_n = d_{n-2}d_{n-2}\cdots d_1d_0$ 表示，则最高位 (Most Significant Bit, MSB) 到最低位 (Least Significant Bit, LSB) 的权依次为 $2^{n-1}2^{n-2}\cdots 2^1 2^0$。

权电阻型 D-A 转换器的工作原理就是利用电阻网络把二进制数的每一位都转换成与其权相应的电流值，然后通过"加"法电路将权电流相加，再转换成电压输出。

图 9.2.3 是 n 位权电阻网络 D-A 转换器的原理图。它由基准电压 U_{REF}、权电阻网络、电子模拟开关以及求和放大电路组成。

电子模拟开关的位置分别受输入数字信号 $d_{n-1} \sim d_0$ 的状态控制。当输入的数字信号为 "1" 时，开关接到基准电压 U_{REF} 上，此时有支路电流 I_i 流向求和放大电路。输入数字信号为 "0" 时，开关接地，此时支路电流为 0。

选择权电阻网络的电阻值时，应使流过该电阻的电流值 I_i 与该位的权值成正比。因此从最高位到最低位每一位的电阻值是其相邻高位的两倍，各支路的电流 I_i 依次递减 1/2。例如，对于输入数字信号的任意位为 d_i，其位权为 2^i，其权电阻的值为 $R_i = 2^{n-1-i}$，即二进制代码的位权越大，其对应的权电阻越小。

求和放大电路将各支路电流求和并转换成模拟电压 u_o 输出，通过调节 R_f 的大小可以调节转换系数。

假设运放 A 是理想的，则

$$U_o = -R_f I_{\Sigma} \tag{9.2.1}$$

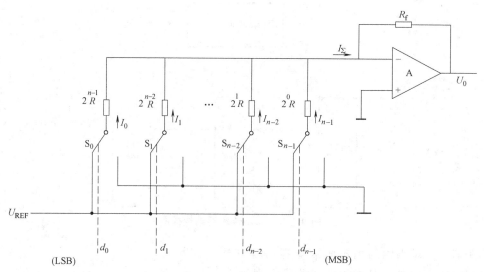

图 9.2.3　n 位权电阻网络 D-A 转换器的原理图

各支路电流为

$$I_i = \frac{U_{REF}}{R_i} d_i = \frac{U_{REF}}{2^{n-1-i}R} d_i = \frac{U_{REF}}{2^{n-1}R} d_i 2^i$$

根据叠加原理，总的输出电流为

$$I_\Sigma = \sum_{i=0}^{n-1} I_i = \sum_{i=0}^{n-1} \frac{U_{REF}}{2^{n-1}R} d_i 2^i = \frac{U_{REF}}{2^{n-1}R} \sum_{i=0}^{n-1} d_i 2^i \tag{9.2.2}$$

将式（9.2.2）代入式（9.2.1）得到模拟输出电压为

$$U_o = -R_f \frac{U_{REF}}{2^{n-1}R} \sum_{i=0}^{n-1} d_i 2^i$$

当 $R_f = R/2$ 时，输出电压可表示为

$$U_o = -\frac{U_{REF}}{2^n} \sum_{i=0}^{n-1} d_i 2^i = -\frac{U_{REF}}{2^n} D_n$$

其中

$$D_n = \sum_{i=0}^{n-1} d_i 2^i \tag{9.2.3}$$

由式（9.2.3）可以看出，输出模拟电压的大小与输入二进制的数码成正比，实现了数字量到模拟量的转变。显然 U_o 的最大变化范围是 $0 \sim -\frac{2^{n-1}}{2^n} U_{REF}$。

权电阻 D-A 转换器电路的优点是结构比较简单、直观，所用元件数量少，便于直观地理解 D-A 转换的原理，但其电阻网络中各电阻的阻值不同，且在输入数据的位数较多时，电阻的阻值范围很宽，这对保证转换精度带来了困难，同时也不利于集成电路的制作。

9.2.3　倒 T 形电阻网络 D-A 转换器

倒 T 形电阻 D-A 转换器是目前使用最为广泛的一种形式，其电路结构如图 9.2.4 所示。

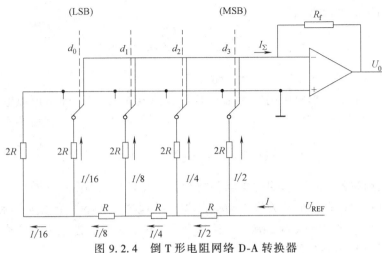

图 9.2.4 倒 T 形电阻网络 D-A 转换器

倒 T 形电阻网络 D-A 转换器的电阻网络中只有 R 和 $2R$ 两种阻值的电阻,有效地克服了权电阻网络 D-A 转换器中电阻阻值相差太大的缺点,从而给集成电路的设计和制作带来了很大的方便。

根据运算放大器"虚地"的概念,由图不难得知,输入信号无论是"1"还是"0",对应的开关 S 都将电阻 $2R$ 接到零电位上,流过每个支路电阻中的电流都始终保持不变。为了计算电阻网络中各支路的电流,将电阻网络等效为如图 9.2.5 所示的电路。

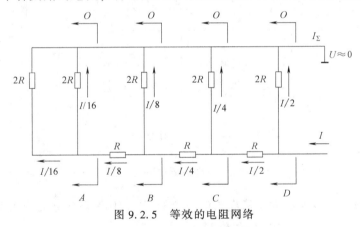

图 9.2.5 等效的电阻网络

显然,无论从 $A\text{-}O \sim D\text{-}O$ 哪个端口向左看进去的等效电阻都是 R,因此在 U_{REF} 作用下,流进电阻网络的总电流为

$$I = \frac{U_{\text{REF}}}{R}$$

倒 T 形电阻网络输出的总电流为

$$I_\Sigma = \frac{U_{\text{REF}}}{2R}d_3 + \frac{U_{\text{REF}}/2}{2R}d_2 + \frac{U_{\text{REF}}/4}{2R}d_1 + \frac{U_{\text{REF}}/8}{2R}d_0$$

$$= \frac{U_{\text{REF}}}{2^4 R}(d_3 2^3 + d_2 2^2 + d_1 2^1 + d_0 2^0)$$

则转换器的输出电压为

$$U_\text{o} = -\frac{U_\text{REF} R_\text{f}}{2^4 R}(d_3 2^3 + d_2 2^2 + d_1 2^1 + d_0 2^0)$$

可见输出模拟电压正比于输入的数字量。

对于 n 位输入的倒 T 形电阻网络 D-A 转换器，当取 $R = R_\text{f}$ 时，输出模拟电压与输入数字信号 D_n 的一般表达式为

$$U_\text{o} = -\frac{U_\text{REF}}{2^n}(d_{n-1} 2^{n-1} + d_{n-2} 2^{n-2} + \cdots + d_1 2^1 + d_0 2^0)$$

倒 T 形电阻网络的特点是所用的电阻种类少，因此它可以提高制作精度，利于集成。但是在上述分析过程中是把模拟开关作为理想开关来处理的，忽略了导通电阻和压降的影响。而实际开关总会存在导通电阻和压降，并且每个开关也有差异，这些将会产生转换误差。为此引入权电流源型 D-A 转换器。

9.2.4 权电流源型 D-A 转换器

权电流源型 D-A 转换器的原理图如图 9.2.6 所示，电路中用一组恒流源代替了倒 T 形电阻网络，并使恒流源具有与输入二进制数对应的权成正比的特性，从而构成了权电流源型 D-A 转换器。

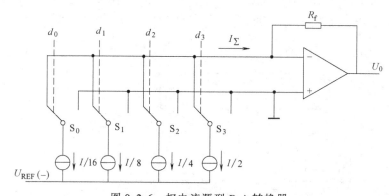

图 9.2.6 权电流源型 D-A 转换器

由图可见，每个恒流源的大小依次为前一个的 1/2，D-A 转换器的输出电压为

$$U_\text{o} = -R_\text{f} I_\Sigma$$
$$= -\frac{I R_\text{f}}{2^4}(d_3 2^3 + d_2 2^2 + d_1 2^1 + d_0 2^0)$$

可见输出模拟电压 U_o 正比于输入的数字量。

9.2.5 D-A 转换器的主要技术参数

(1) 分辨率 分辨率说明 D-A 转换器在理论上可以达到的精度，其定义为 D-A 转换器的最小输出电压（输入的数字代码仅最低位为"1"，其余各位均为"0"）与最大输出电压（所有输入的数字量全为"1"）之比，是 D-A 转换器的一个重要参数。对于 n 位 D-A 转换器，其分辨率可表示为

$$\text{分辨率} = \frac{1}{2^n - 1}$$

显然，分辨率的大小决定于输入数字量的位数。D-A 转换器的位数越多，分辨率越小，分辨能力越高。

（2）转换误差　用以说明 D-A 转换器实际上能达到的转换精度。转换误差表示 D-A 转换器的实际模拟量输出与理论模拟量输出相差的程度。它包含了由电阻网络、基准电压、模拟电子开关电压、运放漂移等诸多因素引起的综合误差。

（3）建立时间　建立时间是指 D-A 转换器中的输入数码由满度值变化（即输入从全"0"变为全"1"，或从全"1"变为全"0"）时，输出模拟量达到稳定值所需的时间。通常用它来形容转换速度的快慢。通常 D-A 转换器的建立时间为几微秒到几毫秒之间。

[例 9.2.1]　倒 T 形电阻网络 D-A 转换器如图 9.2.4 所示，$U_{REF}=8V$，$R_f=R$，输入数字量 $d_3d_2d_1d_0=$"1011"时，U_O 是多少？它的分辨率是多少？

解：
$$U_o = -\frac{U_{REF}R_f}{2^4 R}(d_3 2^3 + d_2 2^2 + d_1 2^1 + d_0 2^0)$$
$$= -\frac{8}{16}(8+2+1) = -5.5V$$

分辨率为
$$\frac{1}{2^4 - 1} = 0.067$$

[例 9.2.2]　已知某 D-A 转换器的满刻度输出电压为 10V，试问若要求 1mV 的分辨率，其输入数字量的位数至少应是多少？

解： $\frac{1 \times 10}{2^n - 1} < 0.001$，则 $n \geq 7$，即输入的数字量至少应为 7 位。

9.2.6　集成 D-A 转换芯片及其工程应用

随着集成电路技术的发展，出现了很多种数-模转换器集成芯片。早期的 D-A 转换器有 8 位分辨率的 DAC800 系列、10 位分辨率的 DAC1020/AD7520 系列和 12 位分辨率的 DAC1220/AD7521 系列等。这些 D-A 转换器只能完成 D-A 转换功能。中期的 D-A 转换器主要有 8 位分辨率的 DAC0830 系列、12 位分辨率的 DAC1208 系列等，在其内部增加了输入数据锁存器、DAC 寄存器、转换控制等功能。后期推出的 D-A 转换器主要有 8 位分辨率的 AD558 和 DAC82、12 位分辨率的 DAC811 及 16 位分辨率的 AD7535/AD7536 等。在这些芯片中将基准电压源、输出放大器及输出电压转换电路等均集成在芯片内部，使用更加方便。

DAC0832 是美国国家半导体公司（NS）生产的 DAC0830 系列产品中的一种。其为 8 位并行 D-A 转换器，芯片内有二级数据锁存，提供数据输入双缓冲、单缓冲和直通三种工作方式。其为电流输出型芯片，通过外接运算放大器可以方便地提供电压输出，转换时间为 1μs。图 9.2.7 为 DAC0832 的内部结构图。它由一个 8 位输入寄存器、一个 8 位 DAC 寄存器、一个 8 位 D-A 转换器和有关的控制电路组成。D-A 转换器采用了倒 T 形 R-$2R$ 电阻网络。该芯片的所有输入均与 TTL 电平兼容。$D_{I0} \sim D_{I7}$ 是数字量输入，I_{OUT1} 和 I_{OUT2} 是转换电流输出，它可直接接运算放大器的输入端。R_{fb} 是内部反馈电阻的输出，它直接连接运算放大器的输出端。U_{REF} 是基准电压接入，它的大小与极性影响着输出模拟量的大小与极性。

AGND 和 DGND 分别是模拟信号接地端和数字信号接地端。

DAC0832 可以工作在单缓冲方式和双缓冲方式。单缓冲方式是指 DAC0832 内部的两个数据缓冲器中的第二个缓冲器处于直通方式，第一级缓冲器处于受控制方式。在实际应用中，如果只有一路 D-A 转换，或者多路 D-A 转换不要求同步输出，则可以采用单缓冲方式。

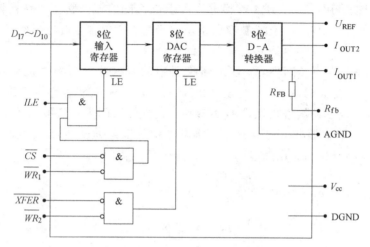

图 9.2.7 DAC0832 的原理框图

DAC0832 需要进行电压输出时，可以通过连接一个运算放大器实现单极性输出。I_{OUT1} 外接运算放大器的负（-）端，I_{OUT2} 外接运算放大器的正（+）端，并且接地，R_{fb} 接运算放大器的输出端，如图 9.2.8 所示。图中缓冲器接为单缓冲输出方式，图中 ILE 接+5V，片选信号 $\overline{CS}$ 及数据传输信号 $\overline{XFER}$ 都与地址选择线 P2.7 相

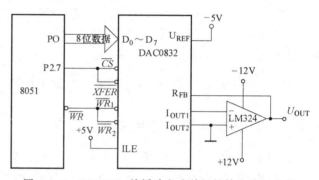

图 9.2.8 DAC0832 单缓冲方式单极性输出接口电路

连，两级寄存器的写信号都由 CPU 的 $\overline{WR}$ 端控制。当地址选择线选中 DAC0832 后，只要输出 $\overline{WR}$ 控制信号，DAC0832 就完成一次数字量的输入锁存和 D-A 转换输出。

图 9.2.8 输出电压为

$$U_{OUT} = -I_{OUT1}R_{fb} = -\frac{U_{REF}}{R_{fb}}\frac{D_{IN}}{256}R_{fb} = -U_{REF}\frac{D_{IN}}{2^8}$$

当 $U_{REF} = -5V$ 时，U_{OUT} 输出范围位 0~5V。根据需要也可以外接反馈电阻。

采用二级运算放大器可以设计成双极性输出，如图 9.2.9 所示。其输出电压为

$$U_{OUT} = -\left(\frac{2R}{R}U_{O1} + \frac{2R}{2R}U_{REF}\right) = -[2(I_{OUT1}R_{fb}) + U_{REF}]$$

$$= 2U_{REF}\frac{D_{IN}}{2^8} - U_{REF} = \left(\frac{D_{IN}}{2^7} - 1\right)U_{REF}$$

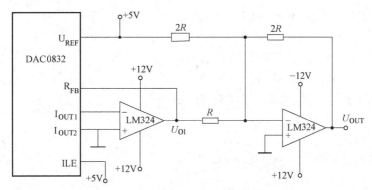

图 9.2.9　DAC0832 双极性输出电路

9.3　A-D 转换器

A-D 转换是 D-A 转换的逆过程。A-D 转换器的输入是时间和数值上连续的模拟量，其输出是离散的数字信号。

9.3.1　A-D 转换的基本原理

为了将时间和数值上连续的模拟量转换为时间和数值离散的数字信号，A-D 转换一般要经过取样、保持、量化和编码 4 个过程，且取样-保持通常由取样-保持电路一次完成。

1. 取样与保持

取样是将随时间连续变化的模拟量转换为时间离散的模拟量。取样过程如图 9.3.1 所示。受控理想开关受取样信号 $S(t)$ 控制，在 $S(t)$ 为高电平期间，开关导通，输出信号为

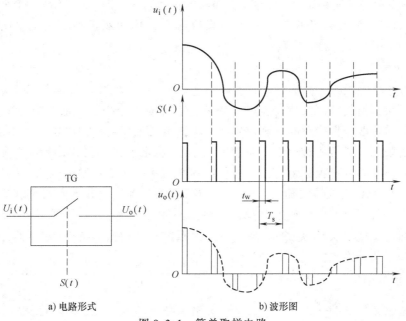

图 9.3.1　简单取样电路

输入信号，而在 $S(t)$ 为低电平期间，开关打开，输出信号为 0V。

通过分析可以看出，为了保证取样信号能够正确无误地表示模拟输入信号，取样信号的频率 f_S 必须满足一定的要求。根据采样定理 f_S 应满足

$$f_S \geq 2f_{imax}$$

式中，f_{imax} 为输入模拟信号中的最高频率分量。在实际应用中，通常取 f_S 为 $(2.5\sim3)f_{imax}$。

将取样后得到的模拟信号转换为数字信号需要一定的时间，为了给后续的量化编码提供一个稳定的电压值，每次取得的采样信号要通过保持电路保持一定的时间。

图 9.3.2 是一种实用的取样-保持电路。其中，场效应晶体管 T 作为取样开关，存储

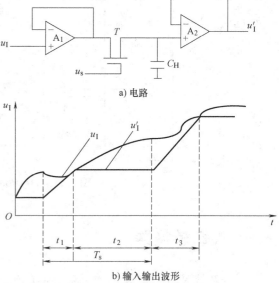

a) 电路

b) 输入输出波形

图 9.3.2 一种实用的取样-保持电路

电容 C_H 为取样电容，输入运算放大器 A_1 和输出运算放大器 A_2 都接成电压跟随器。电路中要求 A_1 具有很高的输入阻抗，以减小对输入信号源的影响。为使 C_H 上存储的电荷不易释放，要求 A_2 也应具有较高的输入阻抗，同时 A_2 还应该具有较低的输出阻抗，这样可以提高电路的带负载能力。

在采样脉冲持续时间 t_1 内，T 导通，输入模拟电压 u_I 经 T 向电容 C_H 充电。由于 A_1 对电容 C_H 为低阻充放电，其时间常数远小于取样时间 t_1，所以可以快速取样。并且电容 C_H 上的充电电压在 t_1 时间段内能跟随 u_I 变化，从而输出放大器的输出电压也随着发生变化，这一阶段称为采样阶段。在 t_2 时间段内，场效应晶体管 T 截止，若 A_2 的输入阻抗为无穷大，场效应晶体管 T 为理想开关元件，则电容 C_H 没有放电回路，电容上的充电电压保持在 T 截止前 u_I 的值，直到下一个取样脉冲到来为止。这个阶段称为保持阶段，即 t_1+t_2 构成一个采样周期 T_S。

目前，取样-保持电路已有多种型号的集成芯片，例如双极型工艺的 AD585、AD684；混合型工艺的 AD1154、SHC76 等。

2. 量化和编码

数字信号不仅在时间上是离散的，在幅值上也是不连续的。取样-保持后的电压信号尽管已经呈阶梯状，但其幅值依然是连续可变的，有无限多个值，无法与有限的 2^n 个数值相对应，因此仍需将取样保持后的电压信号转换为离散的数字量，并将这个数字量用某个最小单位的整数倍表示。通常将这个最小数量单位称为量化单位，用 Δ 表示。将取样和保持后的信号进行取整归并的过程称为量化，量化后的数值用一个二进制码表示，称为编码。这个二进制代码就是 A-D 转换器的输出信号。由于模拟量是连续变化的，必定存在不能被 Δ 整除的情况，因而就不可避免地产生误差，这种误差称为量化误差。这种误差为原理性误差，是无法消除的。A-D 转换器的位数越多，每个离散电平间的差值越小，量化误差就越小。量化一般采用如下两种方式。

(1) 舍尾取整法

取最小量化单位 $\Delta = \dfrac{U_m}{2^n}$，其中 U_m 为输入模拟电压的最大值，n 为转换后数字代码的位

数。采用此方法量化时把不足量化单位的部分舍去。例如，当输入信号幅值在 $0\sim\Delta$ 之间时，量化后的幅值为 0；输入信号在 $\Delta\sim2\Delta$ 之间时，量化后的幅值为 Δ，以此类推，当输入数值 u_I 在相邻的两个量化之间时，取量化值为 $(k-1)\Delta$。将 u_I 数值中不足一个 Δ 的尾数舍去，只取整数。这种量化 $(k-1)\Delta \leq u_I < k\Delta$ 方式的最大量化误差为 Δ。

（2）有舍有入法

有舍有入法又称为"四舍五入法"，该方法是以量化级的中间值作为基准的量化方法。量化中将不足半个量化单位的部分舍去，将大于等于半个量化单位的部分按一个量化单位处理。取最小量化单位为 $\Delta = \dfrac{2U_m}{2^{n+1}-1}$，当 u_I 的尾数 $<\Delta/2$ 时，取原整数作为量化值，当 u_I 的尾数 $\geq\Delta/2$ 时，取原整数加 1 作为量化值。使用该方法的量化误差为 $|\varepsilon|\leq\Delta/2$。

通过上述分析可以看出，选用有舍有入的量化方法可以减少量化误差。大多数集成 A-D 转换器芯片都采用这种方法进行量化。

A-D 转换器的种类很多，按其工作原理不同可分为直接 A-D 转换器和间接 A-D 转换器两类。直接 A-D 转换器将模拟信号直接转换为数字信号，这类 A-D 转换器转换速度快，其典型的电路有并行比较 A-D 转换器、逐次逼近 A-D 转换器。间接 A-D 转换器先将模拟信号转换成某一中间变量（时间或频率），然后再将中间变量转换为数字量输出，该类 A-D 转换器的转换速度较慢，但其转换精度较高，其典型电路是双积分型 A-D 转换器。下面将详细介绍这三种 A-D 转换器的结构及工作原理。

9.3.2 并行比较型 A-D 转换器

3 位并行比较 A-D 转换器的电路结构如图 9.3.3 所示。它由电阻分压器、电压比较器、寄存器和编码器四部分组成。其中输入信号 u_I 是经过取样-保持电路后的电压，取值范围为 $0\sim U_{REF}$，输出为 3 位二进制代码 $d_2d_1d_0$。

图 9.3.3 中的 8 个电阻将参考电压 U_{REF} 分为 8 个等级，其中 7 个等级的电压分别作为 7 个电压比较器的参考电压，其数值大小自下而上依次为 $U_{REF}/15$、$3U_{REF}/15$、…、$13U_{REF}/15$。当输入电压 u_I 大于比较器的基准电压时，比较器输出为高电平，小于基准电压时，输出为低电平。并行比较 A-D 转换器采用的是有舍有入量化方法，其量化单位 $\Delta = 2U_{REF}/15$。7 个比较器的输出电平与输入电压及数字量输出的关系见表 9.3.1。

为了保证正确地编码，在每个比较器后面引入一个边缘 D 触发器作为寄存器，在时钟脉冲的控制下，存储量化信号，并保持一个时钟周期，以降低由于各个比较器响应速度不一致而引起的转换错误。

对寄存器输出的一组 7 位二进制代码进行编码，以求得最终的 3 位二进制代码输出。编码器为一组合逻辑电路，由表 9.3.1 可以写出编码器的逻辑表达式为

$$\begin{cases} d_2 = Q_4 \\ d_1 = Q_6 + \overline{Q}_4 Q_2 \\ d_0 = Q_7 + \overline{Q}_6 Q_5 + \overline{Q}_4 Q_3 + \overline{Q}_2 Q_1 \end{cases}$$

根据表达式可以得到如图 9.3.3 中的编码电路。

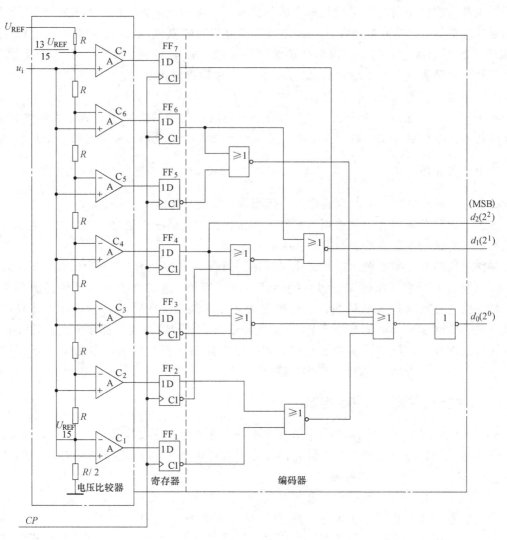

图 9.3.3 并行比较型 A-D 转换器

表 9.3.1 3 位并行比较 A-D 转换器输入输出关系

输入模拟电压	寄存器状态（代码转换器输入）							数字量输出（代码转换器输出）		
u_1	Q_7	Q_6	Q_5	Q_4	Q_3	Q_2	Q_1	d_2	d_1	d_0
$0 \sim U_{REF}/15$	0	0	0	0	0	0	0	0	0	0
$U_{REF}/15 \sim 3U_{REF}/15$	0	0	0	0	0	0	1	0	0	1
$3U_{REF}/15 \sim 5U_{REF}/15$	0	0	0	0	0	1	1	0	1	0
$5U_{REF}/15 \sim 7U_{REF}/15$	0	0	0	0	1	1	1	0	1	1
$7U_{REF}/15 \sim 9U_{REF}/15$	0	0	0	1	1	1	1	1	0	0
$9U_{REF}/15 \sim 11U_{REF}/15$	0	0	1	1	1	1	1	1	0	1
$11U_{REF}/15 \sim 13U_{REF}/15$	0	1	1	1	1	1	1	1	1	0
$13U_{REF}/15 \sim U_{REF}$	1	1	1	1	1	1	1	1	1	1

并行比较 A-D 转换器的最大优点是转换速度快，增加输出代码的位数对转换时间的影

响很小。从 CP 上升沿算起，完成一次转换所需要的时间为一级触发器的翻转时间和三级门电路的传输延迟。目前集成的并行比较型 A-D 转换器的转换时间可以小于 10ns。其缺点是随着输出代码位数的增加，所需的电压比较器和触发器的数目会急剧增加。

9.3.3 逐次逼近型 A-D 转换器

逐次逼近型 A-D 转换器通常由比较器、D-A 转换器、参考电源、数码寄存器、控制逻辑电路和顺序脉冲发生器等部分组成。图 9.3.4 给出的是其原理框图。

逐次逼近型 A-D 转换器的转换过程与天平称物体质量的原理类似。其转换过程是，在转换开始前，先将数码寄存器清零，转换开始后，在时钟脉冲的作用下，数码寄存器受顺序脉冲发生器和控制电路的控制，将寄存器最高位置"1"，再经 D-A 转换器转

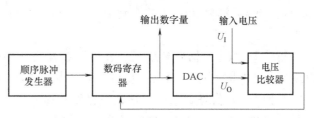

图 9.3.4 逐次逼近型 A-D 转换器转换原理图

换为相应的模拟电压 U_O，送入电压比较器与输入电压 U_I 进行比较。若 $U_I>U_O$，说明数字量偏小，保留该位"1"；若 $U_I<U_O$，说明数字量偏大，将该位清"0"。按照此方法逐位比较下去，一直到最低位为止。比较完毕后，寄存器里的数码即为所求的输出数字量。

根据上述原理给出了 3 位逐次逼近型 A-D 转换器的逻辑电路，如图 9.3.5 所示。

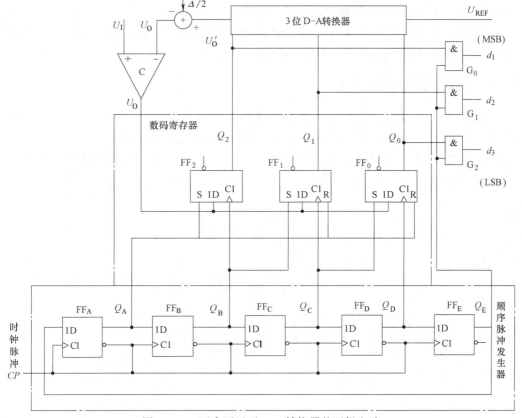

图 9.3.5 逐次逼近型 A-D 转换器的逻辑电路

转换原理如下：

转换开始前，首先设置初态 $Q_A Q_B Q_C Q_D Q_E = 00001$。当第一个 CP 信号到来时，使环形移位寄存器的输出状态变为 $Q_A Q_B Q_C Q_D Q_E = 10000$。则高位触发器 FF_2 被置 "1"，而 FF_1 和 FF_0 被置 "0"，即此时 D-A 转换器的输入代码为 "100"，且在 D-A 转换器的输出端得到相应的模拟电压 U_O。U_O 和 U_I 在比较器中进行比较，当 $U_I < U_O$ 时，比较器的输出 $U_C = 0$；当 $U_I \geqslant U_O$ 时，比较器的输出 $U_C = 1$。

第二个 CP 信号到来后，使移位寄存器右移 1 位，即 $Q_A Q_B Q_C Q_D Q_E = 01000$。若原来 $U_C = 0$，则 FF_2 被置 "0"；若原来 $U_C = 1$，则 FF_2 的 1 状态保留。同时 Q_B 的高电平将 FF_1 置 "1"。

第三个 "CP" 信号到来后，移位寄存器右移 1 位，$Q_A Q_B Q_C Q_D Q_E = 00100$，同时 Q_C 的高电平将 FF_0 置 "1"。同上一步骤类似，由比较器的输出决定 FF_1 的 "1" 状态是否保留。

第四个 CP 信号到来后，移位寄存器右移 1 位，$Q_A Q_B Q_C Q_D Q_E = 00010$，此时同样由比较器的输出状态决定 FF_0 的 "1" 状态是否保留。至此 A-D 转换过程基本结束，得到输入电压对应的二进制代码。

第五个 CP 信号到来后，使得循环移位寄存器的状态回到初始状态即 $Q_A Q_B Q_C Q_D Q_E = 00001$，数码状态寄存器的状态不变。由于 $Q_E = 1$，使得 "与门" $G_0 \sim G_2$ 打开，FF_2、FF_1 和 FF_0 的状态作为转换结果从这三个门输出。

通过以上分析可知完成一次 A-D 转换需要 $n+2$ 个 CP 信号周期，其中 n 为转换二进制代码的位数。位数增加，转换时间必然加长。

由此可见，逐次比较型 A-D 转换器完成一次转换所需时间与其转换位数和时钟频率有关，位数越少，时钟频率越高，所需的转换时间越短。

9.3.4 双积分型 A-D 转换器

双积分型 A-D 转换器是先将模拟量变为某种形式的中间信号——时间，然后再将其变换为数字代码输出，因此又称双积分型 A-D 转换器为间接 A-D 转换器。

双积分型 A-D 转换器的原理图如图 9.3.6 所示，它由积分器、过零比较器、计数器、逻辑控制电路和时钟信号源等部分组成。

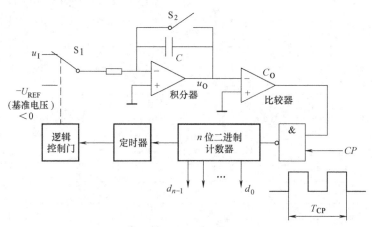

图 9.3.6　双积分型 A-D 转换器原理图

双积分型 A-D 转换器采用两次积分。第一次是对输入模拟信号 u_I 积分，称为采样过程；第二次对基准电压 $-U_{REF}$ 积分，称为比较过程。图 9.3.7 是其工作波形示意图。

其工作过程描述如下

(1) 采样阶段　采样前，将电子开关 S_2 闭合，使积分电容完全放电，同时对计数器清零。转换开始时，控制电路使电子开关 S_2 断开，S_1 接通待转换的模拟电压 u_I。积分器对 u_I 进行定时积分，积分器输出电压为

$$u_O(t_1) = -\frac{1}{C}\int_0^{t_1} \frac{u_I}{R}dt = -\frac{1}{RC}\int_0^{t_1} u_I dt$$

由于在 $0 \sim t_1$ 期间，$u_I = U_I$ 保持不变，所以有

$$u_O(t_1) = -\frac{U_I}{RC}t$$

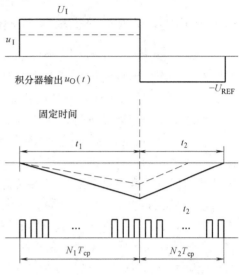

图 9.3.7　双积分型 A-D 转换器的工作波形

在此段积分进行的同时，比较器输出 C_O 为高电平，使频率为 f_C 的脉冲进入 n 位二进制计数器，计数器从零开始计数，当计数器各位皆为"1"时，再来一个脉冲，计数器各位归"0"，输出一个控制信号，使电子开关 S_1 合向 $-U_{REF}$，采样阶段结束，对 $-U_{REF}$ 的积分过程开始。

由此可知，采样阶段 t_1 是个常数，设 CP 脉冲周期为 T_C，则

$$t_1 = 2^n T_C = N_1 T_C$$

式中，$N_1 = 2^n$ 为 n 位二进制的容量。在 t_1 时刻，积分器的输出电压为

$$u_O(t_1) = -\frac{U_I}{RC}2^n T_C$$

(2) 比较阶段　此时积分器反向积分，由于 u_O 的初始值是负的，比较器输出 C_O 仍为高电平，计数器又从零开始计数。当积分电压上升至"0"时，比较器输出 C_O 跳变为低电平，封锁时钟脉冲，计数器停止计数，反向积分过程结束。因此有

$$u_O(t_2) = u_O(t_1) - \frac{1}{C}\int_{t_1}^{t_1+t_2} \frac{-U_{REF}}{R}dt$$

$$= u_O(t_1) + \frac{U_{REF}}{RC}t_2$$

$$= -\frac{U_I}{RC}N_1 T_C + \frac{U_{REF}}{RC}t_2 = 0$$

由此求得：

$$t_2 = \frac{N_1 U_I}{U_{REF}}T_C = N_2 T_C$$

$$N_2 = \frac{N_1 U_I}{U_{REF}}$$

N_2 是 $u_O = 0$ 时刻的计数器计数值。从反向积分到 $u_O = 0$ 的这段时间与输入信号 u_I 成正

比，被转换的电压越大，t_2 时间越长，N_2 数值越大。

9.3.5 A-D 转换器的主要技术参数

（1）分辨率　n 位 A-D 转换器的分辨率为满刻度电压与 2^n 的比值，它反映了 A-D 转换器能对输出产生影响的最小输入量。例如，12 位的 A-D 转换器，输入电压范围为 0～+10V，分辨率为 $10/2^{12} = 2.4\text{mV}$。分辨率也常用输出二进制的位数表示，输出二进制的位数越多，分辨率越小，分辨能力越高。

（2）转换误差　在 A-D 转换器中，转换误差通常以相对误差的形式给出，表示转换器输出的数字量和理想输出数字量之间的误差，并用最低有效位的倍数表示。在应用中，A-D 转换器的位数应满足所要求的转换误差。

（3）转换速度　A-D 转换器的速度可以用转换时间或转换频率来表示。转换时间是指完成一次 A-D 转换所需要的时间。转换频率是转换时间的倒数，指单位时间内完成的转换次数。

A-D 转换器的转换速度主要取决于转换电路的类型，并联比较型 ADC 的转换速率最高，逐次逼近型 ADC 次之，双积分型 ADC 转换速率最低。

[例 9.3.1]　双积分型 A-D 转换器如图 9.3.6 所示，若被测电压 $u_I = 2V$，要求分辨率 $\leq 1\text{mV}$，则二进制计数器的计数总容量 N 应大于多少？需要多少位二进制计数器？

解：A-D 转换器的分辨率为 $\dfrac{2}{N} \leq 1\text{mV}$，则 $N \geq 2000$

$2^n = N \geq 2000$　则 $n \geq 11$ 至少需要 11 位二进制计数器。

9.3.6 集成 A-D 转换芯片及其工程应用

集成 A-D 转换器种类繁多，按转换原理分，主要有并行比较型、逐次逼近型和双积分型等几种。

ADC0809 是采用 CMOS 工艺制成的 8 位八通道逐次逼近型 A-D 转换器。ADC0809 的转换时间为 100μs，输入电压范围为 0～5V，芯片内有 8 通道模拟转换开关，可接入 8 个模拟量输入。图 9.3.8 为 ADC0809 的原理框图。其转换过程为：输入 3 位地址信号，在 *ALE* 脉冲的上升沿将地址锁存，经译码选通某一通道的模拟信号进入比较器；发出 A-D 转换启动信号 *START*，在 *START* 的上升沿将 SAR 清零，转换结束标志 *EOC* 变为低电平，在 *START* 的下降沿开始转换；转换过程在时钟脉冲 *CLK* 的控制下进行；转换结束后，*EOC* 跳为高电平，*OE* 输入高电平，从而得到转换结果输出。

下面以模拟数据采集系统为例来介绍 ADC0809 的典型应用。在现代生产控制和各种智能仪器仪表中，为采集被控对象的数据以便实现计算机控制，通常用微处理器和 A-D 转换器组成数据采集系统。图 9.3.9 为 ADC0809 数据采集系统的连接图。

ADC0809 一次只能选通通道 IN0～IN7 中的一路进行 A-D 转换，选通的通道由 *ALE* 在上升沿时送入 C、B、A 的地址信号决定。由于 ADC0809 输出含有三态锁存，因此其数据的输出可以直接连接到单片机的数据总线上。当采集数据时，单片机先执行一条向地址传送数据的指令，在该指令执行时 $\overline{WR}$ 产生低电平信号，启动 A-D 转换器工作，在经过约 100μs 后输入的模拟信号转换成为数字信号存于输出锁存器中，*EOC* 经反相器产生中断请求信号 $\overline{INT0}$，单片机响应中断请求信号，转入中断处理程序，执行输入数据的指令，将转换完成的数字量从 ADC0809 中读入单片机的存储器中，从而完成一次数据采集。

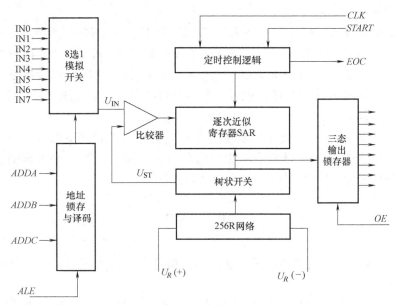

图 9.3.8 ADC0809 的原理框图

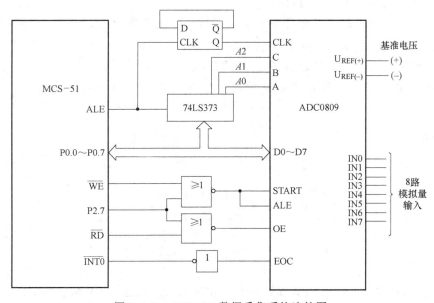

图 9.3.9 ADC0809 数据采集系统连接图

本 章 小 结

D-A 转换器的功能是将输入的二进制数转换成与之成正比的模拟量，实现 D-A 转换的方式有很多，其中常用的方式为权电阻型 D-A 转换器、倒 T 形电阻网络 D-A 转换器。权电阻型 D-A 转换器的优点是结构比较简单、直观，所用元件数少，便于直观地理解 D-A 转换的原理，但其电阻网络中各电阻的阻值不同，且在输入数据的位数较多时，电阻的阻值范围很宽，这对保证转换精度带来了困难。倒 T 形电阻网络 D-A 转换器的电阻仅有 R 和 $2R$ 两种阻值，有效地克服了权电阻网络 D-A 转换器中电阻阻值相差太大的缺点，从而给集成电路的设计和制作带来了很大的方便。

A-D 转换器是将输入的模拟电压转化成与之成比例的二进制数，其转化过程需要经过采样、保持、量化和编码四个步骤。A-D 转换器主要介绍了并行比较型 A-D 转换器、逐次逼近型 A-D 转换器、双积分型 A-D 转换器。其中并行比较型 A-D 转换器转换速度快，但转换精度低；双积分型 A-D 转换器转换速度慢，但转换精度高，抗干扰能力强；逐次逼近型 A-D 转换器介于两者之间。

不论是 D-A 转换还是 A-D 转换，基准电压 U_{REF} 都是一个很重要的应用参数，要理解基准电压的作用，尤其是在 A-D 转换中，它的值对量化误差、分辨率都有影响。D-A 转换器和 A-D 转换器的主要技术指标是转换精度和转换速度。

习 题

9.2.1 一个 8 位 D-A 转换器的最小输出电压增量为 0.02V，当输入代码为"01001101"时，输出电压 u_o 为多少？

9.2.2 某一控制系统中有一个 D-A 转换器，若系统要求该 D-A 转换器的精度要小于 0.25%，试问应选多少位的 D-A 转换器？

9.2.3 权电阻 D-A 转换器如题图 9.2.3 所示。已知某位数 $D_i = 0$ 时，对应的电子开关 S_i 接地；当 $D_i = 1$ 时，S_i 接参考电压 U_{REF}。

（1）求输出 u_o 与数字量 $D_3 D_2 D_1 D_0$ 之间的关系。

（2）当 $D = 0110$ 时，求输出电压 u_o 的值（设 $U_{REF} = 10V$，$R_f = R$）。

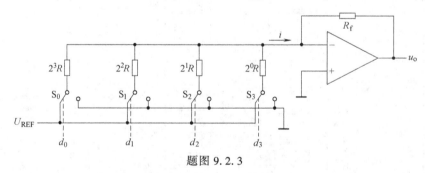

题图 9.2.3

9.2.4 $R/2R$ 梯形 D-A 转换器如题图 9.2.4 所示。设某位 $D_i = 0$ 时，对应的电子开关 S_i 接地；当 $D_i = 1$ 时，S_i 接参考电压 U_{REF}。

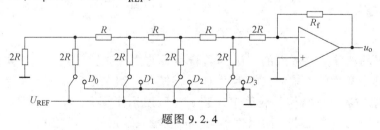

题图 9.2.4

（1）求输出 u_o 与数字量 $D_3D_2D_1D_0$ 之间的关系。

（2）当 $D=1011$ 时，求输出电压 u_o 的值（设 $U_{REF}=10V$，$R_f=3R$）。

9.2.5 10 位倒 T 形电阻网络 D-A 转换器如题图 9.2.5 所示。

（1）试求输出电压的取值范围。

（2）若要求电路输入数字量为"200H"时输出电压 $U_o=5V$，试问 U_{REF} 应取何值？

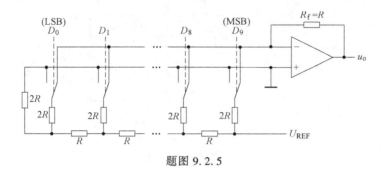

题图 9.2.5

9.3.1 在题图 9.3.1 所示的并行比较型 A-D 转换器中，$U_{REF}=7V$，试问电路的最小量化单位等于多少？当 $u_i=2.4V$ 时，输出数字量为多少？

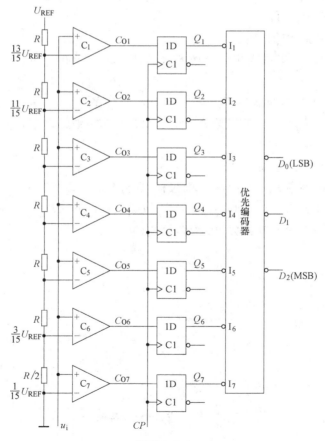

题图 9.3.1

9.3.2 在题图 9.3.2 所示的逐次比较 A-D 转换器中，若 $n=10$，已知时钟频率为 1MHz，则完成一次转换所需的时间是多少？如要求完成一次转换的时间小于 $100\mu s$，则时钟频率应选多大？

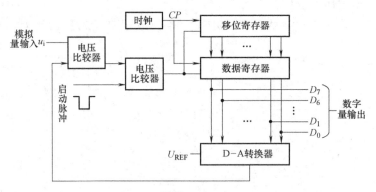

题图 9.3.2

9.3.3 某双积分 A-D 转换器中，计数器为十进制计数器，其最大计数容量为 $(3000)_D$。已知计数时钟频率 $f_{CP}=30kHz$，积分器中 $R=100k\Omega$、$C=1\mu F$，输入电压 u_i 的变化范围为 $0\sim 5V$，试求：

(1) 第一次积分时间 T_1。

(2) 求积分器的最大输出电压 $|U_{omax}|$。

(3) 当 $U_{REF}=10V$，第二次积分计数器计数值 $N_2=(2500)_{10}$ 时，输入电压的平均值为多少？

9.3.4 双积分 A-D 转换器如题图 9.3.4 所示。

(1) 若被测电压 $u_{i(max)}=2V$，要求分辨率 $\leq 0.1mV$，则二进制计数器的计数总容量 N 应大于多少？

(2) 需要用多少位二进制计数器？

(3) 若时钟脉冲频率 $f_{CP}=200kHz$，则采样/保持时间为多少毫秒？

(4) 若时钟脉冲频率 $f_{CP}=200kHz$，$|U_i|<|U_{REF}|$，已知 $|U_{REF}|=2V$，积分器输出电压 u_o 的最大值为 5V，问积分时间常数 RC 为多少毫秒？

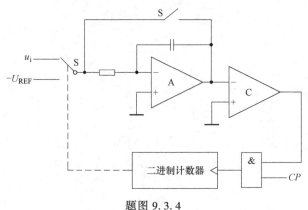

题图 9.3.4

自 测 题

1. 将一个时间上连续变化的模拟量转换为时间上断续（离散）的模拟量的过程称为（　　）。
   A. 采样　　　　　　B. 量化　　　　　　C. 保持　　　　　　D. 编码

2. 将幅值上、时间上离散的阶梯电平统一归并到最邻近的指定电平的过程称为（　　）。
   A. 采样　　　　　　B. 量化　　　　　　C. 保持　　　　　　D. 编码

3. 用二进制码表示指定离散电平的过程称为（　　）。
   A. 采样　　　　　　B. 量化　　　　　　C. 保持　　　　　　D. 编码

4. 根据采样定理，采样频率应当（　　）。
   A. 小于最高信号频率的一半　　　　　B. 大于最高信号频率的一半
   C. 小于最低信号频率的一半　　　　　D. 大于最低信号频率

5. 若想选一个中等速度，价格低廉的 A-D 转换器，下面符合条件的是（　　）。
   A. 逐次逼近型　　　B. 双积分型　　　　C. 并联比较型　　　D. 不能确定

6. 以下四种转换器，（　　）是 A-D 转换器且转换速度最高。
   A. 并联比较型　　　B. 逐次逼近型　　　C. 双积分型　　　　D. 施密特触发器

7. 在二进制权电阻 DAC 中，输入的电阻将（　　）。
   A. 决定模拟信号的振幅　　　　　　　B. 决定数字输入的权值
   C. 限制功率损耗　　　　　　　　　　D. 阻止从数据源输入

8. 一个 $R/2R$ DAC 中，有（　　）。
   A. 4 个电阻值　　　　　　　　　　　B. 1 个电阻值
   C. 2 个电阻值　　　　　　　　　　　D. 电阻值的数量等于输入的数量

9. 一个 8 位 D-A 转换器的最小电压增量为 0.01V，当输入代码为 "10010001" 时，输出电压为（　　）V。
   A. 1.28　　　　　　B. 1.54　　　　　　C. 1.45　　　　　　D. 1.56

10. 8 位 D-A 转换器，分辨率的百分比表示为（　　）。
    A. 0.392%　　　　 B. 8%　　　　　　　C. 12.5%　　　　　 D. 14%

11. 将一个最大幅值为 5.1V 的模拟信号转换为数字信号，要求模拟信号每变化 20mV 能使数字信号最低位（LSB）发生变化，那么应选用（　　）。
    A. 12 位 ADC　　　B. 8 位 ADC　　　　C. 8 位 DAC　　　　D. 12 位 DAC

附 录

附录 A 基本逻辑符号及关联标注的逻辑符号举例说明

1. 基本逻辑单元符号表

基本逻辑单元符号表

名称	我国标准符号	国外流行符号
与门	&	
或门	≥1	
非门	1	
与非门	&	
或非门	≥1	
与或非门	& ≥1	
异或门	=1	
同或门	=	
漏极(集电极)开路与非门	&	
三态输出非门	1, EN	

(续)

名称	我国标准符号	国外流行符号
带施密特触发特性的与门	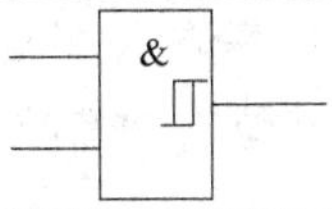	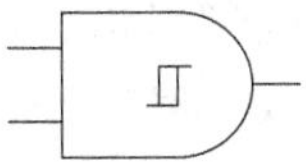
传输门	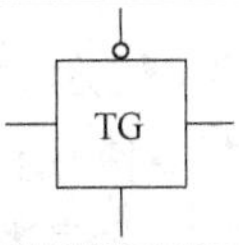	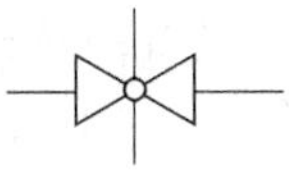
半加器	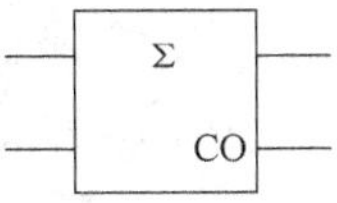	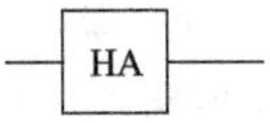
全加器	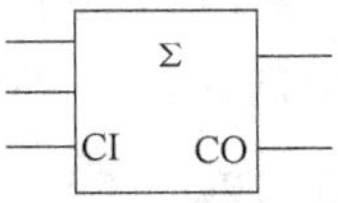	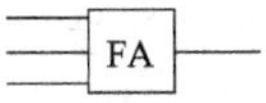
RS 触发器(锁存器)	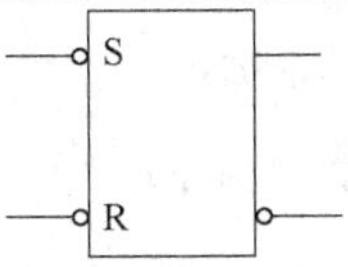	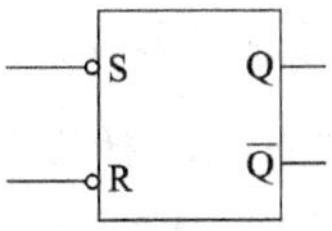
电平触发的 RS 触发器	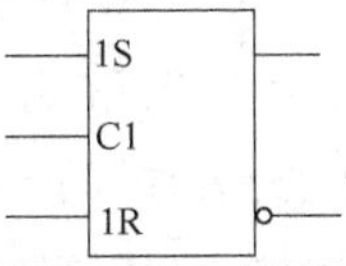	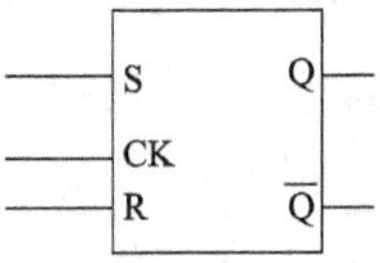
带异步置位、复位端的上升沿触发 D 触发器	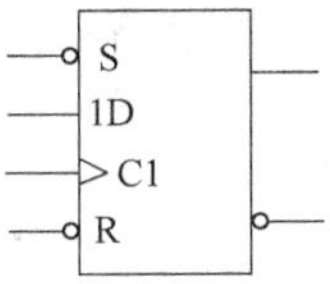	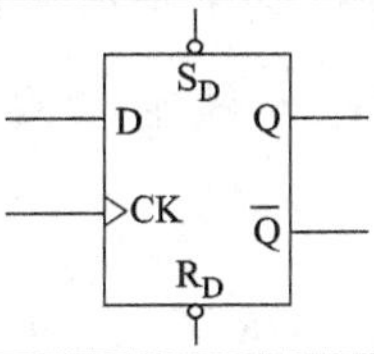
带异步置位、复位端的下降沿触发 JK 触发器	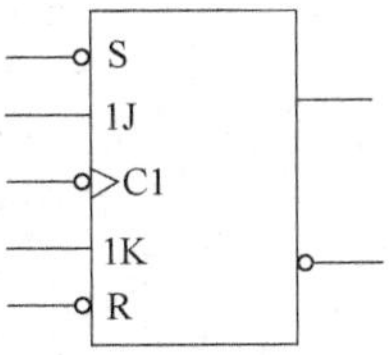	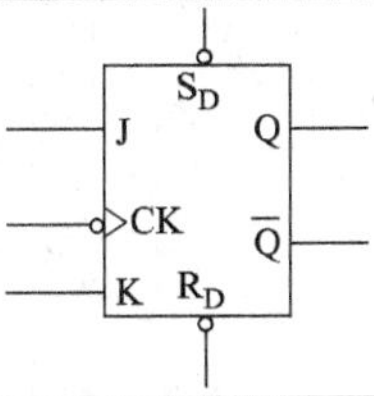
正脉冲触发 RS 触发器	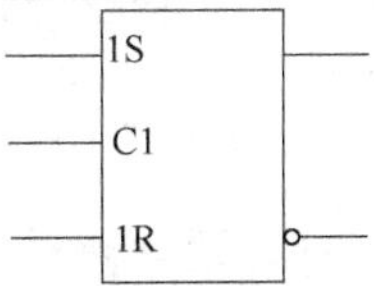	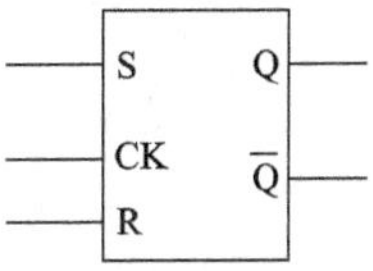
带异步置位、复位端的负脉冲触发 JK 触发器	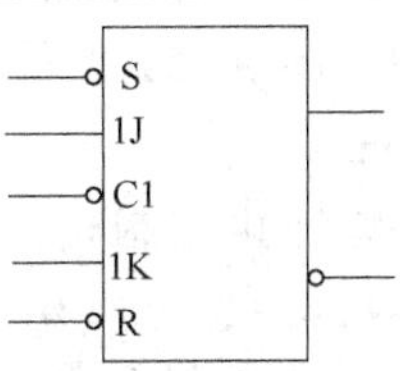	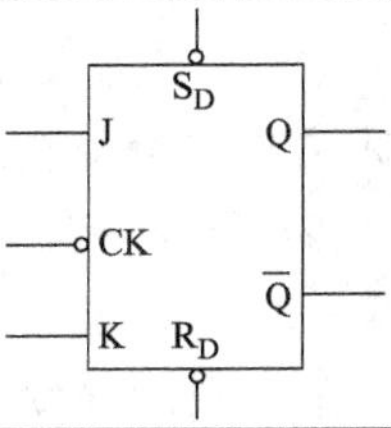

说明：图中所列两种形式的符号均被 IEEE 认可。

2. 关联标注的逻辑符号

关联标注是 IEEE/ANSI 标准的基础。关联标注的逻辑符号概括性很强，读者往往不用了解电路内部结构，由逻辑符号可以直接读懂芯片的逻辑功能以及输入输出之间的逻辑关系。下面以 8 线-3 线优先编码器 74148 和 4 位二进制加法计数器 74HC163 为例介绍关联标注的逻辑符号（GB 4728.12—2008）。

（1）8 线-3 线优先编码器 74148　图 A.1a 所示为 8 线-3 线优先编码器 74148 的关联标注的逻辑符号，图 A.1b 为惯用符号，也是本书使用的符号。

符号图中 HPRI/BIN 是总限定符号，表示器件逻辑功能是输入高位优先、输出为二进制码的优先编码器。内标有限定符 EN（enable），表明该控制端是使能端，EN 后面所标 α 是主动关联符号，当此输入端加有效信号时，标有 α 的输出端方可完成正常的输出。编码输出（6，7，9）端受控制端（ENα）影响（控制），输出端符号中 α 表明受控于 ENα，符号中标号表示该输出在二进制码中的位置，即输出信号的下标。输入输出端小圈表示输入和输出都是低电平有效。14 号输出端（$\overline{GS}$）在图中是芯片内"或门"的输出（其 8 个输入 10~17 分别来自芯片内 Z10~Z17），也就是 $\overline{I_0}$~$\overline{I_7}$ 的"或"。符号 Z 表示内部互连，使能端有效及输入有信号（Z10~Z17 中有"1"，即 $\overline{I_0}$~$\overline{I_7}$ 中有"0"）时，14 号输出端 $\overline{GS}$ 为低电平。反之，使能端为高电平或输入无信号（Z10~Z17 全"0"）时，14 号端为高电平。V18 表示"或"，关联标有 $\overline{18}$ 的输出（或输入）端，V 是"或"关联符号，$\overline{18}$ 是"或"关联影响的对象。15 号端 $\overline{EO}$ 受 V18 控制，使能端为高电平时该输出为"1"，使能端为低电平时该输出为 Z10~Z17 的"或"输出。即输入使能条件下，且无输入信号时 15 号端 $\overline{EO}$ 输出低电平。

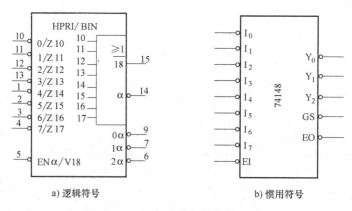

图 A.1　8 线-3 线优先编码器 74148

（2）4 位二进制加法计数器 74HC163　图 A.2a 所示为 4 位二进制加法计数器 74HC163 的关联标注的逻辑符号，图 A.2b 为惯用符号。

图 A.2a 符号中有槽口角的上半部分是公共控制框。控制框中的总限定符号 CTRDIV16 表明这是一个计数长度是 16 的二进制计数器，也可以用 CTR4 表示（$16 = 2^4$）。图中下方块被分成 4 个相邻的部分，表示计数器中的 4 个 D 触发器，输入为 D_0、D_1、D_2 和 D_3，输出为 Q_0、Q_1、Q_2 和 Q_3。

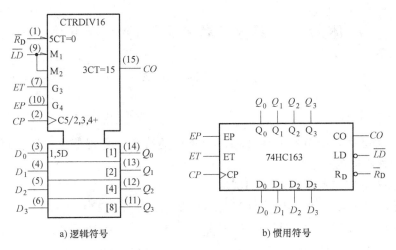

图 A.2　4 位二进制加法计数器 74HC163

C 表示关联控制，C 常常是时钟输入，跟随 C 的数"C5/2，3，4+"表示以前缀 5 标记的输入依赖于时钟，如置零输入端"5CT = 0"表示清零功能取决于时钟，即同步清零。当 $\overline{R_D}$ 为低电平，且 CP 上升沿出现时，计数器清零。

M 表示模式关联，表示不同输入或输出的功能与芯片工作模式的关系。该芯片有两种工作模式。当预置输入端 $\overline{LD}$ 输入低电平时，计数器为预置数模式 M_1，M_1 中的 1 与标记"1，5D"中的 1 关联，在控制关联 C5 共同作用下将输入数据 D_0、D_1、D_2 和 D_3 置入 Q_0、Q_1、Q_2 和 Q_3，所以该电路是同步预置方式。计数器工作在关联模式 2（M_2）时，"C5/2，3，4+"和关联符号 M_2、G_3、G_4（G 表示与关联）的表示是，当 $\overline{R_D}$ 和 $\overline{LD}$ 为高电平，EP 和 ET 也是高电平时，CP 上升沿使计数器进行加法计数。G_3 和进位输出"3CT = 15"关联，表示当 ET 是高电平时，如果计数值为 15，则进位输出 CO 输出高电平。$\overline{R_D} = \overline{LD} = 1$ 时，若 $EP \cdot ET = 0$，则计数器状态保持不变。

逻辑符号中的空心箭头表示低电平有效，与标有小圈等效。

附录 B 部分习题和自测题参考答案

第 1 章

习题

1.1.1 因为数字信号有在时间和幅值上离散的特点,它正好可以用二进制的"1"和"0"来表示两种不同的状态。

1.1.2 代表的二进制数是 00101100。

1.2.1 (1) $(29)_D = (11101)_B = (35)_O = (1D)_H$; (2) $(127)_D = (1111111)_B = (177)_O = (7F)_H$; (3) $(254.25)_D = (11111110.01)_B = (376.2)_O = (FE.4)_H$; (4) $(2.718)_D = (10.1011)_B = (2.54)_O = (2.B)_H$。

1.2.2 (1) $(111011)_B = (73)_O = (3B)_H = (59)_D$; (2) $(11.01101)_B = (3.32)_O = (3.68)_H = (3.40625)_D$。

1.2.3 (1) $(1998)_D = (0001100110011000)_{8421BCD}$; (2) $(99)_D = (10011001)_{8421BCD}$; (3) $(65.312)_D = (01100101.001100010010)_{8421BCD}$; (4) $(0.9475)_D = (0.1001010001110101)_{8421BCD}$。

1.2.4 (1) $(010000000111)_{8421BCD} = (407)_D$; (2) $(001100011001)_{8421BCD} = (319)_D$。

1.2.5 (1) $(10010110)_B = (150)_D$,$(10010110)_{8421BCD} = (96)_D$; (2) $(10000101.1001)_B = (133.5625)_D$,$(10000101.1001)_{8421BCD} = (85.9)_D$。

1.2.6 (1) $(1101)_2$ 的原码、反码和补码均为 1101;(2) $(-0101)_2$ 的原码是 10101,反码是 11010,补码是 11011。

1.2.7 (1) $(1110)_2$; (2) $(101)_2$; (3) 补码为 11101,和为负数。再求补得到和的原码 10011(-3)。

1.3.1 (1) $(A+B)(A+C) = A+AC+AB+BC = A+BC$; (2) $A+B = (A+\bar{A})(A+B) = A+AB+\bar{A}B = A+\bar{A}B$; (3) $ABC+A\bar{B}C+AB\bar{C} = AC(B+\bar{B})+AB\bar{C} = A(C+B\bar{C}) = A(C+B) = AB+AC$; (4) $\overline{\bar{A}\bar{B}C}+\overline{\bar{A}B\bar{C}}+\overline{A\bar{B}\bar{C}}+ABC = \bar{A}(B\oplus C)+A(\overline{B\oplus C}) = \overline{A\oplus B\oplus C}$。

1.4.4 $Y_1 = \overline{\overline{\bar{A}BA}\ \overline{\bar{B}C}} = \overline{\bar{A}B}+\overline{\bar{A}BC} = \overline{\bar{A}B}+A(B+\bar{C}) = \overline{\bar{A}B}+AB+A\bar{C}$; $Y_2 = \overline{(A+B)(\overline{BC}+\overline{CD})} = \bar{A}\bar{B}+BCD$。

1.4.5 $Y = \bar{A}BC+A\bar{B}C+AB\bar{C}+ABC$。

1.4.6 $Y = \bar{A}B\bar{C}+\bar{A}BC+AB\bar{C}$。

1.5.1 (1) $Y_1 = A+C$; (2) $Y_2 = B$; (3) $Y_3 = 1$; (4) $Y_4 = 1$; (5) $Y_5 = \bar{A}B+BC$; (6) $Y_6 = 0$。

1.5.2 $Y_1 = \sum m(1,3,6,7)$;$Y_2 = \sum m(1,3,5,6,7)$。

1.5.3 (1) $Y_1 = A\bar{C}+\bar{B}C+\bar{A}B$; (2) $Y_2 = A\bar{B}+C+D$; (3) $Y_3 = B+\bar{A}\bar{C}\bar{D}$; (4) $Y_4 = A\bar{B}+A\bar{C}+\bar{A}D$; (5) $Y_5 = \bar{C}D+\bar{B}\bar{C}+\bar{A}BC+\bar{A}CD+BC\bar{D}$; (6) $Y_6 = \bar{A}\bar{B}C+\bar{A}B\bar{C}+ABC+AB\bar{C}$; (7) $Y_7 = \bar{C}D+AD+\bar{B}D+A\bar{B}\bar{C}$; (8) $Y_8 = \bar{A}+D$。

自测题

1. B, 2. A, 3. A, 4. C, 5. A, 6. D, 7. A, 8. D, 9. A, 10. C, 11. D, 12. C, 13. B, 14. C, 15. C, 16. C。

第 2 章

习题

2.1.1 (a) $I_B = \dfrac{U_{CC}-U_{BE}}{R_B} \approx 43\mu A$, $I_C = \beta I_B \approx 2.1\text{mA}$, $I_{C\_max} = \dfrac{U_{CC}-U_{CES}}{R_C} \approx 3.1\text{mA}$, $\because I_C < I_{C\_max}$, $\therefore$ 放大区; (b) $I_B = \dfrac{U_{CC}-U_{BE}}{R_B} \approx 91.5\mu A$, $I_C = \beta I_B \approx 2.7\text{mA}$, $I_{C\_max} = \dfrac{U_{CC}-U_{CES}}{R_C} = 2.1\text{mA}$, $\because I_C > I_{C\_max}$, $\therefore$ 饱和区; (c) $I_B = \dfrac{U_{CC}-U_{BE}}{R_B+(1+\beta)R_E} \approx 78\mu A$, $I_C = \beta I_B \approx 3.9\text{mA}$, $I_{C\_max} \approx \dfrac{U_{CC}-U_{CES}}{R_C+R_E} \approx 2.2\text{mA}$, $\because I_C > I_{C\_max}$, $\therefore$ 饱和区; (d) 发射结截止,晶体管工作在截止区。

2.1.2 (a) $Y=\overline{\overline{A}\,\overline{B}}$; (b) $Y=\overline{B}$; (c) $Y=0$; (d) $Y=\overline{A}\,\overline{B}$。

2.1.3 (a) $Y=\overline{A+B}$; (b) $Y=\overline{AB}$; (c) $Y=\overline{(A+B)C}$; (d) $Y=\overline{AB+BC}$。

2.1.4 $\dfrac{U_{CC}-U_{OL(max)}}{I_{OL(max)}-2I_{IL}} \leq R_C \leq \dfrac{U_{CC}-U_{OH(min)}}{2I_{OZ}+2I_{IH}}$, $643\Omega \leq R_C \leq 8.3\text{k}\Omega$。

2.2.1 (a) $Y=\overline{B}$; (b) $Y=\overline{A+B}$; (c) $Y=\overline{AB}\cdot\overline{CD}$; (d) $C=0$, $Y=\overline{AB}$, $C=1$、$Y=1$; (e) $Y=A$。

2.4.1 $N_{OH} = \dfrac{I_{OH}(\text{驱动门})}{I_{IH}(\text{负载门})} = \dfrac{8\text{mA}}{50\mu A} = 160$, $N_{OL} = \dfrac{I_{OL}(\text{驱动门})}{I_{IL}(\text{负载门})} = \dfrac{8\text{mA}}{2\text{mA}} = 4$, 所以扇出数为 4。

2.4.2

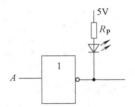

$I = \dfrac{U_{CC}-0.7-U_{OL(max)}}{R_P} \geq I_{min}$, $I = \dfrac{U_{CC}-0.7}{R_P} \leq I_{max}$, $430\Omega \leq R_P \leq 1.2\text{k}\Omega$。

自测题

1. D, 2. B, 3. ABD, 4. D, 5. AD, 6. AD, 7. C, 8. C, 9. C, 10. D

第 3 章

习题

3.2.1 a) 奇偶校验器; b) 数值比较器; c) 1 位数全加器; d) 2 位数全加器。

3.2.2 $X=ABC+A\overline{B}\,\overline{C}+A\overline{B}C=A(BC+\overline{B}\,\overline{C}+\overline{B}C)$。

3.2.3 $Z=\overline{\overline{AB}\,\overline{BC}\,\overline{AC}}$。

3.2.4 $Y = \overline{\overline{A}\,\overline{BC}}$。

3.2.5 $Y = \overline{A}B + C$。

3.2.6 $Y = AB + BCD + ACD = \overline{\overline{AB}\,\overline{BCD}\,\overline{ACD}}$。

3.3.4 (1) $X = \overline{\overline{Y}_0\,\overline{Y}_1\,\overline{Y}_2\,\overline{Y}_5\,\overline{Y}_6\,\overline{Y}_7}$；(2) $X = \overline{\overline{Y}_4\,\overline{Y}_5\,\overline{Y}_7}$；(3) $X = \overline{\overline{Y}_1\,\overline{Y}_2\,\overline{Y}_3\,\overline{Y}_4\,\overline{Y}_5\,\overline{Y}_6}$；

(4) $X = \overline{\overline{Y}_3\,\overline{Y}_4\,\overline{Y}_5\,\overline{Y}_6\,\overline{Y}_7}$。

3.3.7

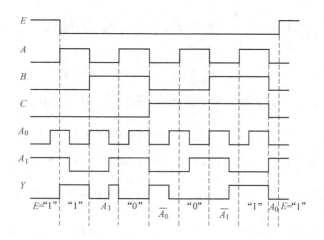

3.3.8

3.3.10 $F = \overline{M}\,\overline{A}\,\overline{B}\,C + \overline{M}ABC + \overline{M}A\overline{B}C + MA\overline{B}\,\overline{C} + MAB\overline{C} + MABC = \overline{M}\,\overline{A}\,\overline{B}\,C + ABC + \overline{M}ABC + MA\overline{B}C + MA\overline{B}\,\overline{C}$。

3.3.12 $Y = \overline{C}_2C_1\overline{A} + \overline{C}_2\,\overline{A}B + \overline{C}_2A\overline{B} + C_2\overline{C}_1\,\overline{A}\,\overline{B} + C_2C_1AB$。

3.3.13 功能说明：由地址码 C_2C_1 选择 B_2B_1 的最小项的反变量输出。

3.3.18 $W_i = \overline{A}_i\,\overline{B}_i\overline{G}_{i-1} + \overline{A}_iB_i\overline{G}_{i-1} + A_i\overline{B}_i\,\overline{G}_{i-1} + A_iB_iG_{i-1} = Y_1 + Y_2 + Y_4 + Y_7 = \overline{\overline{Y}_1\,\overline{Y}_2\,\overline{Y}_4\,\overline{Y}_7}$

$G_i = \overline{A}_i\,\overline{B}_iG_{i-1} + \overline{A}_iB_i\overline{G}_{i-1} + \overline{A}_iB_iG_{i-1} + A_iB_iG_{i-1} = Y_1 + Y_2 + Y_3 + Y_7 = \overline{\overline{Y}_1\,\overline{Y}_2\,\overline{Y}_3\,\overline{Y}_7}$

3.4.1 $Y = \overline{A\,\overline{B}\,\overline{BC}} = A\overline{B} + BC$。当 $A = C = 1$ 时，$Y = \overline{B} + B$，有可能产生"竞争-冒险"。

根据题图 3.4.1b 电路图写出逻辑表达式并化简得 $Y = \overline{A}\,\overline{B} + BC$。当 $A = 0$、$C = 1$ 时，$Y = \overline{B} + B$，有可能产生"竞争-冒险"。为消除可能产生"竞争-冒险"，增加乘积项 $Y = \overline{A}C$，使 $Y = \overline{A}\,\overline{B} + BC + \overline{A}C$。

3.4.2 (1) 可能产生"竞争-冒险"。在输出端并联一滤波电容；(2) 有可能产生"竞争-冒险"。增加乘积项。

自测题

1. A，2. D，3. B，4. B，5. C，6. C，7. C，8. B，9. D，10. C，11. B，12. C，

13. B，14. A、B，15. B，16. C，17. D，18. C，19. D。

第 4 章

习题

4.1.1

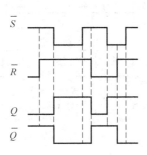

4.1.2

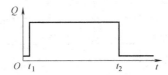

4.2.1

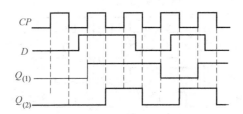

4.2.2

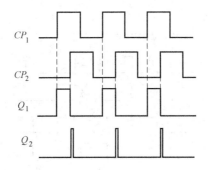

4.3.1

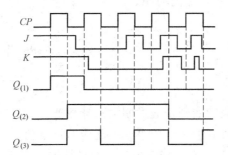

4.3.2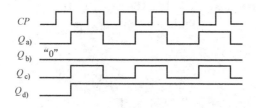

4.3.3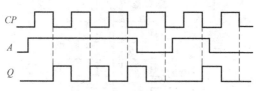

4.3.4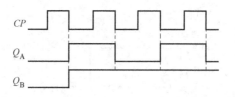

4.4.1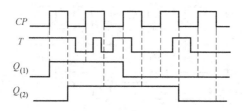

4.4.3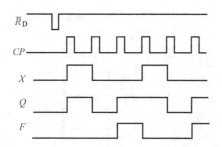

4.4.4 该电路完成 JK 触发器的功能。

自测题

1. A，2. A，3. A，4. D，5. B，6. A，7. D，8. A，9. A，10. D，11. A，12. D，13. A。

第 5 章

习题

5.2.2 功能：可以自启动的同步五进制加法计数器。

5.2.3 功能：同步七进制加法计数器，电路能够自启动。

5.2.4 功能：当 $A=0$ 时，电路作 2 位二进制加计数；当 $A=1$ 时，电路作 2 位二进制减计数。电路能够自启动。

5.2.5 功能：4分频或同步四进制减法计数器。

5.2.6 同步十进制减法计数器，能够自启动。

5.2.7 模为6。

5.2.8 输出Y为时钟CP的三分频。

5.2.9 异步三进制加法计数器。

5.3.2 4个CP信号作用后，$A_3A_2A_1A_0=1100$，$B_3B_2B_1B_0=0000$，电路为4位串行加法器。

5.3.4 $MN=00$时，八进制计数器；$MN=01$时，九进制计数器；$MN=10$时，十四进制计数器；$MN=11$时，十五进制计数器。

5.3.5 a) 六进制；b) 九进制；c) 十进制。

5.3.8 $M=1$时为六进制计数器，$M=0$时为八进制计数器。

5.3.10 a) 三进制；b) 八进制；c) 二十四进制。

5.3.13 六十三进制计数器，分频比为1∶63。

5.3.14 $M=256-82=174$。

5.3.15 五进制计数器，能够自启动。

5.3.16 在CP作用下周期性地输出"0010110111"序列信号。

自测题

1. A，2. C，3. D，4. B，5. D，6. C，7. A，8. D，9. A，10. C，11. C，12. D，13. C，14. B，15. D，16. C，17. B，18. B，19. A。

第 6 章

习题

6.1.1 半导体存储器是一种以半导体电路作为存储媒体的存储器。随机存储器、只读存储器。

6.2.1 "字"在存储器中定义为一组"位"或"字节"。"字长"：一个"字"中所含有的数据位置。

6.2.2 18位。

6.2.3 EPROM和EEPROM具有多次擦除重写功能。PROM。

6.2.4 (1) 16，1；(2) 18，4；(3) 20，1；(4) 17，8。

6.2.5 (1) 7FFH；(2) 3FFFH；(3) 3FFFFH。

6.2.6 (1) $2^6×6$位；(2) $2^8×10$位。

6.3.3 数据线8根，16片。

6.3.4 6.4μs，1ms，0.64%。

6.3.5 10根。

自测题

1. B，2. B，3. C，4. A，5. D，6. C，7. D，8. D。

第 7 章

习题

7.2.1 GAL指通用阵列逻辑，与PAL相比，GAL的主要优点在于可重复编程，便于逻

7.2.2　$Y=\overline{A}\,\overline{B}\,\overline{C}+\overline{A}B\overline{C}+A\overline{B}C$。

7.3.1　大规模可编程逻辑器件主要包括 PAL、GAL、CPLD、FPGA 四类。

7.4.1　FPGA 主要包括可配置逻辑模块、输入/输出模块、数据存储模块、乘法器模块、时钟管理器模块等。

7.4.2　输入输出模块用于控制器件的 I/O 引脚与内部逻辑之间的数据流。

7.4.3　Spartan-3 系列 FPGA 主要由可配置逻辑模块（CLB）、输入/输出模块（IOB）、Block RAM、乘法器模块、数字时钟管理器模块（DCM）五部分组成。其中可配置逻辑模块主要由查找表（LUT）构成，用来实现用作触发器或锁存器的逻辑单元和存储单元。

7.5.1　（1）PAL；（2）GAL；（3）FPGA。

自测题

1. A，2. B，3. B，4. A，5. B，6. C，7. B，8. A，9. B，10. A。

第 8 章

习题

8.1.1　输出波形如图所示，输出脉冲宽度为 $t_W=RC\ln 2$。

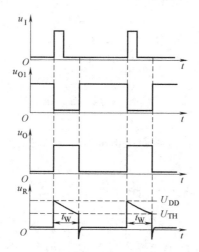

8.1.2　$t_W=RC\ln 2$。

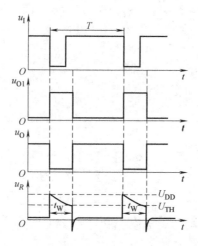

8.1.3

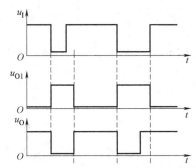

8.1.4　$t_W = 0.7 R_{ext} C_{ext}$，调节 R_{ext}、C_{ext}，可改变输出脉冲的宽度。波形如图。

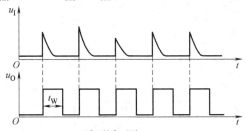

8.1.5　输出脉宽 $t_W = 0.7 R_{ext} C_{ext}$，波形如图。

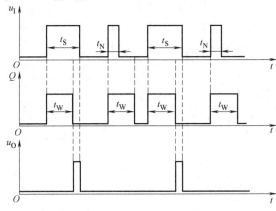

8.1.6　波形如图。

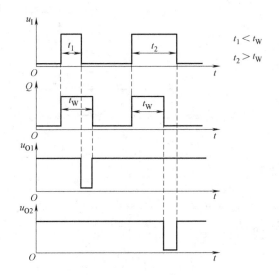

8.2.1 （1） $u_{I1} = \dfrac{R_2}{R_1+R_2}u_I + \dfrac{R_1}{R_1+R_2}u_O$, $u_I = \left(1+\dfrac{R_1}{R_2}\right)u_{I1} - \dfrac{R_1}{R_2}u_O$, $U_{T+} = \left(1+\dfrac{R_1}{R_2}\right)u_I = 10\text{V}$, $U_{T-} = \left(1+\dfrac{R_1}{R_2}\right)u_I - \dfrac{R_1}{R_2}U_{DD} = 5\text{V}$, $\Delta U_T = 5\text{V}$；（2）波形如图

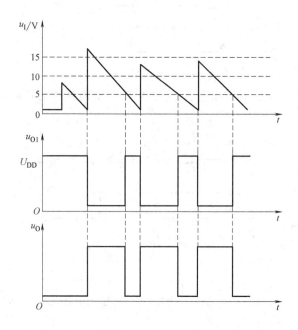

8.2.2 $U_{T+} = 2.35\text{V}$, $U_{T-} = 1.1\text{V}$, $\Delta U_T = 1.25\text{V}$。

8.2.3 $U_{T+} = U_{TH} = 1.4\text{V}$, $U_{T-} = 0.7\text{V}$。

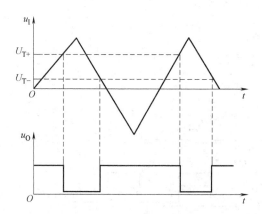

8.2.4 $U_{T+} = \dfrac{R_{e1}+R_{e2}}{R_{e2}}U_{TH} + U_{BE}$, $U_{T-} = U_{TH} + U_{BE}$。

8.2.5 （1） $T = 1.53\text{ms}$, $t_W = 0.21\text{ms}$；（2）图略。

8.3.1 $t_{PH} = RC\ln\dfrac{2U_{DD}-U_{TH}}{U_{DD}-U_{TH}}$, $t_{PL} = RC\ln\dfrac{U_{DD}+U_{TH}}{U_{TH}}$。

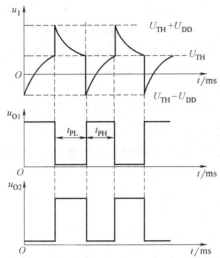

8.3.2　假设每个 TTL 门电路的传输延迟时间为 t_{pd}，则门电路的振荡周期为 $6t_{pd}$。将奇数个反相器首尾相接接成环形振荡器，振荡周期为 $T=2nt_{pd}$，其中 n 为串联反相器的个数。

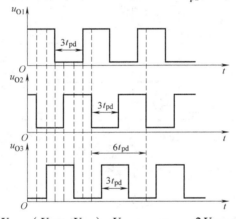

8.3.3　$T_1 = RC\ln\dfrac{U_{TH}-(U_{OH}-U_{OL})-U_{OH}}{U_{TH}-U_{OH}} = RC\ln\dfrac{2U_{OH}-U_{TH}}{U_{OH}-U_{TH}} \approx 1.1\mu s$；$T_2 = RC\ln\dfrac{U_{TH}+(U_{OH}-U_{OL})}{U_{TH}} = RC\ln\dfrac{U_{TH}+U_{OH}}{U_{TH}} \approx 1.2\mu s$；$T_1+T_2 \approx 2.3\mu s$。

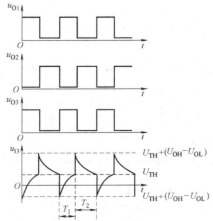

8.4.1　（1）不能；（2）$R_A \geq 40\text{k}\Omega$。

8.4.2　当 AB 导线未断时，555 定时器引脚 4 为低电平，多谐振荡器停振；导线 AB 断开后，电容 C_3 开始充电，当充电至高电平时，多谐振荡器起振，输出为矩形波，驱动扬声器报警。

8.4.3　（1）输出脉宽变化范围：$u_{IC} = \frac{1}{3}U_{CC}$ 时，$t_W = RC\ln\frac{3}{2} \approx 0.4RC$；$u_{IC} = \frac{2}{3}U_{CC}$ 时，$t_W = RC\ln 3 \approx 1.1RC$；输出脉宽变化范围为：$0.4RC \sim 1.1RC$。

（2）为了保证电路完成稳态后再次触发，触发脉冲 u_I 的最小周期为 $1.1RC$，且触发脉冲 u_I 的脉冲宽度不能大于 $0.4RC$。

8.4.4　（1）

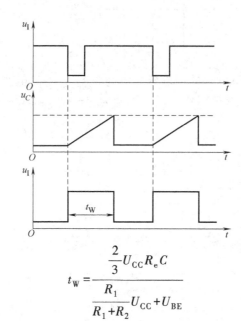

（2）充电时间常数　$t_W = \dfrac{\frac{2}{3}U_{CC}R_eC}{\frac{R_1}{R_1+R_2}U_{CC} + U_{BE}}$

8.4.5　第一个 555 是施密特触发器，第二个 555 是单稳态触发器，输出脉宽 $t_W = RC\ln 3 = 1.1RC \approx 44\text{ms}$。

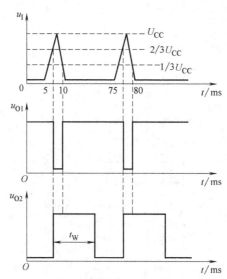

8.4.6 (1) u_I越大,场效应晶体管的沟道电阻 R_{DS}越小,多谐振荡频率 f_0越大,构成压控振荡器。

(2) $t_{PH}=0.7(R_1+R_{DS})C$, $t_{PL}=0.7R_{DS}C$。当输入电压 u_I变化时,工作在可变电阻区的漏源电阻 R_{DS}阻值随之变化,以此改变振荡频率。

自测题

1. B, 2. C, 3. C, 4. C, 5. B, 6. D, 7. C, 8. D, 9. D, 10. C, 11. A、B、C、D, 12. C, 13. C。

第 9 章

习题

9.2.1 1.54V。

9.2.2 9位。

9.2.3 $u_o = -\dfrac{R_f}{R} U_{REF} \sum\limits_{i=0}^{3} (2^{i-3} D_i)$

9.2.4 $u_o = -\dfrac{R_f}{3R} U_{REF} \sum\limits_{i=0}^{3} (2^{i-4} D_i)$

9.2.5 (1) $(-U_{REF} \sim 0)$V; (2) $U_{REF} = -10$V。

9.3.1 14/15V,011。

9.3.2 10μs, $f_{cp} > 0.1$MHz。

9.3.3 (1) 100ms; (2) 5V; (3) -8.3V。

9.3.4 (1) 20001; (2) 15位; (3) 163.84ms; (4) $RC = 65.536$ms。

自测题

1. A, 2. B, 3. D, 4. B, 5. A, 6. A, 7. B, 8. C, 9. C, 10. A, 11. B。

参 考 文 献

[1] 康华光,等. 电子技术基础 数字部分 [M]. 6版. 北京:高等教育出版社,2014.
[2] 阎石,等. 数字电子技术基础 [M]. 5版. 北京:高等教育出版社,2011.
[3] 黄正瑾,等. 数字电路与系统设计基础 [M]. 2版. 北京:高等教育出版社,2014.
[4] 郭永贞,许其清,龚克西. 数字电子技术 [M]. 3版. 南京:东南大学出版社,2013.
[5] 杨聪锟. 数字电子技术基础 [M]. 北京:高等教育出版社,2014.
[6] Thomas L Floyd. 数字电子技术基础系统方法 [M]. 娄淑琴,盛新志,申艳,译. 北京:机械工业出版社,2014.
[7] 周跃庆. 数字电子技术基础教程 [M]. 天津:天津大学出版社,2006.
[8] 高吉祥,丁文霞. 数字电子技术 [M]. 3版. 北京:电子工业出版社,2011.
[9] 网学天地. 数字电子技术知识精要与考研真题详解 [M]. 北京:电子工业出版社,2013.
[10] Robert D Thompson. 数字电路简明教程 [M]. 马爱文,赵霞,李德良,等译. 北京:电子工业出版社,2003.
[11] 唐竞新. 数字电子电路解题指南 [M]. 北京:清华大学出版社,2006.
[12] 童诗白,何金茂. 电子技术基础试题汇编数字部分 [M]. 北京:高等教育出版社,1991.
[13] 郑家龙,王小海,章安元. 集成电子技术基础教程 [M]. 北京:高等教育出版社,2002.
[14] 王金明. 数字系统设计与Verilog HDL [M]. 2版. 北京:电子工业出版社,2005.
[15] Donald E Thomas, Philip R Moorby. 硬件描述语言Verilog [M]. 4版,刘明业,等译. 北京:清华大学出版社,2001.
[16] Wayne Wolf. 基于FPGA的系统设计 [M]. 北京:机械工业出版社,2005.